U0161110

国家科学技术学术著作出版基金资助出版

水泥基材料水分敏感性理论
——低场磁共振技术创新应用

周春圣 著

科学出版社

北 京

内 容 简 介

　　本书总结水泥基材料与孔和水有关的结构特征与宏观性能，重点分析经典理论无法解释的与水有关的异常现象，介绍低场磁共振测试技术的理论基础并建立适用于水泥基材料的低场磁共振测试方法，利用该方法进行原状测试分析进而提出水敏性概念，同时从微观机制及宏观性能层面对水敏性进行系统论证。本书立足水敏性的丰富内涵，准确分析水灰比、养护温度对砂浆孔结构及水分渗透率的影响，定量模拟长期毛细吸水过程、初始毛细吸水速率对饱和度的依赖关系和等温恒湿干燥过程。

　　本书系统地阐述适用于水泥基材料的低场磁共振测试技术，全面论述水敏性理论，注重物理概念的解析和物理过程的数学描述，特色鲜明，可为水泥基材料测试分析提供技术支撑，并为相关理论研究与技术开发提供指导，适合土木工程及无机非金属材料专业研究生、高年级本科生及科研人员参考。

图书在版编目(CIP)数据

　水泥基材料水分敏感性理论：低场磁共振技术创新应用/周春圣著. —北京：科学出版社，2024.3
　　ISBN 978-7-03-076543-7

　Ⅰ.①水… Ⅱ.①周… Ⅲ.①水泥基复合材料–研究 Ⅳ.①TB333.2

　中国国家版本馆 CIP 数据核字 (2023) 第 189207 号

责任编辑: 王喜军　霍明亮 / 责任校对: 王萌萌
责任印制: 徐晓晨 / 封面设计: 无极书装

科 学 出 版 社 出版
北京东黄城根北街 16 号
邮政编码: 100717
http://www.sciencep.com

北京建宏印刷有限公司印刷
科学出版社发行　各地新华书店经销
*

2024 年 3 月第 一 版　开本: 720 × 1000　1/16
2024 年 3 月第一次印刷　印张: 24 1/4
字数: 489 000

定价: 220.00 元
(如有印装质量问题, 我社负责调换)

前　言

自 19 世纪上半叶硅酸盐水泥和钢筋混凝土结构被发明以来，水泥混凝土迅速成为基础设施建设最重要的结构材料，在可预见的未来依然不可替代。虽然混凝土材料科学技术已取得重要发展与进步，为我国基础设施建设和社会经济发展做出了卓越贡献，但在混凝土抗裂性和耐久性的保障提升方面依然面临严峻的挑战。本书作者近年利用低场磁共振等技术进行研究发现，水泥基材料具有孔结构随含水率显著动态变化的水敏性，这打破了将混凝土视作与岩石类似刚性多孔介质的传统观念，动摇了水泥基材料经典理论的基础。为了向同行汇报水敏性理论并介绍低场磁共振测试技术，故将有关研究成果系统整理出版。

虽然混凝土简称砼 (人工石)，但与岩石相比，水泥基材料有其特殊之处，如纳米尺度孔隙含量丰富、孔径分布范围非常宽等。虽然现代混凝土与常见沉积岩的孔隙率差不多，但前者的水分渗透率常常比后者低 2～4 个数量级。实际上，混凝土是由无定形 C—S—H 凝胶胶结形成的颗粒堆积多孔材料，而沉积岩是由成岩矿物胶结而成的多孔材料，两者存在本质差异，但这并没有得到理论界与工程界的足够重视。

水泥基材料几乎所有性能均与孔和水密切相关，对其孔结构和含水量影响的相关认知是体积稳定性与耐久性相关理论研究和技术开发的重要基础。然而，现有经典理论无法解释多个与孔和水有关的异常行为，如理论上应该相等的水分渗透率为何比其他流体低 2～3 个数量级？水蒸气吸附比表面积为何比氮气等大 10 倍左右？受与水有关异常性能及孔结构测试技术局限性的启发，考虑到低场磁共振技术具有原状、无损、快速、准确表征含水多孔介质的能力，借鉴该技术在油气储层岩石分析领域的成功经验，本书作者尝试建立适用于水泥基材料的低场磁共振弛豫测孔理论与方法，技术优势独特。

更重要的是，利用低场磁共振技术进行测试分析发现，C—S—H 凝胶具有干缩湿胀特性，导致纳米尺度孔结构随含水率的变化而动态变化，呈现出显著的水敏性。尽管 C—S—H 凝胶的微结构非常脆弱，但通常依然认为水泥基材料与岩石类似，干燥时从大孔到小孔依次失水且孔结构保持不变，在干燥状态下测量所得孔结构具有足够的代表性。然而，水敏性的发现推翻了该公理假设，不但能定性地解释水泥基材料与水有关性能存在的多个异常现象，还能定量地解释水分与气体渗透率相差 2～3 个数量级的异常现象，同时准确地描述偏离根号时间线性规律的长期毛细吸水过程和等温干燥过程。水敏性理论将为水泥基材料科学研究提供新视角与新思路，而低场磁共振测试技术也将为水泥基材料测试分析提供技术支撑。

　　由于作者水平有限，书中不足之处在所难免，恳请读者朋友批评指正。

周春圣

2024 年 1 月于冰城

致　　谢

由衷感谢国家自然科学基金委员会多年来提供的大力资助，由衷感谢哈尔滨工业大学尤其是土木工程学院及我的同事长期以来的鼎力支持。正是他们赋予了我良好的科研创新环境，使得本书中的理论与试验研究成为可能。

感谢俄罗斯工程院院士、苏黎世联邦理工学院维特曼 (Wittmann) 教授的学术指导、交流与讨论，他的卓著学术成就及非凡洞察力指引着我分析挖掘水泥基材料与水有关的异常性能或行为。感谢英国爱丁堡大学、爱丁堡皇家科学院霍尔 (Hall) 教授的邮件讨论，他本人及其权威著作 *Water Transport in Brick, Stone and Concrete* 对我从事水分渗透、毛细吸水等与水有关性能研究工作的帮助非常大。他们是我发现并提出水泥基材料水敏性理论的引路人。

感谢清华大学土木工程系 陈肇元 院士、冯乃谦教授、覃维祖教授、廉慧珍教授、阎培渝教授、张君教授、李克非教授、孔祥明教授、魏亚副教授、张志龄高级工程师对我顺利完成博士学业及从事耐久性科学研究的指导、帮助和鼓励。感谢青岛理工大学张鹏教授、中国建筑材料科学研究总院有限公司王振地教授级高级工程师、浙江大学曾强副教授、上海交通大学侯东伟副教授、苏黎世联邦理工学院张志东研究员富有启发的经常性学术讨论、交流合作和兄弟般的支持鼓励。感谢博士研究生任方舟、张笑与乔晶等参与磁共振弛豫测试分析、水分传输试验及数值计算，感谢硕士研究生谢恩慧、陈星耀及郭思雨等参与部分试验测试并绘制插图，部分琐碎的细节工作也由他们协助完成。

感谢中国石油大学 (北京) 人工智能学院肖立志教授、汪正垛高级工程师先期提供的宝贵低场磁共振测试设备、测试经验及技术支撑，感谢北京青檬艾柯科技有限公司刘化冰博士提供的设备赞助和测试技术服务。如果没有他们的热心支持与帮助，我可能没有领略低场磁共振技术强大功能和独特魅力的机会。

三人行必有我师。此外，我还想特别感谢本领域众多的前辈和我辈同行，在日常的文献阅读与面对面交流讨论中，他们的真知灼见和渊博学识给我提供了丰富的营养。

本书同时献给我深爱着的父母、同怀、拙荆、可爱的一荀和一蔓。

目　　录

符 号 表

α_A	Archie 常数
α	系数
α_c	接触角，(°)
α_{vg}	VG 模型参数，m^{-1}
α_{zh}	Zhou 模型参数，m^{-1}
$\bar{\varepsilon}$	线性应变
$\bar{\lambda}$	本征 Boltzmann 变量，$\mathrm{m}^{-0.5}$
$\bar{k}$	Darcy 渗透率，$\mathrm{m}^3 \cdot \mathrm{s/kg}$
β_{kc}	Kozeny-Carman 模型系数
β	饱和度影响因子
β_{vg}	VG 模型参数
β_{zh}	Zhou 模型参数
β_k	拟合系数，Pa
$\boldsymbol{\Lambda}$	力偶矩，$\mathrm{N} \cdot \mathrm{m}$
$\boldsymbol{\mu}$	原子核的核磁矩 (第 3 章涉及时)，$\mathrm{N} \cdot \mathrm{m/T}$
$\boldsymbol{\mu}$	磁矩，$\mathrm{N} \cdot \mathrm{m/T}$
$\boldsymbol{\mu}_N$	核磁矩，$\mathrm{N} \cdot \mathrm{m/T}$
$\boldsymbol{\mu}_i$	第 i 个原子核的核磁矩，$\mathrm{N} \cdot \mathrm{m/T}$
$\boldsymbol{\mu}_l$	电子轨道磁矩，$\mathrm{N} \cdot \mathrm{m/T}$
$\boldsymbol{\mu}_{N,z}$	核磁矩 z 轴分量，$\mathrm{N} \cdot \mathrm{m/T}$
$\boldsymbol{A}$	面积矢量，m^2
$\boldsymbol{B}$	磁场矢量，T
$\boldsymbol{B}_0$	静磁场矢量，T
$\boldsymbol{B}_1$	旋转磁场矢量，T
$\boldsymbol{i}$	x 轴正向的单位矢量
$\boldsymbol{j}$	y 轴正向的单位矢量
$\boldsymbol{k}$	z 轴正向的单位矢量
$\boldsymbol{L}$	轨道角动量，$\mathrm{N} \cdot \mathrm{m} \cdot \mathrm{s}$

$\boldsymbol{M}$	磁化强度矢量，N·m/T
$\boldsymbol{M}_+$	低能态原子核磁矩，N·m/T
$\boldsymbol{M}_-$	高能态原子核磁矩，N·m/T
$\boldsymbol{M}_0$	净磁化强度矢量，N·m/T
$\boldsymbol{M}_x$	磁化强度矢量的 x 轴分量，N·m/T
$\boldsymbol{M}_y$	磁化强度矢量的 y 轴分量，N·m/T
$\boldsymbol{M}_z$	磁化强度矢量的 z 轴分量，N·m/T
$\boldsymbol{M}_{xy}$	磁化强度矢量的横向分量，N·m/T
$\boldsymbol{n}$	单位矢量
$\boldsymbol{P}$	原子核的自旋角动量 (第 3 章涉及时)，N·m·s
$\boldsymbol{P}_{\mathrm{N}}$	原子核的自旋角动量，N·m·s
$\boldsymbol{q}$	体积流速矢量，m/s
$\boldsymbol{R}$	弛豫率矩阵，s^{-1}
$\boldsymbol{S}$	电子自旋角动量，N·m·s
$\boldsymbol{x}$	特征参数
χ	磁化率
χ_{mol}	摩尔磁化率，cm^3/mol
ΔE	能极差，J
Δp	压力差或附加压力，Pa
δ	水分子到表面弛豫中心的最小距离，m
$\epsilon(t)$	高斯白噪声信号
ε_{v}	体积应变
η	动黏滞系数，Pa·s
γ	原子核的磁旋比 (第 3 章涉及时)，rad/(s·T)
γ	表面张力 (表面能)，N/m
γ_{vg}	VG 模型参数
γ_0	真空表面能，N/m
γ_{e}	电子总磁旋比，rad/(s·T)
γ_{LA}	液-气界面能，N/m
γ_{m}	汞的表面张力，N/m
γ_{N}	原子核的磁旋比，rad/(s·T)
γ_{p}	质子磁旋比，rad/(s·T)
γ_{SA}	固-气界面能，N/m

γ_{SL}	固-液界面能，N/m
γ_l	电子轨道运动的磁旋比，rad/(s·T)
γ_s	自旋运动的旋磁比，rad/(s·T)
$\hbar$	约化普朗克常量，1.055×10^{-34}J·s
$\hat{M}$	回波信号拟合值
$\hat{S}_0$	名义干燥毛细吸水速率，$mm/min^{0.5}$
κ	Debye 长度的倒数，m^{-1}
λ	Boltzmann 变量，$m/s^{0.5}$
λ_r	正则参数
λ_0	衰减长度，m
$\mathscr{A}$	比表面积，m^2/kg
$\mathscr{A}_d$	干燥状态下的比表面积，m^2/kg
$\mathscr{A}_v$	单位体积比表面积，m^{-1}
$\mathscr{A}_w$	湿润状态下的比表面积，m^2/kg
$\mathscr{D}$	本征液体扩散率，m
$\mathscr{S}$	本征毛细吸收速率，$m^{-0.5}$
μ	化学势，J
μ_0	真空磁导率，H/m
μ_B	玻尔磁子，N·m/T
μ_s	电子自旋磁矩，N·m/T
$\mu_{N,z}$	核磁矩 z 轴分量大小，N·m/T
$\mu_{i,z}$	第 i 个自旋原子核磁矩的 z 轴分量，N·m/T
$\mu_{l,z}$	轨道磁矩的 z 轴分量，N·m/T
$\mu_{m,z}$	m 能级上单个原子核磁矩的 z 轴分量，N·m/T
$\mu_{s,z}$	自旋磁矩 z 轴分量，N·m/T
ν	电磁波频率 (第 3 章涉及时)，Hz
ν	端部效应系数，m
ν_0	磁共振电磁波频率，Hz
ω	圆频率，rad/s
ω_0	进动圆频率，rad/s
ω_1	旋转磁场圆频率，rad/s
ω_e	电子进动圆频率，rad/s
ω_i	初始饱和度

ω_{p}	质子进动圆频率，rad/s
ϕ	孔隙率
ϕ_{c}	毛细孔隙率
ψ	表面传湿系数，$\mathrm{kg/(m^2 \cdot s \cdot Pa)}$
$\boldsymbol{\omega}$	残值权重矢量
$\boldsymbol{\omega}_i$	残值权重 $(i = 1, 2, 3)$
ρ	密度，$\mathrm{kg/m^3}$
ρ_1	纵向表面弛豫强度，m/s
ρ_2	横向表面弛豫强度，m/s
ρ_{L}	液相密度，$\mathrm{kg/m^3}$
ρ_{s}	真密度，$\mathrm{kg/m^3}$
ρ_{w}	液态水密度，$\mathrm{kg/m^3}$
σ	应力，Pa
σ_{s}	孔隙表面顺磁性物质的数量密度，$\mathrm{m^{-2}}$
τ	半回波间隔 (第 3 章涉及时)，s
τ	特征膨胀时间，h
τ_{c}	相关时间，s
τ_{m}	水分子跳跃时间间隔，s
τ_{s}	水分子吸附停留时间，s
θ	体积含液率
θ	夹角 (第 3 章涉及时)，(°)
Θ_{ads}	吸附平衡饱和度
Θ_{cap}	毛细饱和度
θ_{c}	毛细饱和体积含液率
Θ_{des}	脱附平衡饱和度
Θ_{init}	初始饱和度
θ_{i}	初始体积含液率
Θ_{m}	单层吸附时的饱和度
θ_{p}	脉冲扳转角，rad
θ_{sat}	饱和含水率
Θ_{t}	转折饱和度
ε	干燥收缩，$\mathrm{\mu m/m}$
ε_{r}	相对介电常数

ε_0	真空介电常数，$8.854\times10^{-12}\mathrm{F/m}$
Γ	表面吸附浓度，$\mathrm{mol/m^2}$
Λ	力偶矩值，N·m
Λ_{max}	力偶矩最大值，N·m
φ	气体分子平均自由程，m
Π	等效孔隙压力，Pa
Ψ	拆开压力，Pa
Ψ_{EDL}	双电层斥力，Pa
$\Psi_{\mathrm{structure}}$	结构化斥力，Pa
Ψ_{vdW}	范德瓦耳斯力，Pa
ϑ	比容，μL/g
ϑ_{ads}	吸附平衡时的孔隙水比容，μL/g
ϑ_{des}	脱附平衡时的孔隙水比容，μL/g
ϑ_{In}	凝胶内孔比容，μL/g
ϑ_{Out}	凝胶外孔比容，μL/g
ϑ_i	第 i 个组分的比容，μL/g
ξ	曲折度系数
ξ_{b}	Bangham 系数，m/N
ζ_{d}	扩散阻力系数
ζ_τ	特征膨胀时间影响因子
ζ_i	第 i 个弛豫组分的信号量
A	面积，$\mathrm{m^2}$
a	偶极子间距，Å
a_{g}	系数，m/s
A_{H}	Hamaker 常数，J
A_0	孔隙总表面积，$\mathrm{m^2}$
A_{p}	孔隙横截面积，$\mathrm{m^2}$
A_{s}	孔壁总表面积，$\mathrm{m^2}$
A_i	第 i 类孔隙的表面积，$\mathrm{m^2}$
b	比奥 (Biot) 系数
B_0	静磁场强度，T
$C(\theta)$	容量函数，$\mathrm{m^{-1}}$
C	常数，Pa

c_B	溶液浓度，mol/L
c_p	孔隙周长，m
c_v	水蒸气浓度，kg/m³
d	直径，nm
D_{m0}	分子自由扩散率，m²/s
D_m	分子扩散率，m²/s
D_0	初始水分扩散率，m²/s
D_{app}	气液耦合表观扩散率，m²/s
d_{cr}	临界孔径，m
D_g	气体扩散率，m²/s
d_L	液体分子直径，m
d_{max}	最大孔径，m
D_{ri}	相对氯离子扩散率
d_{th}	逾渗孔径，m
$D_{v,a}$	静止大气中的水蒸气扩散率，m²/s
D_{vw}	气液耦合总扩散率，m²/s
D_w	液态水名义扩散率，m²/s
d_{H_2O}	水分子直径，nm
d_{IPA}	异丙醇分子直径，nm
d_{N_2}	氮气分子直径，nm
E	弹性模量，GPa
E	附加能量 (第 3 章涉及时)，J
e	单位电荷，1.602×10^{-19} C
e	蒸发速率 (第 8 章涉及时)，m/s
E_0	理论弹性模量，GPa
E_m	能级附加能量，J
$f(\boldsymbol{x})$	与特征参数 $\boldsymbol{x}$ 对应的加权残值
$f(l_{max}^e)$	特征长度 l_{max}^e 以上孔隙体积分数
F	构造因子
f	进动频率，Hz
f_b	抗折强度，MPa
f_{c0}	理论抗压强度，MPa
f_c	抗压强度，MPa

f_S	表面单层分子的体积分数
f_i	体积分数
G	磁场梯度，T/m
g	重力加速度，9.81m/s^2
G_{max}	磁场梯度最大值，T/m
H	相对湿度
h	厚度，m
h	普朗克常量 (第 3 章涉及时)，6.626×10^{-34}J·s
H_0	边界相对湿度
H_∞	远场相对湿度
h_c	等效毛细吸水高度，mm
I	自旋量子数
i	电流强度，A
J	谱密度
J_{vw}	气液耦合总质量通量，kg/(m^2·s)
J_v	水分蒸发的质量通量，kg/(m^2·s)
J_w	液态水质量流速，kg/(m^2·s)
k	本征渗透率，m^2
k_{app}	表观气体渗透率，m^2
k_B	Boltzmann 常量，1.3806×10^{-23} J/K
k_{final}	最终本征渗透率，m^2
$k_{g,e}$	实测气体渗透率，m^2
k_g	气体渗透率，m^2
k_{IF}	惰性流体渗透率，m^2
k_{inh}	本征渗透率，m^2
k_{init}	初始本征渗透率，m^2
k_{int}	本征气体渗透率，m^2
k_{rg}	相对气体渗透率
k_{rw}	相对水分渗透率
k_{sw}	饱和水分渗透率，m^2
K_s	饱和渗透率，m/s
$k_{w,e}$	实测水分渗透率，m^2
$k_{w,p}$	预测水分渗透率，m^2

k_{w}	水分渗透率，m^2
L	长度，m
l	轨道角动量量子数
l_{c}	特征长度，m
$l_{\max}^{\mathrm{e}}$	与最大电导对应的特征长度，m
L_z	轨道角动量的 z 轴分量，N·m·s
m	原子核的自旋磁量子数 (第 3 章涉及时)
m	毛细吸收质量，g
M_0	净磁化强度矢量值 (第 3 章涉及时)，N·m/T
M_0	总信号量
$M_{0\mathrm{b}}$	自由水横向弛豫总信号量
m_{ads}	吸附平衡质量，g
m_{cap}	毛细饱和质量，g
m_{des}	脱附平衡质量，g
m_{dry}	绝干质量，g
m_{e}	电子的质量，kg
M_{g}	气体分子摩尔质量，g/mol
m_{init}	初始质量，g
M_{L}	液体摩尔质量，g/mol
m_{N}	原子核自旋磁量子数
m_{sat}	饱和质量，g
M_{SE}	自旋回波横向分量值，N·m/T
m_{wb}	自由水质量，g
M_{w}	水的摩尔质量，g/mol
m_{w}	可蒸发水含量，g
m_l	轨道磁量子数
m_s	自旋磁量子数
m_t	t 时刻试件质量，g
N	数量
n_0	形状参数
n_{e}	单指数弛豫组分的数量
N_{E}	脉冲数量
N_{S}	扫描次数

N_m	m 能级的核数
P	压力水头，m
p	压力，Pa
p^*	体积平均孔隙压力，Pa
p_0	参考标准大气压，Pa
p_{atm}	大气压，Pa
p_A	流体压力，Pa
p_B	流体压力，Pa
P_c	毛细势能，m
p_c	毛细压力，Pa
p_g	气相压力，Pa
p_i	进汞压力，MPa
p_{L0}	自由液相的蒸气压，Pa
p_L	孔溶液的蒸气压，Pa
p_m	平均压力，Pa
P_N	自旋角动量值，N·m·s
p_{v0}	饱和蒸气压，Pa
p_v	气体分压，Pa
p_w	液相压力，Pa
P_m	m 能级量子态的概率
$P_{N,z}$	自旋角动量的 z 轴分量，N·m·s
Q	体积流量，m^3/s
q	体积流速，m/s
R	理想气体常数，8.314 J/(mol·K)
r	弯液面曲率半径，m
R_b	多孔材料的电阻率，Ω·m
R_0	盐溶液的电阻率，Ω·m
r_{cr}	临界孔隙半径，m
r_h	水力半径，m
r_{mip}	压汞测孔半径，m
r_{th}	逾渗孔隙半径，m
r_i	第 i 类孔隙的等效半径，m
S	毛细吸收速率，m/s$^{0.5}$

S	电子自旋角动量值 (第 3 章涉及时)，$\mathrm{N \cdot m \cdot s}$
s	自旋量子数
S_1	初始毛细吸水速率，$\mathrm{mm/min^{0.5}}$
S_2	二次毛细吸水速率，$\mathrm{mm/min^{0.5}}$
$S_{1,\mathrm{exp}}$	初始毛细吸水速率实测值，$\mathrm{mm/min^{0.5}}$
$S_{1,\mathrm{sim}}$	初始毛细吸水速率模拟值，$\mathrm{mm/min^{0.5}}$
$S_{2,\mathrm{exp}}$	二次毛细吸水速率实测值，$\mathrm{mm/min^{0.5}}$
$S_{2,\mathrm{sim}}$	二次毛细吸水速率模拟值，$\mathrm{mm/min^{0.5}}$
S_g	气体占孔隙体积分数
S_h	正庚烷毛细吸收速率，$\mathrm{m/s^{0.5}}$
S_r	相对毛细吸水速率
S_w	液体饱和度
S_z	自旋角动量的 z 轴分量，$\mathrm{N \cdot m \cdot s}$
T	热力学温度，K
t	时间，s
T_0	参考温度，K
T_1	纵向弛豫时间，s
T_2	横向弛豫时间，s
T_2^*	实际横向弛豫时间，s
$T_2^{\#}$	额外弛豫时间，s
$T_{1\mathrm{B}}$	纵向自由弛豫时间，s
$T_{1\mathrm{S}}$	纵向表面弛豫时间，s
$T_{2,\mathrm{Init}}$	初始横向弛豫时间，s
$T_{2\mathrm{B}}$	横向自由弛豫时间，s
$T_{2\mathrm{D}}$	扩散弛豫时间，s
$T_{2\mathrm{S}}$	横向表面弛豫时间，s
t_d	干燥时间，h
T_E	回波间隔，s
T_g	气相曲折度
T_{inv}	反转时间，s
t_p	脉冲作用时间，s
T_R	重复时间，s
T_W	等待时间，s

T_{w}	液相曲折度
t_{w}	湿润时间，s
t_j	第 j 个毛细吸水时刻，s
T_{2i}	第 i 类孔的横向弛豫时间，s
T_{2i}^{-1}	第 i 类孔隙流体的弛豫率，s^{-1}
U	表面应力，Pa
V	流体体积，m^3
V_0	孔溶液总体积，m^3
V_{p}	孔隙体积，m^3
$V_{\mathrm{w,exp}}$	实测毛细吸水数据，mm
$V_{\mathrm{w,sim}}$	模拟毛细吸水数据，mm
V_{w}	单位面积吸水或失水体积，m
V_i	第 i 类孔隙或孔溶液的体积，m^3
W	有效界面能，N/m
W_0	常数，Pa
W_{Hyd}	水合能，N/m
W_{vdW}	范德瓦耳斯势能，N/m
X	胶空比
x	变量
Y	原子核的质量数
y	变量
Z	原子序数
ψ_0	表面电势，V
ζ	弛豫信号量
D_{init}	不同初始饱和度下的初始水分扩散率，m^2/s
n_{init}	初始形状参数
n_s	饱和脉冲数
z	电荷数
$\bar{h}$	名义厚度，mm
$\mathscr{F}(x)$	拟合函数
$\mathscr{G}$	函数映射
$\mathscr{K}$	积分核函数
$\mathscr{L}$	积分算子

Ω	积分域
Ω_b	多孔材料体积模量，Pa
Ω_s	固相体积模量，Pa
ς	体积平均应力，Pa
D	液体扩散率，m^2/s
D_i	氯离子扩散率，m^2/s
f_j	第 j 根毛细管的体积分数
i	序数
Q_j	第 j 根毛细管的体积流量，m^3/s
q_j	第 j 根毛细管的体积流速，m/s
r_j	第 j 根毛细管的半径，m
t_i	第 i 个回波产生的时间，s
V_b	多孔材料总体积，m^3
v_w	风速，m/s
BET	Brunauer-Emmett-Teller 多层气体吸附理论
RMSE	均方误差
SANS	小角度中子散射技术
SAR	射频吸收比率
SAXS	小角度 X 射线散射技术
SNR	信噪比
SRT	根号时间线性规律
X	化学元素符号

第 1 章　水泥基材料概述

自 1824 年阿斯谱丁 (Aspdin) 发明硅酸盐水泥以来,利用水泥将砂、石等颗粒状集料胶结而成的混凝土等水泥基材料迅速成为土木工程最重要的结构材料,广泛地应用于房建、道路、桥隧、港口、机场等基础设施建设。水泥是水硬性胶凝材料的统称,按矿物组成可以分为硅酸盐水泥、铝酸盐水泥、硫铝酸盐水泥、磷酸盐水泥等诸多品类。硅酸盐水泥能满足大多数基础设施建设的需要,在土木工程中应用范围最广,产量用量最大。地壳中氧、硅、铝、铁、钙元素含量丰富,主要由这些元素构成的硅酸盐水泥能满足大规模土木工程基础设施建设的需要,在可预见的未来,它将依然是最主要的水泥品类,不可或缺且无法替代。此外,考虑到水泥浆的性质在很大程度上决定着水泥砂浆和混凝土的宏观性能,且粗骨料自身、界面过渡区及局部离析泌水等因素均使混凝土的多尺度结构具有高度的非均质性,宏观性能呈现出明显的离散性 [1],因此,本书主要研究通用硅酸盐水泥净浆和砂浆。

1.1　水泥浆的组成

通用硅酸盐水泥是以硅酸盐水泥熟料、适量石膏和其他活性或非活性矿物掺合料磨细制成的水硬性胶凝材料 [2],石膏用来调节水泥的凝结时间,矿物掺合料主要用来调节水泥性能 (调整水泥强度、降低水化热、改善新拌混凝土的工作性和耐久性并扩展水泥的使用范围等)、增加产量并降低成本,通常也称作辅助胶凝材料 (supplementary cementitious materials)。矿物掺合料是水泥熟料的良好补充,通常由工业副产品或由天然材料经粉磨等简单加工制成。在水泥或混凝土中掺加辅助胶凝材料,可以节约能源、保护资源并减少环境污染,具有显著的技术效益、经济效益、社会效益与生态意义。

1.1.1　硅酸盐水泥

1. 水泥熟料

生产硅酸盐水泥熟料的原材料包括石灰石、白垩等石灰质原料和黏土、黄土、页岩等黏土质原料,前者主要提供氧化钙,后者主要提供氧化硅、氧化铝和氧化铁。为调整水泥熟料的化学组成,有时还会加入少量铁质和硅质校正原料,如铁矿石和砂岩等。将原材料按一定比例混合均匀、磨细制成生料后入窑煅烧至 1300 ～

1400 ℃ 的高温, 经复杂的物理化学反应生成以硅酸钙为主的多种矿物, 再快速冷却得到的黑色球状物即为硅酸盐水泥熟料。将水泥熟料、适量石膏和一定比例的混合材料共同磨细, 即可制得各类通用硅酸盐水泥, 其生产工艺常用 "两磨一烧" 来高度概括。

水泥熟料是硅酸盐水泥的主要组成, 它是由多种无机矿物组成的混合物, 主要有硅酸三钙 $3\,CaO \cdot SiO_2$(水泥化学通常简写为 C_3S, 质量分数为 45% ~ 60%)、硅酸二钙 $2\,CaO \cdot SiO_2$(简写为 C_2S, 质量分数为 15% ~ 30%)、铝酸三钙 $3\,CaO \cdot Al_2O_3$ (简写为 C_3A, 质量分数为 6% ~ 12%) 和铁铝酸四钙 $4\,CaO \cdot Al_2O_3 \cdot Fe_2O_3$ (简写为 C_4AF, 质量分数为 6% ~ 8%), 硅酸三钙和硅酸二钙占比之和通常为 75% ~ 82%。除前述四种主要矿物外, 水泥熟料中还存在少量煅烧过程中没有发生反应的游离氧化钙、氧化镁和含钠、钾的矿物等, 前者可能导致硅酸盐水泥的体积安定性不良, 后者可能带来碱骨料反应等问题, 在水泥生产过程中, 应严格控制它们的含量。水泥及常用辅助胶凝材料的化学组成如表 1.1 所示。水泥、辅助胶凝材料及主要水化产物的化学组成如图 1.1 所示 [3,4]。

表 1.1 水泥及常用辅助胶凝材料的化学组成[3]

水泥及常用胶凝材料		CaO /%	SiO$_2$ /%	Al$_2$O$_3$ /%	Fe$_2$O$_3$ /%	MgO /%	Na$_2$O /%	K$_2$O /%	密度/ (g/cm^3)	粒径/ μm	比表面积/ (m^2/kg)
水泥		64	20	5	4	1	0.2	0.5	3.1	0.5 ~ 100	350
粉煤灰	低钙	3	48	27	9	2	1	4	2.1	1 ~ 100	350
	高钙	20	40	18	8	4	—	—			
矿渣粉		40	36	9	1	11	—	—	2.9	3 ~ 100	450
硅灰		—	97	2	0.1	0.1	—	—	2.2	0.01 ~ 0.2	20000

注: 矿渣粉为粒化高炉矿渣的简称。

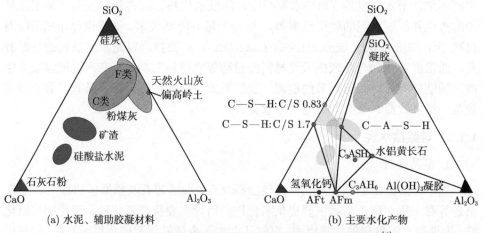

(a) 水泥、辅助胶凝材料   (b) 主要水化产物

图 1.1 水泥、辅助胶凝材料及主要水化产物的化学组成 [4]

为了控制生产质量并方便选用，国家标准对水泥的细度、凝结时间、体积安定性、标准稠度用水量、碱含量和强度等技术性质提出了具体要求。水泥的细度指水泥粉磨的粗细程度，它会影响水泥的水化速率、凝结时间、生产能耗和成本等。硅酸盐水泥 (Portland cement，PC) 和普通硅酸盐水泥 (ordinary Portland cement，OPC) 的细度采用比表面积来表示，国家标准要求不低于 $300\,\mathrm{m^2/kg}$；矿渣硅酸盐水泥等通用硅酸盐水泥品种的细度以筛余量来表示，要求 $80\,\mu\mathrm{m}$ 方孔筛的筛余量不高于 10%，或者 $45\,\mu\mathrm{m}$ 方孔筛的筛余量不高于 30%。为了施工方便，水泥的初凝时间不能过短，国家标准要求不早于 $45\,\mathrm{min}$；终凝时间不能太长，硅酸盐水泥的终凝时间不大于 $390\,\mathrm{min}$，其他品种的混合硅酸盐水泥不大于 $600\,\mathrm{min}$。水泥的体积安定性指水泥浆体硬化后发生体积不均匀膨胀的变形性质。若水泥中含有较多游离氧化钙、氧化镁或掺入了过量石膏，可能导致水泥的体积安定性不良，使水泥凝结硬化后出现开裂甚至完全破坏。水泥的标准稠度用水量指水泥净浆达到规定稠度时所需用水量，通常为水泥质量的 $23\%\sim30\%$，仅在检验凝结时间和体积安定性时使用。水泥的碱含量由 $\mathrm{Na_2O}+0.658\,\mathrm{K_2O}$ 的当量值来表示，碱含量超标可能导致混凝土发生碱骨料反应破坏。此外，水泥的强度直接影响混凝土强度，可以利用规定水灰比 (water-to-cement ratio，w/c)、灰砂比和标准养护方法制备而成的标准水泥胶砂试件来进行测定。

2. 辅助胶凝材料

辅助胶凝材料已在水泥工业与混凝土产业中广泛应用。若辅助胶凝材料加水后本身非常缓慢或不凝结硬化，但当同时存在碱或硫酸盐激发剂时，能凝结硬化并发展出一定的强度，则将它称作活性辅助胶凝材料，反之称作非活性辅助胶凝材料。辅助胶凝材料品种多样，按来源可以分为粒化高炉矿渣 (granulated blast-furnace slag，SG)、粉煤灰 (fly ash，FA)、硅灰 (silica fume，SF)、天然火山灰、烧黏土、偏高岭土、稻壳灰、石灰石粉及各种工业废渣等 [5,6]，其中前三种最为常用，它们的化学组成及基本物理性质见表 1.1 和图 1.1。

将冶炼生铁时从高炉中排出的熔渣倒入水池或喷水快速冷却，得到含有大量玻璃体的粒状废渣即为粒化高炉矿渣，它除含有大量无定形 $\mathrm{Al_2O_3}$ 和 $\mathrm{SiO_2}$ 外，由于炼铁过程中需要加入石灰石造渣，它同时还含有约 30% 的 CaO，这使得粒化高炉矿渣本身具有微弱的水硬性，磨细后可以作为活性辅助胶凝材料使用。粉煤灰是在燃煤电厂烟道中收集所得煤粉燃烧后剩余的灰分，它含有大量球形颗粒，其水化活性取决于无定形 $\mathrm{Al_2O_3}$、$\mathrm{SiO_2}$ 和 CaO 的含量。按 CaO 含量高低，可以将粉煤灰分成低钙粉煤灰和高钙粉煤灰两种，后者自身具有与粒化高炉矿渣类似的微弱水硬性。硅灰是硅铁合金冶炼过程中排出的烟气遇冷凝结而成的微细球形玻璃体粉末，颗粒非常细，比表面积非常高，活性 $\mathrm{SiO_2}$ 的质量分数通常高于 90%，这使得硅灰具有很高的火山灰活性。应用在水泥与混凝土中时，硅灰能显著地改善硬化水泥浆体和过渡区的微观结构，明显地提高混凝土的强度、耐磨性和耐久性等。在加水拌和后，粒化高炉矿渣和高钙粉煤灰自身的水化凝结硬化过程非常缓慢，低钙粉煤灰和硅灰自身并不会凝结硬化。但当与硅酸盐水泥共同使用时，在水泥水化产物及硫酸盐的激发作用下，它们的水化速率将大大提高。通常将材料本身没有胶凝性，但磨细后在常温条件下能够与氢氧化钙和水发生化学反应，并生成具有胶凝性水化产物的性质称作火山灰活性。不同品种辅助胶凝材料的化学组成和矿物组成差异明显，具体情况见表 1.1和图 1.1。

　　结合表 1.1 可知，粉煤灰的密度远小于水泥，用它来等质量地替代水泥用于配制混凝土时，浆体体积将明显增大。优质粉煤灰主要由近似球形且表面较光滑的颗粒组成，粒径与水泥非常接近，掺入混凝土中能显著地改善拌和物的流动性和黏聚性。硅灰颗粒也近似呈球形，但粒径远小于水泥颗粒，比表面积约高出 2 个数量级。用硅灰代替部分水泥时，混凝土的需水量将显著增大，常搭配高效减水剂使用。通过强力搅拌使硅灰微粒均匀分散并填充到水泥颗粒间隙中，可以配制出更低水胶比并满足所需流动性的混凝土拌和物。磨细矿渣粉的密度、颗粒形状和粒径均与水泥接近，利用它来等质量替代水泥时，拌和物的需水量及流动性变化较小。粉煤灰、硅灰和矿渣粉的水化活性各异，它们对水泥净浆、砂浆和混凝土凝结硬化过程、硬化后的微观结构和宏观性能的影响也各不相同 [4,7]。

1.1.2　水泥水化过程

　　由于水泥熟料矿物是在高温且非平衡条件下反应生成的，晶体结构发育不完善并含有大量缺陷，这使得水泥熟料具有很高的水化活性，且不同矿物的活性及水化反应过程各不相同。水泥熟料中各主要矿物单相的水化反应方程可以写为

$$3\,CaO \cdot SiO_2 + (3-x+y)\,H_2O \longrightarrow x\,CaO \cdot SiO_2 \cdot y\,H_2O + (3-x)\,Ca(OH)_2 \tag{1.1}$$

$$2\,CaO \cdot SiO_2 + (2-x+y)\,H_2O \longrightarrow x\,CaO \cdot SiO_2 \cdot y\,H_2O + (2-x)\,Ca(OH)_2 \tag{1.2}$$

$$3\,CaO \cdot Al_2O_3 + 6\,H_2O \longrightarrow 3\,CaO \cdot Al_2O_3 \cdot 6\,H_2O \tag{1.3}$$

$$4\,CaO \cdot Al_2O_3 \cdot Fe_2O_3 + 7\,H_2O \longrightarrow 3\,CaO \cdot Al_2O_3 \cdot 6\,H_2O + CaO \cdot Fe_2O_3 \cdot H_2O \tag{1.4}$$

式中，变量 x 为钙硅比；y 为水硅比。铝酸三钙的水化反应极快，同时放出大量的热量。在不存在石膏的情况下，该反应生成的晶体在空间中快速堆积并形成松散的网状结构，足以使水泥浆体在几分钟内便凝结硬化 (闪凝)。铁铝酸四钙的水化

反应也很快,水化热中等,同时生成水化铝酸钙晶体和水化铁酸钙凝胶,但该反应对水泥性能影响不大。硅酸三钙和硅酸二钙的水化机理类似,均生成组成不确定、结晶很差的水化硅酸钙 (简写为 C—S—H) 凝胶和氢氧化钙 (简写为 CH) 晶体。不同之处主要体现在水化动力学层面,C_3S 的水化较快,放热量大,而 C_2S 的水化反应较慢,水化放热量小。作为水泥熟料中的主要矿相,C_3S 和 C_2S 的水化过程及其产物主要决定着水泥基材料的关键组成与微结构特征。

硅酸盐水泥的水化过程由熟料矿物和石膏共同决定,通常用溶解沉淀理论来描述。将硅酸盐水泥与水拌和后,熟料中的四种主要矿物和石膏迅速溶解,释放出 Ca^{2+}、SO_4^{2-}、OH^-、AlO_2^-、SiO_2^{2-}、Fe^{3+} 等离子并使液相快速饱和,之后逐渐沉淀析出多种水化产物,此即水泥水化的溶解沉淀过程。在石膏存在的条件下,水泥水化首先很快生成三硫型水化硫铝酸钙 (简写为 AFt,针棒状晶体),化学反应方程可以写为

$$3CaO \cdot Al_2O_3 \cdot 6H_2O + 3CaSO_4 \cdot 2H_2O + 24H_2O$$

$$\longrightarrow 3CaO \cdot Al_2O_3 \cdot 3CaSO_4 \cdot 32H_2O \tag{1.5}$$

如果碱性液相的 pH 高于 9 且存在足量的硫酸根离子,那么钙矾石就能稳定存在,后期再逐渐转化成单硫型水化硫铝酸钙 (简写为 AFm,六方片状晶体)[8,9]。由于 AFt 晶体沉淀结晶过程较为缓慢,掺入石膏后发生的化学反应能有效地延缓水泥的水化,使水泥水化快速进入水化基本停滞的潜伏期,同时在很大程度上影响着新拌水泥浆体的流动性[10],直到水泥浆体内部开始沉淀析出大量 C—S—H 凝胶和 CH 时潜伏期结束,水泥水化进入加速期。在这一阶段,硅酸盐矿物尤其是 C_3S 快速水化,水化产物快速增加且自由水逐渐减少,颗粒间距离逐渐减小、相互接触并形成空间网状凝聚结构,使得初始具有良好可塑性的水泥浆慢慢变稠并逐渐凝结硬化,水化产物逐步填充被拌和水占据的空间。当水泥水化生成足量产物并占据大部分空间时,水泥水化的动力学过程转由水泥矿物的溶解和离子扩散控制,水泥水化进入减速期[11]。部分研究还认为,加速期的结束和减速期的开始均与 C—S—H 凝胶生长方式的转变有关。当水泥矿物表面全部被沉淀析出的 C—S—H 凝胶覆盖后,新的 C—S—H 凝胶只能由在水泥颗粒表面向外沉淀生长 (生成外部水化产物[12,13]) 的模式转变为在水泥颗粒与 C—S—H 凝胶界面处向内生长 (生成内部水化产物) 的模式[14,15]。当石膏消耗殆尽后,AFt 会进一步和残余 C_3A 反应生成 AFm。随着水泥水化的继续进行,硬化水泥浆体越来越密实,最终发展出良好的强度和刚度。在适宜的温湿度条件下,水泥的水化及水泥浆强度的增长将持续几年甚至几十年,硅酸盐水泥水化产物生成过程如图 1.2 所示。硅酸盐水泥水化的物理化学过程十分复杂,至今尚未完全认识清楚。

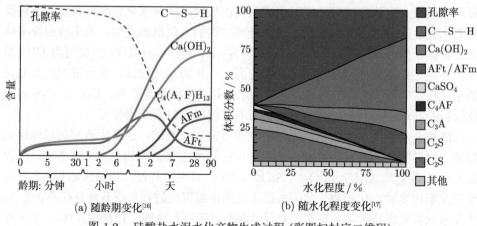

(a) 随龄期变化[16]　　　　　　　(b) 随水化程度变化[17]

图 1.2　硅酸盐水泥水化产物生成过程 (彩图扫封底二维码)

在水泥水化形成的碱性条件激发下，含无定形 SiO_2 的火山灰质矿物掺合料会发生明显的二次水化反应：

$$x\,Ca(OH)_2 + SiO_2 + (y-x)\,H_2O \longrightarrow x\,CaO \cdot SiO_2 \cdot y\,H_2O \qquad (1.6)$$

二次水化反应较慢，生成的 C—S—H 凝胶与硅酸钙矿物的水化产物没什么区别。在用硅酸盐水泥配制的混凝土中，氢氧化钙多以片状结晶集中富集在骨料和水泥浆体间的界面过渡区处，二次水化反应能消耗部分氢氧化钙并生成 C—S—H 凝胶，它与水泥熟料中的硅酸盐矿物水化生成的 C—S—H 几乎无差异，进而使得过渡区更为密实，这能有效地提高混凝土强度、降低其渗透性并改善其耐久性。

此外，在氢氧化钙或硫酸盐激发条件下，活性矿物掺合料中含有的无定形 Al_2O_3 也会发生类似于 C_3A 的水化反应但水化活性低得多，生成的水化铝酸钙和水化硫铝酸钙等产物同样能有效地提高水泥混凝土的密实度和抗渗性。

1.1.3　水泥水化产物

在充分水化的硅酸盐水泥浆体中，C—S—H 凝胶的体积分数约为 70%、CH 约为 20%、水化硫铝酸钙约为 7%，其余为未水化水泥颗粒及少量其他组分。在水泥水化早期，铝酸三钙和石膏溶解于液相中后，趋向于沉淀生成 AFt 针棒状晶体。当温度高于 70 ℃ 左右时，铝酸三钙水化主要生成 AFm 六方片状晶体，后期随着温度的降低，AFm 将转化成 AFt，体积显著膨胀并导致水泥基材料开裂，此即延迟钙矾石生成破坏现象[18]。当水泥中掺有过量石膏或后期遭受硫酸盐侵蚀时，也可能发生类似破坏现象。除可能导致开裂和耐久性劣化外，水化硫铝酸钙对硬化水泥基材料微结构与性能间关系的影响较小。

在水泥水化的主要产物中,氢氧化钙的含量仅次于 C—S—H 凝胶且溶解度最高,20 °C 时每 100mL 水能溶解 0.173g,这使得它对硬化水泥浆多方面性能均具有重要影响。对早龄期的硬化水泥浆体来说,尺寸较大的 CH 晶体能阻碍微裂纹扩展,这在一定程度上有助于硬化水泥浆力学性能的提升 [19,20]。但当水化程度较高时,大尺寸 CH 晶体却是基体材料中的严重缺陷,反而会降低硬化水泥浆体的力学性能 [21]。氢氧化钙的晶体尺寸与水灰比密切相关,水灰比越高时,CH 晶粒越粗大。当水泥浆的水灰比降至极低水平时,生成的氢氧化钙为微晶形态,并会嵌入或固溶至 C—S—H 凝胶中,进而提高 C—S—H 凝胶的弹性模量等力学性能 [22,23]。最近的研究表明,由于羟基等官能团会与氢氧化钙晶体表面相互作用进而抑制其晶体生长 [24],三乙醇胺、聚羧酸减水剂及减缩剂等外加剂也会显著地影响 CH 的晶体尺寸与形貌 [25-27],这也是类似外加剂会影响硬化水泥浆体微结构及其宏观力学性能的原因之一。对体积稳定性来说,若将 CH 晶体视作基体内部的夹杂,比表面积等结构特征不同的 CH 晶体不单对基体刚度的影响存在差异,还会显著地影响干燥过程中 C—S—H 凝胶重新排布的难易程度,进而会影响干燥收缩等体积变化 [28,29],相关研究还有待深入。从耐久性角度来看,CH 是维持水泥基材料处于高碱性状态的重要碱源,它不但对 C—S—H 凝胶等其他组分的组成与结构的稳定性非常重要,同时也是决定水泥基材料抗碳化、钢筋钝化及软水溶蚀等耐久性问题的关键所在。

C—S—H 凝胶是硬化水泥浆最重要的组成部分,但其组成与结构也最为复杂。与 CH 和 AFt/AFm 晶体不同,C—S—H 是化学组成不确定的非化学计量化合物 (典型组成为 $C_{1.7}SH_{1.8}$ [30]),结晶度很低,长程无序的无定形微结构高度复杂,很难进行直接测试与表征 [31]。

钙硅比是影响 C—S—H 凝胶微结构的重要参数,且显著地影响凝胶的比表面积、吸附性能及强度等物理化学及力学性能 [32]。从化学计量角度来看,C—S—H 凝胶的钙硅比 x 通常在 $0.6 \sim 2.0$ 内变化 [33],常温下纯 C_3S 水化生成 C—S—H 凝胶的钙硅比为 $1.4 \sim 2.0$ [34,35],平均钙硅比约为 1.7。钙硅比 x 随水灰比的增大而降低 [16],对它是否随水化程度变化还存在争议。早期试验研究发现,在 C_3S 水化的起初几个小时内,钙硅比 x 从 C_3S 的 3.0 逐渐降低至 $2.0 \sim 2.5$,之后最高可以增大到 $2.7 \sim 2.8$,后期再逐渐降低至 2.0 以下 [36,37],但最近的研究成果并不支持钙硅比 x 随水化程度变化的观点 [34,38]。Taylor [33] 研究认为,水泥浆体中的 C—S—H 凝胶可以分为 C—S—H(I) 型和 C—S—H(II) 型两相,前者是类似于 1.4nm 托贝莫来石 (Tobermorite) 结构的准结晶相,后者类似于羟基硅钙石,但结晶很不完整。这两种矿物的化学式分别为 $[Ca_4(Si_3O_9H)_2]Ca \cdot 8H_2O(x = 0.83)$ 和 $[Ca_8(Si_3O_9H)_2]Ca \cdot 6H_2O(x = 1.5)$,理想晶体结构如图 1.3 所示。从图 1.3 中可见,它们都是层状并含有 $[SiO_4]^{4-}$ 四面体三元重复排列的单链结构,只是 OH 基团和 Ca—O 面的组合方式不同。图 1.3 中化学键标蓝的硅氧四面体不与 Ca—O 相连，该桥四面体经常缺失，使无限长的硅氧链断裂成 2、5、8、···、$3n-1(n=1,2,\cdots)$ 个硅氧四面体聚合的短链化合物，且不存在二维和三维结构。此外，桥四面体中的 Si^{4+}(共价半径为 111 pm) 容易被离子半径非常接近的 Al^{3+}(共价半径为 121 pm) 取代 (Fe^{3+} 的共价半径为 132 pm，不会发生取代)，使 C—S—H 凝胶表面负电荷增加，进而能吸附更多的 Na^+、K^+ 和 Ca^{2+} 等。Grutzeck 等 [39,40] 利用高场磁共振技术研究认为，C—S—H 凝胶中存在富钙区 ($x \geqslant 1.1$) 和富硅区 ($x = 0.6 \sim 1.0$) 两个独立相区，钙硅比 x 在 $1.0 \sim 1.1$ 的区间空缺，且富硅区 C—S—H 凝胶的比表面积比富钙区要高很多。富硅区 C—S—H 凝胶的结构与托贝莫来石结构类似，但富钙区 C—S—H 是组群状硅酸盐结构，并非羟基硅钙石结构。此外，鉴于用化学萃取法能够从 C—S—H 凝胶中萃取出大量 CH，但利用 X 射线衍射 (X-ray diffraction) 测试却没有发现 CH 的衍射峰 [41,42]，故而认为 CH 与 C—S—H 凝胶形成单相固溶体。Richardson 等 [13,43,44] 对单相固溶体模型进行了修正，认为存在不同链长的硅酸盐阴离子、OH^- 和 CH 形成固溶体，并基于类托贝莫来石结构提出了 C—S—H 凝胶化学组成的通式，它能考虑 C—S—H 凝胶层状结构的无序性质及其组成的变化，进而统一了两相模型和单相固溶体模型。虽然 C—S—H 凝胶极细微粒的短程有序晶体结构与托贝莫来石、羟基硅钙石等天然硅酸盐矿物有些类似，但实际上，C—S—H 凝胶的组成在凝胶颗粒间有很大的波动，硅氧四面体的聚合度、链长及聚合体的分布非常复杂 (如图 1.4 所示，图中同时还给出了硅氧基团、水分子、钙离子等可能影响层间相互作用的因素)，具体组成与结构还有待深入解析。

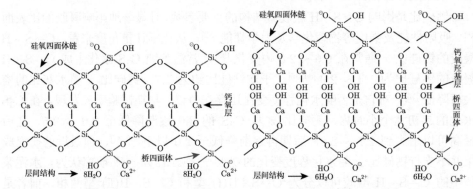

图 1.3   托贝莫来石 (左) 和羟基硅钙石 (右) 的理想晶体结构 [45](彩图扫封底二维码)

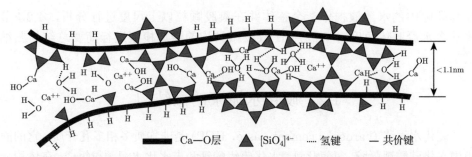

图 1.4 无定形 C—S—H 凝胶片的微观结构模型及凝胶层间可能的相互作用 [46]

水硅比 y 也是表征 C—S—H 凝胶组成的重要参数，测定水硅比的关键在于如何确定 C—S—H 凝胶化学结合水的含量。水泥浆体中水分的存在状态多样，除 C—S—H 凝胶内部以化学键结合的化学结合水 (bound water) 外，C—S—H 凝胶固体表面还存在物理吸附水，以及填充在各类不同尺寸孔隙 (层间孔、凝胶孔和毛细孔等) 中的毛细水和自由水，且各种状态的水分没有明确界限，很难严格区分。此外，在测定 C—S—H 凝胶的化学结合水含量时，也很难将它与 CH、AFt/AFm 晶体中以 OH⁻ 形式存在的结合水含量严格区分开来 [47]，这使得采用不同方法测得的化学结合水含量和对应的水硅比存在一定差异 [31,48]。对 C_3S 浆体开展的试验研究发现，当相对湿度 $H = 11\%$ 时，若假设层间孔依然饱水，则 $y = 2.0 \sim 2.1$ [49]；在 D 干燥 (真空干冰环境，温度为 $-79℃$，水蒸气分压低至 $0.07\,Pa$，D 表示干冰) 状态下，则 $y = 1.3 \sim 1.5$ [50]。部分研究综合利用甲醇置换与热重法分别测定硬化 C_3S 浆体 (水灰比为 0.49) 的自由水含量和 CH 含量 [38]，确定其水硅比 $y = 1.77$，还有研究认为 C—S—H 凝胶近似满足 $x - y \approx 0.5$ [51]。此外，尽管有研究认为水硅比 y 与钙硅比 x 相互独立 [52,53]，但也有研究发现它们正相关，即水硅比随钙硅比的增大而增大，这可能是因为 Ca^{2+} 会以水合离子或 Ca—OH⁻ 形式 (图 1.4) 结合到 C—S—H 凝胶中 [54,55]。有证据表明，C_3S 水化生成 C—S—H 凝胶的水硅比不随水化程度变化 [34,38]，且它与 C_2S 水化生成的 C—S—H 凝胶无差异 [31]，也有部分研究认为水硅比随龄期逐渐降低 [56]。在水化程度一定时，随着初始水灰比的增大，C—S—H 凝胶的水硅比 y 也会有所增大。

凝胶是种特殊的颗粒分散体系，在物理化学中一般将它归为胶体类，并认为它是一种介于固体和液体之间的物质状态，是胶体的存在形式之一。凝胶中的胶体颗粒通过物理或化学结合力互相连接形成空间网络结构，胶体颗粒之间的孔隙充满液体 (通常是水)，使凝胶兼具固体和液体的部分性质，且凝胶体积会随着温度、压力、离子组成和 pH 的变化而变化，并能与外界环境发生能量和物质的交换 [57,58]。在分析 C—S—H 凝胶与水泥基材料的结构和性能时，需将凝胶与孔隙中的水溶液视作一个整体并在凝胶颗粒以上尺度进行分析，1.2.1 节将从含水凝胶体角度对 C—S—H 凝胶微结构的经典模型进行简要总结与归纳概括。

1.2　硬化水泥浆的微结构

硬化水泥浆 (hardened cement paste，HCP) 是非均质多相多孔介质，它的固相由水化硅酸钙凝胶、氢氧化钙、水化硫铝酸钙和未水化水泥颗粒组成，在体积分数相当可观的孔隙中还分布着水溶液和空气。无定形 C—S—H 凝胶是硬化水泥浆的主要组分，它对硬化水泥浆各方面性质发挥着重要甚至决定性作用。此外，尺寸不同、形状各异的孔隙也是硬化水泥浆的重要组成，孔隙率、孔隙尺寸、表面形貌、空间分布及连通状况是硬化水泥浆体孔结构的关键特征。无定形 C—S—H 凝胶和孔隙的介微观尺度结构十分复杂，并在很大程度上决定着水泥基材料的力学性能、体积稳定性和耐久性等。研究 C—S—H 凝胶及孔隙微结构特征的学术文献汗牛充栋，更不用提砂浆和混凝土等水泥基材料的微结构特征。本节只从 C—S—H 凝胶及硬化水泥浆体内部孔隙的结构特征角度，对相关文献中提出的经典模型进行论述。

1.2.1　C—S—H 凝胶的结构

C—S—H 凝胶的微结构非常难以描述，部分归因于它的化学组成难以确定，部分原因在于它的孔隙结构及它与孔中水溶液的相互作用十分复杂。C—S—H 凝胶结构模型均建立在间接试验结果及其推定或假定的基础之上。从不同尺度、不同性能角度，利用不同测试技术分析不同的水泥基材料，可能测量或推断得到 C—S—H 凝胶不同的微结构特征，进而建立不同的 C—S—H 凝胶模型，其中以 Powers-Brownyard(P-B) 模型 [47,59,60]、Feldman-Sereda(F-S) 模型 [49,61-66]、Munich 模型 [67-71] 及 Jennings-Tennis(J-T) 模型 [17,72-77] 最具代表性，如图 1.5 所示。与 1.1.3 节讨论 C—S—H 凝胶的化学组成和固相晶体学结构特征不同的是，这些经典模型更多地在凝胶颗粒以上尺度讨论 C—S—H 凝胶颗粒堆积状态、孔径分布、比表面积等微结构特征，以及凝胶与孔中水溶液间的相互作用与宏观质量变化 (等温吸附、脱附过程及滞回现象)、长度变化 (收缩与徐变等)、渗透性等物理性质和抗压/弯强度、弹性模量等力学性能之间的关系。

1. P-B 模型

早在 20 世纪 30 年代，美国硅酸盐水泥协会研究实验室 (Portland Cement Association Research Laboratory) 的 Powers 和 Brownyard [47] 与 Brunauer 等 [78] 率先开始对硅酸盐水泥水化过程及硬化水泥浆的微结构开展系统深入的研究，立足水蒸气吸附脱附等温线和化学结合水等测试结果，假设水蒸气吸附脱附过程完全可逆且符合 BET(Brunauer-Emmett-Teller) 多层气体吸附理论，进而于1948 年提出系统描述硅酸盐水泥水化、C—S—H 凝胶及硬化水泥浆体微结构的 P-B 模型并不断完善，该经典模型时至今日依然在广泛使用 [31, 79]。

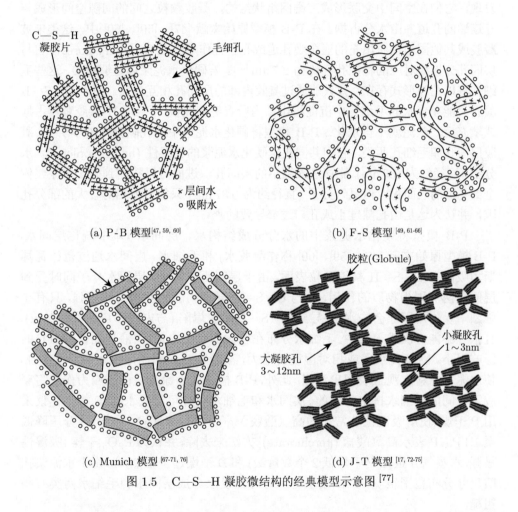

(a) P-B 模型 [47, 59, 60]

(b) F-S 模型 [49, 61-66]

(c) Munich 模型 [67-71, 76]

(d) J-T 模型 [17, 72-75]

图 1.5 C—S—H 凝胶微结构的经典模型示意图 [77]

P-B 模型认为，C—S—H 凝胶由直缘纤维状微粒 (gel particle) 堆积而成，部分颗粒相互接触并存在化学键合，颗粒间存在间隙 (interstices)，单个微粒由 2 ~ 4 层凝胶片堆叠并通过范德瓦耳斯力等表面力相结合，具有层状结构且层间距约为 1.8 nm，凝胶颗粒内部孔隙 (在 P-B 模型的原始文献 [47]、[59]、[60] 中将它称作凝胶孔，考虑到 C—S—H 凝胶具有层状结构，本书将它称为层间孔) 占凝胶总体积的 28% 且恒定不变，如图 1.5 (a) 所示。这与同样具有层状结构且部分相邻颗粒通过相对较强的离子-共价键 (ionic-covalent bonds) 相结合的黏土材料非常类似[77], 6.1.2 节将更详细地讨论黏土矿物的微结构特征。水蒸气或氮气等温吸附脱附试验中存在显著的滞回现象, 这是含有狭缝状孔隙多孔介质的重要特点, 为 C—S—H 凝胶具有层状结构提供重要支撑。利用扫描电子显微镜进行观测发现, 它们在空间中交联形成三维网络状结构, 凝胶颗粒之间的间隙空间形成相互连通的孔道并由水分占据。在 P-B 模型原始文献 [47]、[59]、[60] 中, 这类未被凝胶或其他固相物质填充的亚微观孔道或孔腔称作毛细孔 (capillary pores), 它与层间孔界线对应的特征孔径约为 2.7 nm[31]。若硬化水泥浆体足够密实, 这些毛细孔将以孔腔形式存在, 并只能通过凝胶内部的层间孔相互连通。由于 C—S—H 凝胶只能在含水的毛细孔中沉淀析出, 当所有毛细孔被 C—S—H 凝胶颗粒占据或填充后, 水泥就不再水化。P-B 模型将硬化水泥浆中的孔隙分为 C—S—H 凝胶层间孔和毛细孔两类, 它们共同决定硬化水泥浆的吸湿性 (hygroscopicity)。水分子 (直径约为 0.3 nm) 能够进入细小的层间孔, 进而可以探测到硬化水泥浆体全部孔隙的表面积, 但氮气分子 (直径约为 0.37 nm) 只能进入相对较大的部分孔隙, 并认为这是由孔隙过小或孔口过窄导致的[80]。

P-B 模型将硬化水泥浆中的水分分成结构水、层间水 (本书统称层间水, P-B 模型原始文献 [47]、[59]、[60] 称作凝胶水) 和毛细水。层间水通过范德瓦耳斯力吸附在 C—S—H 凝胶颗粒表面, 由于层间距非常小, 层间水分子同时受到层间孔两侧固相物质的作用, 它与 C—S—H 凝胶间的相互作用比较强, 只有在强烈干燥作用下才会失水, 并导致 C—S—H 凝胶塌陷 (与宏观不可逆收缩对应), 且水分不能再次进入其中。毛细水分布在较大的孔隙内部, 固液界面作用对它的影响很小。随着含水率或相对湿度的增大, 凝胶颗粒表面的毛细水膜厚度增加, 使水泥基材料宏观上表现出湿胀。此外, P-B 模型认为徐变是由压应力作用将凝胶颗粒间的毛细水挤出导致的。层间水和毛细水统称可蒸发水, P-B 模型建议采用 P 干燥 [使用吸湿性非常高的高氯酸镁 $Mg(ClO_4)_2 \cdot 2H_2O$ 将水蒸气分压降低至 1.1 Pa, P 表示高氯酸盐 (perchlorate)] 方法来去除, 并认为 P_2O_5 干燥 (吸湿性极强, 水蒸气分压比 P 干燥低 2 个数量级) 和 D 干燥过于强烈[50]。由于水泥浆孔隙尺寸分布范围很宽, P-B 模型将所有可蒸发水分成层间水和毛细水两类有些粗糙。

除讨论 C—S—H 凝胶颗粒堆积方式及由此形成的孔结构外, P-B 模型还从动力学角度全面地分析了硅酸盐水泥水化及孔结构演化过程, 并对抗压强度、渗透率、体积稳定性、孔隙水结冰等宏观性质或过程与比表面积、孔结构等特征间的关系进行了深入分析和试验验证。1.3.1 节还将部分引用 P-B 模型中关于抗压强度、水分渗透率与孔结构关系的研究成果, 对其余与本书主旨关联不大的研究工作, 读者可以自行阅读相关原始文献 [47]、[59]、[60]。

2. F-S 模型

在 P-B 模型提出 20 年之后即 1968 年，主要基于长度等温线及抗弯强度、弹性模量等力学性能指标随相对湿度变化规律的试验结果，加拿大国家研究院 (National Research Council) 建筑研究所的 Feldman 和 Sereda [61] 提出了与 P-B 模型不太兼容的 F-S 模型。F-S 模型认为，C—S—H 凝胶同样具有层状结构，凝胶片厚度约为 0.9 nm，它们在空间中随机取向，这可能使局部凝胶片间距较远；2 ~ 4 个凝胶片容易聚集形成具有层状结构的基本单元，当它们大致平行时，层间距为 0.5 ~ 2.5 nm，层间空间被层间水占据，如图 1.5 (b) 所示。层间水的流动性比自由水、物理吸附水差很多，它应视作 C—S—H 凝胶固相的组成部分，凝胶片间通过固固接触时，较弱的范德瓦耳斯力和较强的离子共价键共同提供强度，而自由水和物理吸附水既不影响 C—S—H 凝胶的微结构，也不影响其力学性能。C—S—H 凝胶的密度、孔隙率、层间距、钙硅比、水硅比、比表面积等物理性质会随制备条件变化，如水灰比、养护温度、碱含量、石膏及矿物掺合料用量等都会有影响 [63]。

与 P-B 模型相比，F-S 模型存在多个重要的本质差异，尤其体现在 C—S—H 凝胶与水的相互作用层面。F-S 模型认为，依据氮气吸附等温线计算所得比表面积不包含相邻 C—S—H 凝胶片间的比表面积，即氮气分子无法进入层间空间，这使得氮吸附法测量所得比表面积和孔隙率准确无误。当利用水蒸气作为吸附介质时，在水蒸气分压 ($H \in [0.05, 0.35]$) 较低的区间范围内，依然存在明显的吸附脱附滞回现象，说明水分子能以某种尚不清楚的方式重新进入层间孔 (图 1.6)，这使得利用基于多层气体吸附理论的 BET 方法 [78] 计算所得比表面积的物理意义不明确，甚至可以认为 BET 方法不适用于分析水泥基材料等温吸附水蒸气的过程。在 D 干燥净浆试件水蒸气等温吸附试验过程中，试件吸收水分总量中高达 80% 的大部分重新进入到层间孔中，F-S 模型据此认为依据 BET 方法计算所得孔隙率和比表面积错误，并主要以此为依据对 P-B 模型进行驳斥。由此可见，F-S 模型与 P-B 模型的关键差异在于，是否认可水分在较低相对湿度条件下可以出入层间孔，以及由此引申出水蒸气和氮气吸附比表面积谁对谁错的问题，对该关键差异争议的讨论自 F-S 模型提出以来一直持续至今 [81-84]。尽管有研究发现人工合成 C—S—H 凝胶的层间距会随含水量发生变化 [85-88]，但依然缺乏证明水分能进出层间孔的强力证据。同时由于 P-B 模型能有效地描述水泥水化过程，强度、体积变形及渗透率等多方面宏观性能，绝大多数专家学者认同 P-B 模型的观点，并普遍认为层间孔只有在极低相对湿度条件下才会失水，且失水后水分无法再次进入层间孔，氮吸附比表面积显著地小于水蒸气的原因在于水泥基材料中存在大量墨水瓶孔 [89,90]，且干燥制度会对测试结果有很大的影响 [82,83,91]，2.4 节还将进一步讨论该问题。

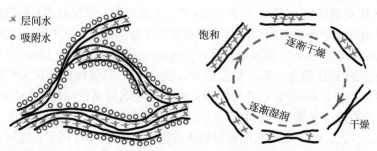

图 1.6　C—S—H 凝胶内部水分分布及其进出层间孔的示意图 [61]

　　F-S 模型还认为，P-B 模型无法解释硬化水泥浆的弹性模量、抗弯强度、质量和长度随相对湿度变化的规律，尤其是长度等温线和质量等温线的滞回现象及部分不可恢复特性。Feldman 和 Sereda [61] 认为，描述 C—S—H 凝胶的 P-B 模型与描述木材等由纤维素组成的多孔材料的微结构模型非常类似，进而应该具有非常类似的性质。对木材来说，纤维素通过相邻羟基基团之间形成的氢键相结合，随着含水量的增加，纤维素间距逐渐增大，相邻纤维素间的氢键数量逐渐减少，氢键结合强度逐渐减弱，使木材强度随含水量的增大近似呈线性降低。如果 P-B 模型适用，那么硬化水泥浆的强度或微观硬度随相对湿度的变化规律应与木材类似，但实际情况并非如此。以抗弯强度为例，当相对湿度从 0% 增大到 15% 左右时，水泥基材料的强度会快速降低，此后随相对湿度增大的变化幅度非常小，该试验结果与木材等纤维素材料差异显著。F-S 模型认为，水泥基材料的破坏起源于应力集中的裂纹尖端，此时裂纹尖端的≡Si—O—Si≡ 共价键处于受拉状态，在有水存在的条件下，部分该共价键容易被水分子打开，并转变成结合强度更低的≡Si—OH ⋯ HO—Si≡，这可以很好地解释前面抗弯强度随相对湿度降低的规律。对于弹性模量、收缩、徐变等宏观性质随相对湿度的变化规律，F-S 模型利用层间水与 C—S—H 凝胶的相互作用尤其是层间水的重分布来进行定性解释，1.3.2 节还将进一步讨论。F-S 模型主要通过分析吸附等温线等试验数据进行间接推断得到，直接的试验支撑依然较弱 [81]。

　　通过分析萃取 CH 前后硬化 C_3S 浆体的水蒸气和氮气等温吸附脱附曲线，Abo-El-Enein 等 [66] 对 F-S 模型提出了修正建议，认为除凝胶颗粒间存在可用高倍扫描电子显微镜进行观察的凝胶间孔外，凝胶内孔还可以细分成微晶间孔和微晶内孔两类，它们均无法利用扫描电子显微镜进行观测，且微晶间孔接触水时将膨胀。尽管该局部修正能强化 F-S 模型对等温吸附脱附现象的定性解释能力，但依然缺乏定量分析和预测的有力支撑。

3. Munich 模型

与 Feldman 和 Sereda 几乎在相同时期，在德国慕尼黑工业大学 (Technische Universität Munchen) 材料物理实验室工作的 Wittmann [67,68] 提出了 Munich 模型，主要利用胶体与界面物理化学理论，对水泥基材料的强度、干燥收缩和徐变等性能进行定量分析。Munich 模型认为，C—S—H 凝胶是由无定形干凝胶 (xerogel) 颗粒堆积组成的三维网络，干凝胶颗粒表面吸附薄层水膜，凝胶颗粒间存在范德瓦耳斯力、拆开压力 (disjoining pressure) 等相互平衡的引力和斥力，使 C—S—H 凝胶体系处于稳定状态，如图 1.5 (c) 所示。Munich 模型并不关心 C—S—H 凝胶内部的微观结构，只是将它视作纳米颗粒的聚集体，通过分析凝胶系统的表面能 (surface energy)、水分子在凝胶颗粒表面的吸附作用、胶体颗粒间的范德瓦耳斯力和拆开压力等相互作用力，从宏观层面解释强度、弹性模量、徐变、干燥收缩受相对湿度变化的影响过程与规律，2.3.1 节在总结分析干燥收缩经典理论时，还将进一步讨论表面能和拆开压力的概念及其对干燥收缩的影响。

在硬化水泥浆体中，C—S—H 凝胶的颗粒尺寸位于纳米级，同时还含有大量孔径小于 50 nm 的介微观孔隙。依据现代表界面物理化学理论，在纳米尺度范围内，凝胶颗粒表面吸附水和纳米尺度孔隙水的性质明显区别于它们处在自由状态下的宏观性质。Munich 模型认为，P-B 模型和 F-S 模型在对硬化水泥浆等温吸附脱附过程进行热力学分析时，采用界面厚度和体积均为 0 的假设，在分析类似于固-液-气三相弯液面这种表面张力不可忽略而固-液相界面间相互作用影响很小的情况时，该假设非常有用，但对纳米级 C—S—H 凝胶和孔隙水组成的系统而言过于粗糙，此时固-液界面层厚度不可忽略且凝胶颗粒间沿界面厚度方向的相互作用非常强。为此，基于表面物理化学基础理论，对于相对湿度较低 ($H < 40\%$) 时的水分子多层吸附情形，Munich 模型利用 C—S—H 凝胶颗粒的表面能及水分子吸附导致表面能变化来分析相对湿度对强度和弹性模量的影响 (结合 Griffith 断裂准则)，并认为此时水泥基材料的收缩主要由凝胶系统表面能的变化决定。当相对湿度较高 ($H > 40\%$) 时，孔隙水会发生毛细凝聚 (capillary condensation)，此时水泥基材料的收缩将由作用在相邻凝胶颗粒表面间的拆开压力控制 [70,92]，详见 2.3.1 节的讨论。正是由于表面能和拆开压力的变化，C—S—H 凝胶与孔隙水系统发生变形，表面能与变形能相互转化，使系统的总能量最低。在相对湿度变化过程中，拆开压力自身具有明显的滞回效应，这可以很好地解释气体等温吸附脱附过程存在的滞回现象。此外，文献 [93] 和 [94] 利用不同相对湿度条件下近表面分离试验和穆斯堡尔效应 (Mössbauer effect) 试验，有效地验证了表面能和分离压力的作用 [76,95]。现代胶体理论认为，C—S—H 凝胶纳米颗粒分散在孔隙水溶液中组成凝胶系统，带电胶粒表面存在双电层 (electrical double layer，EDL) 结构，应采用描述胶体稳定性的 DLVO(Derjaguin-Landau-Verwey-Overbeek) 理论来描述凝胶系统 [96,97]，此时可将水泥基材料视作由固相-液相-凝胶组成的复杂系统 [92,98]。

Munich 模型常用来描述水泥基材料干燥收缩、徐变随相对湿度的变化过程与发展规律，并可准确地描述水泥基材料力学性能随相对湿度的变化 [99,100]。Munich 模型未能描述饱和水泥基材料在荷载作用下的徐变及对应的微结构变化，也未能描述干燥过程中的不可逆收缩及微结构发生的不可逆变化 [74]。

4. J-T 模型

2000 年，基于 C—S—H 凝胶存在两种不同基本类型的重要假设，通过定量分析氮吸附测试结果的变化规律，美国西北大学的 Tennis 和 Jennings [17] 提出了描述硬化水泥浆纳米尺度结构特征的第一代凝胶模型 (colloid model，CM-I)。通过深入分析水蒸气等温吸附脱附过程、可逆/不可逆干燥收缩和徐变等，从热力学平衡角度探讨 C—S—H 凝胶内部水分的状态，Jennings [75] 于 2008 年对 CM-I 模型进行修正并提出第二代凝胶模型 CM-II，本书将它们统称为 J-T 模型，如图 1.5 (d) 所示。

J-T 模型认为，C—S—H 凝胶是由具有层状结构的砖形胶粒 (globule，CM-I 模型认为是球状，类似于 P-B 模型中的纤维状微粒) 聚集成的胶束 (尺寸约为 5 nm 的基本结构单元) 在空间中堆积而成的，根据堆积方式的不同，C—S—H 凝胶可以分成高密度和低密度两种不同的凝胶相。高密度 (high density，孔隙率约为 24%) 相中的胶束堆积致密，它的结构与性质不易受温度、湿度、龄期、干燥和荷载作用的影响。低密度 (low density，孔隙率约为 37%) 相中胶束堆积较为疏松且易受外部环境的影响。胶粒内部存在层间孔和胶粒内孔 (intra-globular pore，尺寸小于 1 nm) 两类孔隙，层间孔失水将导致胶粒塌陷且体积减小，但胶粒内孔失水不会；在胶束这一基本组成单元内部，胶粒堆积并非十分致密，胶粒间存在较小孔隙，J-T 模型将其称为小凝胶孔 (small gel pore，孔径为 1 ~ 3 nm，约占胶束体积的 12%)，并将胶束堆积进而在胶束间形成的较大孔隙称作大凝胶孔 (large gel pore，孔径为 3 ~ 12 nm)，这与 Abo-El-Enein 等 [66] 修正 F-S 模型提出的凝胶孔结构类似。同时，J-T 模型近似地将与较高相对湿度 ($H = 85\%$) 对应的 Kelvin 孔径 (约 8 nm) 视作大凝胶孔与毛细孔的分界点 [101,102]，但从热力学角度来看，此两者并没有什么差别。氮气分子可以进入孔隙率更高且更开放的低密度相中，进而探测其内部胶粒间的孔隙表面积，但它无法进入高密度凝胶相内部，更无法进入胶粒内孔。由于水灰比、养护温湿度、干燥预处理甚至荷载等条件会影响低密度相和高密度相的相对比例，使得氮吸附比表面积受到诸多因素的影响且离散性显著。水分子能进入低密度和高密度凝胶相内部包括层间孔、胶粒内孔、小凝胶孔和大凝胶孔等在内的各级孔隙，使得水蒸气吸附比表面积远高于氮气，且随水灰比、养护温度、龄期和干燥作用的变化较小。在凝胶颗粒以上尺度 (1 ~ 100 nm)，水泥基材料的宏观性质主要受小凝胶孔、大凝胶孔和毛细孔的控制，层间孔和胶粒内孔的影响只有在温度较高和湿度较低时才会凸显[102]。

J-T 模型认为存在低密度和高密度两种不同 C—S—H 凝胶相的假设具有一定的合理性。依据 1.1.2 节对水化过程和产物的分析，利用扫描电子显微镜进行观察时发现，水泥颗粒水化产生的外部水化产物和内部水化产物存在明显差异[12,13]，从水化动力学过程角度来看，它们还分别与中期与后期水化产物相对应[103]。对 C—S—H 凝胶纳米压痕测试结果的分析表明，C—S—H 凝胶的微区硬度分布大致呈双峰模态，进而认为它可以细分为高硬度与低硬度两相[104-107]。依据 Constantinides 等[105]的测试结果，两种凝胶相的微区硬度分别为 (21.7±2.2) GPa 和 (29.4 ± 2.4) GPa，甚至可以认为该微区硬度是 C—S—H 凝胶的本质特征，它们与水泥基材料的具体组成无关，只是各自所占体积分数不同。利用无须干燥预处理的小角度中子或 X 射线散射 (small-angle neutron/X-ray scattering, SANS/SAXS) 技术对硬化水泥浆进行原状测试分析，也发现存在比表面积不同的两种凝胶相[108]，早龄期快速填充水泥颗粒间隙的凝胶相具有较高的比表面积，后期水化则生成比表面积较低的凝胶相。立足以上存在两种不同 C—S—H 凝胶相的研究成果，J-T 模型进一步假设氮气只能探测低密度凝胶相，通过拟合氮吸附测试所得孔隙率、比表面积与低密度相的特征比表面积、两种凝胶相密度间的关系发现，存在两种不同凝胶相的假设能很好地解释氮吸附比表面积、孔隙率和密度等实测结果普遍存在的显著差异，并可以预测水泥基材料的化学收缩[17]，这进一步给存在两种不同凝胶相的基础假设提供了定量支撑。

在 J-T 模型中，C—S—H 凝胶与水之间的相互作用依然起重要作用。在水泥基材料从初始饱和状态开始逐渐失水的干燥过程中，当相对湿度 $H > 85\%$ 时主要是毛细孔失水，该阶段的水蒸气吸附脱附滞回现象主要由墨水瓶孔导致，且干燥失水不会导致微结构发生不可逆的变化。当相对湿度 $H = 85\% \sim 50\%$ 时，主要是位于低密度凝胶相中的大凝胶孔逐渐失水，使低密度凝胶相中胶束的堆积状态发生重分布，大凝胶孔塌陷导致凝胶微结构发生显著的不可逆变化，这是不可逆收缩和徐变产生的物理原因[74]，也是首轮、次轮干燥等温线存在明显差异的重要原因。当相对湿度 $H = 50\% \sim 25\%$ 时，主要是胶粒间的小凝胶孔失水，它不会导致凝胶微结构发生显著变化，这可能是由于胶粒的堆积已经非常致密。当相对湿度 $H < 25\%$ 时，才以层间孔和胶粒内孔失水为主。在该低相对湿度范围内，吸附和脱附等温线间的滞回现象非常显著，这可能是由于失水后的层间孔和胶粒内孔需要更长时间和更高相对湿度才能重新变得湿润[102,109]，且水分无法再次进入部分塌陷的层间孔，此时相邻凝胶层可能发生键合，这是相对湿度 $H < 25\%$ 时微结构发生不可逆变化并产生显著不可逆收缩的主要原因。在湿润过程中，随着相

对湿度的升高，除前述不可逆的变化外，水分依次由小到大填充对应的孔隙空间。水分进入层间孔和胶粒内孔会使胶粒膨胀。当水分越来越多地吸附在胶粒表面时，胶束的堆积状态也会发生变化，小凝胶孔数量增多、体积增大会使 C—S—H 凝胶体积发生膨胀[75]，但胶粒或凝胶体积膨胀程度有限且影响不大，只在一定程度上影响比表面积和 C—S—H 凝胶的密度。总体上，J-T 模型认为干燥过程是从大孔到小孔依次失水的过程，湿润过程则是从小孔到大孔依次吸水的过程。

除干燥收缩外，荷载长期作用导致的徐变变形同样与相对湿度、温度密切相关。J-T 模型认为，不可逆徐变在微观上来自低密度凝胶相和胶束堆积状态的发展与演化。随着水泥水化和在加热升温、干燥失水作用的影响下，大凝胶孔数量减小使低密度相的孔隙率降低，低相对湿度、高温条件和提高荷载均会加快微结构演化的速度，进而加快收缩和徐变的动力学发展进程。随着低密度相凝胶微粒堆积越来越致密，胶束变形和重新排布的难度逐渐加大，使得收缩和徐变的发展速度均随时间逐渐降低。此外，收缩和徐变也与硅链聚合导致的 C—S—H 凝胶逐渐老化 (chemical aging) 有关，由于温度和相对湿度均会影响凝胶老化进程，进而也会对收缩和徐变产生影响[74]。对相对湿度如何影响水泥基材料断裂韧性的问题[110]，J-T 模型认为这与不同相对湿度下弯液面对 C—S—H 凝胶纳米胶粒间结合键的强化作用有关，但说服力并不强[75]。此外，J-T 模型未能合理地解释拉压强度和弹性模量随相对湿度变化的重要现象。

C—S—H 凝胶的组成非常复杂，尽管已经提出众多模型来描述凝胶颗粒以下和以上尺度的微结构特征，但尚未能非常严密地定量揭示水泥基材料多方面的宏观物理、化学和力学性能等。P-B 模型和 F-S 模型认为 C—S—H 是具有层状结构的凝胶，而 Munich 模型和 J-T 模型则认为它是由纳米颗粒积聚而成的凝胶，不同模型在凝胶与水之间的相互作用等多个方面依然存在差异和广泛争议。但可以肯定并已取得统一认识的是，C—S—H 凝胶是由硅氧四面体短链聚合物与夹心钙氧层分层连接并带有一定结晶水的短程有序、长程无序的层状硅酸盐凝胶体[111-113]，表面通常带负电荷，表层附近空间分布有水分和 Ca^{2+}、Na^+、K^+、OH^- 等离子，它们起到补偿表面电荷和降低系统表面能的作用[114,115]。在含其他无机矿物和有机外加剂的实际水泥基材料中，由于体系的化学组成更为复杂多样，同时受水灰比、温湿度、龄期等条件的影响，C—S—H 凝胶组成的起伏变化及层状微结构的无序性更为复杂多变，且对体系内其他有机或无机组成、外部荷载和干燥作用等敏感，这方面的基础研究还有待深入。

1.2.2　孔结构

水泥加水拌和后，经过复杂的物理化学反应，部分水分被化学结合到 CH、AFt/AFm 等固体矿物中，部分水分被或强或弱地束缚在 C—S—H 凝胶内部，剩余部分未反应水分的存在将在硬化水泥浆体内部形成毛细孔和气孔等。与国画中的旁白类似，尺寸不同、形状各异的孔隙也是水泥基材料的重要组分，对水泥基材料各方面性能具有重要影响。1.2.1 节在总结 C—S—H 凝胶微结构模型及特征的同时，已经对凝胶内部孔隙的结构及孔隙水所扮演的角色进行了全面分析。此外，较粗毛细孔和宏观甚至肉眼可见的气孔通常可视作缺陷，会显著地削弱材料的力学性能等。包括 P-B 模型在内的各类 C—S—H 凝胶模型只是不同尺度上的理想化描述，水泥基材料内部真实孔结构非常复杂，即便单个孔隙的尺寸、形状、表面形貌等都难以量化，具有多尺度特性的不规则孔隙网络整体的表征难度更大，如图 1.7 所示。选用适当方法测试并分析孔结构的关键特征，是开展水泥基材料理论与试验研究的基础 [77,116]，通常关注孔隙率、孔径尺寸及其分布、比表面积、临界孔径和逾渗孔径等特征参数。

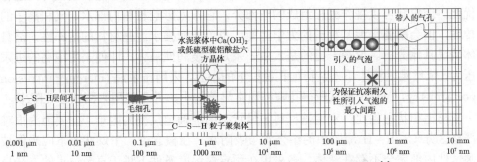

图 1.7 硬化水泥浆内部的典型固相及主要孔径分布范围 [1]

1. 孔隙率

水泥基材料内部含有多少孔隙是描述孔结构重要的基本问题，通常采用孔隙体积 $V_p(m^3)$ 与多孔材料总体积 $V_0(m^3)$ 之比来定义孔隙率 ϕ，即 $\phi = V_p/V_0$。该概念看似简单，但对水泥基材料来说，严格定义并准确测试孔隙率并不容易。

依据孔隙率的定义，测试孔隙率的关键在于如何准确地测量孔隙体积。通常，主要采用将液体或气体压入多孔材料内部的液体饱和法和气体比重法。液体饱和法是通过称量多孔材料试件在饱和与干燥状态下的质量差来计算孔隙体积的，通常采用对被测多孔材料呈惰性的浸润性液体，也可以采用汞这种非浸润性液体，还可以采用 X 射线和伽马射线衰减技术、低场磁共振技术等来间接地推算饱和多孔材料内部的含液量，进而计算孔隙率。气体比重法通过准确测量一定体积的气体进入孔隙系统前后的压力差来计算孔隙体积和孔隙率，常采用能很好地服从理想气体定律的惰性气体氦。从这些方法的测试原理和步骤来看，它们测量的其实都是开口孔隙率，且均依赖于完全饱和与完全干燥这两个极端状态的定义。由于水泥基材料自身特性，完全饱和与完全干燥状态并不能非常准确、清晰地进行定义。

　　水泥基材料是由 C—S—H 凝胶将各种矿物颗粒黏结而成的，通过凝胶内部最小的层间孔可以将所有孔隙连通起来，抑或说一只足够小的纳米蚂蚁通过层间孔可以遍历整个孔隙空间[117]，水泥基材料内部孔隙全部连通。但是，因为层间孔太小且流体流动不易，部分孤立的较大孔隙依然非常难被液体饱和。对于孔隙率越低、孔径越小、体积越大的多孔材料试件，液体完全填充试件内部所有孔隙所需时间可能越长，抽真空处理也是如此。在真空或高压饱水时，水泥基材料试件的质量会随着饱水浸泡时间持续缓慢地增大，虽然增幅有限，但也足以使饱和状态的定义变得模糊不清。从实际可操作性角度考虑，通常将常温常压条件下液体能够进入的孔隙视作开口孔，它的体积多采用真空饱和法进行测量，在开展严格的试验研究时，建议对特定待测材料试件所需抽真空的时间和饱和浸泡时间进行优化。闭口孔可以视作固相组成的一部分，它不太影响材料内部水、气和离子的传输，但会削弱水泥基材料的力学性能，也可能增强水泥基材料的抗冻性，需具体情况具体分析。值得一提的是，由于汞是非浸润性液体，即便采用很高的进汞压力，依然难以将汞压入某特征孔径以下的小孔，采用压汞法 (mercury intrusion porosimetry，MIP) 测试所得孔隙率通常显著偏小，并不能用来测试总孔隙率。

　　与饱和状态相比，水泥基材料干燥状态的准确定义更为困难，主要因为很难严格区分 C—S—H 凝胶中的结合水与吸附水。在概念上，干燥状态下应确保被测试件内部完全不存在液体，多采用在预定温湿度条件下烘干直至恒重的方法来对试件进行准确的干燥处理。事实上，水泥基材料对水具有很强的亲和力，不管采用何种方式进行干燥处理，试件内部依然含有少量水分，干燥方式越严苛，则试件的干燥质量越小。如实践中经常采用的鼓风干燥法，水泥基材料试件的质量随干燥时间的延长和干燥温度的提高持续降低。对水泥基材料来说，常压条件下二水石膏在 65℃ 左右就会开始脱水，铝相 AFt/AFm 矿物在 80℃ 左右也会脱水并发生晶相转变，C—S—H 凝胶在高温低湿条件下也会脱去部分结晶水，这些固相中结晶水的脱除均会高估水泥基材料的孔隙率。正是因为这个原因，常用于对各类多孔材料进行干燥处理的 105℃ 鼓风干燥法并不适用于水泥基材料。要想严格定义水泥基材料的干燥状态并准确测定孔隙率，在尽量避免高温条件的同时，尽量采用降低湿度的办法来进行干燥处理。在实验室条件下，常将水泥基材料试件放置在水蒸气分压极低的密闭环境中进行干燥处理，如 P 干燥 (水蒸气分压低至 1.1Pa) 和 D 干燥 (水蒸气分压低至 0.07Pa) 等。但由于水泥基材料非常密实，液态水流动和水蒸气扩散速率极低，对应的干燥时间非常长，通常只能用来对小颗粒净浆试件进行干燥处理。在对尺寸较大的砂浆甚至混凝土试件进行干燥时，需要特别注意干燥时间的优化选取。对 P 干燥和 D 干燥来说，即便它们的水蒸气分压都已非常小，但测试结果依然存在差异，受主观选择干燥时间及恒重标准的影响，由这两种方法确定的干燥状态依然存在一定区别，试件内部还存在不同质量的层间水或表层吸附水。这在严格测定分析 C—S—H 凝胶的化学组成及其微结构时需要特别注意，如 Copeland 和 Hayes [50] 建议采用 D 干燥法，而 Powers 和 Brownyard [47] 推荐采用 P 干燥方法，但对孔隙率测试结果的影响不大。

在分析气体、水分及离子的非饱和传输过程时，通常还要求严格定义含水率与毛细孔隙率。受干燥状态难以严格定义的影响，水泥基材料的含水率通常也很难准确测试。除此以外，由于毛细饱和状态的定义相对更加模糊，毛细孔隙率的定义及准确测试更为困难。在概念上，在毛细压力作用下能吸水饱和的孔都可归类为毛细孔，对应的孔隙率即为毛细孔隙率。但实际上，毛细孔与无毛细作用的粗孔间的界限非常模糊，如直径为 100 nm 的孔隙虽然具有一定的毛细作用，但在纯毛细压力的驱动下，这类粗孔很难吸水饱和，或者吸水饱和所需时间非常长。在开展试验研究时，应合理地定义毛细吸水饱和状态。

2. 孔隙尺寸

在明确水泥基材料的孔隙有多少之后，接下来需要回答的基本问题就是孔隙尺寸有多大。在三维空间，孔隙的形状和孔壁的形貌非常不规则，孔隙尺寸看似简单但其实很难严格定义并建立准确的测量方法。以图 1.8 所示二维孔隙网络为例，只通过孔隙将 A、B 两点连通起来的最短路径比两点间直线距离要大得多，两者之比 ξ 可用来度量孔隙网络的曲折度，孔隙率 ϕ 越低的孔隙网络通常更为曲折，曲折度系数 ξ 越大。由于两点间实际可能的连通路径非常多，这使得连通孔隙长度和最短路径均很难确定并实际测量，开口孔隙的长度和曲折度只在概念上具有一定的价值 [118]。

一般情况下，在讨论孔隙尺寸时默认指孔隙的大小、粗细或宽度，该关键特征有很多种度量方法。直观地看，孔隙网络中能够容纳的最大球体直径可以视作孔隙尺寸的一种度量，它显然由孔隙网络中最宽松的局部孔腔控制。在荷载作用下，由于孔隙可以视作缺陷并存在局部应力集中问题，该尺寸在表征强度与孔结构的关系时具有一定价值。此外，能够连续穿过孔隙网络的最大球体直径也可以用来度量孔隙粗细，它受多孔材料内部狭窄孔喉尺寸的限制。显然，这样定义的孔隙的大小对介质传输研究的价值较高。对单个孔隙来说，常用球体或圆柱体等简单几何体来模拟，此时可以按面积或体积等效来计算孔隙的名义直径，如常用的压汞法与气体吸附法就分别相当于体积等效和面积等效。需要注意的是，面积等效和体积等效两者并不等价，由它们定义的名义孔径差异程度与孔隙的形状有关，也与孔壁的粗糙程度等形貌特征有关，如压汞法通常探测的是孔喉尺寸，而气体吸附法探测的是局部孔腔尺寸, 只有在孔喉特别小时才会受墨水瓶效应的影响。

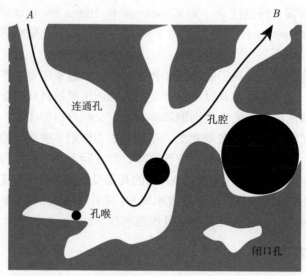

图 1.8　二维孔隙网络及孔径尺寸示意图[119]

作为流体力学中的重要概念, 水力半径 $r_h(\mathrm{m})$ 广泛地用来描述孔隙的几何特征, 这可能是因为它既适用于定义具有各种复杂横截面形状的孔隙尺寸, 也可以很方便地扩展描述复杂孔隙网络的整体特征。对单个孔隙来说, 水力半径 r_h 定义成孔隙横截面积 $A_p(\mathrm{m}^2)$ 与其周长 $c_p(\mathrm{m})$ 之比:

$$r_h = A_p/c_p \tag{1.7}$$

显然, 由式 (1.7) 定义的水力半径 r_h 综合考虑了孔隙横截面积和周长的影响, 对分析孔隙内部的流体运动具有重要价值。对简单的圆柱形孔隙, r_h 等于它实际孔径的 1/4; 对由两个平行表面形成的裂隙, r_h 等于平行表面间距的 1/2。

对横截面沿长度方向连续变化的复杂单个孔隙或孔隙网络来说, 尽管很难获得沿长度方向不同位置的水力半径, 但可以很方便地将平均水力半径扩展定义成单个孔隙或孔隙网络的总体积 $V_p(\mathrm{m}^3)$ 与孔壁总表面积 $A_s(\mathrm{m}^2)$ 之比:

$$r_h = V_p/A_s \tag{1.8}$$

由式 (1.8) 定义的平均水力半径看似简单, 但非常有用。通过液体饱和法和气体吸附法等, 可以很方便地测试式 (1.8) 中的孔隙总体积 V_p 和孔壁总表面积 A_s, 进而方便用来表征具有复杂未知形状孔隙的多孔材料, 在测试分析水泥基材料时具有重要价值。虽然平均水力半径相同的多孔材料的孔径分布可能差异显著,但对胶凝材料组成类似的水泥基材料来说,平均水力半径相差不大就意味着它们具有相似的孔径分布[60]。

3. 孔径分布

在确定孔隙尺寸的定义方法后,可以进一步表征多孔介质的整体孔隙网络,此时问题的关键在于如何确定不同尺寸孔隙各自的体积分数有多少。当采用孔隙网络能够容纳 (或能够连续穿过孔隙网络) 的最大球体直径来定义孔隙尺寸时,通过分析孔隙网络内部能够容纳多少不同尺寸的测试球体,可以定义多孔材料的孔径分布,进而更完整地描述其孔结构,常用的压汞法就可以实现类似分析。进汞压力与孔喉尺寸相对应,当逐步增大进汞压力并记录进汞体积时,就能探测到不同大小孔喉尺寸的孔隙体积分别有多少,进而可以利用进汞压力与进汞体积的关系曲线来描述多孔材料开口孔隙的孔径分布。需要注意的是,该等效孔喉尺寸只是实际进汞压力的一种等效转换,由此得到的孔径分布也只是孔隙网络集合特征的描述方式之一[120]。若采用圆柱形孔假设,并将复杂的孔隙网络等效成圆柱形毛细管束,同样可以依据进汞体积与压力曲线来解析得到孔隙网络的另一种描述。水泥基材料等多孔介质的孔隙结构非常复杂,受进汞路径及不同大小孔隙连通情况的影响[121,122],压汞法通常只能获得某特征孔径以上的孔隙率及临界孔径、逾渗孔径等特征孔径[123,124],并不能过分解读。临界孔径与孔径分布微分曲线上的最大尖峰相对应,可以认为它是体积分数最高的孔隙尺寸[125]。逾渗孔径对应于进汞体积与进汞压力关系曲线的反弯点,该特征尺寸可以认为是能够连续穿透整个多孔材料孔隙网络的最大球体直径,它对渗透率建模分析非常有帮助[126,127]。当将孔隙网络等效成平行毛细管束时,也可以在压汞测试所得孔径分布与渗透率之间建立起联系,但由于该模型过于简化,未能抓住水泥基材料孔结构的关键特征,通常不能取得良好的模拟效果,详见 2.1.2 节的分析。

除压汞法外,还有其他多种技术能用来测量多孔材料的孔径分布[128,129]。常用孔结构测试方法及其适用的孔径范围见图 1.9。气体吸附法利用低温氮气或常温水蒸气等气体分子在固体表面的吸附凝结特性,通过探测不同气体压力条件下的气体吸附数量,可以有效地探测多孔材料孔径在 50 nm 以内的开口孔隙[130]。由于进入孔隙网络中的气体分子趋向于吸附在孔壁上,在特定较低气体压力时,可以形成单层气体分子薄膜,结合气体分子尺寸及其表面堆积模态,可以进一步确定多孔材料开口孔隙的比表面积[72,77]。由于不同大小孔隙内部水分等液体的结冰温度受固-液界面曲率的影响,热孔计法 (thermoporometry) 通过扫描不同负温条件下水分发生相变导致的吸放热量,也可以计算得到多孔材料的孔径分布[131-133]。由于半径小于 2 nm 的孔隙内部水分相变温度极低 (< − 90 ℃) 且此时孔壁未结

冰膜层的厚度与孔径尺寸相差不大，而大孔内部水分冰点几乎不受孔径的影响，热孔计法仅适用于测试半径为 2 ~ 200 nm 内的孔隙结构。对水泥基材料来说，有研究表明 C—S—H 凝胶在相变过程中会随温度变化持续膨胀或收缩，导致孔结构不稳定 [134]，使热孔计法的适用性存在较大疑问。由于小角度射线散射强度的角度分布由孔隙与固相界面的空间分布决定，利用小角度 X 射线 [135] 尤其是吸收更弱、透射能力更强的中子散射技术 [136]，也可以快速 (耗时 1 ~ 2 h) 测试 1 ~ 100 nm 内的孔结构特征，试件最大厚度约为 1 mm，体积在 0.5 cm³ 以内，特别适用于水泥净浆 [137]，但通常无法获得详细的孔径分布，且试验时需要注意射线防护。此外，利用多孔介质内部孔溶液中氢核的磁共振弛豫技术，也可以探测 1~10 μm 内的孔结构特征 [138,139]，安全无辐射，且可以用于较大砂浆甚至混凝土试件的测试，在表征水泥基材料时具有先天的技术优势，但需要特别注意 C₄AF 水化产物等铁磁性物质的影响，具体详见第 3 章和第 4 章。值得一提的是，压汞法和气体吸附法测试前必须对试件进行干燥预处理，对水泥基材料纳米孔结构的破坏比较严重，测试结果对干燥制度和气体介质 (以氮气和水蒸气为代表) 较为敏感，且容易受墨水瓶孔等效应的影响。热孔计、小角度散射和磁共振弛豫技术属于非接触、非侵入性测试技术，后两者甚至不会干扰水泥水化进程，也不会给孔结构带来任何损伤，可以用于实时监测水泥水化过程中孔结构的演化历程。

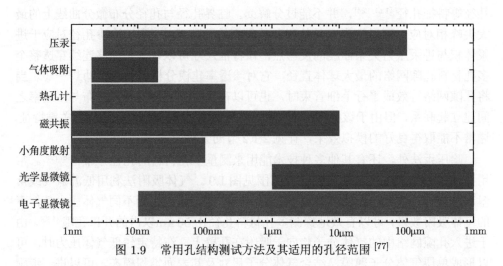

图 1.9　常用孔结构测试方法及其适用的孔径范围 [77]

水泥基材料的孔径分布范围跨越多个数量级，除结合 C—S—H 凝胶微结构与孔隙网络的物理模型 (见 1.2.1 节) 对孔隙进行分类外，在利用各种技术测试得到孔径分布曲线后，通常也结合不同尺寸孔隙对水泥基材料抗压强度等宏观性能的影响对孔径进行分级，相关文献提出了很多孔径分级方式。国际纯粹与应用化

学联合会 (International Union of Pure and Applied Chemistry) 提出了微观孔隙 (孔径小于 2 nm)、介观孔隙 (孔径为 2 ~ 50 nm) 和宏观孔隙 (孔径大于 50 nm) 的通用界定方法。微观孔隙的比表面积很大,固相的表面能很高,这可能对多孔介质的物理化学性能起控制作用。在微观孔隙内部,液体或气体分子同时受到两侧孔壁的吸附作用等,孔壁对分子的约束作用很强,使液、气分子较难逃脱微观孔隙的束缚。介观孔隙同样位于纳米尺度,固相表面能的影响相对微观孔隙要弱,液气体分子主要受单侧孔壁的吸附作用,且容易在介观孔隙内发生毛细凝聚现象,由此导致弯液面处的液-气界面的影响较为显著,影响程度与具体孔径尺寸密切相关。在脱附-吸附过程中,介观孔隙通常表现出明显的滞后效应。宏观孔隙的尺寸较大,固-液-气三相的表界面现象对该级孔隙内部物理化学过程的影响可以忽略,如宏观孔隙基本不影响非饱和水泥基材料的毛细吸力和物理吸附能力等。宏观孔隙可以视作尺寸较大的内部缺陷,同时也是液体渗透和分子、离子扩散等物质交换的重要通道,会明显地削弱水泥基材料的力学性能、抗渗性能和耐久性能等,连通度较高时尤其显著。

从不同尺寸孔隙对水泥基材料抗压强度和渗透率的影响程度出发,美国加利福尼亚大学伯克利分校的 Mehta[140] 提出将孔隙分成微孔 (孔径小于 4.5 nm)、小孔 (孔径为 4.5 ~ 50 nm)、中孔 (孔径为 50 ~ 100 nm) 和大孔 (孔径大于 100 nm) 共四类。根据不同尺寸孔隙对强度的负面影响程度与规律,吴中伟[141] 提出将水泥基材料的孔隙细分为无害孔 (半径小于 20 nm)、少害孔 (半径为 20 ~ 50 nm)、有害孔 (半径 50 ~ 200 nm) 和多害孔 (半径大于 200 nm) 四类。此外,加拿大不列颠哥伦比亚大学的 Mindess 等[142] 提出了更为详细的孔隙分类,他将 C—S—H 凝胶内部孔隙细分成层间孔 (孔径小于 0.5 nm,内部水分为参与键合的结构水)、微孔 (孔径为 0.5 ~ 2.5 nm,孔壁对水分的吸附作用很强) 和小毛细孔 (孔径为 2.5 ~ 10 nm,表面现象影响非常显著),层间孔与微孔主要影响各相对湿度范围内的收缩和徐变,小毛细孔主要影响相对湿度 $H \in [50\%, 80\%]$ 的收缩;将孔径为 10 ~ 50 nm 的孔隙称作中毛细孔,表面现象作用程度中等,它主要影响强度、渗透率及高相对湿度 ($H > 80\%$) 条件下的收缩;将孔径为 50 nm~10 μm 的孔隙称作大毛细孔,内部水分与自由水无异,主要影响强度和渗透性;并认为孔径大于 10 μm 的孔隙是气孔,它对强度的负面影响非常显著。孔径分级是为了更好地认识不同尺寸孔隙对水泥基材料性能影响的机制与差异,Mehta、吴中伟和Mindess 提出的孔径分级方式得到广泛应用。随着水泥基材料科学技术的进步,孔径分级方式仍在不断完善。

4. 连通度与曲折度

在描述多孔材料孔隙网络系统时,还常引入构造因子 (formation factor) 来定量地表征其整体连通程度。以砂岩材料为例，若取长方体砂岩试件并将它饱和不同浓度的盐溶液 (如 NaCl)，测量该盐溶液的电阻率 $R_0(\Omega \cdot m)$ 和饱盐试件的电阻率 $R(\Omega \cdot m)$ 并绘图分析发现，R 与 R_0 线性相关 [143]，比例系数 R/R_0 即为该多孔介质的构造因子 F。进一步研究发现，砂岩等多孔材料的构造因子 F 可以采用孔隙率 ϕ 来表示

$$F = 1/\phi^{\alpha_A} \tag{1.9}$$

式中，α_A 为 Archie 常数，通常取值为 $1.5 \sim 2.5$，它反映连通度对孔隙率的依赖程度。由式 (1.9) 表示的 Archie 定律起初只是基于沉积岩试验测试归纳得到的经验定律，目前已经得到相关理论研究的支撑 [144,145]，但尚不明确它是否适用于水泥基材料 [125,146]。

构造因子 F 可扩展描述孔隙网络的曲折度。1.2.2 节在分析孔隙尺寸时，已经给出了单个孔隙曲折度 ξ 的概念 (图 1.8)，如何量化描述孔隙网络的曲折度更为复杂。对多孔材料试件来说，由于从一侧只通过孔隙网络连通到对侧的曲折路径有无穷多条，连通路径的长度无法测量，也就无法从几何上定义孔隙系统的曲折度。实际上，从电传导、分子扩散和离子传输等宏观性能角度，多孔材料的曲折度系数 ξ 与构造因子 F 密切相关，$\xi = \phi F$ 便是一种非常实用的曲折度度量方法 [118,147]。结合 Archie 定律式 (1.9) 可知，砂岩材料的曲折度系数可以写作 $\xi = \phi^{1-\alpha_A}$，典型数值为 $2 \sim 6$。随着多孔材料孔隙率的增大，孔隙网络的曲折度往往降低，此时只通过孔隙将多孔材料试件两侧连通起来的曲折路径长度与直线距离间的差异逐渐减小。

对气、液和离子非饱和传输问题来说，由于气体只能在孔隙内部的气相中传输，液体和离子只能在液相中传输，它们的非饱和传输路径将更为复杂。可以肯定的是，此时多孔材料内部液相、气相的曲折度受含水率的影响非常显著，孔隙尺寸跨越多个尺度的水泥基材料尤其如此，在分析非饱和介质传输时，需要特别注意曲折度的影响及其建模。

1.3　宏观性能特征

水泥基材料是多相非均质复合材料，固相组成中包含多种无机矿物，必然存在的孔隙中通常包含孔隙水溶液和具有一定含湿量的空气。材料的组成与结构决定其性能，作为水泥基材料的重要组成部分，孔隙的结构特征及其内部含水状态对硬化水泥基材料各方面性能具有重要影响。本节将从力学性能、体积稳定性和耐久性三个关键宏观性能特征角度进行简要总结，不涉及新拌水泥基材料的工作性能。

1.3.1 与孔结构的相关性

1. 力学性能

对水泥基材料等结构材料来说，以强度和弹性模量 (刚度) 为典型代表的力学性能指标非常关键，它们与孔结构息息相关。在压应力作用下，多孔材料的孔隙率 ϕ 通常都会有所减小。对水泥基材料等高刚度多孔材料来说，依据弹性多孔介质力学理论[148]，压应力 $\sigma(\mathrm{Pa})$ 作用导致孔隙率的变化量 $\Delta\phi$ 可以表示为

$$\Delta\phi = \Delta V_\mathrm{p}/V_0 = b\sigma/\Omega_\mathrm{b}, \quad b = 1 - \Omega_\mathrm{b}/\Omega_\mathrm{s} \tag{1.10}$$

式中，$\Omega_\mathrm{b}(\mathrm{Pa})$ 与 $\Omega_\mathrm{s}(\mathrm{Pa})$ 分别为多孔材料 (含孔隙) 和纯固相的体积模量；b 为比奥 (Biot) 系数，利用它可以将多孔材料的总体积应变分解成孔隙变形和固相变形两部分。典型水泥砂浆的比奥系数通常为 $0.6 \sim 0.7$[149]，但由于体积模量 Ω_b 通常高达 $20\,\mathrm{GPa}$ 左右，在压应力常在几十兆帕以内的荷载作用下，孔隙率的变化 $\Delta\phi$ 通常可以忽略。也就是说，力学作用通常不太影响水泥基材料的孔隙结构，但孔隙结构会显著地影响其力学性能。

表征水泥基材料孔隙结构的特征参数很多，作为描述孔隙含量多少的重要指标，孔隙率 ϕ 与水泥基材料抗压强度这一基础性能指标的关系非常密切，业内对该问题已经开展了广泛的试验测试及断裂力学等理论研究，并已提出多个描述孔隙率与抗压强度间相关关系的数学模型[33,150-153]。Ryshkevitch[151] 对烧结 $\mathrm{Al_2O_3}$ 和 $\mathrm{ZrO_2}$ 陶瓷材料进行试验研究，认为抗压强度 $f_\mathrm{c}(\mathrm{MPa})$ 近似与孔隙率 ϕ 呈指数函数关系：

$$f_\mathrm{c} = f_\mathrm{c0} \exp\left(-\alpha\phi\right) \tag{1.11}$$

式中，α 为表征孔隙率对抗压强度影响程度的无量纲系数；$f_\mathrm{c0}(\mathrm{MPa})$ 为理论抗压强度。适用面较广的式 (1.11) 可以很好地逼近胶凝材料组成、养护制度不同的多种硬化水泥浆的实测数据，同时也可以逼近水灰比、粗骨料类型及是否掺加硅灰的多组混凝土强度的实测数据[154]，如图 1.10 (a) 所示，但理论抗压强度 f_c0 及无量纲系数 α 各不相同。此外，部分试验研究还发现，水泥砂浆的抗压强度 f_c 与孔隙率 ϕ 近似线性相关[155,156]，或者与孔隙率 ϕ 的对数线性相关[157]，或者与固相和孔隙体积分数之比成正相关[158] 等。

若将 C—S—H 凝胶视作具有相对较高特征孔隙率 (P-B 模型认为在 28% 左右) 的物质，可以认为它的本征强度取决于其化学组成和微观结构。近似地认为 C—S—H 凝胶的强度是硬化水泥浆强度的唯一来源，则硬化水泥浆的强度取决于它内部所含凝胶体的数量。依据 1.2.1 节所述 P-B 模型的内涵，层间孔应视作 C—S—H 凝胶的组成部分，若定义硬化水泥浆体的胶空比 X 为凝胶体积与试件内可供凝胶占据的总体积之比 (gel-space ratio)，Powers[59] 实测三组不

同配比水泥砂浆立方体试件 (边长为 $2\,\text{in}$，$1\,\text{in}=25.4\,\text{mm}$) 的抗压强度与其胶空比 X 间的关系，如图 1.10 (b) 所示。尽管砂浆内部所含细骨料会有一定影响，但从图 1.10 (b) 中依然可以明显地看出，砂浆的抗压强度与胶空比的三次方 X^3 高度线性相关，且比例系数 f_{c0} 主要取决于所用水泥水化生成 C—S—H 凝胶的本征强度，即

$$f_c = f_{c0}X^3 \tag{1.12}$$

由式 (1.11) 和式 (1.12) 可见，提高水泥基材料强度的关键在于如何降低孔隙率 ϕ、提高其密实度 $1-\phi$ 及密实基体的理论强度值 f_{c0}。

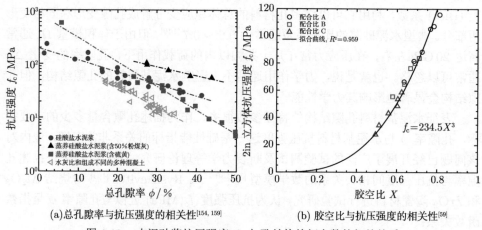

(a) 总孔隙率与抗压强度的相关性[154, 159]   (b) 胶空比与抗压强度的相关性[59]

图 1.10   水泥砂浆抗压强度 f_c 与孔结构特征参数的相关关系

对水泥基材料来说，孔隙率对抗弯强度的影响同样非常显著，典型结果如图 1.11 (a) 所示。当孔隙率较低时，水泥基材料的抗弯强度可以达到较高数值，且近似随孔隙率 ϕ 的增大而快速降低，近似良好的线性相关性，此时粗孔数量极少或者孔径尺寸有限，抗弯强度主要由总孔隙率 ϕ 控制。当总孔隙率较高时，抗弯强度对孔隙率不敏感，此时抗弯强度很有可能由局部粗孔尺寸控制。

在外荷载作用下，受各类不同尺寸孔隙的影响，材料内部的应力分布不均匀，较大孔隙可以视作夹杂或缺陷，孔隙附近存在应力集中，局部应力明显增大，进而显著地降低材料整体的承载能力。此外，CH 等晶体颗粒尺寸也可能较大，它与基体间的界面也可以视作缺陷，这对较低孔隙率水泥基材料的力学性能也会带来显著的负面影响。依据断裂力学理论，不同尺寸孔隙、连通度及晶界等缺陷对力学性能的影响程度必然存在差异，使得单纯采用孔隙率 ϕ 来表征孔结构有些粗糙，即便考虑孔径分布和连通度的影响，也很难统一描述孔结构与抗压、抗弯强度等力学性能指标之间的定量关系 [160-164]。

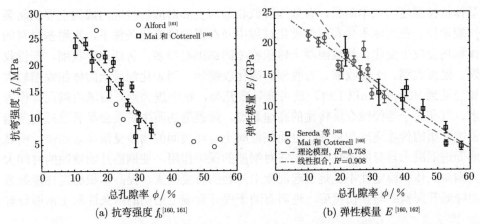

(a) 抗弯强度 f_b[160, 161]　　　　　　(b) 弹性模量 E[160, 162]

图 1.11　硬化水泥浆或水泥砂浆的抗弯强度和弹性模量随孔隙率的变化规律

对代表材料刚度的弹性模量指标来说, 将孔隙视作弹性模量为 0 的夹杂相, 依据复合材料理论[165], 水泥基材料的弹性模量必然随孔隙率的增大而降低。在稀疏夹杂的理想情况下, 弹性模量的降低程度理论上主要由夹杂的体积分数控制, 弹性模量 E(GPa) 与总孔隙率 ϕ 必然相关。假设所有孔隙均为圆球形, 浆体相的泊松比 ν 近似取 $\nu = 0.25$, 同时假设孔隙连通度对弹性模量的影响系数等于固相体积分数 $1 - \phi$, 则硬化水泥浆的弹性模量 E 与总孔隙率 ϕ 之间的理论关系为[160, 166]

$$E = \frac{(1 - \phi)^2 E_0}{1 + 1.25\phi} \tag{1.13}$$

对文献 [160] 和 [162] 中的实测数据进行拟合发现, 理论公式 (1.13) 逼近效果并不好, 如图 1.11 (b) 所示, 尤其在总孔隙率 ϕ 较低的区间, 相关系数甚至明显低于线性拟合结果。这可能是因为前述复合材料理论模型并不能有效地描述较小孔隙及孔隙连通度对弹性模量的削弱作用。水泥基材料内部孔隙尺寸分布跨越多个数量级, 不同尺寸孔隙之间相互连通且彼此影响, 并不能将孔隙简单视作稀疏夹杂进行分析。以最小的层间孔和大尺寸气孔为例, 前者的体积分数较大, 但通常可以视作 C—S—H 凝胶的组成部分, 它对弹性模量的影响并不大; 后者的体积分数较小但尺寸较大, 反倒会显著地削弱水泥基材料的强度和刚度。

2. 体积稳定性

水泥基材料的抗拉强度通常低至抗压强度的 10% 左右, 使其非常容易开裂。在正常使用条件下, 水泥基材料 90% 以上的开裂均由环境条件作用产生的收缩应力导致。由于水泥基材料的弹性模量很高, 在约束状态下, 较小的收缩应变就可能产生较高的拉应力, 进而使水泥基材料受拉开裂。大幅度地提高混凝土材料基体抗拉强度的成本高昂，有效地降低收缩应变和对应的拉应力成为主要的防裂抗裂途径。在水泥水化和凝结硬化过程中及在温湿度变化条件下，水泥基材料的体积均会发生变化。导致混凝土体积收缩的原因有很多，包括化学收缩、塑性收缩、温度收缩、干燥收缩、自收缩、碳化收缩等。当硬化混凝土的体积收缩较大如当达到 $400 \mu m/m$ 以上时，就可能导致开裂，收缩越大则开裂风险越高。作为水、气和离子等侵蚀介质传输的高速通道，微裂缝的萌生扩展会显著地提高各相侵蚀介质的传输速度和进程，进而使混凝土与环境间的物质交换显著加快，明显地促进混凝土自身的劣化并削弱它对钢筋的保护作用，使钢筋开始锈蚀的时间大大缩短。体积稳定性不良是引起混凝土开裂的首要因素，提高体积稳定性能显著地降低开裂概率与损伤程度，进而有助于提升混凝土结构的耐久性和正常服役寿命[167]。

对原材料、拌和物配合比、宏观尺寸和临近约束不同的混凝土梁、板、柱、墙等构件来说，在不同温湿度和风速等环境条件下，各类收缩所占比重及其对开裂损伤的贡献大小也各不相同，需要具体情况具体分析。导致水泥基材料产生各种收缩的底层机制各不相同，凝结硬化过程中水泥水化消耗水导致自收缩，后期干燥失水导致干燥收缩，此二者均与失水密切相关且对宏观体积变化的贡献通常较为显著。此外，长期荷载作用导致的徐变也会影响水泥基材料开裂损伤程度及宏观工程结构的变形，考虑到干燥收缩与徐变均来自硬化水泥浆体的变形，它们随时间的发展历程比较相似且二者均可能达到使结构材料开裂的程度，影响干燥收缩的因素通常也会影响徐变且影响规律类似，在分析研究水泥基材料的体积稳定性时，通常更为关注干缩和徐变。

干缩与徐变的产生主要与 C—S—H 凝胶中物理吸附水的迁移有关，主要区别在于，前者是由环境相对湿度较低使水泥基材料失水导致的，后者的驱动力是长期的荷载作用。Mehta 和 Monteiro[1] 认为，C—S—H 凝胶颗粒表面可以通过氢键最多吸附 6 层水分子 (约为 1.8 nm 厚)，该部分物理吸附水的失去是干缩和徐变的主要根源。此外，孔径为 $5 \sim 50$ nm 的小毛细孔失水会在水泥基材料内部产生毛细负压，进而也会导致宏观体积收缩但贡献不大。孔径在 50 nm 以上粗毛细孔内部水分与自由水相当，失水时并不会导致干燥收缩。水泥基材料的干燥收缩与内部孔隙的失水量和失水过程密切相关，显然也与其孔结构高度相关。

水灰比分别为 0.4、0.6 的水泥净浆在相对湿度分别为 0%、11%、50% 和 75% 条件下的等温干燥收缩试验研究表明，瞬时的干燥收缩量与相对失水量之间的关系非常类似，如图 1.12 所示，且与环境相对湿度之间的关系不大[168]。在不同相对湿度条件下，尽管净浆失水速度有快有慢，但当以相对于饱和面干 (saturated surface dry) 状态下的相对失水量来表示干燥速度时发现，不同相对湿度条件下的干燥收缩捏拢至同一条曲线。也就是说，水泥浆的收缩发展历程取决于其内部水分流动过程,而最终的稳定收缩量只与平衡时的失水量有关,与干燥失水的动力学过程无关[169,170],更深入的收缩机理讨论详见 2.3.1 节。水泥基材料内部水分流动过程及平衡失水量均与其孔结构密切相关。对比图 1.12 所示收缩历程还可以发现,两种不同水灰比硬化水泥浆的失水收缩曲线差异显著,这归根于它们的孔结构尤其是纳米尺度孔隙存在明显不同。由于收缩主要来自 C—S—H 凝胶表面物理吸附水的迁移,那么不同水灰比净浆内 C—S—H 凝胶的微结构特征必然存在显著差别。这就是说,除胶凝材料组成外,水灰比同样也会显著地影响 C—S—H 凝胶的微结构。从这个角度来看,P-B 模型认为 C—S—H 凝胶具有层间距约为 1.8 nm、层间孔孔隙率约为 28% 的静态微结构特征的观点失之偏颇。

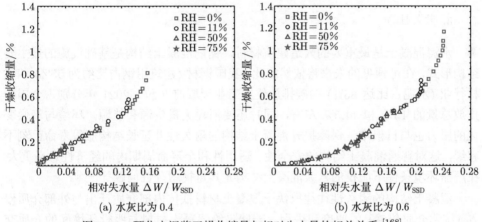

(a) 水灰比为 0.4   (b) 水灰比为 0.6

图 1.12 硬化水泥浆干燥收缩量与相对失水量的相关关系[168]

在不同相对湿度条件下,水泥基材料的失水过程取决于其初始水分分布、液态水分渗透和水蒸气扩散传输过程,后两者均与孔结构特征密切相关。这样一来,水泥基材料的干燥收缩必然与其孔结构高度相关。利用氮吸附等方法研究孔结构特征与宏观收缩间的关系发现,当半径在 $1 \sim 40$ nm 内的孔隙体积及其比表面积增大时,水泥基材料的总收缩随之增大[171]。结合 1.2.1 节所述 C—S—H 凝胶的结构模型可知,水泥基材料的纳米尺度孔隙及凝胶微观结构直接影响干燥收缩,换句话说,宏观收缩主要来自纳米凝胶颗粒空间排布等微结构特征的演化,其中的不可逆收缩部分很可能源自受干燥作用促进的 C—S—H 凝胶间的化学键合[1],显然,它也与纳米尺度微结构关系密切[170]。调控水泥基材料纳米尺度微结构特征,是降低收缩、抑制开裂的高效手段。作为一种表面活性剂,减缩剂 (shrinkage reducing admixtures) 能在一定条件下部分降低干燥收缩,通常认为这是由于减缩剂分子聚集在弯液面处,进而降低表面张力和毛细压力[172]。然而,也有学者认为,通过均衡设计减缩剂分子的亲水基团和憎水基团,可使减缩剂分子主要滞留在介观孔中，这类孔多在相对湿度 $H = 40\% \sim 75\%$ 内失水，减缩剂分子的存在能阻碍纳米孔失水导致的 C—S—H 凝胶聚集，进而可以有效地降低干燥收缩[173]。目前，对干燥收缩的物理机制及减缩机理的认识还存在广泛争议，主流观点并不见得正确，更多讨论详见 2.3 节。

与干燥收缩类似，水泥基材料的徐变也主要来自水分迁移导致纳米尺度微结构的重新排布，这与干燥收缩同源。干燥作用会驱动水分加速迁移并提高水分迁移量，使得干燥徐变大大高于饱和状态下的基本徐变，且通常明显大于不受荷载作用时的自由干燥收缩与基本徐变之和。此外，超出弹性范围的荷载作用会使混凝土过渡区发生滑移并可能产生微裂缝，这对总的徐变变形也有一定贡献。由于荷载作用的引入，水泥基材料的徐变机制与过程比干燥收缩更为复杂。

3. 耐久性

水泥混凝土是最重要的人造建筑材料，钢筋混凝土结构是基础设施的最主要结构形式，在可预见的未来将依然如此。我国钢材 (建筑用钢占比约为 55%) 和建材行业 (水泥占比达 83%) 的碳排放位居工业领域前 2 位，2021 年分别占全国碳排放总量的 15% 和 14.5% 左右，同时还要消耗大量资源和能源，环境与气候变化的压力也与日俱增。保障提升混凝土结构的耐久性并延长结构服役寿命已刻不容缓，这对普通混凝土结构的安全性、适用性和全寿命周期内的经济性意义重大，在严酷环境条件下服役的重大混凝土结构尤其重视耐久性问题[116,174]。

混凝土结构的耐久性往往取决于混凝土材料抵抗内部介质迁出与外部介质侵入 (统称介质传输) 的速度和进程。若能隔绝混凝土材料与服役环境间的介质交换和能量交换，混凝土材料自身的密实度和耐久性足够，钢筋混凝土结构自然也就不存在耐久性问题。虽然耐久性的概念比较笼统，在不同环境条件下，混凝土耐久性的劣化机制各不相同，但根本上主要取决于材料与环境间发生的介质和能量交换，它们均会使混凝土材料的组成和微结构发生劣化，进而导致耐久性能退化。以典型的碳化、氯离子侵蚀和溶蚀为例，它们在本质上分别由 CO_2、Cl^- 的侵入和 Ca^{2+}、OH^- 的迁出导致。冻融损伤破坏是能量交换导致的典型耐久性问题，但混凝土材料冻融损伤过程其实也伴随着含水量的上升，水分迁入对冻融损伤的贡献也非常显著。若能隔绝或显著地降低水、气和离子等介质传输，可以从根本上提升在各类环境条件下服役混凝土结构的耐久性和正常服役寿命。在提高水泥基材料的体积稳定性以控制微裂纹损伤程度的前提条件下，尽可能地提高水泥基材料密实度及其抵抗侵蚀介质传输的能力，是提高混凝土结构耐久性的普适且高效的技术措施。在工程实践中，往往采用与主要耐久性劣化机理对应的介质传输性能指标来定量表征耐久性能优劣，如水分或气体渗透率、毛细吸水速率和氯离子扩散率等[175,176]。

对导致钢筋混凝土结构性能退化的钢筋锈蚀 (氯离子迁移或碳化导致)、冻融损伤、硫酸盐侵蚀、碱骨料反应等几乎所有耐久性问题来说，水既是冻融等物理化学劣化过程的直接参与者，又是氯离子等侵蚀介质迁移的媒介，且含水量还显著地影响二氧化碳、氧气等气相介质的迁移进程，进而显著地影响碳化及钢筋锈蚀等。因此，水分迁移是分析混凝土材料耐久性能劣化过程及结构服役寿命的关键基础性科学问题，常采用水分渗透率和毛细吸水速率等指标来定量描述。理论研究及工程实践表明，渗透率是定量表征水泥基材料耐久性最为基础且重要的指标 [175,177]。

水、气和离子等侵蚀介质只能在水泥基材料的孔隙空间内传输，各相侵蚀介质的传输性能主要由孔隙结构决定 [178]。硬化水泥浆体的孔结构非常复杂，完全水化且密实的水泥净浆的孔隙率约为 26%，实际浆体的孔隙率通常要更高，具体取决于拌和用水量、养护制度和龄期等。由于毛细孔内的液相和气相流动要比凝胶内部层间孔容易得多，通常认为水泥基材料的渗透率主要取决于其毛细孔结构 [59]。Powers 实测不同品种水泥凝结硬化后的浆体水分渗透率 $k_w(m^2)$，它们与扣除层间孔后的毛细孔隙率 ϕ_c 之间的相关关系如图 1.13 (a) 所示。从中可见，若扣除凝胶内部层间孔，各组水泥净浆的毛细孔隙率主导着它们的水分渗透率，两者高度非线性相关。若简单地以总孔隙率 ϕ 来表征孔结构，文献 [179]~ [184] 报道的部分水泥净浆和混凝土材料的典型试验数据如图 1.13 (b) 所示。对不同胶凝材料品种和不同配比的硬化水泥浆来说，尽管实测数据的离散性比较大，但水分渗透率取对数后的数值与总孔隙率 ϕ 之间存在一定的相关性，此时离散性较大可能是因为不同水泥浆体的孔径分布、连通度等特征存在明显差异，其中矿物掺合料的影响比较大。混凝土的非均质性较强，它的实测数据较少，但水分渗透率与孔隙

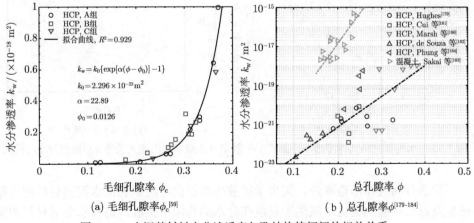

(a) 毛细孔隙率 ϕ_c[59]   (b) 总孔隙率 ϕ[179-184]

图 1.13   水泥基材料水分渗透率与孔结构特征间的相关关系

率之间的相关性依然比较明显，但明显地区别于水泥浆体，这归因于过渡区和骨料的影响。各类水泥基材料的孔结构非常复杂，水分渗透率取决于孔结构特征，除表征孔隙含量多少的孔隙率外，孔隙网络的连通度和曲折度等因素也会带来显著的影响。若要控制水泥基材料的水分渗透率以提升其耐久性，关键在于控制未被 C—S—H 凝胶填充的毛细孔隙率、总孔隙率和孔径分布等关键结构特征。

　　水泥基材料的水分渗透率极低且测试困难，气体渗透率通常比水分渗透率高 $2 \sim 3$ 个数量级，它的测试要更容易，文献中相关报道较多，典型实测数据如图 1.14 (a) 所示。根据 2.1.1 节给出的定义，考虑气体可压缩性和滑移流动模式的影响进行修正后所得本征气体渗透率由孔结构决定，它与气体种类和进、出气压力无关。然而，由图 1.14 (a) 中可见，水泥基材料的气体渗透率 $k_g(m^2)$ 与孔隙率的相关程度相对较低，且不同材料的相关规律差别较大，少数材料的气体渗透率甚至与毛细孔隙率不相关 [185]。主要原因可能在于，气体渗透率测试前必须预先干燥，而水泥基材料的纳米尺度孔结构对高温、低湿的干燥作用特别敏感。第 5 章的研究表明，由于 C—S—H 凝胶层间孔具有干缩湿胀的水敏性，干燥后水泥基材料的逾渗孔径、临界孔径将增大 1 个数量级左右，整体孔结构显著粗化。即便基于干燥状态下的孔径分布进行预测，但由于干燥后孔结构的粗化规律对干燥预处理敏感且离散性较大，连同压汞法等测孔技术存在的局限性 (详见 1.2.2 节)，使渗透率经典模型通常不能准确地描述干燥状态下的孔结构与气体渗透率间的关系。

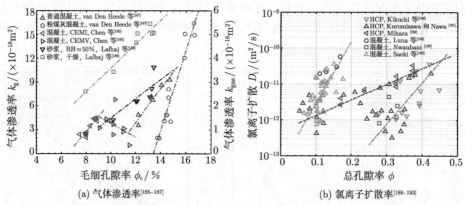

图 1.14　水泥基材料气体渗透率、氯离子扩散率与孔隙率间的相关关系 (彩图扫封底二维码)

　　除水分和气体渗透率外，氯离子扩散率指标也常用来表征水泥基材料的传输性能及耐久性能的优劣。氯离子只能在含水的孔隙中扩散，饱和水泥基材料的氯离子扩散率必然与其孔结构密切相关。理论上，电中性微粒在多孔介质中的扩散率由它在纯孔隙溶液中的扩散率、孔隙率及孔隙网络的连通度、曲折度决定[178]，进而可以建立孔结构特征与其氯离子扩散率的关系模型，但实际建模难度非常高。一方面，孔隙网络的连通度和曲折度很难合理准确地量化；另一方面，氯离子带负电，水泥基材料纳米孔隙表面通常也带负电，孔壁表面存在双电层结构[194]，且双电层厚度与水泥基材料纳米孔隙的尺寸接近[195,196]，此外溶液中还存在其他多种阴阳离子[197]，它们与氯离子间的电磁相互作用 (electromagnetic force) 使带电离子扩散问题高度复杂化[198]。水泥基材料的孔隙网络高度复杂且孔径分布跨越多个数量级，利用格子-玻尔兹曼 (lattice-Boltzmann) 等数值方法或其他概念模型，尽管可近似考虑前述多种因素的影响来模拟氯离子在水泥浆体中的传输性能[196,199]，但依然难以有效地揭示孔结构特征与氯离子扩散率之间的相关关系，利用所得规律和实际测试所得孔结构特征难以有效地预测氯离子扩散率，即便对材料组成与微结构相对简单的硬化水泥浆也是如此。正是由于这些复杂原因，相关研究更多的是从唯象角度，在假定或实测硬化水泥浆体氯离子扩散率的基础上，利用复合材料理论[200,201]、数值模拟[202-206] 或大量的试验研究[207-210] 进行半经验或经验统计回归分析，建立材料组成 (水胶比、胶凝材料用量、粗细骨料体积分数等) 和孔结构特征 (总孔隙率、毛细孔隙率、逾渗/中值/临界孔径、过渡区厚度/体积等) 及龄期、养护温度等参数与混凝土材料氯离子扩散率之间的经验关系模型[211-218]。当采用电通量等其他指标来表征氯离子传输性能时，多数研究也利用类似的唯象方法进行建模分析[219]。

图 1.14 (b) 总结了文献 [185]~ [193] 中报道的部分实测氯离子扩散率 $D_i(m^2/s)$ 与总孔隙率 ϕ 的关系。由图 1.14 (b) 中可见，无论是相对均质的硬化水泥浆，还是组成和结构更为复杂的非均质混凝土，它们的氯离子扩散率与孔隙率之间确实存在一定相关性，但离散性同样非常显著。换句话说，除孔隙率外，包括孔径分布、孔隙连通度、曲折度、孔溶液离子组成及双电层等在内的微结构特征，都会对氯离子的扩散迁移产生明显影响，且它们对不同水泥基材料氯离子扩散性能的影响程度和规律存在差异，单用孔隙率远不能有效地表征影响氯离子扩散率的关键孔结构特征。迄今，相关研究尚未能直接建立有效描述孔隙率、比表面积及特征孔径等孔结构特征与氯离子传输性能间相关关系的数学模型。

1.3.2 与含水量的相关性

1. 非饱和含水状态

当浸润性液体与多孔材料相接触时，在杨氏应力 (固-气、液-气和固-液界面张力在固相表面上的分量的代数和) 的驱动下，液体将在材料内部开口孔隙内部铺展开，当杨氏应力等于 0 时达到平衡状态[119]。如果液体含量不足以使多孔材料饱和时，孔隙内部将产生气-液界面，它使得液体内部产生附加压力。达到平衡状态时，附加压力应处处相等且杨氏应力处处为 0，否则液相内部将存在压力差，液体会从压力较高处流向较低处。这就要求气-液界面与孔壁间形成恰当的接触角 $\alpha_c(°)$，且弯液面处处相等的曲率半径 r(m) 满足 Kelvin 方程：

$$\ln \frac{p_L}{p_{L0}} = -\frac{2\gamma_{LA}M_L}{RTr\rho_L} \tag{1.14}$$

式中，p_L(Pa) 与 p_{L0}(Pa) 分别为多孔介质内部液相 (曲率半径为 r) 和自由液相 (曲率半径为 ∞) 的蒸气压；M_L(g/mol) 为液体摩尔质量；γ_{LA}(N/m) 为液-气界面能；ρ_L(kg/m^3) 为液相密度；R(8.314J/(mol·K)) 与 T(K) 分别为理想气体常数和热力学温度。即便与周边其他液体不连通的局部孤立液滴所处状态也将趋同，这是因为水蒸气会发生扩散并通过局部气化与冷凝机制来传输液体，直至达到热力学平衡条件。在完全浸润情况下，接触角为 $\alpha_c = 0°$，此时液相与固相在它们的接触面上处处局部相切。水能浸润水泥基材料内部的各种无机矿物，在非饱和平衡状态下，水分分布应满足该平衡条件。对固相内包含多种矿物的复合材料来说，如果部分矿物只是部分浸润而非完全浸润，那么不同空间位置的局部接触角可能存在差异，但仍应满足杨氏应力处处为 0 的平衡条件。即便认为水能完全浸润水泥基材料内部各种矿物，在非饱和、多尺度且错综复杂的孔隙网络内部，水分的空间分布状态依然十分复杂，很难想象与任意含水率或饱和度相对应的弯液面微观分布状态唯一，进而使毛细压力、弯液面曲率半径或液相蒸气压与含水率一一对应。

对同一种水泥基材料来说，如果不同试件内部含有不同体积分数的水分 (认为完全浸润)，那么达到平衡状态时的水分分布状态在理论上必然不同。当含水率较低时，水分趋向于分布在能使气-液界面曲率半径较小的位置，如较小孔隙内部、孔喉或环绕在细小颗粒间的接触点周围等。当含水率较高时，水分将分布在能使弯液面曲率半径更大的位置。弯液面曲率半径不同使液体内部的附加压力存在差异，这使得毛细压力 p_c(Pa) 受含水率 θ 的影响非常显著，它们之间的函数关系 $p_c(\theta)$ 是描述非饱和多孔材料物理状态的基本要素，常称作水力特征关系，它的物理意义非常明确且具有很好的可重复性。相关试验研究发现，在初始饱水多孔材料逐步失水的干燥过程和初始干燥多孔材料逐步吸水的湿润过程中，水力特征曲线的干燥分支和湿润分支相去甚远，即水力特征曲线具有明显的滞后性，这是水泥基材料、土体等多孔介质的普遍特征[77]。通常认为，滞后效应归因于墨水瓶孔效应和孔隙形状、连通性、曲折度等因素的影响，它们使得在相同体积含水率条件下，水分在孔隙空间中的分布存在明显的差异[220-222]。

在非饱和状态下，液相内部存在的毛细附加压力是导致水泥基材料宏观体积变形的重要驱动力。此外，由于水、气、离子在孔隙网络中传输的空间相同或互补，显然，它们在非饱和多孔介质中的传输性能受含水率的影响非常显著。即便水泥基材料的耐水性良好，但其实它的力学性能同样也会受到含水率的影响。

2. 抗压抗折强度和弹性模量

水泥基材料的力学性能主要包括强度和刚度两个方面，前者通常关注抗压和抗折强度，后者通常用弹性模量来表示。多孔介质的力学性能受含水率的影响，并通常呈现出干燥强化、湿润弱化特征。硅酸盐水泥是水硬性胶凝材料，在饱和状态下能长期保持其力学性能，失水干燥后还能进一步强化。水泥基材料完全干燥时的力学性能是其饱和状态下的 $1.2 \sim 2$ 倍，可近似认为干燥强度比饱和强度高出 2/3 左右[223]。由于硬脆性水泥基材料非常密实且天然具有较高的离散性，水分分布均匀的非饱和水泥基材料试件很难制备，不同含水率条件下的抗压、抗折强度和弹性模量的测试难度较高。尽管在测试混凝土抗压强度等性能时要求维持试件处于饱和状态，且明确已知水泥基材料的力学性能会受到含水率的影响，但通常并不太关心强度和刚度随饱和度的变化，相关试验数据较少。

Wittmann[68] 在研究 C—S—H 凝胶的微观结构特征及其与水分的相互作用时，对不同含水率硬化水泥浆的抗压强度等力学性能指标进行了系统的试验研究，典型测试结果如图 1.15 (a) 所示。由图 1.15 中可见，水灰比为 0.45 和 0.60 的两组硬化水泥浆的抗压强度随含水率的增大而逐渐降低，且初始降幅更大，分别从干燥时的 79.5 MPa、46.2 MPa 降低至饱和时的 57.8 MPa 和 34.0 MPa，降幅分别达 27.3% 和 26.4%。Wittmann 建立的 Munich 模型认为，对由无定形凝胶微粒聚集而成 (详见 1.2.1 节)、微粒高度分散且比表面积巨大的 C—S—H 凝胶相来说，其表面能和拆开压力随含水率发生变化，进而导致凝胶微粒所处力学状态发生变化，这已得到穆斯堡尔谱等测试技术的试验验证[95,224]。当含水率降低时，干凝胶微粒的表面能及内部附加压应力均增大，凝胶微粒间距减小的同时，微粒间的范德瓦耳斯力增大且拆开压力减小，这将进一步强化水泥基材料，使其抗压强度随含水率的降低而增大。此外，Feldman 和 Sereda[62] 也对含水率如何影响水泥浆的强度与硬度进行了深入研究并认为，当相对湿度从 0% 增大至 15% 左右时，水泥浆的强度快速降低且此后随相对湿度增大而降低的幅度有限，这在定量上与 Wittmann 的试验结果存在些许差异。描述 C—S—H 凝胶微结构特征的 F-S 模型 (详见 1.2.1 节) 认为，孔隙水能进入 C—S—H 凝胶的层间孔内部，进而有效地削弱 C—S—H 凝胶层间相互作用，层间水的重分布是强度、弹性模量等力学性能随含水率变化的主要原因[62]。尤其在相对湿度 $H \in$ [0%, 15%] 内，随着相对湿度的增大，受荷净浆裂纹尖端处的 C—S—H 凝胶发生如

下变化:

$$\equiv\!\text{Si}\!-\!\text{O}\!-\!\text{Si}\!\equiv + H_2O \longrightarrow \equiv\!\text{Si}\!-\!\text{OH} + \text{HO}\!-\!\text{Si}\!\equiv \qquad (1.15)$$

这将削弱 C—S—H 凝胶间的较强键合作用, 进而显著降低硬化水泥浆的力学性能。

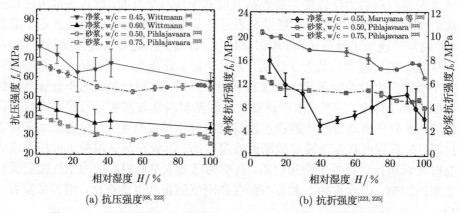

(a) 抗压强度[68, 223]　　　　　　(b) 抗折强度[223, 225]

图 1.15　水泥净浆和砂浆的抗压强度、抗折强度随相对湿度的变化过程

Pihlajavaara[223] 同期对相对湿度如何影响抗压强度进行的试验研究发现, 水泥砂浆的抗压强度随相对湿度的变化规律比净浆更为复杂, 水灰比分别为 0.50 和 0.75 的两组水泥砂浆的实测数据如图 1.15 (a) 所示。从中可见, 两组砂浆在完全干燥时的抗压强度比饱和状态分别高 30% 和 60%。当砂浆的含水率从初始饱和降低至相对湿度 $H = 90\%$ 左右时, 抗压强度有些许增大, 强度等级越高时增幅越小; 当内部相对湿度继续降低至 50% 左右时, 砂浆的抗压强度明显降低, 但降幅不大; 当相对湿度继续降低时, 砂浆的抗压强度显著增大。Pihlajavaara 认为, 当相对湿度 $H > 50\%$ 时, 毛细孔内部存在弯液面, 它使毛细水处于受拉状态; 当相对湿度逐渐增大时, 毛细水的附加应力逐渐降低, 这会逐渐削弱毛细附加应力对微观凝胶颗粒间胶结力的负面影响, 进而使抗压强度逐渐增大。另外, 当相对湿度 $H < 50\%$ 时, 弯液面不复存在, 此时凝胶颗粒表面能的作用随着相对湿度的降低而逐渐凸显出来, 进而强化 C—S—H 凝胶间的胶结力, 使宏观抗压强度快速增大。

Pihlajavaara[223] 同时系统测试了不同含水率砂浆试件的抗折强度 f_b(MPa), 结果如图 1.15 (b) 所示。从中可见, 两组砂浆试件的抗折强度均随含水率的增大近似线性降低, 相对湿度仅 7% 左右的砂浆抗折强度比饱水状态高出 60% 左右, 含水率对抗折强度的影响非常显著。对比图 1.15 中所示砂浆试件抗压强度和抗折强度的变化规律可知, 相对湿度对此二者的影响机制存在明显差异, 这可能源自抗压和抗折的破坏模式不同。

　　图 1.15 (b) 同时给出了 Maruyama 等 [225] 对净浆抗折强度的试验研究结果。对比分析可见，净浆抗折强度随相对湿度的变化过程明显有别于砂浆。当从初始饱和状态稍微干燥至 $H = 90\%$ 时，净浆抗折强度稍微增大，砂浆也具有类似性质但不甚明显；当相对湿度继续降低至约 40% 时，净浆抗折强度逐步降低且降幅显著；当进一步干燥至 $H = 11\%$ 时，抗折强度快速并显著增大。在 1.2.1 节所述 J-T 模型基础上，Maruyama 等 [225] 认为当从饱和降低至 $H = 90\%$ 时，纤维状 C—S—H 凝胶胶粒重新排布并发生取向化，这会强化胶粒间的键合，进而提高宏观抗折强度；在相对湿度从 90% 降低至 40% 的过程中，表面能变化将使胶团进一步固结且宏观粗孔数量增多，局部应力集中程度提高，进而使抗折强度降低；当相对湿度进一步降低至 11% 左右时，层间孔逐步失水使 C—S—H 凝胶胶团进一步致密化，进而导致抗弯强度快速增大。该 C—S—H 凝胶演化过程得到了超声波速和比表面积等测试结果的间接证实。结合式 (1.15) 所示 Feldman 和 Sereda 的观点可以预见，当相对湿度从 11% 进一步降低时，抗折强度还将进一步显著地增大。

　　Maruyama 等 [225] 同时对不同含水率净浆试件的弹性模量进行了测试，结果如图 1.16 (a) 所示，它与图 1.15 (b) 所示抗折强度随相对湿度的变化规律非常类似。当从初始饱和降低至 90%RH 时，弹性模量从 7.3 GPa 增大至 12.1 GPa，增幅约为 65%；在继续降低至 40%RH 左右的过程中，弹性模量降低至 7.2 GPa(与初始饱和状态接近)，此后随相对湿度的降低又显著地增大。当相对湿度降低至 11% 左右时，弹性模量增大至 13.0 GPa，比初始饱和状态高出 78%。然而，Wittmann [68] 对水灰比为 0.40 的净浆测试结果表明，在 $H \in [0, 40\%]$ 区间上，弹性模量随含水率的降低而增大，这与 Maruyama 等的测试结果有些类似，但变化幅度仅为 8%；在 $H \in [40\%, 100\%]$ 区间上，弹性模量随着含水率的增大持续提高，但变化幅度也仅为 18%，远低于 Maruyama 等的测试结果，且在 $H = 90\% \sim 100\%$ 区间内并没有降低。需要注意的是，Maruyama 和 Wittmann 所用净浆试件的水灰比差异较大，且采用的弹性模量测量方法也不相同，这可能是二者实测结果差异较大的主要原因。Sereda 等 [162] 同时测试了水灰比分别为 0.3 和 0.5 两组净浆在不同含水率时的弹性模量，如图 1.16 (b) 所示。由图 1.16 (b) 中可见，两组净浆在初始饱和时的弹性模量明显地高于干燥状态，且它们随相对湿度从 0% 增大至 100% 的变化规律与 Wittmann 的测试结果更为接近；同时认为在 $H = 50\% \sim 100\%$ 湿度区间，孔隙水能进出层间孔，进而导致弹性模量发生变化。更重要的是，Sereda 等测试所得弹性模量随相对湿度的变化表现出明显的滞后性，干燥过程的弹性模量总是高于湿润过程，且低水灰比试件的滞后性更为显著，相关机制还有待深入分析。尽管不同学者测试所得弹性模量随相对湿度的变化规律存在差异，但可以肯定，相对湿度明显影响弹性模量，且 $H = 40\% \sim 50\%$ 是影响规律的转折点，这应该与毛细压力和表面能的相对贡献发生变化有关。

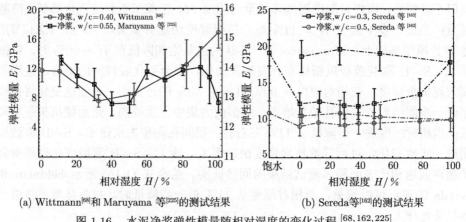

(a) Wittmann[68]和 Maruyama 等[225]的测试结果　　　(b) Sereda等[162]的测试结果

图 1.16　　水泥净浆弹性模量随相对湿度的变化过程 [68, 162, 225]

3. 干燥收缩

如 1.3.1 节所述，导致凝结硬化过程中水泥基材料体积发生变化的原因很多，通常更加关注由失水导致的干燥收缩，它与水泥基材料的失水动力学过程密切相关。水泥基材料失水干燥过程非常缓慢，干燥收缩测试非常耗时，且较大尺寸试件在失水过程中水分空间分布不均匀，此时测试所得宏观收缩实际上是试件全截面收缩的平均值 [226]。因此，多数试验研究主要关心水泥基材料在特定或少数几档相对湿度条件下的等温收缩历程及其稳定值，完整测试水泥基材料干燥收缩随相对湿度变化过程与规律 (即长度等温线，length change isotherms) 的试验数据非常稀缺。

考虑到应力压实水泥浆体的孔隙率及孔径分布具有良好的可重复性和代表性，且在不同相对湿度条件下，很薄的压实水泥浆片 (厚度不超过 1/16 in) 可以快速达到吸附脱附平衡进而大幅度地降低测试时间，Feldman 和 Sereda [227] 对压实水泥浆试件的长度等温线进行了非常精细的试验研究。该试验以干冰干燥真空脱气至恒重状态为起点，逐步增大相对湿度并进行吸附试验，之后再进行脱附试验，并利用光学位移计精确测试整个过程中试件的长度变化，每档相对湿度条件下的平衡时间长达 $3 \sim 7$ d，典型结果如图 1.17 (a) 所示。从图中可见，在吸附过程达到 A 点 ($H = 25\%$) 之前，吸附质量等温线和长度等温线均为凸曲线，并在 A 点发生突变。在此后的吸附过程中，长度等温线一直为凸曲线，但吸附质量等温线仅在 F 点 ($H = 50\%$) 之前为凸曲线，此后转变成凹曲线直至 B 点。在脱附过程中，水泥浆逐渐失水并呈现出明显的滞后性。当相对湿度降低至 36%(C 点)时，水泥浆快速失水直至 D 点 ($H = 30\%$)，但在 CD 湿度区间，试件长度几乎保持不变。当从 D 点继续脱附时，水泥浆质量持续降低，此时试件长度快速减小直至 $H = 0\%$。依据多层气体吸附理论，在吸附过程中，0A 区间对应于水分子单层吸附；AF 区间对应于多层吸附；FB 区间试件内部存在弯液面，此时水蒸气冷凝与毛细压力分别对质量变化和长度变化起到一定作用。在脱附过程中，BC 区间试件内部一直存在弯液面，当相对湿度低于 36% 时弯液面才被破坏，呈现出一定的滞后性；DE 区间对应于单层水分子脱附，也呈现出一定的滞后性；CD 区间对应于多层吸附向单层吸附过渡，此时水泥浆系统的表面能变化很小，进而使得CD 区间试件快速失水但长度几乎保持不变。

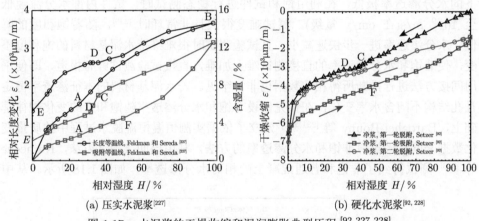

(a) 压实水泥浆[227]　　　(b) 硬化水泥浆[92, 228]

图 1.17　水泥浆的干燥收缩和湿润膨胀典型历程[92,227,228]

Setzer[92] 对硬化水泥浆的长度等温线也进行了系统的试验研究，测试结果如图 1.17 (b) 所示。从图中可见，在第一轮干燥失水过程中，在相对湿度从 100% 降低至 40% 左右的高湿度范围内，长度等温线呈现出微凸的连续变化；当相对湿度继续降低至 30% 左右时，水泥浆试件的长度变化微乎其微；继续降低相对湿度时，收缩变形快速发展并按凸曲线变化，整个干燥过程及关键特征点均与 Feldman 和 Sereda 实测压实水泥浆所得脱附过程 [图 1.17 (a) 中的曲线 BE] 高度类似。在此后的等温吸附过程中，在 $H = 45\%$ 处，长度等温线具有明显的反弯点，它将长度等温线一分为二，这同样类似于图 1.17 (a) 中的长度等温线 0B 分支。当相对湿度从 0% 逐步增大至 45% 左右时，干燥收缩快速减小并呈凸曲线变化，Wittmann[229] 认为，该阶段的干燥收缩可以用表面能理论 (详见 2.3.1 节) 进行定量解释；当相对湿度从 45% 增大至 100% 的过程中，干燥收缩呈凹曲线形式变化,Beltzung 和 Wittmann[94] 认为,高湿度区间的长度变化由拆开压力 (详见 2.3.1 节) 驱动。

综合以上对图 1.17 中所示长度变化等温线典型结果的分析可知,水泥基材料的干燥收缩与其含水量密切相关,干燥收缩量与失水量之间的关系非常密切 (图 1.12)。只有在准确预测干燥失水过程的基础上,结合干燥收缩变形机理,才能准确地预测水泥基材料的干燥收缩,进而分析其开裂损伤的风险和程度。

4. 介质传输性能

如 1.3.1 节所述,水泥基材料的耐久性劣化进程主要取决于水、气和离子等侵蚀介质的传输速度与进程,后者受含水率或饱和度的影响非常显著。

由于气体和离子各自只能在孔隙内部气相和液相中传输,水分传输性能与过程是分析侵蚀性气体和离子传输的基础。然而,水泥基材料非常密实,饱和状态下的水分渗透率极低,在利用饱和试件进行稳态测试时,试件内部水分流速低至 10^{-9} m/s(在 cm/y 量级),测试难度很大且非常耗时[230]。随着饱和度的降低,水分渗透率进一步快速减小,且试验测试时很难维持水泥基材料的饱和度不变,使非饱和水分渗透率的直接测试难上加难,直接试验测试鲜有报道,即便采用间接方法进行推断所得相关数据也非常罕见。若水泥基材料的本征渗透率恒定且孔结构不随水率变化,在预先假设非饱和水分渗透率随饱和度的变化规律基础上,Baroghel-Bouny 等[231,232] 建立了依据实测恒温恒湿脱水过程中的质量变化数据来间接地推算非饱和水分渗透率的方法。利用该间接测试方法,Kameche 等[233] 测试得到了非饱和普通混凝土的相对水分渗透率,如图 1.18 所示。从中

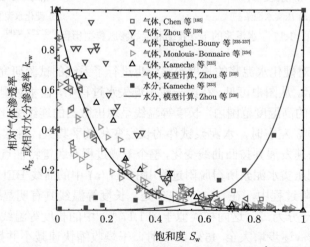

图 1.18   非饱和水泥基材料的气体和水分相对渗透率典型试验结果[185,233-239](彩图扫封底二维码)

可见, 非饱和水分渗透率与饱和度之间呈高度非线性关系。当普通混凝土试件从初始饱和稍微降低至饱和度 $S_w = 0.8$ 左右时, 水分渗透率降低至初始饱和值的 20% 左右, 降幅高达 80%。水泥基材料非常密实, 既很难完全干燥, 又很难完全饱和, 其饱和度通常处于接近 1 的较高范围, 此时非饱和水分渗透率对饱和度的变化高度敏感。在正常服役时的变温湿度环境条件下, 要想准确地模拟水泥基材料的水分传输及水分空间分布, 必须精确地描述非饱和水分渗透率随饱和度的变化过程。

气体在多孔介质内部的渗透传输包括黏性流动和滑移流动两种机理, 详见 2.1.1 节。若考虑滑移流动模式的影响并修正计算得到与气体种类、渗透压力无关的本征气体渗透率, 以完全干燥时的本征气体渗透率为基准, 同样可以定义相对气体渗透率 k_{rg}, 它随饱和度变化的部分经典试验数据如图 1.18 所示。由于气体渗透率通常比水分渗透率高 $2 \sim 3$ 个数量级, 且滑移流动模式会提高气体渗透流动速度, 试验测试相对更为简单且方便可行, 相关试验研究较多。由图 1.18 可见, 水泥基材料的非饱和气体渗透率随饱和度的增大而快速降低, 当饱和度 $S_w \in [0, 0.3]$ 时尤其如此, 如图中黑色模拟曲线所示。需要注意的是, 水泥基材料的相对气体渗透率具有较高的离散性, 具体数值在模拟曲线附近较宽的带状区域内分布, 这可能与具体所采用的干燥预处理制度和非饱和水分分布的均匀程度有关。水泥基材料内部水分平衡重分布非常困难且耗时, 这可能导致试件内部水分分布偏离理想的非饱和均匀分布状态。此外, 水泥基材料的纳米孔结构对干燥温度和湿度均非常敏感, 使得孔结构及对应的渗透率不能视作静态不变, 这也会影响相对气体渗透率的测试结果。下面的研究将表明, 水泥基材料具有显著的水敏性, 它使得整体孔结构随含水率显著变化 [240,241]。

除压力梯度驱动下的渗透传输外, 在浓度梯度驱动下, 气体分子也会在多孔介质内部气相中发生扩散传输, 包括自由分子扩散 (molecular diffusion)、Knudsen 扩散 (Knudsen diffusion) 和表面扩散 (surface diffusion) 三种机制 [242-244], 前者纯由浓度梯度驱动, 后两者在细小孔隙中起主导作用, 它们对宏观气体扩散率均有贡献。现代水泥基材料非常密实, 且内部所含水分会阻碍气体分子扩散, 它的气体扩散率 $D_g(m^2/s)$ 极低且测试难度很大。考虑到 CO_2、O_2 和水蒸气等气体在水泥基材料内部的扩散速率与碳化、钢筋锈蚀等耐久性问题高度相关 [245-247], 且饱和度显著影响气体扩散速率, 相关研究采用氢气、氧气和氮气等气体对非饱和水泥基材料的气体扩散率进行了测试, 典型试验结果如图 1.19 (a) 所示 [243,248,249]。由图 1.19 (a) 中可见, 在 $S_w = 0 \sim 0.6$ 的较低饱和度区间内, 气体扩散率随饱和度的变化比较小, 这是由于三种传输机制的贡献部分相对抵消; 在 $S_w = 0.6 \sim 1$ 的较高饱和度区间, 气体扩散率随饱和度的增大快速降低并近似呈指数衰减 [238,250,251]。在分析服役混凝土结构的碳化及钢筋锈蚀等问题时, 需准确计算并模拟 CO_2 等气体在非饱和材料内部的扩散速率与进程。值得注意的是，不同种类气体分子在多孔介质内的扩散速率不同，需区别对待。

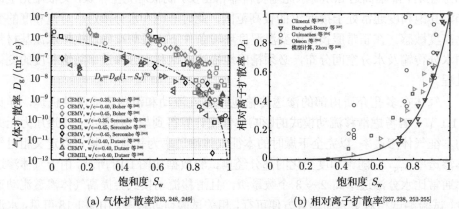

(a) 气体扩散率[243, 248, 249]   (b) 相对离子扩散率[237, 238, 252-255]

图 1.19   非饱和水泥基材料气体扩散率和相对离子扩散率的典型试验结果 (彩图扫封底二维码)

　　氯离子等带电离子在水泥基材料内部传输的机理非常复杂，除主要受水分渗透对流传输、离子浓度梯度驱动的扩散传输和外电场驱动的电迁移控制外，孔溶液内其他离子和水泥基材料与氯离子之间的物理化学作用等多种因素都会影响离子迁移 [256, 257]。对饱和多孔介质来说，由于氯离子只能在孔隙中传输，氯离子扩散率理论上必然取决于孔结构。但遗憾的是，目前尚无有效地描述孔结构与氯离子扩散率的准确数学模型，只能采用自然扩散和电场加速迁移等方法进行实测。在非饱和水泥基材料内部，氯离子和水分渗透均只能在液相中进行，由相对水分渗透率所具有的高度非线性特征可知，氯离子扩散率必然也与饱和度高度非线性相关，相对氯离子扩散率 D_{ri} 的部分实测数据和数学模型如图 1.19 (b) 所示 [238]，更全面的建模分析和试验数据整理可以参考文献 [237]、[258]～[260]。与非饱和水分渗透率几乎无法直接实测类似，直接测试非饱和氯离子扩散率的难度非常高。有学者提出通过控制边界处氯离子浓度的方法和试件饱和度来进行非饱和自然扩散试验 [252, 254, 261-263]，进而测量得到非饱和氯离子扩散率，但由于初始饱和度和氯离子浓度边界条件难以控制和长时间保持，试验数据离散性很大，如图 1.19 (b) 所示。实际测试时，主要通过交流阻抗谱、电阻率测试等电学方法来进行间接推断 [199, 237, 264, 265]，所得测试结果的非线性程度与非饱和水分渗透率类似，当饱和度降低至 $S_{\mathrm{w}} = 0.8$ 左右时，非饱和氯离子扩散率将降低至饱和扩散率的 20% 左右。显然，准确地预测干湿循环等复杂环境条件下的氯离子扩散进程，不但要求准确地分析非饱和水分渗透导致的氯离子对流传输，同时要求准确地模拟氯离子的非饱和扩散进程。

綜合以上对含水率如何影响水泥基材料抗压抗折强度、弹性模量、干燥收缩及液、气、离子三相侵蚀介质渗透与扩散传输性能的分析总结可知，水分传输性能和进程决定着水泥基材料的含水率空间分布，是定量分析服役环境条件下各相侵蚀介质传输过程的关键科学问题，也是研究水泥基材料力学性能、体积稳定性和耐久性的基础与前提。

第 2 章　与水有关的异常现象

水泥基材料的工作性、力学性能、体积稳定性和耐久性能均与水分用量或含量密切相关，体积稳定性和耐久性与含水量及其变化的关系尤其密切。当前，混凝土技术已经取得长足发展，工作性能和力学性能已经能够在很大范围内设计调整，如自密实混凝土的坍落度可达 250 mm，坍落扩展度可达 600 mm 甚至更大，超高性能混凝土的抗压强度可以高达 800 MPa。然而，实际工程中混凝土材料由于体积稳定性不良等问题导致的开裂现象依然普遍存在，甚至有愈演愈烈之势，耐久性问题也是如此。这说明，理论界与工程界对水泥基材料体积稳定性和耐久性的认识还不够深入全面。由于体积稳定性与耐久性均与材料所含水分密切相关，深刻认识含水率及其变化对体积稳定性和耐久性的关键影响，必须立足于全面、深入分析水对水泥基材料基本性能与微结构影响的基础之上。通过文献调研可以发现，水泥基材料的渗透性能、毛细吸收性能等与耐久性关系密切的传输性能存在多个难以解释的异常现象，对它的收缩机理、收缩性能及比表面积等微结构特征也存在广泛的争议。这些异常现象和广泛争议的存在，往往是因为对水泥基材料部分基本认识失之偏颇。为了更全面透彻地研究水泥基材料的组成、微结构与性能，水泥基材料与水有关的异常现象及广泛争议恰恰是最好的突破口。

2.1　渗透性能异常

2.1.1　渗透率的概念

1. 水分渗透率

多孔介质的渗透性是多孔介质阻止液体、气体等流体在孔隙内部渗透迁移的能力，常用液体或气体在压力梯度驱动下的渗透率来表征。法国工程师达西 (Darcy) 在 1856 年测量分析了水在砂柱中的饱和流动速度，进而提出了描述多孔介质内部液体运动的线性流动定律。此后，多孔介质内部液体运动的数学描述均以达西定律为基础。若如图 2.1 所示的多孔介质 AB 被某种液体完全饱和，在 A、B 两侧分别施加压力 p_A(Pa) 和 p_B(Pa)，压力差 $\Delta p = p_A - p_B$(Pa) 将驱动多孔介质内部产生稳定的达西流动，体积流量 Q(m³/s) 与多孔介质 A、B 两侧的压力差 Δp 成正比。此时，达西定律可以简写成

$$Q = \bar{k} A \Delta p / L \tag{2.1}$$

式中，$\bar{k}(\mathrm{m^3 \cdot s/kg})$ 为达西渗透率；$A(\mathrm{m^2})$ 为试件横截面积；$L(\mathrm{m})$ 为试件长度。物理量 $q = Q/A(\mathrm{m/s})$ 称作体积流速，利用它可以将达西定律更一般化地写作 $q = \bar{k}\Delta p/L$。对于三维液体流动，达西定律可以表示为

$$q = -\bar{k}\nabla p \tag{2.2}$$

式中，$q(\mathrm{m/s})$ 为局部的体积流速矢量。同时，三维液体流动还需满足质量守恒方程：

$$\nabla \cdot \rho q = 0 \tag{2.3}$$

式中，$\rho(\mathrm{kg/m^3})$ 为流体密度。

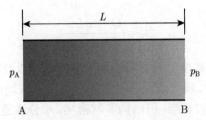

图 2.1　饱和多孔介质内部液体在压力差驱动下的达西流动

采用压力水头 $P = p/(\rho g)(\mathrm{m})$ 来表示静水压力的做法很普遍，此时达西定律可以写作：

$$q = -K_\mathrm{s}\nabla P, \ K_\mathrm{s} = \rho g \bar{k} \tag{2.4}$$

式中，$g(\mathrm{m/s^2})$ 为重力加速度；$K_\mathrm{s}(\mathrm{m/s})$ 为传统概念上的饱和渗透率 (也称作饱和传导率，下标 s 表示饱和)。由式 (2.4) 定义的传统饱和渗透率 K_s 与多孔介质及渗透流体种类均有关系。对惰性牛顿流体在多孔介质内部的稳态流动来说，达西渗透率 $\bar{k}$ 和传统饱和渗透率 K_s 均与液体的动黏滞系数 $\eta(\mathrm{Pa \cdot s})$ 成反比。此时，可将本征渗透率 $k(\mathrm{m^2})$ 定义为

$$k = \eta\bar{k} = K_\mathrm{s}\eta/(\rho g) \tag{2.5}$$

它是多孔材料自身的固有性质，且与渗透率测试所用液体种类无关。达西渗透率 $\bar{k}$、传统饱和渗透率 K_s 和本征渗透率 k 在相关文献中均有采用。但在表征水泥基材料等多孔介质的传输性能时，与测试所用流体种类无关的本征渗透率 k 的应用更为广泛。本征二字的本意是指本征渗透率 k 理论上与渗透流体的性质无关，只取决于多孔介质的孔隙结构，本书在讨论多孔介质的渗透率时，默认指以 $\mathrm{m^2}$ 为单位的本征渗透率。但实际测试水泥基材料的渗透率时普遍发现，本征渗透率 k 依然与流体种类高度相关，此时常用下标来标识出该渗透率测试所用流体种类，

如用 $k_w(m^2)$ 来表示水分渗透率，2.1.3 节将对此进行详细讨论。由式 (2.5) 可知，传统饱和渗透率 K_s 与本征渗透率 k 之间的转换不仅与液体的动黏滞系数 η 有关，也与流体密度 ρ 有关。由于本征渗透率 k 理论上与液体种类无关，所以传统饱和渗透率 K_s 与测试流体的 ρ/η 成正比。

在常温常压条件下，液体均可视作不可压缩流体，此时它的密度 ρ 可以近似认为是与压力无关的常数。此时，描述多孔介质内部一维液体渗透流动的达西定律可以写为

$$q = -\frac{k}{\eta}\Delta p/L \tag{2.6}$$

在液体流动达到稳态时，测量此时的体积流量 Q，利用式 (2.7) 可以计算多孔介质的本征渗透率 k：

$$k = \frac{Q}{A}\frac{\eta L}{p_A - p_B} \tag{2.7}$$

表 2.1 列出了几种典型岩石材料的水分渗透率，以及渗透率与之相当的硬化水泥浆的等效水灰比[59]。现代水泥基材料的水灰比通常均在 0.5 以下，尽管它的孔隙率与砂岩等常见沉积岩相当，但结构非常密实，水分渗透率通常在 $1.0 \times 10^{-21} \sim 1.0 \times 10^{-19}$ m^2 内，这比典型砂岩低 2 ~ 4 个数量级，使得流体尤其是水分渗透率的测量难度非常大。实际测量时，需要特别注意保证试件侧面的密封条件，以使试件内部形成一维液体流动；同时往往还需施加足够高的压力梯度，才能驱动液体在水泥基材料内部孔隙中发生流动。即便如此，水泥基材料内部液体流动通常需要很长时间才能达到稳态，且达到稳态时的体积流量 Q 特别低。在采用稳态流动法测试水泥基材料的极低渗透率时，应特别注意"一维稳态渗透"条件是否满足并精确地测量稳态体积流量 Q。

表 2.1　常见岩石水分渗透率及渗透率与之相当的硬化水泥浆的等效水灰比[59]

岩石种类	水分渗透率 k_w/m^2	等效水灰比
致密火成岩	2.54×10^{-21}	0.38
石英闪长岩	8.45×10^{-21}	0.42
大理岩 A	2.46×10^{-20}	0.48
大理岩 B	5.92×10^{-19}	0.66
花岗岩 A	5.50×10^{-18}	0.70
花岗岩 B	1.60×10^{-17}	0.71
砂岩	1.26×10^{-17}	0.71

注：文献 [59] 采用的渗透率单位为 Darcy，1 Darcy $= 9.8692 \times 10^{-13}$ m^2。

实际测试经验表明，基于 Hassler 三轴加压密封腔的恒压型水分渗透率测试系统具有非常稳定、可靠的工作性能[266]，如图 2.2 所示，可以用来测试水泥基材料极低的水分渗透率[267]。安装好试件并组装好测试系统后，采用手动液压泵给

试件所处密封腔室施加较高的压力 (常在 6 MPa 以上) 以密封试件侧面，利用伺服液压泵给试件底面施加恒定的较高进水压力 (常在 3 MPa 以上)，在系统上游或下游监测液体流动并记录最终达到稳态时的水分流量，即可利用达西定律式 (2.7)计算得到水分渗透率 k_w。

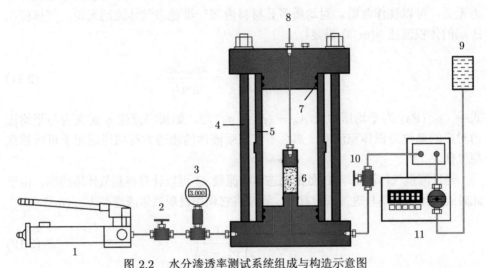

图 2.2　水分渗透率测试系统组成与构造示意图

1-手动液压泵；2-输油阀；3-高精度压力表；4-螺栓；5-圆钢套；6-试件；7-密封橡胶圈；8-出水口；9-储液罐；10-输水阀；11-伺服液压泵

2. 气体渗透率

水泥基材料的液体渗透率极低，使得液体渗透率测试难度大且非常耗时。在将混凝土试件烘干后，利用黏度低得多的气体来测试水泥基材料的渗透率则要容易很多。达西定律也可以用来描述多孔介质内部的气相流动。气体的可压缩性远高于液体，在分析计算多孔介质的气体渗透率时必须加以考虑，使得气体和液体的渗透方程存在一定差异。对不可压缩的液体来说，采用质量流量还是体积流量进行分析几乎不存在差异。对气体渗透过程来说，由于稳态流动过程中每个体积微元的质量流量恒定，但体积流量并非常数，必须用质量流量进行分析。采用理想气体假设，则气体压力 p 与密度 ρ 满足：

$$p = \rho R T \tag{2.8}$$

式中，$R(\mathrm{J/(mol \cdot K)})$ 和 $T(\mathrm{K})$ 分别为理想气体常数及热力学温度。考虑气体的可压缩性，气体在压力梯度驱动下的质量守恒条件可以写作

$$\nabla \cdot \nabla p^2 = 0 \tag{2.9}$$

此时，描述理想气体流动的达西定律可以写作

$$pq = -\frac{kp}{\eta}\nabla p = -\frac{k}{2\eta}\nabla p^2 \tag{2.10}$$

当温度相同但压力在较大范围内变化时，特定种类气体的动黏滞系数 η 与气体压力无关，可以视作常数。对均质多孔材料内部一维稳态气体流动来说，气体流出 B 端的体积流速 $q(\text{m/s})$ 满足：

$$q = \frac{k\,(p_A^2 - p_B^2)}{2\eta p_B L} = \frac{kp_m\Delta p}{\eta p_B L} \tag{2.11}$$

式中，$p_m(\text{Pa})$ 为平均压力且 $p_m = (p_A + p_B)\,/2$。如果将流速 q 定义为与平均压力对应的单位面积体积流速，那么不可压缩液体的渗透方程同样适用于可压缩理想气体。

通过测量气体流出端 B 处的稳态体积流量 Q 可以计算得到气体渗透率。由于此时的气体渗透率与进气压力有关，通常将它称作表观气体渗透率 $k_{\text{app}}(\text{m}^2)$，即

$$k_{\text{app}} = \frac{Q}{A}\frac{2\eta L p_B}{p_A^2 - p_B^2} \tag{2.12}$$

对孔隙非常小的多孔介质来说，气体分子的平均自由程 (相邻两次碰撞间分子的平均运动距离)$\varphi = a_g \eta / p(\text{m})$ 可能与孔隙尺寸相当，其中系数 $a_g = \sqrt{\pi R T / (2M_g)}$，$M_g(\text{g/mol})$ 为气体分子的摩尔质量。此时，气体的黏滞阻力不再完全传递到孔壁，界面处的气体流动存在滑移。水泥基材料内部含有相当体积分数的纳米孔隙，气体分子在小孔中的渗透流动包含黏性流动 (viscous flow) 和滑移流动 (slip flow) 两种模式，后者的存在使得表观气体渗透率 k_{app} 与进气、出气的压力有关。考虑气体分子滑移流动模式的方法有多种，其中应用最为广泛的是由 Klinkenberg 提出的简化模型。该模型认为，表观气体渗透率 k_{app} 与平均气体压力的倒数 $1/p_m$ 成正比，即

$$k_{\text{app}} = k_{\text{int}}\left(1 + \frac{\beta_k}{p_m}\right) \tag{2.13}$$

式中，$\beta_k(\text{Pa})$ 为拟合系数，它与孔径和气体分子平均自由程的相对大小有关。实际测试气体渗透率时，应在不同平均气体压力下开展多次测试，并将对应的表观气体渗透率 k_{app} 外推至气体分子的平均自由程 $\varphi = 0$、平均压力无穷大 (即 $1/p_m = 0$) 的极限情形。由式 (2.13) 定义的本征气体渗透率 k_{int} 考虑了气体分子滑移流动模式的影响，它表征的是气体压力趋于无穷大、滑移流动模式的影响可以忽略条件下气体在多孔介质内部的有效渗透率，理论上它只由多孔材料的孔结构决定，

与气体压力大小等因素无关。由于本征气体渗透率与进气压力无关，若无特别说明，本书在讨论气体渗透率 $k_g(\text{m}^2)$ 时，默认情况下均指本征气体渗透率，即取 $k_g = k_{\text{int}}$。

在室温 $T = 298.15\ \text{K}$ 时，空气的系数 $a = 520\ \text{m/s}$，在标准大气压条件下，它的平均分子自由程 $\varphi \approx 100\ \text{nm}$。水泥基材料含有大量 $100\ \text{nm}$ 以下的小孔，使得滑移模式对水泥基材料内部气体渗透速度的影响较大。需要注意的是，气体的动黏滞系数 η 近似与 $\sqrt{T}$ 成正比，这使得平均自由程 φ 与热力学温度 T 成正比，即随温度的升高而增大。在不同温度条件下，气体分子在小孔内部滑移流动模式的影响程度也不相同。

相关试验研究已经提出多种测试水泥基材料气体渗透率的设备 [268-271]，其中采用与 Hassler 密封腔类似的恒压型测试设备应用较广，工作性能稳定可靠，气体渗透率测试系统的组成与构造示意图如图 2.3 所示 [272]。通过往橡胶囊内充气并保持较高气压 (常用气压为 $0.7\,\text{MPa}$ 左右) 来密封试件侧面，再在试件底面施加恒定进气压力 (常用气压为 $0.1 \sim 0.4\ \text{MPa}$)，通过监测下游出气口的气体体积流量并记录稳态值，即可通过式 (2.12) 计算得到表观气体渗透率 k_{app}。在多个不同进气压力下测量计算 k_{app}，利用式 (2.13) 可进一步拟合计算得到本征气体渗透率 k_{int}，它是试件渗透性能的定量表征，与测试时采用的进气压力无关。

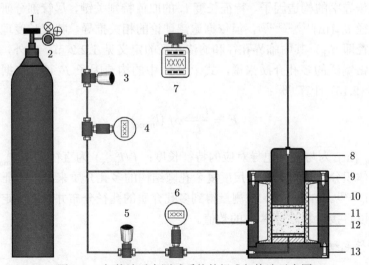

图 2.3　气体渗透率测试系统的组成与构造示意图

1-高压气瓶；2、3、5-调压阀；4、6-高精度压力表；7-气体体积流量计；8-活塞；9-顶盖；10-充气橡胶囊；11-圆钢套；12-试件；13-底盖

2.1.2　渗透率与孔结构关系模型

水分、异丙醇和气体等流体只能在多孔材料内部连通孔隙内发生流动。依据

渗透率的定义，以 m² 为量纲的惰性流体渗透率与流体性质无关，它只由孔结构唯一决定，孔结构与渗透率严格对应，这也是为什么将它称作本征渗透率的原因。渗透率是多孔介质的重要属性，在水泥基材料科学领域，作为表征水泥基材料与外部环境间发生物质交换能力及其耐久性的重要基础指标，渗透率与孔结构之间的关系问题一直是水泥基材料及其他多孔介质领域关心的基础科学问题。立足多孔介质孔结构的物理模型或关键特征，相关研究已经建立多个描述渗透率与孔结构间关系的数学模型，其中以基于逾渗理论的 Katz-Thompson 模型和基于平行毛细管束假设的 Kozeny-Carman 模型最具代表性。

1. 逾渗理论模型

Katz-Thompson 模型 (简写为 K-T 模型) 是广泛应用的经典模型 [126,127]，它建立在逾渗理论基础上，可以依据多孔介质的孔径分布曲线直接计算渗透率。通过对多孔介质内部流体流动过程进行逾渗理论分析，K-T 模型认为，多孔介质的渗透率 k 与孔结构某种意义上的特征长度 $l_c(\mathrm{m})$ 的平方成正比，并可按式 (2.14)进行直接计算：

$$k = \alpha F l_c^2 \tag{2.14}$$

式中，α 为理论值为 1/226 的无量纲系数；F 为描述多尺度复杂孔隙网络曲折度如何影响传导率的构造因子。特征长度 l_c 的取值特别关键，尽管部分研究将它取作临界孔径 $d_{cr}(\mathrm{m})$[125,273-275]，但依据逾渗理论的相关推导，特征长度理论上应取为逾渗孔径即 d_{th}，其中临界孔径和逾渗孔径的定义见 1.2.2 节。此外，对孔径分布范围非常宽泛的多孔介质来说，式 (2.14) 中的构造因子 F 可以依据孔径分布曲线按式 (2.15) 计算 [127]：

$$F = \frac{l_{max}^e}{l_c} \phi f(l_{max}^e) \tag{2.15}$$

式中，$l_{max}^e(\mathrm{m})$ 为与最大电导对应的特征长度；$f(l_{max}^e)$ 为直径大于 l_{max}^e 的所有孔隙所占体积分数。对具有多尺度复杂孔隙结构的多孔介质来说，特征长度 l_{max}^e 可取 $0.34 l_c$ [127]。如此一来，在测量得到多孔介质的孔径分布并合理确定特征孔径 l_c 后，可以直接计算渗透率 k 的数值。

2. 平行毛细管束模型

多孔介质的孔结构非常复杂，平行毛细管束假设是对真实孔结构的高度简化，在此基础上建立的经典 Kozeny-Carman 模型 (简写为 K-C 模型) 最为简单。对边长为 $L(\mathrm{m})$ 的多孔材料立方体试件来说，K-C 模型将内部孔隙等效成由长度均为 L、半径为 r_j $(j = 1 \sim N)(\mathrm{m})$ 的 N 根直毛细管束组成。依据流体力学中的 Hagen-Poiseuille 方程 [276]，半径为 r_j 的毛细管的渗透率 $k_j = r_j^2/8$。当在立方体试件两个端面施加压力差 Δp 时，依据达西定律式 (2.6)，单根毛细管的体积流速 $q_j(\mathrm{m/s})$ 和体积流量 $Q_j(\mathrm{m^3/s})$ 分别为

$$q_j = -\frac{r_j^2}{8\eta L}\Delta p, \quad Q_j = -\frac{\pi r_j^4}{8\eta L}\Delta p \tag{2.16}$$

各毛细管的体积流量具有加和性，试件全断面的体积流量 Q 可以表示为

$$Q = \sum_{j=1}^N Q_j = -\frac{\pi\Delta p}{8\eta L}\sum_{j=1}^N r_j^4\pi \tag{2.17}$$

将试件视作一个整体，按照体积流量等效原则，可得渗透率 k 为 [178,277]

$$k = \frac{\pi}{8L^2}\sum_{j=1}^N r_j^4 = \sum_{j=1}^N f_j r_j^2/8, \quad f_j = \pi r_j^2/L^2 \tag{2.18}$$

式中，f_j 是半径为 r_j 的孔隙所占体积分数。在测量得到多孔材料孔径分布曲线 $f_j(r_j)$ 后，理论上可以直接依据式 (2.18) 计算渗透率 k。但实际上，由于水泥基材料孔径分布跨越从纳米到毫米达 $5 \sim 6$ 个数量级，直接利用式 (2.18) 进行计算时，所得渗透率 k 将由半径 r_j 较大的粗孔控制，即使它的体积分数非常小，这与实际情况不符。此外，毛细管数量 N 也不容易确定。考虑到水泥基材料内部真实孔隙 (尤其是粗孔) 几乎不可能像假想的平行毛细管束那样贯穿多孔材料，为了使 K-C 模型更好地反映整体孔结构与渗透率的对应关系，并消去毛细管数量 N，可以利用孔隙率 ϕ 和单位体积比表面积 $\mathscr{A}_v(\mathrm{m^{-1}})$ 等表征多孔介质整体性质的物理量来改写式 (2.18)。

在平行毛细管束假设基础上，多孔材料立方体试件的孔隙率 ϕ 和单位体积比表面积 $\mathscr{A}_v$ 可以分别写作

$$\phi = \sum_{j=1}^N f_j = \frac{\pi}{L^2}\sum_{j=1}^N r_j^2, \quad \mathscr{A}_v = \sum_{j=1}^N \frac{2\pi r_j L}{L^3} = \frac{2\pi}{L^2}\sum_{j=1}^N r_j \tag{2.19}$$

利用孔隙率 ϕ 和单位体积比表面积 $\mathscr{A}_v$ 来进行变量代换，通过同时匹配 k、ϕ 和 $\mathscr{A}_v$ 的表达式中变量 L 和 r_j 的幂次，可将式 (2.18) 改写成如下幂函数形式 [178]：

$$k = \beta_{\mathrm{kc}}\phi^3/\mathscr{A}_v^2 \tag{2.20}$$

式中，无量纲系数 β_{kc} 为

$$\beta_{\mathrm{kc}} = \frac{1}{2}\sum_{j=1}^N r_j^4 \times \left(\sum_{j=1}^N r_j\right)^2 \bigg/ \left(\sum_{j=1}^N r_j^2\right)^3 \tag{2.21}$$

实际上，若将求和等效视作积分，依据积分中值定理，满足式 (2.20) 的系数 β_{kc} 必然存在。当所有毛细管半径均相等时，系数 $\beta_{kc} = 1/2$；若毛细管孔径在 0~最大孔径 d_{max}(m) 范围内均匀分布，则系数 $\beta_{kc} = 1.35/2$，与前一工况差别不大；对实际孔径分布非常复杂的砂岩、混凝土等多孔介质来说，系数 β_{kc} 与典型值 1/2 之间的偏差通常在 8 倍以内 [178]。

利用低场磁共振技术或压汞法等，在测量得到多孔介质的孔径分布曲线 $f_j(r_j)$ 后，若将其孔隙视作平行毛细管束，则系数 β_{kc} 可以通过式 (2.21) 进行计算，辅以实测所得孔隙率 ϕ 和单位体积比表面积 $\mathscr{A}_v$，即可以利用 K-C 模型[式 (2.20)]来预测多孔介质的渗透率 k。由于 K-C 模型无法考虑水泥基材料内部孔隙的连通性和曲折度等，直接由式 (2.21) 计算所得系数 β_{kc} 可能并不适用，此时可以通过线性拟合实测渗透率 k 与组合变量 $\phi^3/\mathscr{A}_v^2$ 的关系来确定系数 β_{kc} 的数值，进而协助计算渗透率 k，但需要注意拟合系数 β_{kc} 的适用范围及其精度。

2.1.3   水分渗透率异常低

依据 2.1.1 节的分析，由式 (2.7) 定义的不可压缩流体本征渗透率 k 和由式 (2.13) 定义的本征气体渗透率 k_{int} 只由多孔介质的孔结构决定。若多孔介质的孔结构保持恒定，则采用不同种类液体、气体来测试同一试件的渗透率时，理论上应该得到相同的渗透率数值。对岩石等多孔材料开展的试验研究普遍观察到该结果 [278]。但对水泥基材料来说，采用不同种类流体进行测试所得渗透率存在显著差异。

现代水泥基材料的水灰比普遍较低，它们的孔结构特别细小，水分渗透率典型数值通常为 $1.0 \times 10^{-21} \sim 1.0 \times 10^{-19}$ m^2，这比常见岩石的渗透率还要低 2~4 个数量级，使得水泥基材料的水分渗透率测试特别困难且非常耗时。由于气体的动黏滞系数要比液体小得多且体积流量计量更为容易，气体渗透率的测试相对更为容易，理论上应该得到与水分渗透率差不多的测试结果。然而，试验研究普遍发现，若将水泥基材料试件烘干后利用 N$_2$、O$_2$ 等进行测试，所得气体渗透率要比水分渗透率普遍高 2~3 个数量级 [239,240,267,279-281]。即使利用异丙醇、乙醇等有机溶液来置换掉孔隙水或者先干燥再重新饱和有机溶液，利用有机溶液进行测试所得的渗透率比气体渗透率低，但依然比水分渗透率高 1~2 个数量级。换言之，水泥基材料的水分渗透率显著地低于有机溶液和气体的渗透率数值。表 2.2 收集了文献报道的多种水泥基材料采用不同流体进行测试所得渗透率的数值，为了简洁起见，同一文献中报道的结果最多选列 2 组典型试件的实测结果。为了突出强调水分渗透率 k_w 异常低这一重要异常现象，表 2.2 将水分渗透率单列，并将除水以外的其他惰性流体 (inert fluid) 的渗透率归并为 k_{IF}。为了更直观地说明水分渗透率 k_w 与其他惰性流体渗透率 k_{IF} 间的差异，表 2.2 同时给出二者之比 k_w/k_{IF}。

由表 2.2 中可见, 尽管部分水泥基材料的水分渗透率并不会比惰性流体的渗透率小太多 ($k_w/k_{IF} > 10\%$), 但同种水泥基材料的水分渗透率通常要低 $2 \sim 3$ 个数量级 ($k_w/k_{IF} < 1\%$), 差异程度与具体材料组成及预处理方式关系密切, 同时也不排除极低水分渗透率测试时发生泄漏进而导致水分渗透率实测值失真并显著偏大的可能。

表 2.2 水泥基材料水分和其他流体渗透率实测结果节选

材料	试件	k_w/m^2	流体	k_{IF}/m^2	$(k_w/k_{IF})/\%$	补充说明
混凝土 [282]	N1	1.10×10^{-18}	空气	3.32×10^{-17}	0.65	w/c = 0.40, 105 ℃ 烘干
	N4	1.05×10^{-17}	空气	1.00×10^{-16}	10.49	w/c = 0.62, 105 ℃ 烘干
砂浆 [280]	A4	3.40×10^{-19}	异丙醇	4.90×10^{-19}	69.39	w/c = 0.485, 溶液置换
	D4	8.50×10^{-20}	异丙醇	4.00×10^{-19}	21.25	w/c = 0.485, 经历过 105 ℃ 烘干
净浆 [283]		1.22×10^{-21}	异丙醇	2.51×10^{-19}	0.49	w/c = 0.60, 梁弯曲法测试 [284]
砂浆 [267]	1A	0.14×10^{-18}	氩气	1.96×10^{-17}	0.72	w/c = 0.40, 60 ℃ 烘干
	1A	0.14×10^{-18}	乙醇	0.96×10^{-17}	1.46	气体渗透率测试结束后的测试结果
混凝土 [236]	BO	8.80×10^{-20}	氧气	5.40×10^{-17}	0.16	w/c = 0.43, 105 ℃ 完全干燥
	M25	9.90×10^{-17}	氧气	3.00×10^{-16}	33.00	w/c = 0.84, 105℃ 完全干燥
混凝土 [233]		5.70×10^{-17}	氮气	1.90×10^{-16}	30.00	w/c = 0.50, 80 ℃ 烘干
混凝土 [239]	C39	3.42×10^{-20}	氩气	5.26×10^{-18}	0.65	w/c = 0.39, 60 ℃ 烘干
混凝土 [240]	M3	6.16×10^{-20}	氮气	1.48×10^{-17}	0.42	w/c = 0.50, 室温干燥 (0%RH)
	M4	2.67×10^{-21}	氮气	1.32×10^{-17}	0.02	w/c = 0.50, 室温干燥 (0%RH)

早在 1987 年左右, Bamforth [279] 就已经发现, 同种水泥基材料采用水和气体进行测试所得渗透率之间存在显著差异, 并对该异常现象进行了研究。由于水泥基材料脆性大且对干燥预处理特别敏感, 干燥过程中毛细张力的存在很容易使水泥基材料开裂 [285-287], 故而通常认为, 气体渗透率显著偏大的原因在于干燥过程中引入了微裂纹损伤。换个角度, 部分研究则认为, 水泥基材料内部未水化水泥颗粒的持续水化及微裂缝的自愈合作用是导致水分渗透率特别低的原因。在利用异丙醇等有机溶液置换孔隙水的过程中, 由于它们与水完全互溶, 理论上不存在毛细张力, 进而也就不会产生微裂纹损伤, 但惰性有机溶液的渗透率依然比水分渗透率大 $1 \sim 2$ 个数量级。部分试验研究发现, 经 Klinkenberg 模型修正所得本征气体渗透率甚至与惰性有机溶液的渗透率非常接近 [239,267]。由此可见, 尽管干燥微裂缝会显著地增大水泥基材料的气体渗透率, 且未水化水泥颗粒的再次水化会降低水泥基材料的水分渗透率, 但它们均不足以解释水分渗透率显著偏小这一普遍异常现象。还有部分研究认为, 在水分渗透过程中, 碱的溶解与再结晶是导致水分渗透率异常小的原因 [288]。但该机制无法解释的是, 即便碱的溶解和结晶会堵塞部分通道, 但在干燥或者置换后测得的气体和有机溶剂的渗透率依然比

水分高很多。综上可知，水泥颗粒的二次水化、干燥微裂缝及碱的溶解结晶均无法充分地解释水分渗透率特别低这一重要异常现象。

2.1.4　时变水分渗透率

水泥基材料的水分渗透率特别难测试的另一个原因在于，测试过程中水分渗透率可能会持续地发生明显变化。早在 1889 年就有试验研究表明[289]，当经历干燥作用后的水泥基材料再次饱水并测试其水分渗透率时发现，测试结果会在几十个小时的时间内持续且明显降低，降幅可高达 1 个数量级。后续不少试验研究也验证了该现象的存在[267,288,290]，典型结果如图 2.4 所示。图 2.4 (a) 中的经典测试结果表明，当对水下养护 26 年、水泥已全部水化的混凝土材料进行测试时，它的水分渗透率长时间稳定在 1.0×10^{-19} m^2，测试结果有些波动但变化幅度很小。然而，将该成熟混凝土材料烘干、再次饱水后开展渗透率试验却发现，初始水分渗透率高达 1.0×10^{-17} m^2，这比未经历干燥作用混凝土试件的渗透率高出 2 个数量级；同时，在长约 80h 的时间内，水分渗透率持续降低，最终的降幅达 1 个数量级左右，且稳定值依然比未经历干燥作用混凝土试件的实测结果高约 1 个数量级。对图 2.4 (b) 所示某砂浆的测试结果来说，在长达 7d 左右的时间段内，水分渗透率持续降低超 1 个数量级。由此可知，水泥基材料在经历过干燥作用后，其水分渗透率将随时间逐渐降低，且最终的降低程度非常显著。该异常现象已经困扰研究人员长达 130 年之久，已经提出的众多物理机制依然无法解释与时变渗透率有关的异常试验现象。

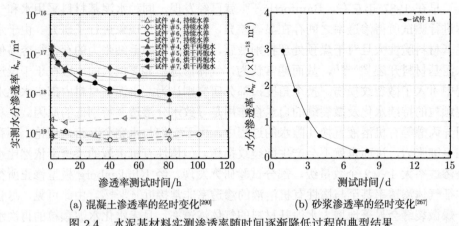

(a) 混凝土渗透率的经时变化[290]　　　　　(b) 砂浆渗透率的经时变化[267]

图 2.4　水泥基材料实测渗透率随时间逐渐降低过程的典型结果

相关研究提出用于解释前述时变水分渗透率的机理主要包括未水化水泥颗粒的继续水化[282,291,292]、饱水不充分时存在的滞留空气[293,294]、物理堵塞[282,295,296]、水化产物的溶解重结晶[280,288,290,297]、Ca(OH)$_2$ 溶解与碳化[291,292]、渗透压[298] 及干燥后再次饱水时水化产物发生膨胀 [292] 等。剑桥大学的 Hearn 等 [280,288,290,297,299] 提出水化产物溶解重结晶机制，并将其称作自堵塞效应 (self-sealing effect)，认为它的影响与未水化水泥颗粒的二次水化及微裂缝的自修复作用存在显著区别。以上多个因素确实会使水泥基材料的水分渗透率随时间逐渐降低，但却无法充分地解释特定条件下观测到的异常试验结果，使得目前对水分渗透率经时降低现象的认识依然不够深入。

在分析水泥基材料时变渗透率时需要特别重视的条件在于，该特征只有在经历干燥作用并再次饱水后的水分渗透率测试过程中才能观测到 [280,288]。当再次饱和的液体是异丙醇时，它的渗透率并不会随时间降低 [280]。当再次饱和水分并测量其渗透率时，即便龄期达 26 年、水泥已完全水化的混凝土材料依然会呈现出显著的降低 [290]。由此可见，未水化水泥颗粒的继续水化及由此带来的微裂纹自愈合作用并非导致水分渗透率经时降低的根本原因。此外，尽管水泥基材料密实度非常高，确实很难完全饱和水分或异丙醇溶液 [288]，但由于常用的真空饱和法等可以使水泥基材料的饱和度非常接近完全饱和，且真空饱和异丙醇后测试所得异丙醇渗透率并不会出现显著降低，很难相信不完全饱水或滞留空气是导致水分渗透率逐渐显著降低的本质原因。此外，孔隙物理堵塞被广泛地认为是导致部分岩石材料水分渗透率经时降低的重要原因 [300]，部分学者认为该效应也是导致水泥基材料时变渗透率的物理本质 [282,291,295,296]。当反转水分渗流方向时，部分岩石材料的水分渗透率会有显著恢复，这是由于反方向的水分流动冲开了被堵塞的部分孔隙，该现象是孔隙堵塞效应存在的明确证据。然而，只有在第一次反转水分流动方向时，水泥基材料的水分渗透率会有些许恢复，此后便不再随水分流动方向的变化而变化 [292]，这也充分地说明物理堵塞效应并非主要原因。只有利用水分来测试干燥再饱和水泥基材料的渗透率时才会出现经时显著降低的现象，这说明底层的物理机制应该与水和水泥基材料之间发生的某种物理化学作用密切相关，而不在于小颗粒剥落对流导致的物理堵塞效应。

在化学作用层面，CH 碳化后生成 $CaCO_3$ 确实会堵塞水分流动通道，进而使水分渗透率降低，水化产物的溶解和再结晶也会如此。然而，由于水中溶解的 CO_2 非常有限，正如饱和水泥基材料碳化进程非常缓慢一样，在饱和水泥基材料水分渗透过程中，碳化导致孔隙堵塞的影响很小，不大可能是水分渗透率显著降低的主要原因。Hearn 等 [280,288,290,297] 对饱和水分渗透过程中入流和出流溶液的化学组成进行检验分析，认为水泥水化产物的溶解结晶是导致水分渗透率显著降低的本质原因。尽管水化产物再结晶确实会堵塞部分孔隙并使水分渗透率降低，但该效应受干燥处理历史的影响很小，使得该效应并不能解释只有经历过干燥预处理后水分渗透率才会显著地降低这一关键特征。水化产物的溶解再结晶并堵塞水分流动的孔道必然使水分渗透率降低，然而，经历干燥作用后的初始水分渗透率却比水养条件下、从未经历干燥作用试件的水分渗透率高出 2 个数量级，虽然在测试过程中水分渗透率逐渐降低且两者的差异逐渐减小，但最终达到稳定状态后，两者依然相差达 1 个数量级左右。即便干燥作用能够激发并强化水化产物的溶解和再结晶，它也无法解释不同条件下测试所得水分渗透率间存在的显著差异，如图 2.4 (a) 所示。实际上，出流孔溶液与入流水分在化学组成上存在的差异主要由水泥基材料内可溶解、可交换离子的溶蚀导致，它对水分渗透率显著降低的贡献很有限，这同时使得渗透压的影响也非常小 [288]。

2.1.5　对液体性质的依赖关系异常

依据 2.1.1 节的分析，多孔介质的传统饱和渗透率 K_s 和液体密度 ρ 与动黏滞系数 η 之比 ρ/η 成正比。试验研究表明，若利用异丙醇、乙醇、正癸烷、正庚烷等有机溶液进行测试，所得传统饱和渗透率 K_s 与对应液体的性质 ρ/η 确实成正比 [119,301]，典型结果如图 2.5 所示。但对水分渗透来说，当液体性质 ρ/η 恒定时，水分渗透率实测值显著地低于依据图 2.5 中所示拟合直线计算所得理论值。值得一提的是，图中所示传统饱和水分渗透率取值是实际水分渗透率测试刚开始时测得的较高数值，由于它在测试过程中还可能逐渐降低，最终偏离其他有机溶液饱和渗透率 K_s 与液体性质 ρ/η 间拟合规律的程度将更加显著。也就是说，在饱和渗透率对液体性质的依赖关系方面，水也显著地区别于其他有机溶液。

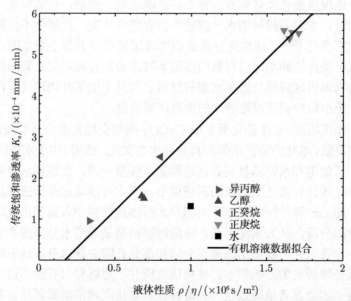

图 2.5　不同液体的传统饱和渗透率 K_s 对液体性质 ρ/η 的依赖性

考虑到传统饱和渗透率 K_s 与本征渗透率 k 之间满足 $k = K_s \eta / (\rho g)$，传统水分饱和渗透率显著地小于其他有机液体的饱和渗透率，这与 2.1.3 节讨论的本征水分渗透率异常低的内涵一致，但从定量的角度来看，二者之间似乎依然存在较大的差异。利用水分进行测试所得本征渗透率 k 要比其他有机液体的测量值低 $2 \sim 3$ 个数量级，该差异显然高于图 2.5 中传统水分饱和渗透率 K_s 与理论拟合曲线间的差别程度。部分原因在于，除水分以外，其他流体的渗透率 k 测试结果与试件的预处理方式关系非常密切，且图 2.5 中的传统水分饱和渗透率 K_s 是实际测试过程初始阶段的较大值，最终稳定后的水分饱和渗透率 K_s 要比图 2.5 中所示结果小。考虑到这两方面原因的影响，水分渗透率异常低与传统水分饱和渗透率背离它对液体性质依赖关系的底层原因非常类似，根本原因应该在于水泥基材料内部的水分渗透传输过程有其特殊性，进而导致相关的水分传输性质与其他液体的传输性质间呈现出明显的差异性。

2.2 毛细吸收性能异常

2.2.1 毛细吸收速率的定义

1. 非饱和液体流动理论

前面只讨论了饱和多孔介质内部流体的运动问题。在实际工程中，由于水泥基材料非常密实、水分迁移困难且水泥水化要消耗部分水，除了长期浸泡在水中的水工结构等，服役的建筑结构材料绝大多数都处于非饱和状态，饱和流动只是一种非常特殊的情形，而非饱和流动才是水分传输的主要形式且非常普遍。当非饱和多孔介质内部不同区域的体积含液率 θ(液体体积与多孔材料总体积之比) 不同时，孔隙溶液的毛细压力 $p_c(\theta)$(Pa) 或毛细势能 $P_c(\theta) = p_c(\theta) / (\rho g)$(m) 存在梯度，液体将从高势能处向低势能处流动，这种局部的非饱和液体流动可以采用扩展达西定律来进行描述。在非饱和条件下，液体只能通过含有液体的部分孔隙发生流动，这使得此时的非饱和传导率 $K(\theta)$(m/s) 和非饱和渗透率 $k(\theta)$(m^2) 均高度依赖于体积含液率 θ。当该液体为最常见的水时，θ 可称作体积含水率。依据扩展达西定律，非饱和液体流速 $\boldsymbol{q}$ 可以写为

$$\boldsymbol{q} = -K(\theta) \nabla P_c(\theta) \tag{2.22}$$

依据质量守恒原理，多孔介质内的非饱和液体运动必须满足：

$$\frac{\partial(\rho\theta)}{\partial t} = -\nabla \cdot (\rho\boldsymbol{q}) \tag{2.23}$$

若将液体视作不可压缩流体，则密度 ρ 恒定，将式 (2.22) 代入式 (2.23) 可得

$$\frac{\partial \theta}{\partial t} = \nabla \cdot [K(\theta) \nabla P_{\mathrm{c}}(\theta)] \tag{2.24}$$

该方程即为描述非饱和液体流动的控制方程，结合初边值条件即可进行求解，但需同时已知非饱和液体传导率 $K(\theta)$ 和毛细势能 $P_{\mathrm{c}}(\theta)$，这使得式 (2.24) 的计算较为复杂。为了简化计算，引入液体扩散率 $D(\theta)(\mathrm{m}^2/\mathrm{s})$ 和容量函数 $C(\theta)(\mathrm{m}^{-1})$：

$$D(\theta) = K(\theta)/C(\theta), \ C(\theta) = -\frac{\mathrm{d}\theta}{\mathrm{d}P_{\mathrm{c}}} \tag{2.25}$$

则控制方程式 (2.24) 可以改写成

$$\frac{\partial \theta}{\partial t} = \nabla D(\theta) \nabla \theta \tag{2.26}$$

由式 (2.26) 可知，只需要已知多孔介质的非饱和液体扩散率 $D(\theta)$，即可对非饱和液体传输过程进行计算分析。液体扩散率 D 描述多孔介质通过毛细作用传输液体的能力，它由多孔介质自身和液体的性质共同决定。尽管水分扩散率 D 的名称中包含扩散二字，但它的物理含义明显地区别于描述分子、离子在浓度梯度驱动下扩散过程的扩散率，只是在数学形式上看起来似乎与体积含液率 θ 梯度驱动下的扩散过程相同。当液体为水时，D 称作水分扩散率。

2. 毛细吸收速率

当初始孔隙溶液均匀分布的非饱和多孔介质单面接触浸润液体时，发生的一维毛细吸收过程是最简单的非饱和液体传输工况，如图 2.6 所示。假设多孔介质毛细饱和含液率为 θ_{c}，初始非饱和状态下的体积含液率为 θ_{i} 且 $\theta_{\mathrm{i}} < \theta_{\mathrm{c}}$，试件侧面密封且端面直接接触液体，在毛细压力的驱动下，液体将被吸入多孔介质试件内部。依据扩展达西定律，描述该一维毛细吸收过程的控制方程式 (2.26) 可以简写为如下的 Richards 方程形式[302]：

$$\frac{\partial \theta}{\partial t} = \frac{\partial}{\partial x}\left[D(\theta)\frac{\partial \theta}{\partial x}\right] \tag{2.27}$$

式中，$x(\mathrm{m})$ 为垂直于试件吸水面且以其中心为原点的位置坐标变量；$t(\mathrm{s})$ 为吸收时间。对如图 2.6 所示的一维毛细吸收工况来说，初边值条件可以表示为

$$\begin{cases} x = 0, \ t > 0, \ \theta = \theta_{\mathrm{c}} \\ x \geqslant 0, \ t = 0, \ \theta = \theta_{\mathrm{i}} \\ x \to \infty, \ t > 0, \ \theta = \theta_{\mathrm{i}} \end{cases} \tag{2.28}$$

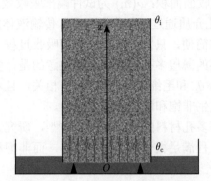

图 2.6 表面毛细吸水过程示意图

引入 Boltzmann 变量 $\lambda(\theta)(\mathrm{m/s^{0.5}})$, $\lambda(\theta) = x/\sqrt{t}$ [303,304], 偏微分形式的 Richards 方程式 (2.27) 可以整理成如下的常微分形式:

$$-\frac{1}{2}\lambda(\theta) = \frac{\mathrm{d}}{\mathrm{d}\theta}\left[D(\theta)\frac{\mathrm{d}\theta}{\mathrm{d}\lambda(\theta)}\right] \tag{2.29}$$

对应的初边值条件式 (2.28) 可以改写成

$$\lambda(\theta = \theta_i) = \infty, \ \lambda(\theta = \theta_c) = 0 \tag{2.30}$$

这样一来, 偏微分方程式 (2.27) 的通解可以表示为

$$x(\theta, t) = \lambda(\theta)\sqrt{t} \tag{2.31}$$

这表明, 当初始非饱和多孔介质毛细吸收浸润液体时, 体积含液率剖面 $\theta(x, t)$ 上的所有数据点均按 $\sqrt{t}$ 线性规律向前推进。由式 (2.31) 可知, 试件单位面积在 t 时刻的吸收体积 $V_w(t)(\mathrm{m})$ 可以表示为

$$V_w(t) = \int_{\theta_i}^{\theta_c} x\mathrm{d}\theta = \sqrt{t}\int_{\theta_i}^{\theta_c}\lambda(\theta)\mathrm{d}\theta = S\sqrt{t} \tag{2.32}$$

式中, $V_w(t)$ 也称作 t 时刻的毛细吸收量; $S(\mathrm{m/s^{0.5}})$ 为相对于根号时间 $\sqrt{t}$ 的毛细吸收速率。当所吸收的液体为水时, S 称作毛细吸水速率。式 (2.32) 表明, 非饱和试件单位面积的吸收体积与根号时间成正比, 此即根号时间线性规律 (square root of time, SRT)。在开展毛细吸收试验时, 由于吸收面边界条件并非理想的一维毛细吸收工况, 在连续监测试件在不同时间 t 的吸收液体质量 $m(t)$ 后, 常利用式 (2.33) 来计算毛细吸收速率 S:

$$V_w(t) = \frac{m(t)}{\rho A} = S\sqrt{t} + \nu \tag{2.33}$$

式中，$A(\mathrm{m}^2)$ 为试件吸收面面积；$\nu(\mathrm{m})$ 为试件端部吸收效应的拟合系数。毛细吸收速率 S 可以表征多孔介质通过毛细作用吸收、传输液体的速度和难易程度。毛细吸收速率的测定非常简便，只需连续监测毛细吸收过程中的质量变化即可，且特别适用于类似保护层的薄层多孔材料。需要注意的是，多孔材料试件的毛细吸收速率与其初始含液率 θ_i 和毛细饱和含液率 θ_c 相关，且本质上取决于多孔材料的渗透率和驱动液体发生非饱和渗透的毛细压力。

基于岩石、土壤等多孔材料的测量经验[305,306]，研究人员很早就认识到多孔介质毛细吸收液体的过程满足根号时间线性规律，而非饱和流动理论为此提供了充分的理论支持。

3. 本征毛细吸收速率

依据非饱和流动理论分析，非饱和液体传导率 $K(\theta)$、液体扩散率 $D(\theta)$、毛细势能 $P_\mathrm{c}(\theta)$、毛细吸收速率 S 均与多孔材料的微结构及液体的表面张力 γ、动黏滞系数 η 和密度 ρ 密切相关。对完全浸润的液体来说，当体积含液率 θ 相同时，不同种类液体在多孔介质内部孔隙空间中的分布一致，弯液面曲率半径 $r(\mathrm{m})$ 处处相等且与体积含液率 θ 一一对应。如果该多孔介质的孔结构不随液体的种类及其体积含液量 θ 的变化而变化，那么与传统饱和渗透率 K_s 类似，非饱和液体传导率 $K(\theta)$ 也与液体性质 ρ/η 成正比。如果毛细势能 $P_\mathrm{c}(\theta)$ 只由毛细作用决定，由 $P_\mathrm{c}=2\gamma/(\rho g r)$ 可知，P_c 与 γ/ρ 成正比，其中 $\gamma(\mathrm{N/m})$ 为液体的表面张力。结合式 (2.25) 可知，液体扩散率 $D(\theta)$ 与 γ/η 成正比，进而可以定义与液体性质无关的本征液体扩散率 $\mathscr{D}(\mathrm{m})$ 为

$$D = \mathscr{D}\gamma/\eta \tag{2.34}$$

将式 (2.34) 代入常微分形式的控制方程式 (2.27)，并令 $\bar{\lambda}=\lambda\sqrt{\eta/\gamma}$，整理可得

$$-\frac{1}{2}\bar{\lambda}(\theta) = \frac{\mathrm{d}}{\mathrm{d}\theta}\left[\mathscr{D}(\theta)\frac{\mathrm{d}\theta}{\mathrm{d}\bar{\lambda}(\theta)}\right] \tag{2.35}$$

也就是说，$x=\bar{\lambda}\sqrt{t}$ 是式 (2.36) 的通解：

$$\frac{\partial\theta}{\partial t} = \frac{\partial}{\partial x}\left[\mathscr{D}(\theta)\frac{\partial\theta}{\partial x}\right] \tag{2.36}$$

依据前面对毛细吸收速率 S 与液体扩散率 D 之间关系的理论分析，结合式 (2.32) 可知，与本征液体扩散率 $\mathscr{D}(\theta)$ 相对应的本征毛细吸收速率 $\mathscr{S}(\mathrm{m}^{-0.5})$ 满足

$$\mathscr{S} = \int_{\theta_\mathrm{i}}^{\theta_\mathrm{c}}\bar{\lambda}(\theta)\,\mathrm{d}\theta = S\sqrt{\eta/\gamma} \tag{2.37}$$

由于 $\mathscr{S}$ 也与所吸收的液体种类无关, 若采用多种不同液体来测量特定多孔介质的毛细吸收速率 S, 则所得结果应与液体性质 $\sqrt{\gamma/\eta}$ 成正比。

依据前面的分析, 非饱和液体传导率 $K(\theta)$、液体扩散率 $D(\theta)$、毛细势能 $P_c(\theta)$ 及毛细吸收速率 S 密切相关, 它们与液体性质间的关系对分析不同种类液体的非饱和传输过程非常有用。需要注意的是, 只有当多孔介质的孔结构不随液体种类及其含量发生变化时, 它们与液体不同性质间的比例关系才成立。此外, 测试温度 T 对毛细吸收速率 S 的影响也可以利用式 (2.37) 进行量化。如果完全浸润液体的接触角不随温度 T 的变化而变化, 那么温度对毛细吸收速率 S 的影响依然由不同温度下的表面张力 γ 和动黏滞系数 η 决定, 且 $S = \mathscr{S}\sqrt{\gamma(T)/\eta(T)}$。

2.2.2 偏离根号时间线性规律

依据 2.2.1 节所述非饱和流动理论推导, 孔隙溶液初始分布均匀的非饱和均质多孔材料一维毛细吸收浸润液体的过程满足根号时间线性规律, 即棱柱试件单位面积的吸收体积 $V_w(t)$ 与根号吸收时间 $\sqrt{t}$ 成正比 [307,308], 比例系数为毛细吸收速率 S。在黏土砖与石灰石材料毛细吸收水分和其他有机溶液的过程中 [307,309], 若严格控制试件的初始和边界条件, 根号时间线性规律均非常适用。水泥基材料毛细吸收有机溶液时, 在长时间范围内也能严格地遵从根号时间线性规律。然而, 当水泥基材料毛细吸收水分时, 仅在初期约几个小时的较短时间范围内依然遵从根号时间线性规律 [239,310,311], 此后便逐渐且持续偏离初始线性规律, 最终偏离初始根号时间线性规律的程度非常显著 [303,312], 如图 2.7 所示。在一定条件下, 较长时期后水泥基材料的毛细吸水过程可能改而遵从另外的根号时间线性规律 [312-315], 此

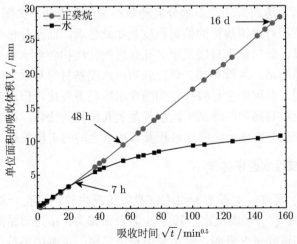

图 2.7 砂浆材料 (w/c=0.4) 长期毛细吸收正癸烷和水的典型试验数据

时依据毛细吸收量 $V_w\left(\sqrt{t}\right)$ 的斜率可以定义二次毛细吸水速率，其值通常显著地低于初始毛细吸水速率。由此可见，水泥基材料的毛细吸水过程非常特殊，它逐渐显著地偏离根号时间线性规律的异常现象已经困扰研究人员几十年[301,312]。

理论上，定义根号时间线性规律的式 (2.32) 或式 (2.33) 可以依据非饱和流动定律推导得到。在应用 Richards 方程来描述毛细吸收过程时，默认采用的假设包括：① 多孔介质具有良好的均质性；② 多孔介质内部液体初始分布均匀；③ 毛细吸收过程是严格的一维达西流动；④ 多孔介质的孔结构不随含水率的变化而变化；⑤ 重力作用的影响可以忽略。多孔介质毛细吸收过程若不满足这五个方面的前提条件，则毛细吸水过程必然偏离根号时间线性规律。尽管多数多孔介质毛细吸收液体的过程均满足根号时间线性规律，但毛细吸收量 $V_w\left(\sqrt{t}\right)$ 曲线偶尔也会稍微向下弯曲。在含大孔的多孔材料毛细吸收水和有机液体的过程中，这种轻微偏离现象可能会发生，这是因为重力作用使大孔内部的液体流动发生迟滞。此外，多孔材料并非理想均质材料，且通常难以满足理想一维达西流动，这或多或少也会有所贡献[310,311,316]。水泥基材料非常密实且水分迁移极为困难，进行干燥预处理时，很难制备初始均匀含水的试件[303,317,318]。更重要的是，即便再怎么严格控制水泥基材料试件毛细吸水时的初边值条件，它们在毛细吸收水分时仍会显著地偏离根号时间线性规律 (图 2.7)，此时前述可能导致吸收过程轻微偏离理论规律诱因的影响非常有限。部分研究人员认为，偏离根号时间线性规律的本质原因在于，纳米尺度细小孔隙内的水分流动并非达西流，因而建议采用非达西流模型来描述水泥基材料的毛细吸水过程[319,320]，唯象上能够再现对根号时间线性规律的偏离现象。然而，尽管水和其他有机液体在表面张力、动黏滞系数、密度等基本性质方面存在一定差异，但目前还没有证据表明，纳米孔内的异丙醇等有机流体是牛顿流体且满足达西流动，而水分流动却不是达西流动。如图 2.7 所示水泥基材料毛细吸水过程对理论规律的偏离程度是如此显著，而水分传输性质受孔结构的影响最为明显，此时似乎只能采用多孔介质的孔结构随含水率变化而显著变化来解释。但遗憾的是，尽管有部分研究表明，水泥基材料与水之间确实存在一定的特殊相互作用，并可能会导致孔结构随含水率显著变化，但还没有确凿的证据能证明这点，也没有高效的测试手段能观测到孔结构的变化，进而也就没有办法建立起孔结构变化与实际毛细吸水过程及其速率之间的定量关系。

2.2.3　本征毛细吸水速率异常小

由式 (2.37) 可知，对理想一维毛细吸收工况来说，多孔介质的毛细吸收速率 S 与液体性质 $\sqrt{\gamma/\eta}$ 成正比，其中 γ 为表面张力，η 为动黏滞系数。利用水泥基材料开展的试验研究表明，无论采用正十二烷、正庚烷还是正癸烷等，各种不同有机溶液的毛细吸收速率 S 确实与液体性质 $\sqrt{\gamma/\eta}$ 成正比且高度相关，如

图 2.8 中的拟合直线所示 [301]，其中毛细吸收速率 S 的测试温度为 $0 \sim 80\,°C$，S_h 是相同材料在 $20\,°C$ 条件下毛细吸收正庚烷的测试结果。然而，当毛细吸收水分时，水泥基材料的毛细吸水速率对水分表面张力和动黏滞系数的依赖关系显著地区别于其他有机溶液。毛细吸水速率 S 始终位于有机溶液拟合直线的下方，这就意味着，本征毛细吸水速率显著地小于其他有机溶液。此外，从图 2.8 中还可以看出，毛细吸水速率 S 的离散性较大，这可能归因于不同组成水泥基材料的偏离程度不同，而不单纯地取决于水分的性质。考虑到多孔陶瓷材料的毛细吸水速率与水分基本性质间的相关性与理论规律相吻合 [321-324]，本征毛细吸水速率异常小可能是水泥基材料毛细吸水时的特有性质，具体原因有待深入分析。

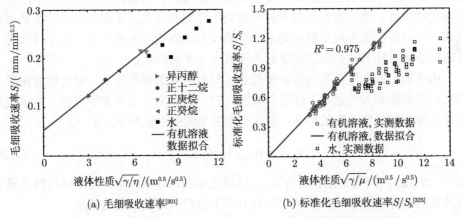

(a) 毛细吸收速率[301]　　　　(b) 标准化毛细吸收速率S/S_h[325]

图 2.8　水泥基材料毛细吸收速率 S 对水和有机液体性质的依赖性

2.2.4 对温度的依赖关系异常

对均质多孔材料来说，当温度变化时，固体骨架与孔隙的尺寸均按比例发生变化，且比例系数与材料的热膨胀系数密切相关 [119]。常见建筑材料的热膨胀系数为 $10\,\mathrm{μm/(m \cdot K)}$ 左右，常温范围内材料内部孔隙尺寸的变化可以忽略，进而可以认为其孔结构恒定不变。由于本征毛细吸收速率 $\mathscr{S}$ 只由多孔材料的孔结构决定，理论上，多孔介质的本征毛细吸收速率也不会随温度的变化而变化。依据式 (2.37)，测试温度对毛细吸收速率 S 的影响主要取决于所吸收液体的表面张力 γ 和动黏滞系数 η 受测试温度影响的程度。试验研究表明，在 $5 \sim 45\,°C$ 条件下石灰石吸收各种有机溶液和水分的过程中，温度对毛细吸收速率的影响遵从由表面张力和动黏滞系数控制的理论关系 [326]，水泥基材料在不同温度下毛细吸收有机溶液时同样如此 [301,325]，如图 2.8 所示。然而，当水泥基材料毛细吸收水分时，初始毛细吸水速率对温度的依赖关系明显地偏离理论关系式 (2.37)，但是，温度对二次毛细吸水速率的影响却近似地满足该理论规律 [313]。从温度影响毛细吸收速率的角度来看，水泥基材料毛细吸收水分时，两阶段毛细吸水速率的物理意义尚不明确且存在明显差异，水分与水泥基材料间似乎存在特殊的相互作用。温度除影响水分的表面张力和动黏滞系数外，同样还影响该相互作用。温度对水泥基材料毛细吸水过程的影响机制还有待深入挖掘。

2.2.5　对初始饱和度的依赖关系异常

毛细吸水速率表征的是毛细压力驱动下水分非饱和传输的效率，由于初始饱和度对毛细压力及非饱和水分渗透率的影响均非常显著，显然，毛细吸水速率也将高度依赖于初始饱和度。若材料的初始饱和度高于毛细饱和度，则单边接触液态水时，几乎不会发生液态水分传输。对水泥基材料来说，除长期在水下服役的混凝土结构外，绝大多数混凝土材料都处于非饱和状态。毛细吸水传输的效率非常高，在分析服役混凝土材料的水分传输及与此密切相关的气体、离子传输等工况时，需要特别关注初始饱和度对毛细吸水速率的影响。

由于初始饱和度显著地影响多孔建筑材料的毛细吸水速率，相关研究很早就对它们之间的相关性进行了理论与试验研究，并建立了多个数学模型。为了更好地单纯分析初始饱和度的影响，常定义相对毛细吸水速率 S_r 为

$$S_r = S\left(\omega_{\text{init}}\right)/S, \omega_{\text{init}} = 0 \tag{2.38}$$

式中，$S\left(\omega_{\text{init}}\right)$ 为初始饱和度为 ω_{init} 时的毛细吸水速率。基于对土体材料大量试验数据的统计分析，Philip [308,327] 采用如下的经验模型来描述 S_r：

$$S_r\left(\omega_{\text{init}}\right) = \sqrt{1 - \omega_{\text{init}}} \tag{2.39}$$

式中，除初始饱和度外的其他孔结构特征均未考虑在内。若近似地认为多孔材料的水分扩散率是饱和度 ω 的指数函数 [303,328]，即

$$D\left(\omega\right) = D_0 \exp\left(n_0 \omega\right) \tag{2.40}$$

式中，$D_0(\text{m}^2/\text{s})$ 为与饱和度 $\omega = 0$ 对应的初始水分扩散率；n_0 为与孔结构曲折度等特征有关的形状参数。对水泥基材料来说，形状参数的典型值约为 6 [303]。在采纳指数型水分扩散率假设的基础上，Brutsaert [329] 提出相对毛细吸水速率可以表示为

$$S_r\left(\omega_{\text{init}}\right) = \sqrt{1 - \frac{2n_0\phi}{2n_0\phi - 1}\omega_{\text{init}}} \tag{2.41}$$

式 (2.41) 能在一定程度上考虑孔结构特征对相对毛细吸水速率的影响，适用性和精度相对更好。此外，通过近似解析求解描述一维毛细吸水过程的 Richards 方程

式 (2.27)，Lockington 等 [304] 提出同时考虑孔隙率 ϕ 影响的如下模型：

$$S_{\mathrm{r}}\left(\omega_{\mathrm{init}}\right)=\sqrt{\frac{\left(2n_0-2n_0\omega_{\mathrm{init}}-1/\phi\right)\exp\left(n_0\phi\right)-\left(n_0-n_0\omega_{\mathrm{init}}-1/\phi\right)\exp\left(n_0\phi\omega_{\mathrm{init}}\right)}{\left(2n_0-1/\phi\right)\exp\left(n_0\phi\right)-n_0+1/\phi}}$$

$$(2.42)$$

同样地，基于指数型水分扩散率来近似解析求解 Richards 方程，Zhou 等 [239,330] 也提出了如下较复杂的 Zhou 模型：

$$S_{\mathrm{r}}\left(\omega_{\mathrm{init}}\right)=\left(1-\omega_{\mathrm{init}}\right)\sqrt{\frac{\mathcal{F}\left(n_0\right)\exp\left(n\omega_{\mathrm{init}}\right)}{\mathcal{F}\left[n_0\left(1-\omega_{\mathrm{init}}\right)\right]}} \tag{2.43}$$

式中，$\mathcal{F}(x)$ 为拟合函数

$$\mathcal{F}(x)=\exp\left(-0.1153-0.7341x-0.0069x^2\right) \tag{2.44}$$

需要注意的是，在以上 4 个经典相对毛细吸水速率模型的推导过程中，均默认假设多孔材料具有静态孔结构，即孔隙结构在毛细吸水过程中始终保持不变。当模型中的孔隙率 ϕ、形状参数 n_0 分别取典型值 0.2 和 6.0 时，以上模型计算所得相对毛细吸水速率 $S_{\mathrm{r}}\left(\omega_{\mathrm{init}}\right)$ 理论曲线及多组黏土砖 [328,331]、不同配合比水泥基材料 [330,332-335] 的实测数据如图 2.9 所示。

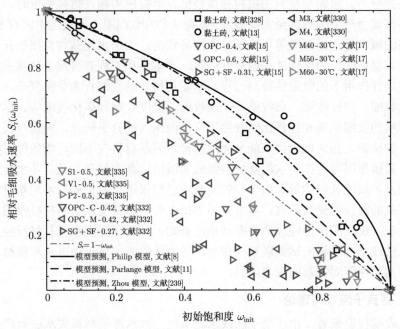

图 2.9 相对毛细吸水速率 $S_{\mathrm{r}}(\omega_{\mathrm{init}})$ 对初始饱和度 ω_{init} 的依赖性 (彩图扫封底二维码)

　　由图 2.9 中可见，前述经典模型计算所得相对毛细吸水速率曲线均为凸曲线 (位于直线 $S_r = 1 - \omega_{init}$ 上方)，在初始饱和度 ω_{init} 从 0 逐渐增大至 1 的过程中，相对毛细吸水速率降低的速率越来越快。对比模型预测结果与黏土砖的实测数据可以发现，Zhou 等提出的模型 [式 (2.43)] 逼近黏土砖实测数据的效果最好。经典的 Brutsaert 模型 [式 (2.41)] 在低饱和度时逼近效果也非常好，但当初始饱和度 $\omega_{init} > 0.7$ 时，该模型的计算值偏小，且拟合所得形状参数 $n_0 = 22.1$ 显著偏大[328]。此外，式 (2.41) 能反映毛细饱和度的影响，当初始饱和度 $\omega_{init} > 1 - 1/(2n_0\phi)$ 时，多孔材料不能再通过毛细作用吸收水分。然而，当将所有模型预测曲线与水泥基材料的实测结果进行对比时可以发现，水泥基材料的相对毛细吸水速率数据呈凹曲线形式 (绝大多数位于直线 $S_r = 1 - \omega_{init}$ 下方)，随着初始饱和度 ω_{init} 的增大，毛细吸水速率快速降低且降幅越来越小直至趋近于饱和，实测数据的变化趋势与四种经典模型预测曲线之间的差异非常显著。换句话说，经典模型仅能描述黏土砖毛细吸水速率随初始饱和度的变化关系，但它们对水泥基材料全部失效。在对初始饱和度的依赖关系方面，水泥基材料的毛细吸水速率也表现异常。

2.3　收缩性能异常

　　在环境条件作用下，当水泥基材料的收缩变形受到约束时，很容易使材料内部产生拉应力。水泥基材料的抗拉强度较低，当拉应力超过抗拉强度时，水泥基材料内部就会产生细观甚至宏观裂纹。实际工程中，混凝土开裂的诱因有 80% 甚至更高的概率是由温湿度等环境条件作用导致的。由于水泥基材料损伤开裂会严重威胁其整体性、力学性能和耐久性能等，学术界和工程界普遍十分重视它在各种环境条件作用下的收缩性能与过程。水泥基材料的收缩行为非常复杂，通常包括化学收缩、塑性收缩、自收缩、干燥收缩、温度收缩和碳化收缩等。尽管对水泥基材料的收缩机理和过程已经开展了广泛而深入的分析研究，但迄今尚未建立起统一的认识，相关理论也未能全面地解释水泥基材料在不同环境条件下的收缩行为，关键原因可能在于水泥基材料组成和微结构高度复杂，尤其是水化硅酸钙凝胶相及多尺度孔结构等。由于相关文献中已经报道了海量的与水泥基材料收缩性能有关的理论与试验研究，本节并不尝试去全面总结与水泥基材料收缩相关的科学认识，仅在简单回顾经典收缩理论的基础上，尝试提出水泥基材料经典收缩理论无法或难以解释的试验现象或规律，进而从收缩角度推动对水泥基材料的组成、结构与性能间关系的深刻认识。

2.3.1　经典干燥收缩理论

　　从收缩程度来看，由环境干燥或水泥水化导致水泥基材料失水进而产生的体积收缩通常更为显著，对由此带来的干燥收缩与自干燥收缩的相关研究非常普遍。

迄今为止，研究提出用来解释 (自) 干燥收缩的经典理论主要以表面能 (surface energy) 理论、毛细压力 (capillary pressure) 理论和拆开压力 (disjoining pressure) 理论为代表。为了深入地阐述水泥基材料收缩性能的异常现象，有必要先简单介绍经典理论的核心思想。

1. 表面能理论

在自由流体内部，液体分子间的斥力和引力相互平衡，此时移动液体分子无须额外做功。当分子逐渐靠近液体表面且离表面的距离小到分子间力的作用范围 ($\approx 10^{-9}$ m) 时，它将受到来自液体内部分子的净引力作用，此时需要克服该引力作用并对分子做功才能将它移至液体表面，即表面液体分子处于能量较高的高能态。使液体增加单位表面积需要做的功即为液体的表面能，它与表面张力在数值上相等，表面张力表示作用在液体表面上引起表面收缩的单位长度上的力，它使表面分子趋向于钻入液体内部并使表面分子数量最少化，即液体总是趋向于尽可能地减小其表面积 [194]。对固体颗粒而言，由于其表面延伸扩展时并不会将分子移至表面，表面张力与表面能数值不等，但通常处于同一数量级，如部分离子晶体的表面张力可能比其表面能大 5 倍 [336]。历史上对表面张力的物理意义有过广泛争论，目前通常认为，表面张力的引入只是为了简化计算，表面能才是更为本征的物理量。

为了降低系统表面能，细小液滴会趋向于缩小其表面积和体积，表面能或表面张力的作用使液滴内部处于受压状态，产生的附加压力 Δp(Pa) 可以利用 Young-Laplace 方程表示为

$$\Delta p = 2\gamma/r \tag{2.45}$$

式中，γ(N/m) 为液体的表面能；r(m) 为液滴的曲率半径。液体能自由地改变形状和表面积，以使自身处在表面能最低的状态，由于在质量一定时球体的表面积最小，这使得液滴通常呈球形。对 C—S—H 等比表面积巨大的凝胶系统来说，胶体颗粒非常小且可能并非球形，此时表面能在颗粒内部产生的附加压力 Δp 为

$$\Delta p = 2\gamma \mathscr{A} \rho_{\mathrm{s}}/3 \tag{2.46}$$

式中，ρ_{s}(kg/m^3) 为真密度；$\mathscr{A}$(m^2/kg) 为胶体颗粒的比表面积，它是胶体颗粒系统平均粒径的度量。水泥基材料内部的 C—S—H 凝胶包含各种粒径的凝胶颗粒，较大颗粒内部的附加压力可能小到可以忽略不计，而较小颗粒内的附加压力可能很高且影响非常显著。由于固体颗粒难以自由地改变其形状和表面积，胶体颗粒表面倾向于从环境中吸附水分子等来部分平衡作用在表层分子上的不平衡分子间力，进而降低胶体系统的表面能。依据 Gibbs 吸附方程，固体颗粒单位表面积吸

附气体分子的物质的量 $\Gamma(\mathrm{mol/m^2}$，即表面吸附浓度) 可以表示为[70,337]

$$\Gamma = -\left(\frac{\partial\gamma}{\partial\mu}\right)_T \tag{2.47}$$

式中，$\mu(\mathrm{J})$ 为气体化学势；$T(\mathrm{K})$ 为热力学温度；$\gamma(\mathrm{N/m})$ 为与化学势 μ 和温度 T 对应的表面能。当吸附质为理想气体且其压力为 $p_\mathrm{v}(\mathrm{Pa})$ 时，有 $\partial\mu = RT\partial\ln p_\mathrm{v}$。令 $\gamma_0(\mathrm{N/m})$ 表示 $p_\mathrm{v} = 0$(真空状态，$\Gamma = 0$) 时的表面能，对式 (2.47) 进行积分可得表面能的降低值 $\Delta\gamma$ 为

$$\Delta\gamma = \gamma_0 - \gamma = RT\int_0^{p_\mathrm{v}} \Gamma\,\mathrm{d}\ln p_\mathrm{v} \tag{2.48}$$

在测量得到固体材料的吸附等温线后，依据式 (2.48) 可以计算得到表面能的降低值 $\Delta\gamma$，代入式 (2.46) 可以进一步计算凝胶颗粒内部附加压力 Δp 的降低值。

胶体系统表面能的降低将使颗粒内部附加压力减小，胶体系统将膨胀。Bangham 和 Fakhoury[338] 的研究表明，当气体分压 p_v(或相对湿度) 较低时，长度 l 的变化 Δl 与表面能变化 $\Delta\gamma$ 线性相关：

$$\Delta l/l = \xi_\mathrm{b}\Delta\gamma \tag{2.49}$$

式中，$\xi_\mathrm{b}(\mathrm{m/N})$ 为 Bangham 系数，它是胶体材料基本性质的函数[97,339]

$$\xi_\mathrm{b} = \mathscr{A}\rho_\mathrm{s}/(3E) \tag{2.50}$$

式中，$E(\mathrm{Pa})$ 为弹性模量。依据多层气体吸附理论，当相对湿度 $H < 25\%$ 时，多孔介质固相表面将吸附单层气体分子，此时表面能随相对湿度的增大而显著降低；若相对湿度继续增大，则固相表面将吸附多层气体分子，并使表面能进一步降低，但降低程度没有相对湿度 $H < 25\%$ 时显著。当相对湿度增大到 $H > 45\%$ 时，气体分子将在多孔介质微小孔隙表面发生毛细凝聚，此后胶体系统的表面能随相对湿度变化而变化的程度可以忽略不计。经典理论认为，表面能的变化主要对相对湿度 $H < 45\%$ 时的体积收缩起作用，尤其是 $H < 25\%$ 的低相对湿度情形。

2. 毛细压力理论

当相对湿度 $H > 45\%$ 时，水蒸气分子将在微小孔隙表面发生毛细凝聚并形成弯液面，该特征孔径与相对湿度 H 的关系由 Kelvin 方程式 (1.14) 决定。弯液面两侧存在的压力差即为毛细压力，它将驱动多孔介质骨架发生变形。对非饱和

多孔介质来说，可以扩展饱和多孔介质力学理论来对它在毛细压力驱动下的变形进行分析。

对饱和线弹性多孔介质来说，在孔隙内部流体压力 p(Pa) 的作用下，材料的体积应变 ε_v 与体积平均应力 ς(Pa) 之间的关系可以表示为 [340]

$$\varepsilon_v = \frac{\varsigma + bp}{\Omega_b} \tag{2.51}$$

式中，Ω_b(Pa) 为含孔干燥多孔材料的体积模量；b 为比奥系数 [340,341]。

$$b = 1 - \frac{\Omega_b}{\Omega_s} \tag{2.52}$$

在非饱和多孔介质内部，只有部分孔隙被水充满，而未被水分充满的孔隙表面只吸附薄层水膜，水膜厚度与多孔介质含水饱和度、相对湿度和温度等因素密切相关，如图 2.10 所示。当非饱和多孔介质达到稳定状态时，液、气所占孔隙体积分数 S_w 与 S_g 分别为

$$S_w = \theta/\theta_s, \quad S_g = 1 - S_w \tag{2.53}$$

此时，非饱和多孔介质内部流体的体积平均孔隙压力 p^*(Pa) 可以表示为 [342,343]

$$p^* = S_w p_w + (1 - S_w) p_g \tag{2.54}$$

式中，p_w(Pa) 与 p_g(Pa) 分别为液相和气相压力。由于非饱和多孔材料内部存在弯液面，附加压力的存在使得孔隙水内部压力低于气体压力，即 $p_w < p_g$。依据表面物理化学理论，液态水的附加压力 $\Delta p = p_g - p_w$ 等于毛细压力 p_c，综合描述弯液面曲率半径 r、相对湿度 H 和毛细压力 p_c 之间关系的 Kelvin 方程式 (1.14) 和 Young-Laplace 方程式 (2.45) 可得

$$\Delta p = p_c = -\frac{\rho_w RT}{M_w} \ln H \tag{2.55}$$

对在大气环境条件下达到平衡状态的非饱和多孔介质来说，气相压力 p_g 等于大气压 p_{atm}(Pa)，由于它的数值较小，当相对湿度 H 稍低于 100% 时，液相压力 p_w 就变成负值，即液相处于受拉状态。从热力学角度来看，数值为负的液相压力可以视作与液相和孔壁间拉伸作用相对应的有效应力。将式 (2.55) 代入式 (2.54)，可将体积平均孔隙压力 p^* 改写为

$$p^* = p_g - S_w p_c \tag{2.56}$$

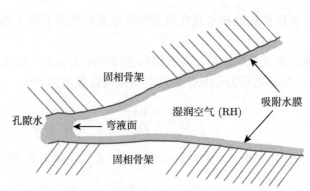

图 2.10　非饱和多孔介质内部水分微观分布示意图

若利用体积平均孔隙压力 p^* 替换式 (2.51) 中的饱和流体压力 p，则将饱和多孔介质力学理论推广至非饱和情形，此时式 (2.51) 中的分子项 $\varsigma + bp^*$ 可以视为作用在非饱和多孔介质固体骨架上并使之产生变形的等效应力。当固体骨架不受外部荷载作用 (无体积平均应力，$\varsigma = 0$) 并忽略数值相对较小的气相压力 p_{g} 的影响时，则体积应变 ε_{v} 为

$$\varepsilon_{\mathrm{v}} = -S_{\mathrm{w}}p_{\mathrm{c}}\left(\frac{1}{\Omega_{\mathrm{b}}} - \frac{1}{\Omega_{\mathrm{s}}}\right) \tag{2.57}$$

式 (2.57) 表明，多孔材料的收缩变形由干燥失水导致的毛细压力驱动，若已知多孔材料力学性质及失水过程的毛细压力等参数，依据式 (2.57) 可以计算体积应变。对较疏松多孔的土体材料来说，基体中土颗粒的体积变形通常可以忽略，进而可以假设其固体骨架体积模量 $\Omega_{\mathrm{s}} \to \infty$，可取比奥系数 $b = 1$，此时毛细压力驱动的体积应变表达式 (2.57) 可以进一步简化。

对孔隙比表面积很大的水泥基材料来说，除孔隙内部液相和气相压力会驱使多孔介质固体骨架发生变形外，非饱和状态下包括液-气、液-固和固-气在内的界面也会有较大的贡献。考虑所有界面能的影响，基于对开放多孔介质 Helmholtz 自由能的热力学分析，Coussy 等 [340] 将等效孔隙压力 Π 定义为

$$\Pi = p^* - U, \quad U = \int_{S_{\mathrm{w}}}^{1} p_{\mathrm{c}}\left(S\right)\mathrm{d}S \tag{2.58}$$

式中，S_{w} 为含水饱和度；$U(\mathrm{Pa})$ 为影响骨架变形的所有表面应力，负号表示各界面处表面应力的受拉属性，它随含水饱和度 S_{w} 的降低而快速增大。将式 (2.54) 和式 (2.55) 代入式 (2.58)，等效孔隙压力 Π 可以改写为

$$\Pi = p_{\mathrm{g}} - S_{\mathrm{w}}p_{\mathrm{c}} - U \tag{2.59}$$

若以等效孔隙压力 Π 替换式 (2.51) 中的饱和孔隙流体压力 p，同样可以将饱和

多孔介质力学理论推广至非饱和情形，此时作用在非饱和多孔介质固体骨架上的等效应力是 $\varsigma + b\Pi$。

当固体骨架不受外荷载作用时 $(\varsigma = 0)$，同样忽略与毛细压力 p_{c}、表面应力 U 相比非常小的气相压力 p_{g} 的贡献，根据式 (2.51) 可得线性应变 $\bar{\varepsilon}$ 的表达式为

$$\bar{\varepsilon} = -\frac{f_{\mathrm{w}}p_{\mathrm{c}} + U}{3}\left(\frac{1}{\Omega_{\mathrm{b}}} - \frac{1}{\Omega_{\mathrm{s}}}\right) \tag{2.60}$$

实际上，式 (2.60) 综合考虑了毛细压力和表面能变化对体积应变的贡献 [344]。需要注意的是，在利用式 (2.59) 计算等效孔隙压力 Π 时，无须了解非饱和多孔介质内部所有界面的具体物理信息 [340]，尤其是比表面积非常大的 C—S—H 凝胶表面能，这可能是利用式 (2.60) 计算所得收缩应变在相对湿度低于 40% ~ 50% 时误差较大、精度较低的原因。

3. 拆开压力理论

拆开压力的概念最初是由俄罗斯科学家 Derjaguin 提出的[①]，他在 1936 年与 Obuchov [345] 共同发表了有关拆开压力的研究工作。他们将两片具有平坦亲水表面的云母片浸没在水中，如图 2.11 (a) 所示，并测量了它们在距离不同时的相互作用力，发现云母片间存在相互排斥的作用力，并将这种作用力命名为拆开压力。依据他们的测量结果，当两云母片间距为 40 nm ~ 1 μm 时，云母片间的排斥力为 4 ~ 200 g/cm²，换算成应力为 0.4 ~ 19.6 kPa。由于云母片间距较大，拆开压力的数值相对较小。若把两片云母片置于真空中并使它们逐渐靠近，则它们之间将主要通过范德瓦耳斯力相互吸引并紧密贴合。显然，拆开压力与水分引入产生的新界面有关。

拆开压力的概念也可以引用图 2.11 (b) 进行说明。将一液滴放置于椭球体和平整固体表面之间，然后让椭球体下落。起初，液体会被快速挤出，且液体被挤出的速度随液膜厚度的减小而逐渐放慢。Horn 等 [346,347] 开展的试验研究表明，液膜最终将稳定在几个分子层的厚度。如果想将这几个分子层厚的液膜挤出，那么需要施加异常大的压力 [348]。这仅有几个分子层厚的液膜是受限液体，它会表现出分层与类固化等奇特的结构和力学特征，它的存在使得固体和球体表面之间存在较大的排斥力，且排斥力的大小与受限液膜厚度有关 [349]。Persson 等 [350,351] 开展的分子动力学模拟结果表明，当丙烷液膜厚度减小至仅有几个分子层厚时，受限丙烷液体将呈现出明显的分层现象，且液体将逐层被挤出，最后一层丙烷分子的挤出压力高达 300 MPa 左右。

---

① Derjaguin 是 20 世纪最伟大的物理化学家之一，他的名字与 DLVO(Derjaguin-Landau-Vervey-Overbeek) 理论、拆开压力、Derjaguin 近似、DBdB(Derjaguin-Broekhoff-de Boer) 方程和描述固体黏附接触理论的 DMT(Derjaguin-Muller-Toporov) 模型等紧密联系。

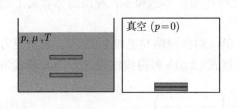 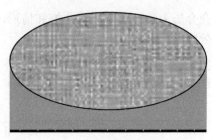

(a) 拆开压力的概念[97, 352]　　　　　　　　　(b) 受限液膜的挤出[350, 351]

图 2.11　拆开压力的概念示意图

若以 γ_{LA}、γ_{SL} 和 γ_{SA} 分别表示液-气、固-液和固-气界面能,拆开压力 Ψ(Pa) 是有效界面能 $W(h) = \gamma_{LA} + \gamma_{SL} - \gamma_{SA}$ 随液膜厚度 h(m) 的变化,即

$$\Psi(h) = \left(\frac{\partial W(h)}{\partial h}\right)_{T,V,A} \tag{2.61}$$

式中,温度 T、体积 V 和表面积 A 在求偏导过程中保持不变。有效界面能 $W(h)$ 来源于界面处液膜分子和自由流体分子能量间的差异,是单位面积液膜的过剩自由能。如果液膜分子与固体表面的吸引力大于液体分子间的引力,那么 $W(h) > 0$。在 $\Psi(h) > 0$ 的区域内,液膜趋向于增大厚度以降低系统能量,而在 $\Psi(h) < 0$ 的区域,液膜倾向于减薄以降低能量。

从分子间相互作用出发,浸没于水中且距离很小的固体表面间的拆开压力 Ψ 主要包含三个部分:

$$\Psi = \Psi_{vdW} + \Psi_{EDL} + \Psi_{structure} \tag{2.62}$$

式中,Ψ_{vdW}(Pa) 是由范德瓦耳斯力导致的长程引力;Ψ_{EDL}(Pa) 是由双电层电荷相互作用导致的长程斥力;$\Psi_{structure}$(Pa) 是由结构化作用导致的短程斥力,它通常作用在几纳米的范围内。

范德瓦耳斯力 Ψ_{vdW} 是分子间存在的一种弱相互作用,作用能的大小一般只有每摩尔几千焦到几十千焦,这比普通化学键的键能低 $1 \sim 2$ 个数量级。范德瓦耳斯力的作用极为普遍,在吸附、黏着和润滑等表面过程中占据极其重要的地位。范德瓦耳斯力 Ψ_{vdW} 由取向力 (orientation force)、诱导力 (induction force) 和色散力 (dispersion force) 三部分组成。极性分子具有永久偶极矩,永久偶极矩之间的相互作用即为取向力,它由 Keesom 在 1912 年提出。由于非极性分子可以被极性分子的电场极化而产生诱导偶极矩,它与极性分子永久偶极矩之间的相互作用即为诱导力,它由 Debye 在 1921 年提出。非极性分子的电子云成球对称,不存在永久偶极矩,但某瞬间电子在原子核外的分布并不均匀,因而具有瞬时偶极矩。瞬时偶极矩将使临近分子产生诱导偶极矩,诱导偶极矩与瞬时偶极矩之间的相互作用即为色散力，它由 London 在 1930 年提出 [353]。取向力和诱导力只存在于极性分子之间，色散力则在极性与非极性分子中普遍存在，且它们具有加和性。Hamaker 计算了两个间距为 $L(\mathrm{m})$、厚度 $h \gg L$ 的大平板间单位面积的势能 $W_{\mathrm{vdW}}(\mathrm{N/m})$ 和范德瓦耳斯力 Ψ_{vdW} 分别为

$$W_{\mathrm{vdW}} = -\frac{A_{\mathrm{H}}}{12\pi L^2}, \quad \Psi_{\mathrm{vdW}} = -\frac{\partial W_{\mathrm{vdW}}}{\partial L} = -\frac{A_{\mathrm{H}}}{6\pi L^3} \tag{2.63}$$

式中，$A_{\mathrm{H}} \approx 10^{-19}$ J 是与平面内分子数密度和原子对势有关的 Hamaker 常数。式 (2.63) 说明，平行板层间范德瓦耳斯力与层间距 L 的三次方成反比。

双电层力是溶液中带电粒子表面双电层间存在的静电力。双电层起源于由符号相反的两个电荷层构成界面区的概念。在带电平板与电解质溶液的界面区，在异号电荷静电引力和范德瓦耳斯力等的作用下，固体表面吸附溶剂分子和反离子形成不能运动的紧密层 (或称 Stern 层)，它的厚度为几埃，电势近似线性分布，如图 2.12 所示。在紧密层外侧，由于静电相斥和热力学扩散等，离子会形成具有一定浓度梯度的扩散层，它与紧密层的界面称作 Helmholtz 内界面 (inner Helmholtz plane，IHP)。在扩散层区域内，溶液中的反离子既受固体表面电荷的库仑力吸引，又因热运动向远离固体表面的方向移动，使反离子呈扩散状态分布在液相空间内，其浓度随与固体表面距离的增大而减小 [353]，直至与自由溶液中的离子浓度相等，它们之间的界面则称作 Helmholtz 外界面 (outter Helmholtz plane，OHP)。Gouy-Chapman 扩散模型采用 Poisson 方程和 Boltzmann 方程来描述双电层电势和正、反离子的浓度场，求解控制方程后可以进一步计算得到双电层间的静电作用力。若平板双电层距离为 L，Debye 长度的倒数为 $\kappa(\mathrm{m}^{-1})$，平板间单位面积的双电层作用势能 $W_{\mathrm{EDL}}(\mathrm{N/m})$ 和双电层作用力 Ψ_{EDL} 分别为 [353]

$$W_{\mathrm{EDL}} = \frac{Z\kappa}{2\pi} \exp\left(-\kappa L\right), \quad \Psi_{\mathrm{EDL}} = \frac{Z\kappa^2}{2\pi} \exp\left(-\kappa L\right) \tag{2.64}$$

式中，变量 $Z(\mathrm{N})$ 为描述表面电势为 $\psi_0(\mathrm{V})$、电荷数为 z、层间溶液相对介电常数为 ε 的双电层间交互作用的常数：

$$Z = 64\pi\varepsilon_0\varepsilon \left(k_{\mathrm{B}}T/e\right)^2 \tanh^2\left(\frac{ze\psi_0}{4k_{\mathrm{B}}T}\right) \tag{2.65}$$

式中，$e(\mathrm{C})$ 为单位电荷；$k_{\mathrm{B}}(\mathrm{J/K})$ 为 Boltzmann 常量。由式 (2.64) 和式 (2.65) 可知，层间双电层作用力随层间距 L 的增大呈指数衰减，且与表面电势、电解质溶液的离子组成和介电常数等性质密切相关。

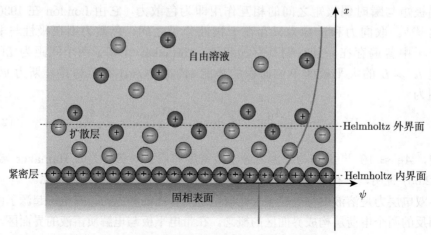

图 2.12　双电层结构及电势分布示意图

结构化力与胶体粒子表面的溶剂分子排列结构密切相关。在胶体内部，当两个胶体颗粒之间的距离很小 (一般小于 3 nm) 时，颗粒之间会产生排斥力，这是由溶剂分子 (常为水) 在胶体粒子表面全部或局部的吸附排列结构发生变化导致的，故常称作溶剂分子结构化力 (solvent-mediated force) 或溶剂化力 (solvation force)，当溶剂为水时称作水合力 (hydration force)。事实上，当微小的胶体粒子相互靠近时，需要挤开颗粒表面间的溶剂分子，使溶剂分子的吸附排列方式发生改变，此时靠近胶粒表面的溶剂分子密度呈现振荡分布特点，密度的振荡性会诱导胶粒之间产生作用力。对表面吸附一定量高聚物的胶体颗粒来说，胶粒表面相互靠近会导致表面吸附的高聚物发生空间交叠，胶粒表面将产生排斥力，这种空间位阻斥力也可以认为是结构化力的一种。

水合力最早由 Langmuir 于 1938 年提出 [354]，它普遍存在于两个相互接近的亲水表面之间。水是自然界及生命现象中最为常见的溶剂，水合现象 (combining with water) 在自然界中极其普遍。水合力是短程斥力，其作用范围一般从离表面 1 ~ 3 nm 的距离开始，且明显小于范德瓦耳斯力和静电力等长程力，但对水合力的研究远不如范德瓦耳斯力和静电力深刻清晰，通常认为它的物理起源研究主要包括水合机制和突起机制两种。水合机制认为，水合力的产生与亲水表面上水分子的结构有关 [355]，水合力的强度与水分子和亲水表面结合的强度有关。当亲水表面与水溶液相接触时，表面将强烈吸附一层或多层水分子，它们以一定规则自发排列在亲水表面上。当另一个亲水表面逐渐接近到一定较小距离时，两表面间会产生相互作用，使两表面上的水分子重新排列，这种表面水分子重新排列时的偶极矩相互作用导致短程相互作用力的产生。突起机制则认为，水合力由两个亲水表面的突起引起的空间相互作用导致 [356,357]。目前，对水合力的物理起源研究还存在很大争议，两种机制可能都存在，它们可能从不同角度影响水合力。有研究认为，间距为 L 时两磷脂膜表面的水合能 $W_{\mathrm{Hyd}}(\mathrm{N/m})$ 和水合力 Ψ_{Hyd} 可以近似写为[358]

$$W_{\mathrm{Hyd}} = W_0 \left(1 + \frac{\lambda_0}{L} \right) \exp \left(-\frac{L}{\lambda_0} \right), \quad \Psi_{\mathrm{Hyd}} = C \left(1 + \frac{\lambda_0}{L} \right) \exp \left(-\frac{L}{\lambda_0} \right) \quad (2.66)$$

式中，$W_0(\mathrm{N/m})$ 和 $C(\mathrm{Pa})$ 为常数；衰减长度 $\lambda_0(\mathrm{m})$ 为 $0.2 \sim 0.3$ nm，与水分子直径相当。与双电层作用力类似，水合力也随间距 L 的增大按指数变化规律快速衰减。

依据前面对范德瓦耳斯力、双电层作用力和水合力的分析，由式 (2.62) 表达的层间拆开压力随层间距的变化规律非常复杂。即便如此，依据拆开压力各分量及其概念，C—S—H 凝胶固体颗粒或凝胶片的表面之间存在显著的拆开压力作用，它的变化改变凝胶片间的平衡状态，进而驱动水泥基材料的体积、长度及与此密切相关的强度、断裂韧性等力学性质发生变化。Beltzung 等[94] 认为，硬化水泥基材料收缩过程中的驱动力只有拆开压力，并据此建立了相应的水泥基材料收缩预测模型。在拆开压力理论基础上，Setzer 提出了固-液-凝胶-系统 (solid-liquid-gel-system) 模型[98]，从凝胶稳定性角度对失水变形和水分相变等问题进行了系统分析并发现，当相邻凝胶颗粒表面间距在 1 nm 左右时，拆开压力值很大，此后随颗粒间距的增大而快速衰减；当间距为 100 nm 左右时，拆开压力的影响可以近似忽略。也就是说，在 $1 \sim 100$ nm 内，拆开压力均会发挥显著的影响，但水泥基材料孔隙溶液的组成及凝胶颗粒间的相互作用十分复杂，使得拆开压力的三个分量均非常难以计算。在多数情况下，式 (2.62) 只是概念模型，实际应用于干燥收缩计算时，模型计算非常复杂[92,98]。Scherer[344] 还认为，依据式 (2.55) 计算所得毛细压力已经包含拆开压力的贡献[359-361]，在利用毛细压力理论进行计算分析时，并不需要对毛细压力和拆开压力加以区分[343]，也就无须单独考虑拆开压力对体积收缩的影响。

水泥基材料较为致密且水、气等介质传输性能很低，它通常很难达到完全饱和与完全干燥状态。在理论与试验研究及工程实践中，水泥基材料所处环境的相对湿度通常既不会太高 (如接近 100%)，也不会太低 (如低于 25%)，且相对湿度低于 45% 的工况也不常见，仅适用于低相对湿度条件的表面能理论不太常用。此外，由于拆开压力包含多种细微观尺度的分子间作用力，概念较笼统且拆开压力各分量比较难以理解和定量计算，尽管 Wittmann 等[67-71,95,97] 开展了大量的理论、试验研究工作并发表了系列学术论文，拆开压力理论依然没有得到足够重视，在预测水泥基材料的收缩时很少采纳与应用。考虑到依据表面物理化学理论建立的毛细压力理论相对较完善，也比较容易理解，相关理论与试验研究广泛地采用该理论来分析预测水泥基材料的体积变化。也是因为这个原因，相关经典教材绝大多数都以毛细压力理论为基础介绍水泥基材料的体积收缩问题，相关研究也大多都基于毛细压力理论进行分析预测。但是，由于 C—S—H 凝胶的细微观形貌及特征难以描述，水泥基材料的微结构非常复杂，理论界与工程界对它的收缩性能及体积稳定性的认识并不十分深入，突出表现为毛细压力理论并不能有效地解释部分令人非常费解的试验现象。

2.3.2　异丙醇置换收缩

依据主流毛细压力理论，当水泥基材料处于非饱和状态时，材料内部存在气-液界面，体积收缩主要由弯液面导致的毛细压力所驱动。如果材料内部不存在弯液面和毛细压力，那么理论上就不会发生体积收缩，但该推论其实并不成立。Feldman[362] 开展的试验研究表明，当将硬化水泥浆试件浸没在异丙醇溶液中时，试件会发生显著的体积收缩，典型结果见图 2.13。由图 2.13 中可见，当水灰比分别为 0.5 和 1.0 的两种水泥净浆在环境湿度为 85% 的条件下逐渐干燥至长度稳定时，试件的长度收缩率约为 0.08%。当将相同的水泥净浆试件浸没在异丙醇溶液中时，24 h 的长度收缩率就达 0.08% 左右，这与 85% 相对湿度条件下的稳定收缩值相当。依据经典的毛细压力收缩理论，水泥基材料在异丙醇置换过程中的显著收缩现象无法进行有效的解释。

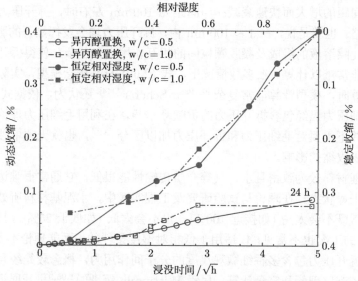

图 2.13　硬化水泥浆的干燥收缩及异丙醇置换收缩[363]

对水泥基材料来说，异丙醇是最为理想的惰性有机溶剂，它能与水以任意比例互溶，且与水泥基材料之间基本不会发生化学作用[364-367]。由于异丙醇的密度

(20 °C、1 个大气压条件下为 $0.7863\,\mathrm{g/cm^3}$) 比水低 22% 左右，在异丙醇置换水分的过程中，试件的质量逐渐降低，通过称重法可以计算得到异丙醇的置换比例，进而可以很方便地监测异丙醇置换进程。正是由于异丙醇具有这些性质，试验研究中经常用它来置换早龄期水泥基材料内部水分，以终止水泥水化并研究早龄期水泥基材料的微结构特征 [285,366]。当将水泥基材料浸没于异丙醇中时，试件内部水分逐渐被异丙醇置换掉，且异丙醇与水之间不存在界面，也就不存在毛细压力，但水泥基材料依然会发生显著的长度收缩。显然，该长度变化过程无法利用经典的毛细压力理论进行解释。另外，水泥基材料孔隙壁与水的亲和力非常强，异丙醇很难将紧贴孔壁表面的那层水分子置换出来，且异丙醇吸附在孔壁也能有效地降低孔壁的表面能，这使得异丙醇置换并不会导致固相表面能发生显著变化。因此，利用表面能理论也无法合理解释异丙醇置换收缩。如此一来，水泥基材料的异丙醇置换收缩似乎只能采用拆开压力理论进行定性解释。

如 2.3.1 节所述，由式 (2.62) 表示的拆开压力源自细微观尺度的分子间作用力，它的概念比较笼统且很难采用明确的表达式来进行定量描述，对组成和结构非常复杂的水泥基材料尤其如此。但可以肯定的是，细微观尺度上的范德瓦耳斯力 Ψ_{vdW}、双电层作用力 Ψ_{EDL} 和水合力 Ψ_{Hyd} 均与 C—S—H 凝胶片等固相表面和孔隙溶液的性质有关，孔隙溶液的种类和基本性质的改变必然会影响拆开压力，导致 C—S—H 凝胶的微观形貌发生变化，进而改变水泥基材料的宏观体积。以双电层作用力 Ψ_{EDL} 为例，当孔隙内部水分被异丙醇置换时，由于两者的介电常数不同，各种离子在水与异丙醇中的溶解度和在孔壁的吸附行为存在明显差异，凝胶层间双电层斥力会发生明显变化，进而改变拆开压力、层间平衡距离及 C—S—H 凝胶的微观结构特征。从这个角度来看，异丙醇置换收缩可以依据拆开压力理论进行定性解释，但定量分析异丙醇置换收缩依然困难重重。不过可以肯定的是，细微观尺度上的拆开压力对宏观上的体积收缩肯定有贡献且贡献率不低。在定量分析预测水泥基材料的收缩性能与过程时，必须考虑拆开压力的贡献。

2.3.3 碱含量影响

毛细压力理论认为，水泥基材料体积收缩的驱动力为毛细压力。在非饱和状态下，毛细压力主要由孔溶液的表面张力 γ、接触角 α_c 和对应弯液面的曲率半径 r 共同决定。依据物理化学理论中的 Gibbs 吸附方程，在一定温度和压力条件下，近似忽略活度系数影响，则溶液浓度 $c_B(\mathrm{mol/L})$、表面吸附浓度 $\Gamma(\mathrm{mol/m^2})$ 和表面张力 γ 三者满足 [194]

$$\Gamma = -\frac{c_B}{RT}\left(\frac{\partial \gamma}{\partial c_B}\right)_{T,p} \tag{2.67}$$

由此可知，表面张力会随溶液浓度的不同而发生改变。对主要含有 Ca^{2+}、Na^+、K^+、OH^- 及 SO_4^{2-} 等离子的无机盐类孔隙溶液来说，表面张力 γ 随溶质浓度的增大而升高，且往往大致线性相关。但由于水泥基材料孔隙溶液中的无机盐浓度较低，其表面张力的变化幅度非常有限。以 NaOH 溶液为例，20 ℃ 纯水的表面张力 $\gamma = 72.9\,\text{mN/m}$；对 NaOH 的水溶液来说，浓度为 0.7 mol/L 时的表面张力仅稍微增大至 74.4 mN/m，浓度为 1.5 mol/L 时的表面张力也仅为 75.9 mN/m。对 KOH 的水溶液来说，浓度为 0.5 mol/L 时的表面张力仅稍微增大至 73.9 mN/m，浓度为 2 mol/L 时的表面张力也仅为 75.72 mN/m [368]。此外，离子组成和浓度不同的孔隙溶液始终完全润湿水泥基材料，接触角 α_c 不受 Na^+、K^+ 离子浓度的影响。同时，当水泥基材料在一定相对湿度条件下进行干燥失水时，弯液面的曲率半径 r 主要由环境相对湿度决定，二者的关系满足 Kelvin 方程式 (1.14)。结合式 (2.45) 可知，在一定温度和相对湿度条件下达到非饱和平衡状态后，水泥基材料的毛细压力及由此驱动的干燥收缩与孔溶液中钠、钾离子浓度几乎不相关。进一步地，将式 (1.14) 代入式 (2.45) 并考虑接触角 α_c 的影响可得毛细压力 p_c 为

$$p_c = -\frac{\rho_w RT \cos\alpha_c}{M_w} \ln H \tag{2.68}$$

式中，$\rho_w(\text{kg/m}^3)$ 与 $M_w(\text{g/mol})$ 分别为液态水的密度和摩尔质量。由此可知，在体积收缩达到稳定状态时，驱动水泥基材料发生变形的毛细压力只由干燥环境的相对湿度 H 决定。对线弹性多孔材料来说，体积收缩由环境相对湿度唯一确定。即使将水泥基材料视作黏弹塑性多孔介质，由于它干燥失水的过程和黏弹塑性性质并不会受 Na^+、K^+ 浓度的显著影响，依据毛细压力理论，水泥基材料的稳定收缩值也不会随 Na^+、K^+ 浓度的增大而显著增大。然而，Beltzung 等 [94,369] 开展的试验研究结果表明，Na^+、K^+ 浓度会显著地影响水泥砂浆材料的稳定收缩值，他们测试所得多种水泥砂浆的稳定干燥收缩值与碱含量之间的相关关系如图 2.14 所示。由图 2.14 可见，当碱含量从 0.5% 逐渐增大到 2.0% 左右时，砂浆的稳定收缩量从 0.11% 左右增大到 0.15% 左右，增幅约为 36%，甚至可以经验性地认为，砂浆的稳定干燥收缩量近似与碱含量成正比。碱金属离子浓度显著地影响稳定干缩值的试验现象无法采用经典的毛细压力理论来进行解释。

表面能理论也无法解释碱含量显著地影响稳定收缩值的试验现象。一方面，尽管碱金属离子浓度的增大会提高孔溶液的碱度和 pH，进而会在一定程度上影响 C—S—H 凝胶的组成和微观形貌。但未碳化水泥基材料孔溶液的 pH 本身就比较高，在 pH 稍微再有所提高的情况下，C—S—H 凝胶所受的影响非常有限。如此一来，碱金属离子的浓度变化并不会改变 C—S—H 凝胶的组成及其对水分

子的吸附能力，它的表面能的变化并不受碱金属离子的影响。另外，表面能通常只在环境相对湿度降低至 50% 甚至 25% 时才起作用，进而显著地影响水泥基材料的干燥收缩值。但实际上，碱金属离子浓度对干燥收缩稳定值的影响在更高的环境相对湿度条件下同样非常显著。由此可见，碱含量对干燥收缩的影响并非来自表面能的变化。如此一来，该试验现象似乎只能依据拆开压力理论进行解释。

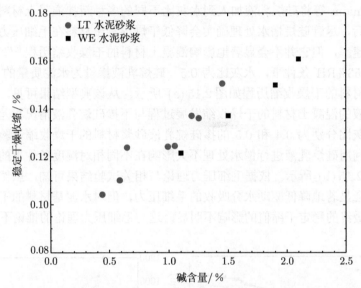

图 2.14　各种水泥砂浆的稳定干燥收缩与碱含量之间的相关关系 [94, 369]

　　如 2.3.1 节和 2.3.2 节所述，主要作用在细微观尺度上的拆开压力难以定量描述。但从拆开压力的概念、组成与产生机制角度，可以推定它定会受到孔溶液中离子组成及浓度的影响。同样以双电层长程斥力 Ψ_{EDL} 为例，依据表面物理化学的基本理论可知，当孔溶液中的阴、阳离子种类和浓度发生变化时，凝胶颗粒间的双电层结构必受影响并重新调整，颗粒表面的吸附层和扩散层的结构发生改变，相邻凝胶颗粒表面双电层间的正、反离子的种类、浓度及其分布也必然发生改变，且溶液的介电常数也因离子分布变化而改变，这些因素都会使得双电层结构发生变化，进而改变 C—S—H 凝胶的微观形貌。依据式 (2.64) 可知，双电层斥力必然随碱金属离子浓度的变化而变化，进而使得拆开压力发生改变，在宏观上就会使得水泥基材料的干燥收缩值发生变化。从定性角度来看，碱金属离子对干燥收缩值的影响可以依据拆开压力理论来进行解释。但由于拆开压力的分量及其计算非常复杂，定量描述它对干燥收缩的影响并进行建模分析还有很多研究工作要做，即便在理论层面也需要加深对水泥基材料干燥收缩机制的认识。

2.3.4　孔壁憎水处理影响

依据毛细压力理论，驱动水泥基材料发生干缩的驱动力与孔隙溶液和孔壁间的接触角 α_c 有关。水泥基材料具有很好的亲水性，通常可以将接触角取为 $\alpha_c = 0°$。若对多孔材料孔壁进行憎水处理以增大孔溶液与孔壁间的接触角 α_c，则式 (2.68) 中的 $\cos\alpha_c$ 项将减小，进而减小毛细压力 p_c 并使水泥基材料的干燥收缩降低。但实际上，孔壁憎水处理并不能有效地降低水泥基材料的干燥收缩。

Wittmann 等将硅烷乳液加入到水灰比不同的多种新拌混凝土材料中去，在凝结硬化后，尽管硅烷憎水处理确实会降低干燥混凝土材料在毛细压力作用下吸收水分的速率，但它并不会显著地影响混凝土材料的干燥收缩历程 [370-372]。在相对湿度为 53%RH 条件下，水灰比为 0.5、硅烷乳液掺量为水泥质量的 0% ~ 2% 的混凝土材料的干燥收缩历程如图 2.15 (a) 所示。从该典型结果可见，掺加不同量硅烷乳液的混凝土材料的干燥收缩发展过程与不掺硅烷乳液情况相差无几。此外，对水灰比分别为 0.4 和 0.5 的掺硅烷乳液砂浆材料的干燥收缩试验研究还表明，是否利用硅烷乳液进行憎水处理不大影响在不同相对湿度条件下的稳定收缩值，如图 2.15 (b) 所示。依据毛细压力理论与相关试验结果可知，虽然孔隙表面憎水处理会显著地降低驱动水分吸收的毛细压力，但对水泥基材料的干燥收缩发展过程和最终的稳定干缩值的影响不明显，这与毛细压力理论的推论不符。

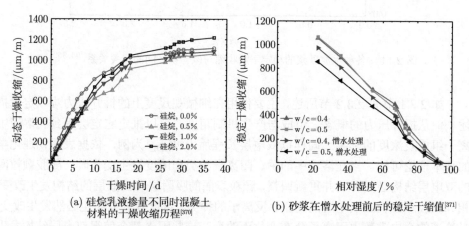

(a) 硅烷乳液掺量不同时混凝土　　　　(b) 砂浆在憎水处理前后的稳定干缩值[371]
材料的干燥收缩历程[370]

图 2.15　利用硅烷乳液进行憎水处理前后砂浆的干燥收缩历程及稳定干缩值

此外，表面活性剂对水泥基材料干燥收缩的影响规律也能在一定程度上证伪毛细压力理论。若认为水泥基材料收缩的驱动力只有毛细压力，则理论上可以通过掺加能够有效地降低孔溶液表面张力 γ 的表面活性剂来降低其收缩值。当前，大多数减缩剂都是依据该原理进行开发的表面活性剂 [373]。试验研究表明，部分表面活性剂确实能有效地降低水泥基材料的干燥收缩值 [374,375]。然而，很多种类表面活性剂并不能有效地减小干缩，甚至反倒会显著地增大干燥收缩，常见聚羧酸减水剂就十分典型[376,377]。如果毛细压力理论适用，那么任意能降低孔溶液表面张力的技术理论上都能降低干燥收缩，但事实显然并非如此。

依据前述分析可知，经典毛细压力理论无法解释表面憎水处理与表面活性剂对干燥收缩的影响机制与规律，毛细压力显然并非水泥基材料干燥收缩驱动力的全部。

2.3.5 碳化收缩

几乎所有水泥水化产物都可以与二氧化碳发生化学反应。在水泥的水化产物中，氢氧化钙和 C—S—H 凝胶通常占到总体积的 70% ~ 80%，氢氧化钙的体积分数通常仅次于 C—S—H 凝胶。在硅酸盐水泥的水化产物中，氢氧化钙的体积分数较大。在适量掺加活性矿物掺合料之后，二次水化作用会消耗掉部分 $Ca(OH)_2$，使水化产物中氢氧化钙的占比减小，但通常依然含有一定体积分数的 $Ca(OH)_2$ 以维持较高的碱度。在大气环境条件下，二氧化碳会向水泥基材料内部扩散并溶解在孔溶液中形成碳酸，它继而与水泥基材料固相溶解在水中的离子发生反应。也就是说，水泥基材料的碳化反应是液相反应，在生成碳化产物的同时，使孔溶液的碱度降低，进而影响到所有与孔溶液中各类阴、阳离子相平衡的固相组成。从化学热力学角度来看，氢氧化钙要先于 C—S—H 凝胶发生碳化，

$$Ca(OH)_2 + CO_2 \longrightarrow CaCO_3 + H_2O \tag{2.69}$$

在氢氧化钙无法与水接触溶解或局部被碳化反应消耗殆尽时，C—S—H 凝胶也会与 CO_2 发生化学反应[378]，这使得实际测试时通常会发现 C—S—H 凝胶与氢氧化钙同时发生碳化[379-381]。在常温常压条件下，氢氧化钙晶体的密度为 2.24 g/mL，方解石 (碳酸钙的最稳定晶型) 的密度取作 2.71 g/mL。经简单计算分析可知，1 mol 氢氧化钙的体积约为 33.04 mL，1 mol 方解石的体积约为 36.90 mL，氢氧化钙碳化过程中固相体积增大约为 11.7%。由于碳酸钙的晶型有多种，不同晶型的密度有所差异，碳化后固相体积的实际增幅为 11% ~ 14%[381]。从这个角度来看，碳化过程中水泥基材料的孔隙率应该减小且应该伴随着体积膨胀才对。但试验研究发现，水泥基材料的孔隙率既可能减小也可能增大，且通常会发生明显的碳化收缩[382-386]，典型试验结果如图 2.16 所示。

由图 2.16 中可见，硬化水泥浆在氮气气氛中干燥时，收缩值显著地低于在空气中的干燥收缩量，该差值毫无疑问必然来自在空气中干燥时同时存在的碳化作用。当提高净浆中的 KOH 浓度时，在空气和氮气中干燥的收缩值相差无几，最终的稳定收缩量几乎一致。当提高净浆中的 NaCl 浓度时，碳化作用使得在空气中干燥的收缩值小于在氮气中的干燥收缩值，但减小幅度很有限。而当提高净浆

中的 NaOH 浓度时, 碳化作用又会使得在空气中干燥的收缩值小于在氮气中的干燥收缩, 且二者的差距非常明显。该试验研究成果不但验证了水泥基材料的干燥收缩值会受碱金属离子等孔溶液组成的影响 (详见 2.3.3 节的讨论), 同时证明了碳化收缩的存在, 且该收缩值同样受孔溶液中碱金属离子种类、浓度等性质的影响。在孔溶液离子种类、浓度不同时, 碳化作用甚至会导致水泥基材料的干燥收缩减小, 即发生了碳化膨胀现象。

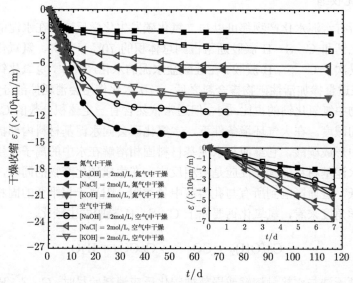

图 2.16　硬化水泥浆 (水灰比为 0.41) 在氮气和空气中的干燥收缩历程 [386]

Powers [387] 研究认为, 碳化反应生成的碳酸钙晶体并不会在孔隙中产生作用在固相上的结晶压力, 当氢氧化钙晶体溶解在孔溶液中并与碳酸发生反应后, 由氢氧化钙晶体产生的结晶压力减小, 这使得固相骨架的可压缩性增大, 进而产生碳化收缩。还有学者认为, 随着氢氧化钙碳化的进行, C—S—H 凝胶会脱钙、分解、重新聚合成硅胶状结构并随之产生体积收缩 [383,388]。需要说明的是, 碳化收缩与 C—S—H 凝胶脱钙导致的收缩明显不同, 它的机理至今还没有定论 [383]。但可以肯定, 碳化收缩与干燥收缩一样, 都与水及孔溶液中的离子组成密切相关, 这两种体积稳定性问题的产生机理尚不明确。

2.4　孔隙比表面积异常

　　水泥基材料的孔结构对其力学性能、体积稳定性和耐久性等众多物理、化学、力学等性能的影响均非常显著。作为描述孔结构特征的标量, 比表面积在表征水泥基材料的孔结构时非常有效并得到广泛关注[77]，在利用不同技术测量得到水泥基材料的孔结构时，通常也会计算其比表面积以供分析参考。由于压汞法只能测量一定孔径 (由最大进汞压力决定) 以上的孔隙特征，而水泥基材料的小孔含量丰富且比表面积较大，故而该技术并不能测量得到全部孔隙的比表面积，常用气体吸附法和小角度散射技术进行测量。表 2.3 总结了相关文献中报道的水泥净浆比表面积的部分实测数据。需要补充说明的是，在收集气体吸附法的实测数据时，要求同时采用水蒸气和其他气体 (N_2 和异丙醇蒸气等) 对同种水泥基材料进行测量；在收集小角度散射法的实测数据时，要求同时对饱和与干燥状态下的同种水泥基材料进行测量。

表 2.3 水泥净浆比表面积 $\mathscr{A}(m^2/g)$ 的部分实测数据

文献	水灰比	龄期	测试方法	$\mathscr{A}_w$	$\mathscr{A}_d$	气体	$\mathscr{A}_w/\mathscr{A}_d$	补充说明
[389]	0.35	12 年	BET	208.0	56.7	N_2	3.67	PC, 真空干燥[80]
	0.35	12 年	BET	208.0	41.7	IPA	5.07	
	0.50	12 年	BET	194.6	97.3	N_2	2.00	
	0.50	12 年	BET	194.6	49.0	IPA	3.97	
[390]	0.20	3 天	BET	88.5	12.1	N_2	7.31	PC, D 干燥
	0.20	28 天	BET	124.3	5.8	N_2	21.43	
[391]	0.45	7 年	BET	209.0	39.3	N_2	5.32	C_2S, D 干燥
	0.45	4 年	BET	204.0	84.2	N_2	2.42	C_3S, D 干燥
	0.45	7 年	BET	191.0	89.0	N_2	2.15	OPC, D 干燥
[392]	0.45	2 年	BET	128.0	36.3	N_2	3.53	C_3S, 20 ℃ 养护, D 干燥
	0.50	2 年	BET	109.0	9.5	N_2	11.47	OPC, 20 ℃ 养护, D 干燥
	0.70	2 年	BET	87.0	8.4	N_2	10.36	OPC, 90 ℃ 养护, D 干燥
[393]	0.65	2 年	BET	111.4	54.7	N_2	2.04	罗马水泥 F, 丙酮置换干燥
	0.65	2 年	BET	122.3	51.7	N_2	2.37	罗马水泥 L, 丙酮置换干燥
[394]	0.33	112 天	BET	110.0	12.0	N_2	9.17	CEM I 52.5 N,
	0.50	112 天	BET	123.0	24.0	N_2	5.13	105 ℃ 真空干燥
[395]	0.40	514 天	SAXS	708.0	180.0	—	3.93	CEM I, 105 ℃ 烘干
	0.40	514 天	SAXS	708.0	224.0	—	3.16	CEM I, D 干燥
	0.60	512 天	SAXS	782.0	284.0	—	2.75	CEM I, D 干燥
[396]	0.60	1 年	SANS	36.6	8.3	—	4.37	OPC, D 干燥, 粒径 < 5 μm
	0.60	1 年	SANS	46.6	10.5	—	4.44	OPC, D 干燥, 粒径 < 20 μm

由于测试孔隙比表面积的原理存在差异，不同方法测量所得比表面积通常不具有横向可比性。但是，当均采用气体吸附或小角度散射方法来对同种水泥基材料的比表面积进行测试时，测量结果就能够说明气体吸附测试所用气体种类及小

角度散射测试时试件所处含水状态对比表面积的影响。从表 2.3 中显然可见，对气体吸附法来说，采用水蒸气 (分子直径 $d_{H_2O} \approx 0.30$ nm) 进行测试所得比表面积显著地高于氮气 (分子直径 $d_{N_2} \approx 0.37$ nm) 和异丙醇气体 (分子直径 $d_{IPA} \approx 0.56$ nm)[389,397]。当采用小角度散射方法进行测试时，含水状态下的比表面积也显著地高于干燥状态。在采用水蒸气进行气体吸附测试时，可以认为此时试件处于部分含水状态。因此，在整理表 2.3 中的数据时，将采用水蒸气进行气体吸附测试及在饱和状态下进行小角度散射测试时所得质量比表面积记作 $\mathscr{A}_w(m^2/g)$，下标 w 表示湿润状态 (wet)；将采用氮气、异丙醇等除水蒸气以外的气体进行测试及在干燥状态下进行小角度散射测试时所得质量比表面积记作 $\mathscr{A}_d(m^2/g)$，下标 d 表示干燥状态 (dry)。为了进一步说明水泥基材料在湿润与干燥状态下比表面积的差异，表 2.3 中同时给出 $\mathscr{A}_w/\mathscr{A}_d$ 的数值。从表 2.3 中可见，同种水泥净浆的比值 $\mathscr{A}_w/\mathscr{A}_d$ 在 2.0~21.4 内，平均值约为 5.5，$\mathscr{A}_w$ 与 $\mathscr{A}_d$ 的差异非常显著。

　　分析气体吸附法测量同种净浆所得比表面积间存在的差异时，通常采用图 2.17 所示墨水瓶孔来进行解释[90]。水泥基材料的纳米孔隙结构非常复杂，其中含有较多口小、肚子大的类似于墨水瓶的孔隙。由于水分子的直径最小，它可以进入到所有墨水瓶孔内部并探测到水泥基材料所有孔壁的表面积；氮气分子比水分子的直径大，它无法穿过墨水瓶孔的瓶颈进入到其内部，无法探测到部分孔隙的表面，进而使得氮气吸附法测量所得比表面积偏小。当使用异丙醇作为吸附气体时，它的直径更大，使得它测量所得比表面积更小。利用墨水瓶形状的孔隙结构特征来解释不同气体吸附法测量所得比表面积的差异似乎挺有道理。但仔细分析水、氮气和异丙醇分子直径及对应比表面积测试结果的差异发现，异丙醇的分子直径比氮气大 51% 左右，它探测得到的比表面积比氮气小 50%~73%[389]。而水分子直径仅比氮气小 19% 左右，但它能探测到的比表面积却比氮气大 1~20 倍 (平均约为 4.5 倍)。也就是说，水泥基材料内部含有大量墨水瓶孔，且无论水灰比高低，它们刚好被直径 0.30~0.37 nm 内的小孔包围起来，而包围大量墨水瓶孔需要更多带瓶颈的小孔。考虑到水泥基材料内最小的层间孔直径为 1 ~ 2nm[102]，很难想象水泥基材料内部存在大量直径 $d_1 \in [0.30, 0.37]$ nm 的小孔。即便假设水泥基材料内部确实存在大量墨水瓶孔，考虑到水分子也有一定尺寸，则必然存在部分孔隙连水分子也无法进入。但实际上，利用水蒸气等温吸附脱附测试不同水灰比水泥净浆所得比表面积非常接近，可以认为水分子能探测到所有孔隙的表面积；但氮气吸附比表面积间的差异程度达 3 倍左右，这可能是因为氮气分子既无法进入部分微孔，也无法进入部分较大孔隙[81,90,389]。从以上两个角度综合来看，采用墨水瓶孔来解释不同水灰比净浆材料氮吸附比表面积的差异或许还能成立，但来解释氮气和水蒸气吸附比表面积间存在的显著差异则难以令人信服。同理，利用小角度散射技术测量干燥、饱和水泥基材料所得比表面积间存在的巨大差异同样无法合理解释。

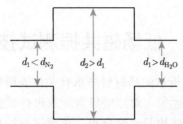

图 2.17　墨水瓶孔形状及其影响比表面积测试结果的示意图

　　不管采用气体吸附还是小角度散射技术来测试比表面积，可以认为，水泥基材料在含水时的比表面积显著地大于干燥状态。也就是说，水分子能够探测到水泥基材料更多内部孔隙并计算得到更大的比表面积，有可能是因为水分的存在会使水泥基材料的比表面积增大，根本原因可能在于水泥基材料与水之间存在特殊的物理或者化学作用。

2.5　本章小结

　　本章对水泥基材料的渗透性能、毛细吸收性能、收缩性能及比表面积这四个方面相关研究存在的一些显著矛盾或者不足之处进行系统的总结分析并发现：当采用水来开展渗透性能测试时，水泥基材料存在水分渗透率异常低、水分渗透率经时变化等多个难以解释的现象；当采用水来开展毛细吸收性能测试时，水泥基材料存在显著偏离根号时间线性规律等多个难以解释的试验现象；当对内部孔隙水进行置换或添加碱金属离子等时，水泥基材料也存在异丙醇置换收缩等难以解释的收缩现象；在含水状态下，水泥基材料存在比表面积显著地高于干燥状态等难以解释的试验现象。若将以上四个方面的多个异常现象进行分类整理，可以得到一个非常简单的结论，即水泥基材料与水之间肯定存在某种特殊的物理化学作用。正是该特殊相互作用的存在使得水泥基材料在与水接触时会表现出一些特殊的性质或性能。

　　由于水分渗透、毛细吸水、干燥收缩等重要性能与比表面积对分析水泥基材料微结构和关键的体积稳定性、耐久性等性能非常关键，必须深入研究本章所总结的与水有关性质或性能的异常现象。只有这样，才能更深刻、全面地认识水泥基材料的组成、结构与性能间的科学关系，进而为水泥基材料的理论研究与技术开发提供支撑。

第 3 章　低场磁共振测试技术基础

如第 2 章所述，在分析水泥基材料与水有关性能研究现状时，发现存在多个难以合理解释的异常试验现象。对这些异常现象进行试验研究时，往往需要深入测试分析水泥基材料的孔结构及水分分布。在测试分析孔结构时，受试验测量技术的限制，通常先将试件进行干燥预处理，再采用压汞法和氮吸附法等技术来表征孔结构。尽管学术界已经公认，干燥预处理会在一定程度上破坏或改变水泥基材料的纳米尺度孔隙结构，但依然近似认为干燥状态下测试所得孔结构特征具有足够的代表性。然而，基于干燥状态下的孔结构等测试结果，无法有效地研究分析水泥基材料与水有关的异常性能或行为过程。低场磁共振技术直接以孔中水分或其他含氢液体中的氢核为探针，能对水泥基材料的孔结构进行原状、无损、快速、准确地测试表征，可以用于研究渗透、毛细吸收和干燥收缩等与水有关的性能，在水泥基材料科学研究领域具有独特的技术优势。

当处在静磁场中的自旋原子核受到电磁辐射时，将共振吸收某一特定频率电磁波的能量并发生能级跃迁，此即核磁共振 (nuclear magnetic resonance，NMR) 现象，主要属于电磁学而并非核物理领域。此处的核指原子核，与谈之色变的放射性核素是两个完全不同的概念。为了避免过度联系和误解，可以省略核字，简称为磁共振，如磁共振成像等。

3.1　概　　述

早在 1946 年，哈佛大学的珀塞尔 (Purcell，1912 ~ 1997 年) 和斯坦福大学的布洛赫 (Bloch，1905 ~ 1983 年) 分别独立成功观测到核磁共振现象 [398,399]。由于该重大发现，珀塞尔和布洛赫荣获 1952 年诺贝尔物理学奖。在 1950 年，加利福尼亚大学伯克利分校的哈恩 (Hahn，1921 ~ 2016 年) 提出了自旋回波核磁共振试验方法 [400]，至今仍广为使用。1964 年，瑞士科学家恩斯特 (Ernst，1933 ~ 2021 年) 第一次测量得到傅里叶变换核磁共振谱 [401]，并因脉冲核磁共振和多维谱技术方面的开创性成就，荣获 1991 年诺贝尔化学奖。1973 年，劳特伯 (Lauterbur，1929 ~ 2007 年) 和曼斯菲尔德 (Mansfield，1933 ~ 2017 年) 各自独立提出了基于梯度磁场的核磁共振成像原理 [402,403]，并因此荣获 2003 年诺贝尔生理学或医学奖。直到 1979 年，Brownstein 和 Tarr [404] 提出多孔介质核磁共振弛豫理论，为多孔介质孔结构的测试与分析奠定了基础。

现代磁共振测试技术主要包括磁共振波谱学 (magnetic resonance spectroscopy) 和磁共振成像 (magnetic resonance imaging) 两大分支。磁共振波谱测试使用均匀磁场，利用化学位移来测定自旋原子核所处化学环境，协助解析被测物质的分子结构和官能团等，在化学、材料、生物医药等学科中应用广泛。磁共振波谱学可以细分为液态磁共振和固态磁共振，常利用液态磁共振技术测定 ^1H、^{13}C 谱，获得溶质及溶剂分子的化学结构信息。在水泥基材料科学研究中，常利用固态磁共振技术测定 ^{29}Si、^{27}Al 谱，协助分析水泥及其水化产物 (C—S—H 凝胶及水化硫铝酸钙等) 的微结构。磁共振成像技术利用梯度磁场，根据生物体内的氢核等磁性核在磁场中的共振特性进行成像，是医学领域常见的影像检查方式，可以对肿瘤、心脏病及脑血管疾病进行早期筛查，是临床医学诊断的重要手段，在岩石等多孔介质相关科学研究中也有重要应用。此外，定域波谱学通过有效综合磁共振成像及波谱信号，实现微区化学分析，具有很大的应用潜力。

根据磁场强度不同，可以将磁共振技术分为高、中、低磁共振。高场磁共振的场强大于 3 T，通过解析化学位移测试结果，得到分子结构信息，适用于测试物质的分子结构特征。高场磁共振技术具有高灵敏度、高分辨率和高信噪比，但由于通常使用超导磁体，需要专用场地进行安装，而且使用液氦来维持超导所需极低温度，仪器设备购置、测试和后期维护费用高昂。同时，高场磁共振测试对试件均匀度的要求也很高，液体需要去离子化，固体材料需要制成粉末。中场磁共振所用磁场强度为 1 ~ 3 T，通过施加梯度磁场并检测分析磁共振回波信号，获得被测物体内部磁性原子核的种类、含量和空间位置等信息，据此绘制被测物体内部磁性核的特征分布图像，适用于临床医学磁共振成像检查。通常，场强越高时图像清晰度越高，但受顺磁性物质的影响越大，伪影也越多，使用时需谨慎选择。低场磁共振的场强低于 1 T，通过测试磁性核的弛豫行为，得到分子运动信息、分子间及分子与所处物理环境的相互作用信息，常用来测试多孔介质的孔隙率及孔径分布等。低场磁共振仪器使用稀土永磁体并在仪器内部做好屏蔽处理，设备小巧方便移动，无须特别的维护措施，对安装场地的要求很低。但是，低场磁共振测试数据的信噪比与分辨率较低，处理试验结果时需要特别注意克服它们带来的不利影响。

磁共振测试技术功能强大且应用广泛，尤其在材料、物理、化学、生物和医药等重要领域，俨然已成为不可或缺的现代分析测试手段。在石油工程领域，对油气储层岩石的孔隙率、流体饱和度和渗透率等进行测试分析非常关键。但长时间以来，作为储层分析评价的主要手段，常规测井技术并不能对储层岩石的渗透率这一影响油气采收的关键指标进行系统评价。在 20 世纪 60 年代，相关研究表明，磁共振技术能有效地表征储层岩石的渗透率，这立即引起了石油工业界的强烈兴趣。随着磁共振测井仪器、测试技术和数据处理方法的发展，直到 1992 年才开始提供有效的磁共振测井服务，目前已发展较为成熟。磁共振测井可以获得总孔隙率、油/气/水饱和度、原油黏度及渗透率等丰富的岩石物理信息，为石油天然气开采提供高质量的测井服务 [405]，堪称测井技术的一次革命。

　　磁共振测井技术的快速发展与成熟，对水泥基材料等多孔介质的测试分析产生了很大影响。起初，磁共振技术主要用于水泥水化过程研究，直到 20 世纪 80 年代，才开始用来测试分析水泥基材料的孔结构特征。1979 年，Gummerson 等 [406] 利用磁共振成像技术，研究了多种多孔介质的含水率分布剖面和非饱和水分传输过程。1985 年，MacTavish 等 [407] 利用磁共振测试所得信号幅值和横向、纵向弛豫时间，研究白水泥浆体水化过程中固相及孔隙水的演化历程。20 世纪 90 年代 Bhattacharja 等 [408] 利用磁共振测试采集到的横向弛豫信号，计算得到白水泥净浆的表面弛豫率及其孔径分布特征。Halperin 等 [409] 对水泥浆体凝结硬化过程中微结构的变化进行了测试分析。进入 21 世纪，Valckenborg 等 [410] 利用磁共振弛豫技术对暴露在干燥气流中的砂浆试件的干燥过程进行跟踪监测，在计算得到凝胶孔和毛细孔等效孔径的同时，对不同大小孔隙的失水过程和规律进行了分析。近些年来，磁共振技术在水泥基材料领域的应用越来越广泛。得益于磁共振测试技术的强大功能及其灵活性，Muller 等 [101,411-413] 推广应用各种类型低场磁共振仪器，利用纵向和横向弛豫谱、弛豫相关谱及成像技术等，深入研究了 C—S—H 凝胶的真密度、化学组成、微孔结构、其他固相组成 [414] 的结构特征和吸附脱附 [415]、毛细吸水和干燥 [416-420]、界面处的水分传输 [421] 等关键特征或过程并进行系统深入的研究，定量分析揭示了水泥水化过程 [422]、浆体泌水 [423]、矿物掺合料与养护温度影响 C—S—H 凝胶和孔隙结构 [139,424-426]、C—S—H 凝胶致密化 [101,412]、孔结构随温度和含水率动态变化 [415,427,428]、水分重分布、内部吸水膨胀 [415,418,420] 及自修复 [429] 等重要行为。Zhou [240,241] 在水泥基材料的低场磁共振测试分析方面也做了一些工作，实现了饱水白水泥砂浆材料孔结构及非饱和水分分布的准确测试与系统解析，据此提出了 C—S—H 凝胶干缩湿胀导致孔结构随含水率动态变化的水敏性理论，详见后文各章节的系统介绍。

　　1971 年正值磁共振现象发现 25 周年之际，国际磁共振学会 (International Society of Magnetic Resonance) 正式成立。磁共振不同研究领域的科学家联合在一起，共同推动着磁共振测试技术的研发与应用，磁共振技术得到迅猛发展 [430]。自 1996 年起，我国也开始组织全国性的磁共振学术研讨会，为磁共振相关科研人员提供合作与交流平台。

3.2 磁共振现象

　　20 世纪以来，许多物理学家致力于研究原子结构，磁共振这门学科就在理论与实验物理学研究基础上萌生并发展起来。1911 年，卢瑟福 (Rutherford,

1871 ~ 1937 年) 最早提出核式原子结构模型，认为原子质量几乎全部集中在直径很小的带正电原子核中，带负电的电子在原子核外绕核做轨道运动。在经典电磁学理论框架下，电子绕核运动将以电磁波的形式向外辐射能量，整个原子系统的能量将逐渐降低，因此卢瑟福提出的原子结构并不稳定。在卢瑟福原子结构模型的基础上，玻尔 (Bohr, 1885 ~ 1962 年) 于 1913 年创造性地将量子概念引入原子系统，提出的定态轨道原子理论显著地促进了对原子核外电子分布规律的认识。1922 年，施特恩 (Stern, 1888~1969 年) 和格拉赫 (Gerlach, 1889 ~ 1979 年) 观测到穿过非均匀磁场的银原子束会发生偏转并分裂成 2 束 (并非连续分布)，有力地证明了原子在磁场中的取向是量子化的，此时原子磁矩只能取几个特定方向。在 1938 年，拉比 (Rabi, 1898 ~ 1988 年) 等使用均匀磁场开展了分子束磁共振试验，发现原子核会沿磁场方向呈正向或反向有序平行排列，在使用电磁波进行照射后，原子核会吸收射频能量并使自旋方向发生偏转，这是对自旋原子核与磁场、外加射频场之间相互作用的最早认识。1945 年，珀塞尔与布洛赫分别独立实现了凝聚态物质的核磁共振，并分别从能量吸收和进动角度对磁共振现象进行了解释，他们的工作使得磁共振的应用不再局限于真空中的分子束，而是可以广泛地应用到液体与固体中去，磁共振技术自此得以推广和应用开来。

在早期的试验研究中，多采用在扫场过程中施加固定频率的连续电磁波来研究磁共振现象。1949 年，托利 [431] (Torrey, 1911 ~ 1995 年) 发现可以应用特定频率的脉冲波来激发磁化原子核的瞬态进动。1950 年，哈恩[400] 利用脉冲磁共振方法发现了自旋回波，进而提出自旋回波测试方法，这为现代磁共振测试技术奠定了基础。20 世纪 60 年代，快速傅里叶变换的发展进一步促进了射频脉冲激发方法的广泛使用。目前，利用射频脉冲激发磁共振，是开展磁共振测试分析的主要方法。

3.2.1　原子结构

1. 原子核的一般性质

原子由原子核和核外电子组成，原子核由数目不等的质子和中子组成，质子和中子又由夸克组成。不同元素的原子核所含质子数各不相同，同种元素原子核所含中子数也可能不同。在物理学中，质子数相同但中子数不同的原子核构成的元素互为同位素，用符号 $^Y_Z X$ 表示，其中，X 为元素符号；Z 为该元素的原子序数；Y 为原子核的质量数，即质子数与中子数之和。例如，氢元素有氕 $^1_1 H$、氘 $^2_1 H$ 和氚 $^3_1 H$ 共三种同位素，自然条件下后两者的含量很低。为了简便起见，常省去原子序数 Z，将氢核表示为 $^1 H$。

2. 电子轨道角动量与轨道磁矩

将电流强度为 i(A) 的载流线圈置于均匀静磁场 $\boldsymbol{B}_0$(T) 中时，如图 3.1 所示，它将受到力偶矩 $\boldsymbol{\Lambda}$ 的作用。若定义载流线圈面积矢量 $\boldsymbol{A}$ 的方向与根据环形电流按右手螺旋法则确定的电磁场磁感线方向一致，大小等于载流线圈围成的面积 A(m^2)，则静磁场作用于载流线圈的力偶矩 $\boldsymbol{\Lambda}$(N·m) 为

$$\boldsymbol{\Lambda} = i\boldsymbol{A} \times \boldsymbol{B}_0, \quad \Lambda_{\max} = iAB_0 \tag{3.1}$$

通常将乘积 $i\boldsymbol{A}$ 称为环形电流产生的磁矩，用 $\boldsymbol{\mu}$ (N· m/T) 来表示。

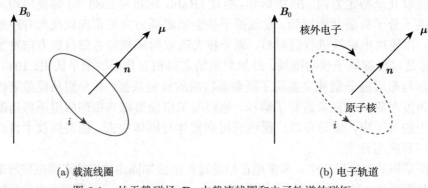

(a) 载流线圈　　　　　　　　　　　(b) 电子轨道
图 3.1　处于静磁场 $\boldsymbol{B}_0$ 中载流线圈和电子轨道的磁矩 $\boldsymbol{\mu}$

围绕原子核运动的电子可以视作环形电流，在静磁场中也会产生磁矩，如图 3.1(b) 所示。如果电子绕原子核旋转的圆频率为 ω(rad/s)，那么产生的环形电流强度 i 为

$$i = \omega e/ (2\pi) \tag{3.2}$$

式中，$e = 1.6 \times 10^{-19}$(C) 为电子电荷。若电子轨道半径为 r(m)，采用 $\boldsymbol{n}$ 来表示方向垂直于轨道平面且服从右手螺旋法则的单位矢量，依据式 (3.1) 可知，电子轨道运动产生的磁矩 $\boldsymbol{\mu}_l$ 为

$$\boldsymbol{\mu}_l = -e\omega r^2 \boldsymbol{n}/2 \tag{3.3}$$

式中，负号表示电流方向与电子运动方向相反；下标 l 表示电子轨道角动量量子数。引入电子轨道运动的磁旋比 $\gamma_l = e/ (2m_e)$[rad/(s·T)]，电子的质量 $m_e = 9.109 \times 10^{-31}$(kg)，利用电子轨道运动的角动量 $\boldsymbol{L} = m_e\omega r^2 \boldsymbol{n}$(N·m·s)，则电子轨道磁矩 $\boldsymbol{\mu}_l$ 的表达式 (3.3) 可以改写成

$$\boldsymbol{\mu}_l = -\gamma_l \boldsymbol{L} \tag{3.4}$$

式 (3.4) 是依据经典力学理论给出的电子轨道磁矩表达式。依据量子力学基本理论，描述电子轨道运动的角动量是量子化的，在不同轨道运动的电子具有不同的电子轨道磁矩。此时电子轨道磁矩的表达式与经典表达式 (3.4) 具有相同形式，只是轨道角动量 L 的大小 L 由量子力学方法进行计算，且有

$$L = \hbar\sqrt{l(l+1)} \tag{3.5}$$

式中，与电子所处的 s、p、d、f、g 轨道对应的角动量量子数 $l = 0$、1、2、3、4，其余情况以此类推；约化普朗克常量 $\hbar$ 是角动量的基本单位，它与普朗克常量 $h = 6.626 \times 10^{-34}$ (J·s) 间的关系为 $\hbar = h/(2\pi)$。此时，不同电子轨道磁矩 μ_l 的数值为

$$\mu_l = -\mu_B\sqrt{l(l+1)}, \quad \mu_B = \gamma_l\hbar = \frac{e\hbar}{2m_e} \tag{3.6}$$

式中，$\mu_B = 9.2740 \times 10^{-24}$ (N·m/T) 称作玻尔磁子，它是单个自由电子旋转运动产生的磁矩，是磁矩的基本单位。

当原子处在静磁场 B_0 中时 (图 3.1)，电子轨道角动量 L 和轨道磁矩 μ 在静磁场方向 (定义为 z 轴) 上的投影可以采用轨道磁量子数 m_l 来表示为

$$L_z = m_l\hbar, \quad \mu_{l,z} = -m_l\mu_B \tag{3.7}$$

式 (3.7) 表明，由于电子轨道角动量 L 及其 z 轴分量 L_z 是量子化的，电子轨道磁矩 μ_l 及其 z 轴分量 $\mu_{l,z}$ 也是量子化的。轨道角动量和轨道磁矩的量子化表明，它们在空间的取向不连续 (空间量子化)。由于磁量子数 m_l 在 $[-l, l]$ 内取整数 (共有 $2l + 1$ 个数值)，因此角动量和磁矩在空间均有 $2l + 1$ 个取向，对应有 $2l + 1$ 个投影 L_z 和 $\mu_{l,z}$。

3. 电子自旋角动量与自旋磁矩

施特恩-格拉赫实验证明，原子在静磁场中取向是量子化的。若仅考虑电子轨道角动量量子化，施特恩-格拉赫实验应观察到 $2l + 1$ 道条纹，但实际发现了偶数道条纹。这说明，除量子数 l 只能取整数的电子轨道角动量外，原子内部还存在其他量子数为半整数的角动量。1925 年，乌伦贝克 (Uhlenbeck，1900~1988 年) 和古德斯米特 (Goudsmit，1902~1978 年) 提出，电子除了轨道运动，还有自旋运动。起初，他们将电子看作刚性小球，并认为电子自旋就是电子小球的自转。然而，依据经典力学理论，若要使电子小球具有数值为 $\hbar$ 的基本单位自旋角动量，电子小球表面上的线速度将大大超过光速，该结果与相对论基本假定相矛盾，因此，电子自旋没有经典对应。电子自旋是量子力学概念，就像电子具有质量和电

荷一样，自旋也是微观电子的固有属性。只是为了便于理解，将电子自旋形象地类比成行星运动，后者在按特定轨道绕恒星公转的同时，还会沿着自转轴旋转。

依据量子力学基本理论，与电子轨道运动产生磁场、轨道角动量、轨道磁矩类似，电子自旋也会产生磁场、自旋角动量和自旋磁矩。参照轨道角动量 L 量子化和式 (3.5)，电子自旋角动量 S 也是量子化的，其数值 S 为

$$S = \hbar\sqrt{s(s+1)}, \quad s = 1/2 \tag{3.8}$$

式中，s 为自旋量子数。当处在静磁场 B_0 中时，自旋角动量 S 在磁场方向 z 轴的投影可以采用自旋磁量子数 m_s 来表示成

$$S_z = m_s\hbar, \quad m_s = \pm1/2 \tag{3.9}$$

电子自旋产生磁场和角动量，必然也会产生与之相对应的磁矩。与电子轨道磁矩 $\boldsymbol{\mu}_l$ 类似，电子自旋磁矩 $\boldsymbol{\mu}_s$ 为

$$\boldsymbol{\mu}_s = -\gamma_s\boldsymbol{S} \tag{3.10}$$

式中，$\gamma_s[\mathrm{rad/(s\cdot T)}]$ 为自旋运动的磁旋比且满足 $\gamma_s = 2\gamma_l$，量子力学中将该关系称为倍磁性。与电子轨道磁矩 $\boldsymbol{\mu}_l$ 的表达式 (3.6) 类似，电子自旋磁矩 $\boldsymbol{\mu}_s$ 的大小可以表示为

$$\mu_s = -\gamma_s\hbar\sqrt{s(s+1)} = -\sqrt{3}\mu_{\mathrm{B}} \tag{3.11}$$

与轨道磁矩 z 轴分量大小的表达式 (3.7) 类似，自旋磁矩 z 轴分量的大小为

$$\mu_{s,z} = -\gamma_s m_s\hbar = \pm\mu_{\mathrm{B}} \tag{3.12}$$

4. 原子核自旋与自旋磁矩

自旋是微观基本粒子的固有属性。夸克是组成质子和中子的基本粒子，它同电子一样具有自旋属性，且自旋量子数也是 1/2。原子核由质子和中子组成，它们各自包含 3 个夸克，其中 2 个夸克自旋反平行并相互抵消，使得中子和质子的自旋量子数也都为 1/2。

原子核自旋可以用自旋量子数 I 来描述，它是原子核的固有特性，其数值与原子核所含质子数和中子数有关。当原子核的中子数或质子数为奇数时，该原子核就具有自旋属性，如表 3.1 所示。以氢核 $^1\mathrm{H}$ 为例，它只含 1 个质子，自旋量子数 $I = 1/2$。

原子核的自旋运动可以用自旋角动量 $\boldsymbol{P}_{\mathrm{N}}(\mathrm{N\cdot m\cdot s})$ 来描述，它的方向与核自旋轴的取向一致，与电子自旋角动量表达式 (3.8) 类似，其数值 P_{N} 为

$$P_{\mathrm{N}} = \hbar\sqrt{I(I+1)} \tag{3.13}$$

由于 I 值是量子化的，因此自旋角动量 $\boldsymbol{P}_{\mathrm{N}}$ 也是量子化的。当处在静磁场 $\boldsymbol{B}_0$ 中时，与电子自旋角动量表达式 (3.9) 类似，原子核自旋角动量 $\boldsymbol{P}_{\mathrm{N}}$ 在 z 轴的投影可以采用原子核自旋磁量子数 m_{N} 表示：

$$P_{\mathrm{N},z} = m_{\mathrm{N}}\hbar, \quad m_{\mathrm{N}} = -I, \; -I+1, \; -I+2, \; \cdots, \; I-1, \; I \tag{3.14}$$

由于原子核带正电，$I \neq 0$ 的原子核自旋也会产生磁场，该磁场的强度和方向可以用核磁矩 $\boldsymbol{\mu}_{\mathrm{N}}$ 表示，它与原子核自旋角动量 $\boldsymbol{P}_{\mathrm{N}}$ 满足：

$$\boldsymbol{\mu}_{\mathrm{N}} = \gamma_{\mathrm{N}}\boldsymbol{P}_{\mathrm{N}} \tag{3.15}$$

式中，$\gamma_{\mathrm{N}}[\mathrm{rad}/(\mathrm{s}{\cdot}\mathrm{T})]$ 为原子核的磁旋比。不同元素和不同同位素的原子核具有不同的磁旋比，常见原子核的磁旋比及自然丰度见表 3.2，其中，自然丰度表示某种同位素在这种元素所有天然同位素中所占的比例。由式 (3.15) 可以得到核磁矩 $\boldsymbol{\mu}_{\mathrm{N}}$ 在 z 轴方向的分量 $\mu_{\mathrm{N},z}(\mathrm{N}{\cdot}\mathrm{m}/\mathrm{T})$ 的大小为

$$\mu_{\mathrm{N},z} = \gamma_{\mathrm{N}}P_{\mathrm{N},z} = \gamma_{\mathrm{N}}m_{\mathrm{N}}\hbar \tag{3.16}$$

为了方便起见，可以将下标 N 省略，默认采用 m、γ、$\boldsymbol{P}$、$\boldsymbol{\mu}$ 来分别表示原子核的自旋磁量子数、磁旋比、自旋角动量和核磁矩。

表 3.1　原子核的自旋量子数

原子核种类 (质子数、中子数)	质子数 Z	中子数 N	自旋量子数 I	核自旋
偶/偶核	偶数	偶数	0	无
奇/偶核	奇数	偶数	1/2, 3/2, 5/2, $\cdots$	有
偶/奇核	偶数	奇数	1/2, 3/2, 5/2, $\cdots$	有
奇/奇核	奇数	奇数	1, 2, 3, $\cdots$	有

表 3.2　常见原子核的磁旋比及自然丰度

原子核	自旋量子数 I	自然丰度/%	磁旋比 $\gamma/(2\pi)/(\mathrm{MHz/T})$
$^1\mathrm{H}$	1/2	99.985	42.58
$^2\mathrm{H}$	1	0.0156	6.54
$^7\mathrm{Li}$	3/2	92.41	16.55
$^{13}\mathrm{C}$	1/2	1.11	10.71
$^{19}\mathrm{F}$	1/2	100	40.06
$^{23}\mathrm{Na}$	3/2	100	11.26
$^{29}\mathrm{Si}$	1/2	4.67	8.46
$^{35}\mathrm{Cl}$	3/2	75.77	4.17

5. 原子核在静磁场中的能量及塞曼分裂

由于自旋量子数 $I \neq 0$ 的原子核都会产生自旋磁矩，当施加静磁场 $\boldsymbol{B}_0$ 时，它对核磁矩 $\boldsymbol{\mu}$ 的作用将使原子核具有一定的附加能量。当核磁矩 $\boldsymbol{\mu}$ 与静磁场 $\boldsymbol{B}_0$ 方向相同时，原子核处于低能态，能量为负值；当两者方向相反时，原子核处于高能态，能量为正值。根据经典电磁学理论，若磁矩 $\boldsymbol{\mu}$ 与静磁场 $\boldsymbol{B}_0$ 的夹角为 θ，则该附加能量 $E(\mathrm{J})$ 为

$$E = -\boldsymbol{\mu} \cdot \boldsymbol{B}_0 = -\mu B_0 \cos\theta \tag{3.17}$$

由于核磁矩 $\boldsymbol{\mu}$ 在 z 轴投影的大小为 $\mu_z = \mu\cos\theta$，联合式 (3.16) 可得原子核与不同磁量子数 m 对应的附加能量 $E_m(\mathrm{J})$ 为

$$E_m = -\gamma m \hbar B_0 \tag{3.18}$$

由于 m 是量子化的，原子核在静磁场中的附加能量也是量子化的，且与静磁场强度 B_0 成正比。这些不连续的附加能量值 E_m 称为原子核的能级，能级总数为 $2I+1$，且相邻两能级的能量差恒定为 $\Delta E = \gamma\hbar B_0$。随着磁场强度 B_0 的增大，相邻能级之间的能量差 ΔE 也随之增加。对自旋量子数 $I = 1/2$ 的氢核 ($m = \pm 1/2$) 来说，当无静磁场时，核自旋随机取向，原子核处于基态能级；当施加静磁场后，核自旋只有 2 个取向，基态能级分裂成高能态和低能态，如图 3.2 所示。在物理学中，将原子核自旋基态能级在静磁场作用下发生分裂的现象称作塞曼 (Zeeman) 效应，分裂后的能级称作塞曼能级。

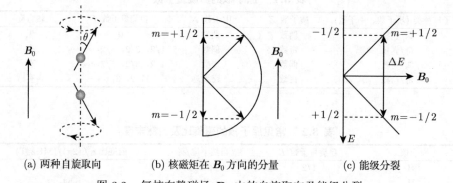

(a) 两种自旋取向   (b) 核磁矩在 $\boldsymbol{B}_0$ 方向的分量   (c) 能级分裂

图 3.2   氢核在静磁场 $\boldsymbol{B}_0$ 中的自旋取向及能级分裂

3.2.2   磁共振原理

磁共振可以理解为一定条件下原子核共振吸收能量，塞曼能级之间发生跃迁的现象。共振现象在自然界中普遍存在，但需要在一定条件下才会发生。对机械

共振来说，当外力作用频率与系统自身固有振动频率相同时，系统与外力作用发生共振且振幅达到最大。在共振条件下，系统与外力作用之间的能量交换最为有效。对原子核来说，其共振频率由原子核特性和静磁场强度共同决定。由于只有自旋量子数 $I \neq 0$ 的原子核才具有磁矩，只有这类自旋核才能发生磁共振。磁共振现象及其发生的条件可以从经典力学和量子力学两个角度进行解释。

1. 经典力学解释

从经典力学角度来看，自旋原子核具有自旋角动量和核磁矩，它与图 3.1 所示载流线圈类似。当对自旋原子核施加静磁场 B_0 时，核磁矩 μ 的存在将使静磁场在自旋原子核上产生力偶矩 $\Lambda = \mu \times B_0$，其方向始终与 μ 和 B_0 所在平面正交，进而驱动自旋原子核绕静磁场 B_0 的方向运动，此即自旋原子核的进动 (也称拉莫尔进动，Larmor precession)，它与旋进的陀螺类似，如图 3.3 所示。

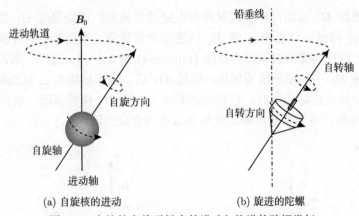

(a) 自旋核的进动   (b) 旋进的陀螺

图 3.3 自旋核在静磁场中的进动与旋进的陀螺类似

若核磁矩 μ 与静磁场 B_0 间的夹角为 θ，则力偶矩的数值 $\Lambda = \mu B_0 \sin\theta$。在力偶矩 Λ 的作用下，原子核自旋角动量 P 大小恒定但方向随时间发生变化，依据角动量定理的微分形式可得

$$\mu \times B_0 = \mathrm{d}P/\mathrm{d}t \tag{3.19}$$

在 $\mathrm{d}t$ 时间内，若自旋角动量 P 转动的角度为 $\mathrm{d}\alpha$，则 $\mathrm{d}P = P\sin\theta\mathrm{d}\alpha$。该式等号两侧同时除以 $\mathrm{d}t$ 可得 $\mathrm{d}P/\mathrm{d}t = P\sin\theta\mathrm{d}\alpha/\mathrm{d}t$，进而有 $\Lambda = \omega_0 P\sin\theta$，式中，$\omega_0(\mathrm{rad/s})$ 为进动圆频率。综合描述核磁矩 μ 和角动量 P 之间关系的式 (3.15)，可得进动圆频率 ω_0 及进动频率 $f(\mathrm{Hz}$，也称拉莫尔频率) 分别为

$$\omega_0 = \gamma B_0, \quad f = \frac{\gamma B_0}{2\pi} \tag{3.20}$$

式 (3.20) 说明，自旋核进动频率 f 由静磁场强度 B_0 和原子核的磁旋比 γ 共同决定。结合表 3.2 中所列数据可知，在强度分别为 0.047 T、0.282 T 和 0.470 T 的静磁场中，氢核 ^{1}H 的进动频率分别为 2 MHz、12 MHz 和 20 MHz，而氘核 ^{2}H 的进动频率分别为 0.31 MHz、1.84 MHz 和 3.1 MHz。低场磁共振设备常采用这三种场强的磁体。在相同强度的静磁场中，由于 ^{1}H 和 ^{2}H 的共振频率差异显著，这赋予了低场磁共振技术差别化利用水 (H$_2$O) 和重水 (D$_2$O) 进行测试的灵活性，能协助进行更加精细的分析。

在恒定静磁场中，自旋原子核按频率 f 始终绕静磁场 B_0 方向进动，系统处于稳定状态。当在与静磁场 B_0 垂直的方向施加旋转磁场 $B_1(B_1 \ll B_0$，转动圆频率为 $\omega)$ 时，核磁矩 μ 将同时绕旋转磁场 B_1 进动 (图 3.4)，且进动圆频率 $\omega_1(\text{rad/s})$ 为

$$\omega_1 = \gamma B_1 \tag{3.21}$$

由于旋转磁场 B_1 常通过连续或脉冲型电磁波来施加，磁场强度 B_1 很小，使得进动频率 ω_1 很低，核磁矩 μ 绕 B_1 的进动非常缓慢。物理学将这种核磁矩在电磁波作用下进行的缓慢进动称为章动 (nutation)[图 3.4(a)]。这样一来，当对处在恒定静磁场 B_0 中的原子核施加旋转磁场 B_1 后，原子核磁矩 μ 以圆频率 ω_0 绕静磁场 B_0 快速进动的同时，以较低圆频率 ω_1 绕 B_1 缓慢章动。若在固定坐标系 xyz 中观察，将会看到核磁矩进动和章动的合成运动。

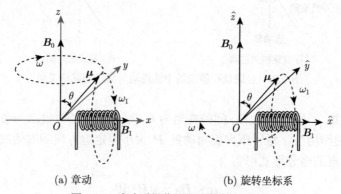

(a) 章动   (b) 旋转坐标系

图 3.4   脉冲磁场作用下自旋核的章动

与机械振动类似，当旋转磁场 B_1 的转动方向与核磁矩 μ 绕静磁场 B_0 进动的方向一致且两者频率相等 ($\omega = \omega_0 = \gamma B_0$) 时，自旋原子核将发生共振。由于旋转磁场 B_1 与静磁场 B_0 始终正交且满足 $\omega = \omega_0$，在如图 3.4 (b) 所示旋转坐标系 $\hat{x}\hat{y}\hat{z}$ ($\hat{x}$ 轴正向始终沿 B_1 方向) 下，核磁矩 μ 的方向将始终保持不变，此时可以很方便地对进动与章动的合成运动进行数学描述。

为了获得圆频率为 ω 且绕 z 轴旋转的磁场 $\boldsymbol{B}_1$，沿 x 轴方向布置射频线圈并通以交变电流，如图 3.5 (a) 所示，使其产生振幅为 $2B_1$、圆频率为 ω 的交变磁场 $\boldsymbol{B}_{1x} = 2B_1 \cos(\omega t) \boldsymbol{i}$，式中，下标 x 表示交变磁场沿 x 轴方向；$\boldsymbol{i}$ 表示沿 x 轴正向的单位矢量。在 xy 平面上，该交变磁场 $\boldsymbol{B}_{1x}$ 可以视作两个强度相等、沿 z 轴旋转方向相反的旋转磁场的叠加，即

$$\boldsymbol{B}_{1x}(t) = B_1 \left[\cos(\omega t)\boldsymbol{i} + \sin(\omega t)\boldsymbol{j}\right] + B_1 \left[\cos(-\omega t)\boldsymbol{i} + \sin(-\omega t)\boldsymbol{j}\right] \quad (3.22)$$

式中，$\boldsymbol{j}$ 表示沿 y 轴正向的单位矢量。式 (3.22) 等号右边两项表示两个旋转方向相反的磁场，分别记为 $\bar{\boldsymbol{B}}_{1x}$ 和 $\bar{\bar{\boldsymbol{B}}}_{1x}$，如图 3.5 (b) 所示。依据共振条件可知，和与拉莫尔进动方向相同的旋转磁场 $\bar{\boldsymbol{B}}_{1x}$ 相比，旋转方向相反的 $\bar{\bar{\boldsymbol{B}}}_{1x}$ 的影响可以忽略不计。由此可见，通过对射频线圈通以不同频率和强度的交变电流，可以灵活地控制并施加激发磁共振的旋转磁场 $\boldsymbol{B}_1$。

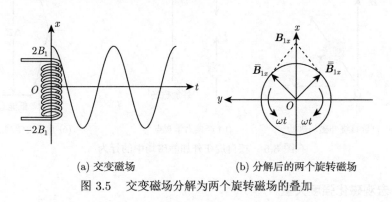

(a) 交变磁场   (b) 分解后的两个旋转磁场

图 3.5   交变磁场分解为两个旋转磁场的叠加

2. 量子力学解释

从量子力学角度出发，磁共振现象可以通过能级跃迁来解释。当自旋原子核处在静磁场 $\boldsymbol{B}_0$ 中时，原子核能级将发生分裂并形成塞曼能级，相邻两能级的能量差 $\Delta E = \gamma \hbar B_0$。处在静磁场中的原子核要从低能级向高能级跃迁，必须吸收 ΔE 的能量。换句话说，当原子核吸收能量 ΔE 后，就会从低能态跃迁到高能态，此即磁共振现象。

依据普朗克量子假说，电磁波的能量是量子化的，每个量子的能量为 $h\nu$，电磁波的能量只能取 $h\nu$ 的整数倍，其中，$\nu(\text{Hz})$ 为电磁波的频率。由经典电磁学理论可知，电磁波是以波动形式传播的同相振荡且相互正交的电磁场，具有磁场分量，因而可以很方便地采用电磁波来激发磁共振。当电磁波每个量子的能量 $h\nu$ 恰好等于自旋原子核相邻能级的能量差 ΔE 时，原子核将吸收电磁波能量并发生能级跃迁，对应的磁共振条件可以表示为

$$h\nu_0 = \gamma\hbar B_0 \tag{3.23}$$

式中，ν_0 (Hz) 为恰好激发磁共振的电磁波频率。由于 $\hbar = h/(2\pi)$，整理式 (3.23) 可得

$$\nu_0 = \frac{\gamma B_0}{2\pi} \tag{3.24}$$

这与经典物理理论推导所得拉莫尔方程式 (3.20) 一致。这就是说，只有当电磁波频率 ν 等于核磁矩进动频率 f 时，才会发生磁共振现象。对处在不同强度静磁场 B_0 中的不同种类原子核 (磁旋比 γ 不同)，需采用不同频率的电磁波来进行激发。图 3.6 展示了利用不同观点解释核自旋在外加静磁场中的行为。

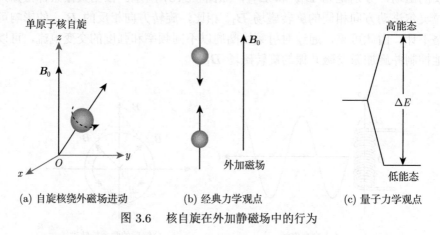

(a) 自旋核绕外磁场进动   (b) 经典力学观点   (c) 量子力学观点

图 3.6   核自旋在外加静磁场中的行为

3.2.3   宏观磁化强度矢量

自旋原子核产生的核磁矩矢量 $\boldsymbol{\mu}$ 具有加和性。对凝聚态物质来说，若单位体积中的原子核总数为 N 且第 i 个自旋原子核的磁矩为 $\boldsymbol{\mu}_i$(N·m/T)，则该物质单位体积的宏观核磁矩 $\boldsymbol{M}$(N·m/T) 为 N 个原子核核磁矩的矢量和：

$$\boldsymbol{M} = \sum_{i=1}^{N} \boldsymbol{\mu}_i \tag{3.25}$$

布洛赫将 $\boldsymbol{M}$ 称作磁化强度矢量，它在磁场中的运动规律可以用来表征原子核系统的集体行为，即凝聚态物质在磁场中的宏观行为。磁化强度矢量 $\boldsymbol{M}$ 可以沿坐标轴进行分解，通常将它在 z 轴的投影 $\boldsymbol{M}_z$ 称作 $\boldsymbol{M}$ 的纵向分量，将它在 xy 平面上的投影 $\boldsymbol{M}_{xy}$ 称作 $\boldsymbol{M}$ 的横向分量且 $\boldsymbol{M} = \boldsymbol{M}_z + \boldsymbol{M}_{xy}$；进一步分解可得 x 轴与 y 轴的投影 $\boldsymbol{M}_x$ 和 $\boldsymbol{M}_y$，且 $\boldsymbol{M}_{xy} = \boldsymbol{M}_x + \boldsymbol{M}_y$。

当不存在静磁场 B_0 时，原子核自旋产生的磁矩 $\boldsymbol{\mu}_i$ 在空间坐标系 xyz 中随机取向，如图 3.7 (a) 所示，此时宏观磁化强度矢量 $\boldsymbol{M} = 0$。当对凝聚态物质施

加静磁场 B_0 后，自旋原子核分裂成低能态和高能态，并以固定的拉莫尔频率 f 绕静磁场 B_0 进动，平衡后所有原子核磁矩取向化 (称作磁化)，^{1}H 核系统的磁化状态见图 3.7 (b)。由于此时各原子核的核磁矩 $\boldsymbol{\mu}_i$ 在 xy 平面上依然随机取向 (相位不相干)，磁化强度矢量 $\boldsymbol{M}$ 的横向分量 $M_{xy} = 0$。但对纵向分量 M_z 来说，由于微观粒子处于低能态的概率大于高能态，宏观上表现为处于低能态的自旋原子核数量稍多于高能态，各原子核磁矩 $\boldsymbol{\mu}_i$ 的分布如图 3.8 所示。这样一来，平衡状态下磁化强度矢量 $\boldsymbol{M}$ 与静磁场 B_0 同向，且磁化强度矢量大小 $M = M_z$。通常，将原子核系统在静磁场中达平衡状态后的磁化强度矢量称作净磁化强度矢量，习惯上采用 $\boldsymbol{M}_0$ 表示，见图 3.8。若用 $\boldsymbol{M}_+$ 和 $\boldsymbol{M}_-$ 来分别表示处于低能态、高能态的原子核磁矩的矢量和，则 $\boldsymbol{M}_+$ 与静磁场 B_0 同向，$\boldsymbol{M}_-$ 与 B_0 反向，且满足矢量加法 $\boldsymbol{M}_0 = \boldsymbol{M}_+ + \boldsymbol{M}_-$。根据式 (3.25) 可知，净磁化强度矢量 $\boldsymbol{M}_0$ 的值为

$$M_0 = \sum_{i=1}^{N} \mu_{i,z} = \sum_{m=-I}^{I} N_m \mu_{m,z} \tag{3.26}$$

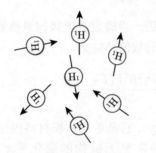 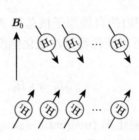

(a) ^{1}H 核随机取向　　　　(b) ^{1}H 核取向化

图 3.7　^{1}H 核系统的磁化

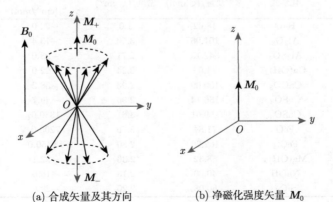

(a) 合成矢量及其方向　　　　(b) 净磁化强度矢量 $\boldsymbol{M}_0$

图 3.8　氢核磁矩的磁化

式中，$\mu_{i,z}(\text{N·m/T})$ 为第 i 个自旋原子核磁矩的 z 轴分量；N_m 为处于第 m 能级的所有核数；$\mu_{m,z}(\text{N·m/T})$ 为第 m 能级上单个原子核磁矩的 z 轴分量。

依据统计热力学理论可知，系统中微观粒子处在 E_m 能级量子态的概率 P_m 服从 Boltzmann 分布，即 $P_m \propto \exp\left[-E_m/(k_BT)\right]$，式中，$k_B$ 为 Boltzmann 常量；$T(\text{K})$ 为热力学温度。对自旋量子数为 I 的原子核系统来说，在外磁场 $\boldsymbol{B}_0$ 的作用下，它的能级分裂成 $2I+1$ 个。达到平衡状态后，若单位体积中处于能量较低的第 m 能级氢核数量为 N_m，则它总是稍大于能量较高的第 $m-1$ 能级氢核数量 N_{m-1}。由于相邻能级的能量差 $\Delta E = \gamma\hbar B_0$ 为常数，则相邻能级氢核数量之比满足：

$$\frac{N_{m-1}}{N_m} = \exp\left(-\frac{\Delta E}{k_BT}\right) = \exp\left(-\frac{\gamma\hbar B_0}{k_BT}\right) \tag{3.27}$$

考虑到 $\Delta E \ll k_BT$，对式 (3.27) 进行泰勒展开并取一阶近似可得

$$\frac{N_{m-1}}{N_m} \approx 1 - \frac{\gamma\hbar B_0}{k_BT} \tag{3.28}$$

结合单位体积内的自旋原子核总数 N，可进一步确定各能级的氢核数量 N_m，代入式 (3.26) 可以计算得到净磁化强度矢量的数值 M_0 为

$$M_0 = \chi B_0, \ \chi = \frac{N\gamma^2\hbar^2 I(I+1)}{3k_BT} \tag{3.29}$$

式中，χ 称作磁化率 (magnetic susceptibility)，它是单位体积材料内部磁化强度与外部磁场强度的比值。表 3.3 列出了几种常见无机物的磁化率 χ 和摩尔磁化

表 3.3   几种常见无机物的磁化率 χ 和摩尔磁化率 χ_{mol} [368]

物质名称 [1]	化学式	摩尔质量/(g/mol)	密度/(g/cm³)	摩尔磁化率 $\chi_{\text{mol}}(\text{cm}^3/\text{mol})$	磁化率 $\chi/10^{-6}$
水	H_2O	18.02	1.0	−22.0	−1.22
氧化铝	Al_2O_3	101.96	3.50	−13.4	−0.46
硫酸铝	Al_2SO_4	342.15	2.71	−93.0	−0.74
氢氧化钙	$Ca(OH)_2$	74.09	2.24	−22.0	−0.67
碳酸钙	$CaCO_3$	100.09	2.93	−38.2	−1.12
硫酸钙	$CaSO_4$	136.14	2.96	−49.7	−1.08
硫酸铜	$CuSO_4$	159.61	3.61	1330.0	30.08
氧化亚铁	FeO	71.84	5.70	7200.0	571.27
氯化铁	$FeCl_3$	162.20	2.80	13 450.0	232.18
氢氧化镁	$Mg(OH)_2$	58.32	2.36	−22.1	−0.89
氢氧化钠	$NaOH$	40.00	2.13	−16.0	−0.85
二氧化硅	SiO_2	60.08	2.20	−29.6	−1.08

① 表中硫酸铜、氯化铁、氧化亚铁的测试温度均为 293 K，氢氧化镁与氢氧化钠的测试温度分别为 288 K 和 300 K，其余均为常温。

率 χ_{mol} [368]，在常温常压条件下，纯水的磁化率 $\chi = -1.22 \times 10^{-6}$，该值非常小，使得净磁化强度矢量的数值 M_0 很小且后续检测磁化强度矢量所得电信号非常微弱。从式 (3.29) 可见，净磁化强度矢量的大小 M_0 不仅与静磁场强度 B_0 有关，还与物质的热力学温度 T 有关。当温度 T 升高时，相邻能级间的原子核数之差降低，磁化现象就不明显，净磁化强度矢量的数值 M_0 减小。此外，M_0 与 N 和 γ 均成正比，说明单位体积内的自旋原子核数量越多时，平衡状态下统计平均的净磁化效果越显著；对磁旋比越大的原子核，微观自旋核磁矩能级分裂后表现出的宏观净磁化效应也就越明显。

3.2.4 布洛赫方程

3.2.2 节和 3.2.3 节的分析表明，在静磁场 B_0 的作用下，自旋原子核绕 B_0 方向进动，达到平衡状态后，宏观上将产生恒定不变的净磁化强度矢量 M_0。若在与 B_0 正交方向施加特定频率的交变磁场 B_1，使自旋原子核发生磁共振、吸收电磁波能量并达到激发态 (即射频激发)，原子核磁矩绕 B_1 方向的章动将使宏观磁化强度矢量 M 发生运动。关闭交变磁场 B_1 后，自旋原子核将释放能量并重新回到基态，宏观磁化强度矢量 M 将逐渐恢复至初始平衡状态，此即自由恢复过程或弛豫过程。在射频激发和自由恢复过程中，布洛赫方程是描述宏观磁化强度矢量 M 运动规律的基本方程，也是磁共振信号测试分析的理论基础。

在 20 世纪 40 年代，布洛赫首次提出描述宏观磁化强度矢量 M 在磁场中运动的动力学方程 (称作布洛赫方程) 为

$$\frac{\mathrm{d}M}{\mathrm{d}t} = \gamma M \times B + R \cdot (M - M_0) \tag{3.30}$$

式中，$B(\mathrm{T})$ 为自旋原子核系统所处空间的磁场矢量；$R(\mathrm{s}^{-1})$ 为描述磁化强度矢量 M 恢复至初始净磁化强度矢量 M_0 的弛豫率矩阵。布洛赫方程式 (3.30) 等号右边第一项描述静磁场 B 驱动磁化强度矢量 M 发生的运动，结合原子核的磁矩 μ_{N}、角动量 P_{N} 及宏观磁化强度矢量 M 间的关系式 (3.15) 和式 (3.25)，它可以根据描述单个原子核进动的角动量定理表达式 (3.19) 进一步推导得到。在自旋原子核所处环境 (称作晶格，lattice) 的作用下，处于共振激发态的自旋原子核逐步趋近于初始稳态，宏观上表现为磁化强度矢量 M 逐渐恢复至初始净磁化强度矢量 M_0，恢复速度由弛豫率矩阵 R 描述，当 M 的偏离程度越高时，恢复至 M_0 的趋势也就越强且与偏离程度 $M - M_0$ 成正比，此即等号右边第二项的物理含义。对自旋原子核的射频激发和自由恢复过程，均可以利用布洛赫方程式 (3.30) 进行数学描述。

1. 射频激发过程

在 $t = 0$ 的初始时刻，对处在静磁场 B_0 中并达到平衡状态的自旋原子核系统施加圆频率为 ω 的弱交变磁场 B_1，以激发磁共振。由于利用射频脉冲施加交

变磁场 $\boldsymbol{B}_1$ 的作用时间通常非常短 (微秒级)，可忽略缓慢的弛豫作用 (秒级)，此时布洛赫方程简化成

$$\frac{\mathrm{d}\boldsymbol{M}}{\mathrm{d}t} = \gamma \boldsymbol{M} \times (\boldsymbol{B}_0 + \boldsymbol{B}_1) \tag{3.31}$$

在固定坐标系 xyz 下，由 (3.22) 可知 $\boldsymbol{B}_1 = B_1 \left[\cos\left(\omega t\right)\boldsymbol{i} + \sin\left(\omega t\right)\boldsymbol{j}\right]$，式 (3.31) 可改写成

$$\frac{\mathrm{d}}{\mathrm{d}t}\begin{pmatrix} M_x\boldsymbol{i} \\ M_y\boldsymbol{j} \\ M_z\boldsymbol{k} \end{pmatrix} = \gamma \begin{vmatrix} \boldsymbol{i} & \boldsymbol{j} & \boldsymbol{k} \\ M_x & M_y & M_z \\ B_1\cos\left(\omega t\right) & B_1\sin\left(\omega t\right) & B_0 \end{vmatrix} \tag{3.32}$$

进一步整理成坐标分量形式，可得

$$\mathrm{d}M_x/\mathrm{d}t = \omega_0 M_y - \gamma M_z B_1 \sin\left(\omega t\right) \tag{3.33a}$$

$$\mathrm{d}M_y/\mathrm{d}t = \gamma M_z B_1 \cos\left(\omega t\right) - \omega_0 M_x \tag{3.33b}$$

$$\mathrm{d}M_z/\mathrm{d}t = \gamma M_x B_1 \sin\left(\omega t\right) - \gamma M_y B_1 \cos\left(\omega t\right) \tag{3.33c}$$

在固定坐标系 xyz 中，由式 (3.33a)~ 式 (3.33c) 表示的微分方程组很难求解，不利于研究磁化强度矢量 $\boldsymbol{M}$ 的运动。为了简化计算，引入以圆频率 ω 绕固定坐标系的 z 轴旋转的坐标系 $\hat{x}\hat{y}\hat{z}$，它的初始状态与固定坐标系 xyz 相同且原点始终重合，旋转方向与进动方向一致，如图 3.4 (b) 所示。在旋转坐标系 $\hat{x}\hat{y}\hat{z}$ 下，磁化强度矢量 $\boldsymbol{M} = (M_{\hat{x}}, M_{\hat{y}}, M_{\hat{z}})$，磁场 $\boldsymbol{B}_1 = (B_1, 0, 0)$，相对进动频率为 $\omega_0 - \omega$，即式 (3.33) 中的圆频率 $\omega_0 (= \gamma B_0)$ 应替换成 $\omega_0 - \omega$，则式 (3.33) 可以改写为

$$\mathrm{d}M_{\hat{x}}/\mathrm{d}t = (\omega_0 - \omega) M_{\hat{y}} \tag{3.34a}$$

$$\mathrm{d}M_{\hat{y}}/\mathrm{d}t = \gamma B_1 M_{\hat{z}} - (\omega_0 - \omega) M_{\hat{x}} \tag{3.34b}$$

$$\mathrm{d}M_{\hat{z}}/\mathrm{d}t = -\gamma B_1 M_{\hat{y}} \tag{3.34c}$$

当交变磁场的圆频率满足 $\omega = \omega_0$ 时刚好激发磁共振，考虑到原子核系统初始处于平衡状态，对应的初始条件为 $M_{\hat{x}}(0) = 0$、$M_{\hat{y}}(0) = 0$ 且 $M_{\hat{z}}(0) = M_0$，求解式 (3.34)，易得

$$M_{\hat{x}} = 0 \tag{3.35a}$$

$$M_{\hat{y}} = M_0 \sin\left(\gamma B_1 t\right) \tag{3.35b}$$

$$M_{\hat{z}} = M_0 \cos\left(\gamma B_1 t\right) \tag{3.35c}$$

显然，$M_{\hat{y}}$ 和 $M_{\hat{z}}$ 始终满足 $M_{\hat{y}}^2 + M_{\hat{z}}^2 = M_0^2$。由此可知，在交变磁场作用期间，磁化强度矢量 M 以圆频率 $\omega_1 = \gamma B_1$ 绕 $\hat{x}$ 轴转动。当交变磁场持续作用任意时间 $t_p(s)$ 时，磁化强度矢量 M 与 $\hat{z}$ 轴 (或 z 轴) 正向的夹角为 $\theta_p = \omega_1 t_p(\text{rad})$。由于交变磁场 B_1 主要通过对螺旋线圈施加脉冲形式的射频电流来实现，通常将交变磁场作用时间 t_p 称作脉冲宽度，将夹角 θ_p 称作脉冲扳转角。当交变磁场作用刚好将磁化强度矢量 M 扳转 $\theta_p = \pi/2$ 时，将对应的射频脉冲称作 90° 脉冲；当 $\theta_p = \pi$ 时，将其称作 180° 脉冲。

2. 自由恢复过程

若在利用射频激发将磁化强度矢量 M 扳转一定角度后关闭交变磁场 B_1，M 将开始弛豫并逐步自由恢复至净磁化强度矢量 M_0，此时布洛赫方程可以写成

$$\frac{\mathrm{d}M}{\mathrm{d}t} = \gamma M \times B_0 + R \cdot (M - M_0) \tag{3.36}$$

在坐标系 xyz 中，考虑到 x 轴和 y 轴的对称性，布洛赫提出可将矩阵 R 写作

$$R = \mathrm{diag}\left(-1/T_2, -1/T_2, -1/T_1\right) \tag{3.37}$$

式中，负号表示向初始平衡态 M_0 运动；$T_1(s)$ 称作纵向弛豫时间，它反映纵向分量 M_z 由非平衡态向平衡态 M_0 恢复快慢的特征时间；$T_2(s)$ 称作横向弛豫时间，它反映横向分量 M_{xy} 由非平衡态恢复到零的特征时间。此时，式 (3.36) 的坐标分量形式可以写作

$$\mathrm{d}M_x/\mathrm{d}t = \gamma B_0 M_y - M_x/T_2 \tag{3.38a}$$

$$\mathrm{d}M_y/\mathrm{d}t = -\gamma B_0 M_x - M_y/T_2 \tag{3.38b}$$

$$\mathrm{d}M_z/\mathrm{d}t = -\left(M_z - M_0\right)/T_1 \tag{3.38c}$$

在自由恢复开始 $(t = 0)$ 时，磁化强度矢量 M_0 已被交变磁场 B_1 扳转 θ_p，不失一般性，初始条件可以写作 $M_x(t) = 0$、$M_y(0) = M_0 \sin\theta_p$ 且 $M_z(0) = M_0 \cos\theta_p$，求解式 (3.38)，可得

$$M_x = M_0 \sin\theta_p \sin\left(\omega_0 t\right) \exp\left(-t/T_2\right) \tag{3.39a}$$

$$M_y = M_0 \sin\theta_p \cos\left(\omega_0 t\right) \exp\left(-t/T_2\right) \tag{3.39b}$$

$$M_z = M_0 \left[1 - \left(1 - \cos\theta_p\right) \exp\left(-t/T_1\right)\right] \tag{3.39c}$$

这说明，纵向分量值 M_z 以 $1/T_1$ 的弛豫率按指数规律恢复至平衡时的稳定值 M_0。根据 M_x 和 M_y 之间的关系可知，磁化强度矢量在 xy 平面上的投影 M_{xy} 以圆

频率 ω_0 绕 z 轴旋转，且投影值 M_{xy} 为

$$M_{xy} = M_0 \sin\theta_{\mathrm{p}} \exp\left(-t/T_2\right) \tag{3.40}$$

式 (3.40) 表明，横向分量值 M_{xy} 以 $1/T_2$ 的弛豫率按指数规律随时间衰减至 0。由此可知，自由恢复过程中，被扳转的宏观磁化强度矢量 M 将绕 z 轴进动并逐渐恢复至初始平衡状态 M_0。

3.2.5   纵向与横向弛豫

根据 3.2.4 节的分析可知，在利用射频脉冲施加交变磁场 B_1 前，自旋原子核系统处于平衡状态，宏观磁化强度矢量 M 与静磁场 B_0 同向。当施加交变磁场时，M 将逐渐被扳离静磁场方向。关闭交变磁场 B_1 后，M 将自由进动并逐渐恢复至 B_0 方向。物理学将这种自旋原子核系统由共振激发后的非平衡状态逐渐恢复至稳定平衡状态的过程称作弛豫。由于纵向分量 M_z 和 xy 平面的横向分量 M_{xy} 的弛豫机制与过程明显不同，通常将弛豫进一步细分为纵向弛豫和横向弛豫。

1. 纵向弛豫

在共振激发后，宏观磁化强度矢量的纵向分量 M_z 将逐渐恢复至净磁化强度矢量 M_0，该过程称为纵向弛豫，弛豫率为 $1/T_1$。在纵向弛豫过程中，在原子核周边环境的作用下，高能态原子核的附加能量将逐渐释放并转移给周边环境，原子核自身跃迁到低能态，以使自旋原子核系统总能量降低。纵向弛豫是由自旋核与周边环境 (或称晶格) 交换能量导致的，通常也将它称作自旋-晶格弛豫。

当宏观磁化强度矢量 M 初始刚好被扳转 90° 时，将 $\theta_{\mathrm{p}} = \pi/2$ 代入式 (3.39c)，可得纵向弛豫的数学表达式为

$$M_z(t) = M_0\left[1 - \exp\left(-\frac{t}{T_1}\right)\right] \tag{3.41}$$

由式 (3.41) 可知，在纵向弛豫开始的瞬间 ($t = 0$)，纵向分量值 $M_z = 0$。当 $t = T_1$ 时，纵向磁化强度矢量恢复到其最大值 M_0 的 63%。因此，纵向弛豫时间 T_1 是 M_z 恢复至其稳态值的 63% 时所需时间。当弛豫时间 $t = 3T_1$ 时，M_z 已经恢复至其稳态值的 95%；当 $t = 5T_1$ 时，将恢复至 99%，纵向弛豫过程基本完成。在纵向弛豫过程中，M_z 的变化曲线如图 3.9 (a) 所示。

当宏观磁化强度矢量 M 初始刚好被扳转 180° ($\theta_{\mathrm{p}} = \pi$，常称作反转) 时，同理可得

$$M_z(t) = M_0\left[1 - 2\exp\left(-\frac{t}{T_1}\right)\right] \tag{3.42}$$

在 $t = 0$ 时刻,纵向分量值 $M_z = -M_0$;当 $t = T_1$ 时,$M_z/M_0 = 26\%$;当 $t = 3T_1$ 时,M_z 恢复至稳态值的 95%;当 $t = 5T_1$ 时,将恢复至 99%。在反转之初,由于宏观磁化强度矢量 $\boldsymbol{M}$ 偏离稳态的程度最高,初始纵向弛豫速度非常快。

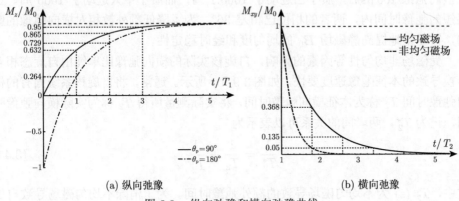

(a) 纵向弛豫   (b) 横向弛豫

图 3.9 纵向弛豫和横向弛豫曲线

2. 横向弛豫

在共振激发后,宏观磁化强度矢量的横向分量 M_{xy} 将逐渐恢复至零,该过程称为横向弛豫,弛豫率为 $1/T_2$。在横向弛豫过程中,系统内高能态原子核会与附近的低能态原子核发生能量交换,自旋原子核系统的总能量保持不变,但新自旋态的相位与原自旋态不同,自旋态之间的相互转换造成散相,宏观上表现为横向磁化强度矢量 M_{xy} 的相位从规则分布趋向于无序分布,并在完全无序分布时恢复至零。该过程由自旋核之间的相互作用导致,通常也将它称为自旋-自旋弛豫。

当宏观磁化强度矢量 $\boldsymbol{M}$ 初始刚好被扳转 90° 时,将 $\theta_{\mathrm{p}} = \pi/2$ 代入式 (3.40),可得横向弛豫的数学表达式为

$$M_{xy}(t) = M_0 \exp\left(-\frac{t}{T_2}\right) \tag{3.43}$$

由式 (3.43) 可知,横向弛豫过程中 M_{xy} 的变化曲线如图 3.9 (b) 所示。在横向弛豫开始 ($t = 0$) 的瞬间有 $M_{xy} = M_0$,横向分量值达到最大。当 $t = T_2$ 时,横向分量值衰减到其初值的 37%,横向弛豫时间 T_2 是 M_{xy} 衰减到最大值的 37% 时所需的时间;当 $t = 3T_2$ 时,M_{xy} 已经衰减到最大值的 5%;当 $t = 5T_2$ 时,衰减到 0.7%,横向弛豫过程基本完成。

当静磁场 $\boldsymbol{B}_0$ 绝对均匀时,横向弛豫或自旋原子核系统散相过程的快慢完全由横向弛豫时间 T_2 决定。但实际上,静磁场不可能绝对均匀,凝聚态物质内部自旋核所处的磁场强度略有不同,这使得不同空间位置处自旋原子核的进动频率有

所差异，进而导致额外的散相，横向弛豫过程加快。例如，对于系统中的甲、乙两个质子，若初始状态下甲、乙的进动频率均为 10 MHz，由于质子乙所处位置的局部磁场发生变化，即使质子乙的进动频率只稍微增大 0.01% 至 10.001 MHz，那么在横向弛豫 100 μs 后，质子乙进动了 1000.1 周，而质子甲只进动了 1000 周，在很短的弛豫时间内，两者的相位已相差 36°。为了降低额外散相对横向弛豫的影响，需尽量地提高静磁场 B_0 的均匀度和经时稳定性。

受磁场非均匀性等因素的影响，自旋核实际的横向弛豫比单纯由自旋态相互转换导致的本征弛豫速度要快，如图 3.9 (b) 所示。通常，将自旋核系统固有的横向弛豫时间 T_2 称为本征横向弛豫时间，将实际测量所得 T_2 称为实际横向弛豫时间，记为 T_2^*，两者间的关系可以表示为

$$\frac{1}{T_2^*} = \frac{1}{T_2} + \frac{1}{T_2^{\#}} \tag{3.44}$$

式中，$T_2^{\#}$(s) 为不均匀磁场导致的额外弛豫时间。为了消除不均匀磁场导致自旋核快速散相、横向弛豫加速的影响，通过合理施加 180° 射频脉冲，可以使散相的核自旋回聚 (称作自旋回波)，自旋核系统从散相状态重新恢复到初始同相状态。

3. 微观弛豫机制

1948 年，Bloembergen 等 [432] 提出 BPP(Bloembergen-Purcell-Pound) 弛豫理论，在微观尺度上解释弛豫现象。根据 BPP 弛豫理论，弛豫与局部磁场涨落有关，自旋核间磁偶极-偶极相互作用引起的局部磁场动态涨落会加速弛豫，这种涨落一般由分子的随机旋转、平移运动和相互碰撞引起。

由于自旋核系统弛豫特性取决于分子运动的性质，可以利用谱密度函数 $J(\omega)$ 对分子在给定频率下的随机运动进行统计描述。对于自由流体，其分子运动由布朗运动主导，按不同频率 ω 运动的分子数量具有一定的统计分布特征，其谱密度函数 $J(\omega)$ 可以写作

$$J(\omega) = \frac{2\tau_c}{1 + \omega^2 \tau_c^2} \tag{3.45}$$

式中，τ_c(s) 为相关时间，它指同一分子相继两次碰撞的时间间隔，标志着分子运动的激烈程度。相关时间 τ_c 与温度有关，当温度升高时，分子热运动加剧，分子之间发生激烈碰撞，分子位置改变速度加快，相关时间 τ_c 逐渐减小。对黏性流体分子来说，相关时间 τ_c 近似为 [432]

$$\tau_c = \frac{4\pi\eta a^3}{3k_B T} \tag{3.46}$$

式中，η 为流体的动黏滞系数；a (Å) 为偶极子间距。20 °C 条件下，纯水的动黏滞系数 η 为 1×10^{-3} Pa·s，水中氢偶极子间距 $a = 1.5$ Å，代入式 (3.46) 可得

$\tau_c = 3.5 \times 10^{-12}$ s，该值非常小，表明分子热运动的碰撞频率非常高。纵向弛豫率 $1/T_1$ 和横向弛豫率 $1/T_2$ 与谱密度 $J(\omega)$ 的关系为

$$\frac{1}{T_1} = \frac{3}{20} \left(\frac{\mu_0}{4\pi}\right) \gamma^4 \hbar^2 a^{-6} [J(\omega_0) + 4J(2\omega_0)] \tag{3.47a}$$

$$\frac{1}{T_2} = \frac{3}{40} \left(\frac{\mu_0}{4\pi}\right) \gamma^4 \hbar^2 a^{-6} [3J(0) + 5J(\omega_0) + 2J(2\omega_0)] \tag{3.47b}$$

式中，$\mu_0 = 4\pi \times 10^{-7}$ H/m 为真空磁导率。利用式 (3.47) 可以方便地估算弛豫时间或弛豫率。低场磁共振设备常用的频率为 2 MHz、12 MHz 及 20 MHz，相应的共振圆频率 ω_0 为 1.26×10^7 rad/s、7.54×10^7 rad/s 及 1.26×10^8 rad/s。在常温下 $\omega_0^2 \tau_c^2 \ll 1$，因此自由水的弛豫率可以近似改写为

$$\frac{1}{T_1} = \frac{1}{T_2} = \frac{3}{2} \gamma^4 \hbar^2 a^{-6} \tau_c \tag{3.48}$$

根据式 (3.48) 计算可得，室温下纯水的纵向弛豫时间及横向弛豫时间均为 4.0 s，这与 25 °C 时纯水的弛豫时间 $T_1 = 3.6$ s 非常接近。

纵横向弛豫时间的表达式 (3.47) 中包含相关时间 τ_c 和共振圆频率 ω_0，这说明，弛豫时间 T_1 与 T_2 均与温度 T 和静磁场强度 B_0 有关，即具有温度依赖性和场强依赖性。图 3.10 展示了纵横向弛豫时间 T_1、T_2 和相关时间 τ_c 的关系。随着温度 T 升高和相关时间 τ_c 降低，当 $\omega_0\tau_c = 0.616$ 时，T_1 出现极小值；在 $\omega_0\tau_c < 0.616$ 的分子高频碰撞区，T_1 与 T_2 变化趋势相同；在 $\omega_0\tau_c > 0.616$ 的低频碰撞区，随着 τ_c 的延长，T_1 不断增大，而 T_2 则继续减小 [139]。另外，共振圆频率 ω_0 取决于场强，随着磁场强度的提高，纵向弛豫时间 $T_1(\tau_c)$ 曲线的极小值点向左移动；横向弛豫时间 T_2 随相关时间 τ_c 的增大单调递减，且在 τ_c 处于中间某区间范围内才会受到磁场强度的影响。在不同温度条件下，磁场强度对纵横向弛豫时间 T_1 和 T_2 的影响规律差异显著，如图 3.10 所示。

此外，纵横向弛豫时间还与物质所处物理状态有关。液体的布朗运动速度极快，临近分子碰撞频率高达数十万兆赫，每次碰撞都会导致局部磁场发生涨落，周围原子核经历一次短暂的磁场波动，进而加快原子核的纵向弛豫过程。液体分子的纵向弛豫时间也与其分子大小有关。水分子比较小，热运动频率很高，使得质子与晶格进行能量交换的效率降低，表现为纯水有较长的 T_1 时间 (2 ~ 3 s)。对大分子来说，由于其分子热运动速率较慢，以至于与系统的共振频率相差甚远，也具有较长的 T_1 时间。如生物体中的蛋白质大分子 (如黏液) 和脑脊液等内部游离的水分子，它们的 T_1 时间都比较长。只有中等尺寸分子组成的液体才具有较短的 T_1 时间，它们的分子热运动频率容易与系统的拉莫尔进动频率相匹配，此时就具有较短的 T_1 时间，如中等尺寸的胆固醇和脂肪 ($T_1 \approx 0.26$ s) 组织等。而在固

体物质中, 分子的热运动频率通常在 $1 \times 10^6\,\mathrm{MHz}$ 以上, 远高于质子的进动频率, 固体的晶格显得非常稳定, 固体内部共振的自旋核与其周围晶格的能量交换非常缓慢, 导致固体的纵向弛豫时间 T_1 很长, 且显著地大于液体的纵向弛豫时间。

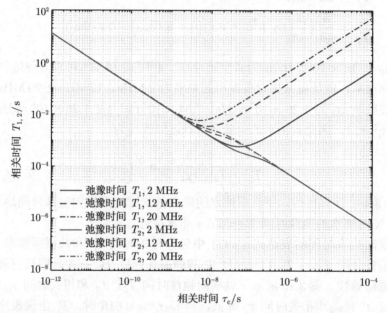

图 3.10　纵横向弛豫时间 T_1、T_2 与相关时间 τ_c 的关系 (彩图扫封底二维码)

　　弛豫率是弛豫时间的倒数, 从它在布洛赫方程式 (3.30) 中所扮演的角色可知, 弛豫率反映磁化强度矢量 $\boldsymbol{M}$ 恢复至初始状态 $\boldsymbol{M}_0$ 的快慢, 因而具有加和性。当存在多种不同弛豫机制时, 总弛豫率是各弛豫机制弛豫率的代数和。

3.3　多孔介质磁共振弛豫理论

　　3.2.5 节阐述了凝聚态物质内部自旋原子核的自由弛豫机制与过程。对多孔介质内部水分等含氢液体来说, 分子热运动同时使得含氢液体与多孔介质发生相互作用, 这将进一步改变氢核的弛豫行为。理论上, 通过检测氢核弛豫行为的变化程度及其规律, 可以间接地探测多孔介质的比表面积、孔径分布等影响它与含氢液体间相互作用的关键物理量。

　　在 1979 年, Brownstein 和 Tarr[404] 共同提出了多孔介质磁共振弛豫理论。该理论认为, 多孔介质内部含氢液体的弛豫行为由自由弛豫 (bulk relaxation)、表面弛豫 (surface relaxation) 和扩散弛豫 (diffusion relaxation) 三种不同机制决定。

3.3.1 自由弛豫

当含氢液体处于分子热运动不受任何边界限制的自由空间中时，氢核系统宏观磁化强度矢量的弛豫过程即为自由弛豫。自由弛豫由流体自身的磁共振性质决定，主要是临近氢核的核自旋随机运动所产生的局部磁场涨落导致的结果。这些作用主要包括核内偶极矩的偶合、核磁矩与电子顺磁中心的偶合、核四极矩与电场梯度的偶合，它们彼此独立，弛豫率是各种作用导致的弛豫率之和。水的自由弛豫只与温度有关，其纵向和横向自由弛豫时间 $T_{1B}(s)$、$T_{2B}(s)$ 分别为

$$T_{1B} \approx \frac{3T}{298\eta}, \quad T_{2B} \approx T_{1B} \tag{3.49}$$

式中，T 为热力学温度；$\eta(\text{mPa·s})$ 为流体的动黏滞系数。

如果在水中掺入少量顺磁离子，由于顺磁离子在静磁场中的总磁矩不为零 (约为氢核核磁矩的 10^3 倍)，它产生的局部磁场比氢核强得多。这种很强的局部磁场会使氢核的自由弛豫显著加快，纵向自由弛豫时间和横向自由弛豫时间 T_{1B} 与 T_{2B} 均明显减小，且溶液的纵向自由弛豫率和横向自由弛豫率均与顺磁离子浓度成正比。在进行弛豫测试时，可以合理地利用顺磁离子对氢核磁共振弛豫行为的影响。例如，当利用某磁共振设备测试单位质量水分的信号量以标定该设备时，可以改用质量分数为 1% 的硫酸铜水溶液快速进行弛豫测试。硫酸铜的加入能大幅度地缩短水分弛豫时间，进而加快标定测试的速度。加入 Cu^{2+} 前后，水的横向弛豫时间 T_2 谱如图 3.11 所示。对作者实验室配备的 2 MHz 主频低场磁共振设备进行标定时，去离子水的横向弛豫时间约为 3 s，质量分数为 1% 的硫酸铜溶液中氢核的弛豫时间大幅度缩短至约 0.015 s。

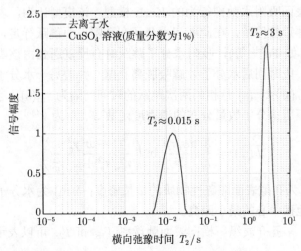

图 3.11　去离子水和质量分数为 1% 的 CuSO$_4$ 溶液的横向弛豫时间谱 (彩图扫封底二维码)

3.3.2　表面弛豫

当含氢液体吸附在固体表面 (如水泥基材料孔壁) 时，发生在固液接触面上的弛豫称为表面弛豫。多孔介质内部流体存在两种表面弛豫机理，第一种是固-液交界面上所有原子位置都会发生的弛豫，第二种是与表面存在的顺磁离子有关的弛豫。水泥基材料的组成对表面弛豫的影响很大，其中，铁对表面弛豫过程的影响最为显著。

当流体处于自由扩散受限的孔隙空间时，分子热运动将使水分子有足够的机会与孔隙表面发生高频碰撞。当水分子与孔壁碰撞时，核自旋的能量会传递给孔壁，并使氢核的核自旋沿静磁场 B_0 方向重新取向，由此引起纵向核磁矩加速衰减，此即纵向表面弛豫。此外，在氢核与孔壁的碰撞过程中，核自旋不可避免地会发生失相，进而导致横向核磁矩衰减加快，此即横向表面弛豫。根据 BPP 弛豫理论，假设在试验时间尺度上，孔隙表面吸附分子与孔隙内部分子进行无差别快速交换，纵向表面弛豫率和横向表面弛豫率 $1/T_{1S}$、$1/T_{2S}$ 可以分别表示为

$$\frac{1}{T_{1S}} = \rho_1 \frac{A}{V}, \quad \frac{1}{T_{2S}} = \rho_2 \frac{A}{V} \tag{3.50}$$

式中，$\rho_1(\mathrm{m/s})$ 为纵向表面弛豫强度；$\rho_2(\mathrm{m/s})$ 为横向表面弛豫强度；$A(\mathrm{m}^2)$ 与 $V(\mathrm{m}^3)$ 分别为孔隙的表面积与流体体积。表面弛豫强度 $\rho_{1,2}$ 具有与速率相同的量纲，有时也称作表面弛豫速率。在实验室可以测定表面弛豫强度，其数值与多孔介质孔隙表面及孔溶液的性质有关，且不受温度和压力影响，在计算多孔介质的孔径分布时扮演重要角色。

Korb 等 [433-435] 通过分析表面弛豫微观机理对 BPP 弛豫理论进行修正，提出了描述孔隙表面吸附水弛豫行为的 Korb 模型。该模型认为，表层水分子被吸附在孔隙表面并短暂停留，在此期间水分子在孔隙表面跳跃行走，若孔隙表面存在顺磁性物质 (如 Fe^{3+} 等)，吸附水分子跳跃时会反复遇到由该类物质构成的表面弛豫中心，一段时间后水分子才解吸脱离孔壁，并被另一水分子所取代。令表层水分子停留时间为 $\tau_s(\mathrm{s})$ 且相邻两次跳跃的时间间隔为 $\tau_m(\mathrm{s})$，考虑顺磁性物质的影响进行修正所得分子数量分布的谱密度函数 $\bar{J}(\omega)$ 为 [436]

$$\bar{J}(\omega) = \frac{3}{40} \frac{\pi \sigma_s \tau_m}{\delta^4} \ln\left(\frac{1 + \omega^2 \tau_m^2}{\tau_m^2/\tau_s^2 + \omega^2 \tau_m^2}\right) \tag{3.51}$$

式中，$\sigma_s(\mathrm{m}^{-2})$ 为孔隙表面顺磁性物质的数量密度；$\delta(\mathrm{m})$ 为水分子到由顺磁性物质构成的表面弛豫中心的最小距离。

进一步地，多孔介质纵、横向表面弛豫率 T_{1S} 和 T_{2S} 可以表示为 [435]

$$\frac{1}{T_{1S}} = \frac{2}{9} \gamma_p^2 \gamma_e^2 \hbar^2 s(s+1) \left[\bar{J}(\omega_p - \omega_e) + 3\bar{J}(\omega_p) + 6\bar{J}(\omega_p + \omega_e)\right] \tag{3.52a}$$

$$\frac{1}{T_{2S}} = \frac{4}{9}\gamma_p^2\gamma_e^2\hbar^2 s(s+1)\left[\bar{J}(0) + \frac{1}{4}\bar{J}(\omega_p - \omega_e) + \frac{3}{4}\bar{J}(\omega_p) + \frac{3}{2}\bar{J}(\omega_e) + \frac{3}{2}\bar{J}(\omega_p + \omega_e)\right]$$
$$(3.52b)$$

式中，s 为顺磁性物质的电子自旋量子数，Fe^{3+} 离子的 $s = 5/2$；$\gamma_p[\mathrm{rad}/(\mathrm{s \cdot T})]$ 与 $\gamma_e[\mathrm{rad}/(\mathrm{s \cdot T})]$ 分别为质子磁旋比和电子总磁旋比，且满足 $\gamma_e = 658.16\gamma_p$；$\omega_p(\mathrm{rad/s})$ 与 $\omega_e(\mathrm{rad/s})$ 分别为质子和电子在磁场中的进动圆频率，它们可依据式 (3.20) 进行计算。将式 (3.51) 代入式 (3.52) 中，即可估算出含顺磁性物质多孔介质的纵向表面弛豫时间与横向表面弛豫时间 T_{1S} 和 T_{2S}。

3.3.3 扩散弛豫

所有分子每时每刻都在做布朗运动，当含氢液体分子扩散到磁场局部不均匀区域时，会引起额外的散相，使横向弛豫率 $1/T_2$ 增加，如式 (3.44) 所示。这种由分子扩散作用导致的核磁矩衰减过程称作扩散弛豫，对应的扩散弛豫率 $1/T_{2D}$ 可以表示为 [437]

$$\frac{1}{T_{2D}} = \frac{D_m(\gamma G T_E)^2}{12}$$
$$(3.53)$$

式中，$G(\mathrm{T/m})$ 为磁场梯度；$T_E(\mathrm{s})$ 为回波间隔；$D_m(\mathrm{m^2/s})$ 为液体分子扩散率，它由液体动黏滞系数 η、分子直径 d_L、温度 T 和孔隙约束等性质控制。依据 Stokes-Einstein 方程，液体分子的自由扩散率 D_{m_0} 可以近似按式 (3.54) 计算 [438]：

$$D_{m_0} = k_B T / (2\pi\eta d_L)$$
$$(3.54)$$

式中，k_B 为 Boltzmann 常量。当利用 CPMG(Carr-Purcell-Meiboom-Gill) 脉冲序列对氢核自旋回波信号进行测试时，由扩散弛豫导致的散相无法利用 180° 脉冲进行重聚。

3.3.4 孔溶液弛豫

孔隙内部流体的磁共振弛豫如图 3.12 所示，受孔壁约束作用影响，它与自由流体的磁共振弛豫特性大不相同。试验研究表明，流体在多孔介质中的受限弛豫比在不受约束时的自由弛豫快得多。理论上，自由弛豫、表面弛豫和扩散弛豫三种弛豫机制同时存在，但它们对多孔介质内部溶液纵向和横向弛豫行为的影响不同。由于扩散弛豫是由分子扩散至磁场不均匀区域导致的额外散相行为，它只对横向弛豫有贡献，不影响纵向弛豫行为。考虑到不同机制的弛豫率具有加和性，孔溶液的纵向弛豫时间和横向弛豫时间可以写作

$$\frac{1}{T_1} = \frac{1}{T_{1B}} + \frac{1}{T_{1S}}$$
$$(3.55a)$$

$$\frac{1}{T_2} = \frac{1}{T_{2B}} + \frac{1}{T_{2S}} + \frac{1}{T_{2D}}$$
$$(3.55b)$$

哪种机制对纵向和横向弛豫起主导作用取决于孔隙尺寸、表面弛豫强度、孔壁的润湿性及孔隙流体类型等。在特定情况下，孔溶液的弛豫仍可能由自由弛豫主导。例如，当流体分布在非常大的孔隙中时，由于表层液体分子占比很少且内部分子很难与孔壁接触碰撞，孔隙流体保持自由弛豫特征；当孔隙流体黏度很大时，分子热运动受限，自由弛豫时间很短，自由弛豫也可能起主导作用。当孔隙流体中含有顺磁性离子且浓度较高时，由于其自旋核周围的局部磁场较强，自由弛豫很快，此时也以自由弛豫为主。

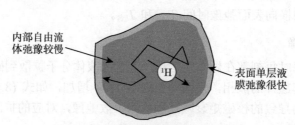

内部自由流体弛豫较慢

¹H

表面单层液膜弛豫很快

图 3.12　孔隙内部流体的磁共振弛豫

　　由于表面弛豫机制只发生在孔隙表面，可以将孔溶液视作由表面单层液膜和内部自由流体两部分组成，在不存在分子热运动的理想情况下，它们的弛豫行为分别由表面弛豫和自由弛豫控制，显然，此时孔隙内两部分流体按不同弛豫率分别进行弛豫。但由于分子每时每刻都在做布朗运动，孔隙表面单层液膜和内部自由流体的分子频繁发生交换，表层液膜与内部自由流体分子没有严格界限，任意液体分子将先后经历不同的表面弛豫和自由弛豫过程，这可能使孔隙溶液整体呈现出复杂的弛豫行为。

　　对半径为 r 的圆柱/球形孔或间距为 r 的平板状孔来说，若液体分子的表面弛豫强度为 ρ，通过分析分子热运动和弛豫相对快慢的影响，根据无量纲参数 $\rho r / D_{m_0}$ 值的大小，多孔介质磁共振弛豫理论将孔隙内部流体划分为快扩散、中扩散及慢扩散三种类型。

　　(1) 当 $\rho r / D_{m_0} < 1$ 时，孔隙流体属于快扩散类型。此时孔隙内部自由流体和表面单层液膜的交换速率远比自由流体弛豫要快，在统计意义上，快速交换使孔隙内部所有液体分子近似经历相同的表面和自由弛豫过程，两种弛豫机制的影响相互融合。在孔隙表面和远离表面的区域，在宏观观测时间尺度上，任意液体分子的弛豫过程基本相同，孔隙流体弛豫为单指数衰减过程，且其弛豫率为表层液体表面弛豫率和内部自由流体弛豫率的体积分数加权平均。由于表面弛豫通常远比自由弛豫要快，此时孔溶流体弛豫往往由表面弛豫机制控制。

　　(2) 当 $1 \leqslant \rho r / D_{m_0} \leqslant 10$ 时，孔隙流体属于中扩散类型。此时分子扩散导致表面单层液膜与内部自由流体交换的速率与弛豫速率相差不大。在整个孔隙内部，孔隙表面和远离表面区域液体分子的弛豫过程存在一定差异,孔隙流体整体弛豫变慢,成偏单指数衰减过程。

(3) 当 $\rho r/D_{m_0} > 10$ 时,孔隙流体属于慢扩散类型。此时孔隙内部自由流体的弛豫比表面处流体分子的扩散交换要快。在靠近孔隙表面区域,孔溶液弛豫主要由表面弛豫控制;在远离表面区域,孔溶液弛豫主要由自由弛豫和扩散弛豫控制,几乎不受表面弛豫影响。在孔隙内部不同区域,磁化强度衰减速率也各不相同,孔溶液整体的弛豫过程不再呈单指数形式。当孔隙尺寸、表面弛豫率和孔溶液黏度很大时,可能满足慢扩散条件。

对普通白水泥基材料来说,依据 5.2.1 节和表 7.2 所列测试结果可知,它的表面弛豫强度 $\rho_2 \approx 2$ nm/ms,考虑到室温下自由水的扩散率 $D_{m_0} = 2.5 \times 10^{-9}$ m^2/s,对半径 $r < 1.25$ mm 的孔隙来说,内部孔溶液满足快扩散条件,整体孔溶液弛豫行为的测试分析更为简单。当半径 $r > 12.5$ mm 时,孔隙流体属于慢扩散类型。

水泥基材料的表面弛豫强度 ρ 值非常小,内部孔溶液通常满足快扩散条件,此时孔溶液整体的纵向与横向弛豫时间主要由表面弛豫时间 T_{1S} 和 T_{2S} 决定。通用硅酸盐水泥均具有一定含铁量,Fe$_2$O$_3$ 质量分数通常在 4% 以上 (表 1.1),道路硅酸盐水泥的含铁量可达 8% 甚至更高。当孔隙表面存在一定浓度的铁、锰、钴、镍等顺磁性离子时,在其附近会形成顺磁中心,使表面弛豫时间大幅度减小,这将显著地强化表面弛豫机制的主导作用。顺磁性离子对表面弛豫时间的影响见 3.3.2 节。

由式 (3.53) 可见,扩散弛豫机制的影响程度取决于磁场梯度 G、回波间隔 T_E 和分子扩散率 D_m 等多个因素。对通用硅酸盐水泥基材料开展磁共振测试时,尤其需要注意磁场梯度的影响。静磁场 B_0 通常并非绝对均匀,由此产生的磁场梯度导致扩散弛豫对横向弛豫有所贡献。更重要的是,由于孔隙介质固体骨架与孔隙流体的磁化率存在差异,外部静磁场的作用会在孔隙流体与固体骨架间产生局部次生磁场,该次生磁场的梯度 G 及其最大值 G_{max}(T/m) 可以表示为 [439,440]

$$G = \frac{B_0 \Delta\chi}{r}, \quad G_{max} = \frac{(B_0 \Delta\chi)^{3/2}}{(D_m/\gamma)^{1/2}} \tag{3.56}$$

式中,$\Delta\chi$ 为固体骨架与孔隙流体磁化率 χ 的差值;r 为孔隙半径。由式 (3.56) 可知,越小孔隙内的次生磁场梯度越大,使得越小孔隙内部流体的弛豫行为受扩散弛豫的影响更加显著。此外,次生磁场梯度的最大值 G_{max} 与静磁场 $B_0^{3/2}$ 成正比,静磁场 B_0 越强时,次生磁场梯度对孔隙流体扩散弛豫的影响将更显著。

依据 3.2.3 节的分析可知,任何材料在静磁场作用下将或多或少被磁化并产生磁化强度矢量,根本原因在于材料内部原子核会产生磁矩,宏观上将感应出次生磁场,见式 (3.29)。当材料含有顺磁性物质且其浓度越高时,该材料的磁化率也就越大。对孔隙流体来说,顺磁性离子种类及浓度不但影响孔溶液的自由弛豫

(见 3.3.1 节),同时也会增大孔溶液的磁化率。当固体骨架也含有一定浓度的顺磁性物质时,除孔隙表面由顺磁性离子构成的弛豫中心会显著地影响表面弛豫 (见 3.3.2 节) 外,骨架自身的磁化率也会显著增大,进而影响它与孔溶液磁化率的差异 $\Delta\chi$。对通用硅酸盐水泥基材料来说,由于孔溶液碱度较高,Fe^{3+}、Mn^{2+} 等顺磁性离子浓度很低,其磁化率与纯水差别不大,但含铁固体骨架的磁化率及它与孔溶液磁化率的差异 $\Delta\chi$ 均将显著增大,进而大大强化扩散弛豫对孔溶液横向弛豫行为的影响,且越小孔隙内部流体所受影响将更为突出。通用硅酸盐水泥基材料含有大量纳米孔隙,内部孔溶液的横向弛豫行为受扩散弛豫的影响非常显著,测试分析时应充分地考虑并给予足够重视。当待测试件为白水泥基材料时,由于其顺磁性物质的浓度较低,通过严格控制静磁场强度、均匀程度和回波间隔等设备性能或测试参数,可综合抑制扩散弛豫机制对孔溶液横向弛豫的贡献,一定条件下可以忽略扩散弛豫的影响。

依据式 (3.53) 可知,分子扩散率 D_m 也会影响扩散弛豫对孔溶液横向弛豫行为的贡献。多孔材料内部孔隙流体的分子扩散会受到孔壁的限制,即处于受限扩散状态。Mitra 等 [441] 研究表明,较短时间内孔溶液分子在 t 时刻的受限扩散率 $D_m(t)$ 可以写成

$$\frac{D_m(t)}{D_{m_0}} = 1 - \frac{4}{9\sqrt{\pi}}\frac{A}{V}\sqrt{D_{m_0}t} + O(D_{m_0}t) \tag{3.57}$$

式中,$D_{m_0}(\mathrm{m^2/s})$ 为液体分子的自由扩散率。液体分子在孔隙中的扩散受到孔隙的约束,在长时间的布朗运动过程中,通过分析液体分子的受限扩散可以探测孔隙的连通度等结构特征。随着扩散时间 t 趋近于无穷大,扩散率满足:

$$\frac{D_m(t)}{D_{m_0}} \xrightarrow{t\to\infty} \frac{1}{\xi} = \frac{1}{F\phi} \tag{3.58}$$

式中,ξ 为孔结构的曲折度系数;ϕ 为孔隙率;F 为构造因子,可参见 1.2.2 节。由于低场磁共振技术可以测量孔溶液分子的扩散率 D_m,结合式 (3.58) 可知,该技术也可以用来分析孔隙网络的曲折度等,进而为研究多孔介质孔结构与其液体渗透和离子扩散等关键宏观性能提供支撑。

3.4   基本测量方法

在磁化强度矢量进动期间,沿 x 轴 (或 y 轴) 放置检测线圈,可以探测到磁化强度矢量偏转产生的感应信号。实际开展低场磁共振弛豫测试时,需要合理组织编排 90° 和 180° 射频 (radio frequency, RF) 脉冲,并按时序将射频脉冲序列作用在待测试件所含自旋核系统上,通过观测和分析系统核磁矩的弛豫过程,就能

间接地推断待测试件的结构信息。脉冲序列是具有一定带宽、一定幅度的射频脉冲的有机组合，其中，带宽指射频脉冲的频谱宽度，或者说是射频脉冲所含频率分量的多少；幅度反映射频脉冲能量的高低。序列中的射频脉冲是磁共振信号的激励源，它的能量被自旋核系统吸收后又以射频波的形式释放。射频脉冲的能量越大，净磁化强度矢量 M_0 受激后扳转的角度就越大。熟悉并正确选用脉冲序列，这对低场磁共振测试至关重要。

3.4.1 自由感应衰减

在垂直于静磁场 B_0 的 x 轴上施加射频磁场 B_1 后，可以使自旋原子核系统的净磁化强度矢量 M_0 偏离 B_0 正向一定的角度 θ_{p}(扳转角)，关闭射频磁场后，磁化强度矢量 M 将自由恢复至初始状态 M_0。受激后自旋核系统磁化强度矢量的自由恢复过程也称作自由进动，期间磁化强度矢量 M 在接收线圈中产生的信号就是自由感应衰减 (free induction decay，FID) 信号。在时域内，自由感应衰减信号量正比于自由进动过程中的磁化强度矢量分量，通过测定自由感应衰减信号就可以分析自由进动的变化规律。式 (3.38) 全面描述了自由进动过程中磁化强度矢量分量的演化规律，整理通解式 (3.39) 可得纵向和横向分量值 M_z、M_{xy} 的表达式分别为

$$M_z = M_0 \left[1 - (1 - \cos\theta_{\mathrm{p}}) \exp\left(-\frac{t}{T_1} \right) \right] \tag{3.59a}$$

$$M_{xy} = M_0 \sin\theta_{\mathrm{p}} \exp\left(-\frac{t}{T_2^*} \right) \tag{3.59b}$$

考虑静磁场非均匀性对自旋核散相的影响，式 (3.59b) 的横向弛豫时间应采用 T_2^*，而不是与绝对均匀磁场对应的 T_2。由式 (3.59b) 可知，为了在横向布置线圈中获得最大信号，扳转角 θ_{p} 应取 90°。自由感应衰减脉冲序列的时序见图 3.13，它只含 1 个 90° 脉冲，射频脉冲发射后，宏观磁化强度矢量 M_0 将会相对于静磁场 B_0 方向扳转 90°，即原来沿静磁场 z 轴方向的磁化强度矢量 M_0 被扳转到横向 xy 平面上且初始相位保持一致，受自旋原子核相互碰撞作用并交换能量导致的散相影响，磁化强度矢量的横向分量 M_{xy} 逐渐衰减并恢复至初始值 0，如图 3.14 所示。

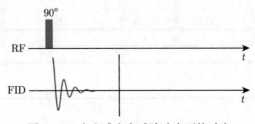

图 3.13　自由感应衰减脉冲序列的时序

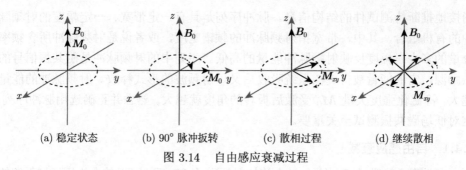

(a) 稳定状态　　　　(b) 90° 脉冲扳转　　　　(c) 散相过程　　　　(d) 继续散相

图 3.14　自由感应衰减过程

自由感性衰减信号受静磁场不均匀性等因素的影响较大，实测信号通常并不遵守由式 (3.59b) 表示的指数衰减规律，对多孔材料的孔结构特征测试通常不具有实际应用价值，但通过自由感应衰减测试所得初始信号量，可以判断试件含水量的高低。自由感应衰减测试很少单独使用，常用来对仪器进行校准和协助选择测试参数，如利用自由感应衰减测试搜索设备磁体的中心工作频率等。

3.4.2　Hahn 自旋回波测试

自旋回波是磁共振测试技术中的重要概念，早在 1950 年 Hahn[400] 率先发现并观察到自旋回波现象，因此也称作 Hahn 自旋回波。利用自旋回波可以有效地补偿磁场非均匀性对横向弛豫的影响。实际上，自旋回波测试技术的提出主要是为了克服静磁场非均匀性影响，进而准确地测定横向弛豫时间。图 3.15 展示了自旋回波脉冲序列的时序和自旋回波信号，$T_E(s)$ 为回波时间 (echo time)，也常称作回波间隔，指从 90°射频脉冲发射到回波信号产生所需的时间；T_R 为重复时间 (repetition time)，指从前后相邻两个 90°射频脉冲发射的时间间隔。由图 3.15 可知，Hahn 自旋回波脉冲序列由系列间隔一定时间发射的 90°和 180° 脉冲组成，常简写成

$$(90° - \tau - 180° - \tau - \text{echo} - T_W)_{N_S}$$

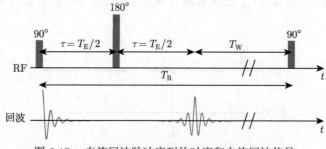

图 3.15　自旋回波脉冲序列的时序和自旋回波信号

式中，$\tau = T_E/2(s)$ 为半回波间隔；$T_W(s)$ 为等待时间，指的是回波信号产生后到下一个测量周期的时间间隔，它与回波间隔共同决定重复时间 T_R；N_S 为脉冲序列重复执行的次数，常称作扫描次数。

利用 Hahn 自旋回波脉冲序列进行测试时，首先发射 $90°$ 脉冲，将磁化强度矢量 M_0 扳转到 xy 平面并等待 τ 时间，期间磁化强度矢量发生散相并使其横向分量快速衰减；Hahn 发现这种由局部磁场不均匀导致的散相可以恢复，通过施加 $180°$ 脉冲将散相后的磁化强度矢量扳转 $180°$，此后散相较慢的自旋核磁矩追赶先期散相较快的核磁矩，最终在再经历半回波间隔 τ 时间后发生相位重聚，即可观测到回波信号，如图 3.16 所示。重复时间 T_R 通常要求大于 $(3 \sim 5)\,T_1$，在接收到回波信号并等待 $T_W = T_R - T_E$ 时间后，自旋原子核系统完全散相且磁化强度矢量 M 完全恢复至初始净磁化强度矢量 M_0，此时即可开始下一轮自旋回波扫描测试。

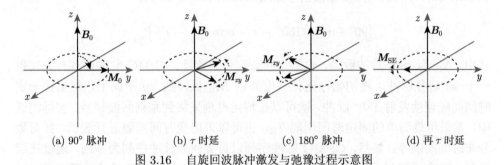

(a) $90°$ 脉冲   (b) τ 时延   (c) $180°$ 脉冲   (d) 再 τ 时延

图 3.16 自旋回波脉冲激发与弛豫过程示意图

在自旋回波测试过程中，宏观磁化强度矢量尤其是横向分量的变化过程可以依据布洛赫方程进行推导。如果近似认为 $180°$ 脉冲宽度为 0，考虑到磁化强度矢量 M 的变化过程是 $90°$ 射频脉冲和 $180°$ 射频脉冲作用的合成响应，采用与 3.2.4 节类似的方法，可以推导得到自旋回波脉冲序列作用下 $t = T_E$ 时刻磁化强度矢量的横向分量值 $M_{SE}(N \cdot m/T)$ 为

$$M_{SE} = M_0 \left[1 - 2 \exp\left(-\frac{T_R - T_E/2}{T_1} \right) + \exp\left(-\frac{T_R}{T_1} \right) \right] \exp\left(-\frac{T_E}{T_2} \right) \qquad (3.60)$$

显然，当重复时间 $T_R > 5T_1$ 时，在每轮自旋回波扫描测试前，磁化强度矢量 M 基本完全恢复至其初始状态 M_0；若回波间隔 $T_E \ll T_1$，则式 (3.60) 可以近似简化成

$$M_{SE} = M_0 \exp\left(-T_E/T_2 \right) \qquad (3.61)$$

与式 (3.43) 和式 (3.59b) 进行对比分析可知，$t = T_E$ 时刻自旋回波信号 M_{SE} 与绝对均匀磁场中相同时刻的自由感应衰减信号相等。也就是说，通过在 $t = T_E/2$

时刻发射 180° 脉冲，可以使散相的磁化强度矢量横向分量在 $t = T_E$ 时刻重聚，能在很大程度上克服磁场非均匀性导致额外散相带来的影响。

在自旋回波测试过程中，磁化强度矢量横向分量的演化实际上是自旋核系统服从能量守恒的散相-重聚过程，如图 3.16 所示。作为 180°射频脉冲重聚作用的结果，自旋回波信号在自由感应衰减可测信号消失一段时间之后才出现。由于静磁场局部不均匀性引起横向磁化强度矢量的散相在热力学上可逆，因此，通过连续发射 180°射频脉冲，可使散相的自旋核系统反复多次重聚并产生系列回波信号，即回波串。

3.4.3 横向弛豫测试

在对多孔介质或其他试件进行横向弛豫测试时，为了获得横向磁化强度矢量完整的弛豫过程进而计算得到其横向弛豫时间谱，多采用 CPMG 脉冲序列 [442,443]。CPMG 脉冲序列的时序及回波信号如图 3.17 所示，常简写作

$$\left[90° - (\tau - 180° - \tau - \text{echo})_{N_E} - T_W\right]_{N_S}$$

式中，N_E 为 180° 脉冲数量，也等于回波信号的数量。CPMG 脉冲序列首先发射一个 90°射频脉冲，将初始净磁化强度矢量 M_0 扳转到 xy 平面上，然后按一定时间间隔连续发射 180° 脉冲，就可以在特定时刻采集到系列回波信号。实际测试中，常采用最简单的固定时间间隔 T_E，也可以采用变时间间隔进行测试，如对数分布时间间隔等。显然，CPMG 脉冲序列以自旋回波脉冲序列为基础，通过连续发射 180°射频脉冲并记录回波串，来测试磁化强度矢量横向分量的弛豫或衰减过程，同样能在很大程度上克服静磁场局部非均匀性的影响。

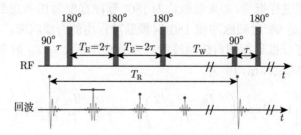

图 3.17 CPMG 脉冲序列的时序及回波信号

若被观测横向磁化强度矢量的弛豫过程服从单指数衰减规律，结合 Hahn 自旋回波的测试原理及式 (3.61) 可知，在 $t = iT_E(i = 1, 2, \cdots, N_E)$ 时刻，磁化强度矢量的横向分量值 $M(iT_E)$ 将按 $1/T_2$ 的弛豫率逐渐衰减：

$$M(iT_E) = M_0 \exp(-iT_E/T_2) \tag{3.62}$$

对实际多孔介质来说,由于不同尺寸孔隙内部流体的横向弛豫时间 T_2 不同,相当于包含多个单指数衰减组分,所以不同时刻磁化强度矢量的横向分量值 $M(iT_E)$ 将是多个按各自不同弛豫率 $1/T_2$ 指数衰减信号的代数和,通过反演分析实测回波串信号,可以解析得到多孔介质所含不同指数衰减组分信息,此即利用 CPMG 脉冲序列测试多孔介质微结构特征的基本原理。实际测量时,若增加回波个数,则将增强对横向弛豫时间 T_2 较长、弛豫率较小的低速弛豫组分的探测能力;反之,若减小回波间隔 T_E,则将提高对横向弛豫时间 T_2 较小、弛豫率较高的快速弛豫组分的探测能力,同时还能进一步抑制扩散弛豫的贡献。

磁化强度矢量的数值很小导致回波信号非常微弱,且环境中存在电磁噪声,实际进行横向弛豫测试时极少只做单次 CPMG 脉冲序列扫描,往往要重复多次测量并叠加测试结果,才能得到信噪比达一定水平的有价值回波信号。在重复进行 CPMG 扫描时,重复时间 T_R 应足够长,以使单次扫描结束时磁化强度矢量 $\boldsymbol{M}$ 完全恢复至其初始状态 $\boldsymbol{M}_0$,相邻两次测量互不干扰且所得回波串信号相互独立。孔隙流体的纵向弛豫通常比横向弛豫慢,重复时间 T_R 由被测对象的纵向弛豫时间 T_1 决定,通常取 $T_R = (3 \sim 5)\, T_1$。

3.4.4 纵向弛豫测试

在对多孔介质等试件进行纵向弛豫测试时,多采用反转恢复 (inversion recovery,IR) 脉冲序列[444],它的时序如图 3.18 所示,常简写成

$$(180° - T_{\mathrm{inv}} - 90° - T_{\mathrm{W}})_{N_{\mathrm{S}}}$$

式中,$T_{\mathrm{inv}}(\mathrm{s})$ 为扳转时间,它指 180° 脉冲与 90° 脉冲之间的时间间隔。反转恢复脉冲序列首先施加 180°脉冲,将初始磁化强度矢量 $\boldsymbol{M}_0$ 扳转至与静磁场 $\boldsymbol{B}_0$ 完全相反的方向,在随后的弛豫过程中,z 方向的纵向磁化强度矢量逐渐恢复;再在 $t = T_{\mathrm{inv}}$ 时刻施加 90° 脉冲,将 z 方向的磁化强度矢量扳转到 xy 平面,通过检测自由感应衰减信号,测量得到 T_{inv} 时刻磁化强度矢量的纵向分量值,如图 3.19 所示;最后再等待足够长的 T_{W} 时间,当磁化矢量 $\boldsymbol{M}$ 完全恢复至初始稳定状态

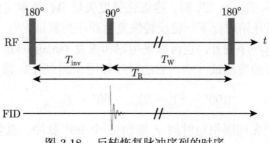

图 3.18　反转恢复脉冲序列的时序

M_0 后，即可开展下一次反转恢复脉冲序列扫描。利用上述方法，通过调整扳转时间 T_{inv} 并重复扫描，即可测量得到弛豫过程中净磁化强度矢量纵向分量值 $M_z(t)$ 的恢复过程。

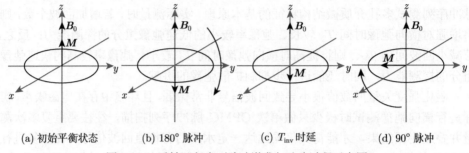

$$\qquad\text{(a) 初始平衡状态}\qquad\text{(b) 180° 脉冲}\qquad\text{(c) }T_{\mathrm{inv}}\text{ 时延}\qquad\text{(d) 90° 脉冲}$$

图 3.19　反转回复序列脉冲激发与弛豫过程示意图

当被测试件的纵向弛豫服从单指数衰减规律时，依据式 (3.42) 可知，在发射 180° 射频脉冲后的 T_{inv} 时刻，净磁化强度矢量只有纵向分量 M_z 且其值 M_z 为

$$M_z\left(T_{\mathrm{inv}}\right)=M_0\left[1-2\exp\left(-\frac{T_{\mathrm{inv}}}{T_1}\right)\right] \tag{3.63}$$

为了将净磁化强度矢量 M_z 扳转到 xy 平面上进行检测，在 $t=T_{\mathrm{inv}}$ 时刻发射 90° 脉冲，近似忽略脉冲作用时间内的弛豫影响，依据式 (3.41) 可得，此后净磁化强度矢量 M_0 的纵向分量值 $M_z(t)$ 为

$$M_z\left(t\right)=M_0\left[1-\exp\left(-\frac{t-T_{\mathrm{inv}}}{T_1}\right)\right],\quad t>T_{\mathrm{inv}} \tag{3.64}$$

当 $t=T_{\mathrm{R}}$，纵向分量值 M_z 为

$$M_z\left(T_{\mathrm{R}}\right)=M_0\left[1-\exp\left(-\frac{T_{\mathrm{R}}-T_{\mathrm{inv}}}{T_1}\right)\right] \tag{3.65}$$

由此可见，当 $T_{\mathrm{R}}-T_{\mathrm{inv}}>5T_1$ 时，净磁化强度矢量 M 基本完全恢复至其初始稳定状态 M_0，可以开始进行下一轮反转恢复脉冲序列测试。

除反转恢复脉冲序列外，也可以采用饱和恢复 (saturation recovery，SR) 脉冲序列来进行纵向弛豫测试 [445]，它的时序如图 3.20 所示，常简写成

$$\left[\left(90°-\tau\right)_n-T_{\mathrm{inv}}-90°-T_{\mathrm{W}}\right]_{N_{\mathrm{S}}}$$

饱和恢复脉冲序列先间隔很短时间 τ 施加 n 个 90° 脉冲，重复多次将净磁化强度矢量扳转到 xy 平面，直至整个自旋核系统不存在磁化强度，即实现饱和，此

后自旋核系统自由恢复。经过 T_{inv} 时间后，由式 (3.41) 可知，净磁化强度矢量只有纵向分量 M_z 且其值 M_z 为

$$M_z\left(T_{\text{inv}}\right) = M_0 \left[1 - \exp\left(-\frac{T_{\text{inv}}}{T_1}\right)\right] \tag{3.66}$$

此时再次发射 90° 射频脉冲并采集自由感应衰减信号，即可测量得到此时净磁化强度矢量的纵向分量值 M_z。通过调整扳转时间 T_{inv} 并重复扫描，可以测量得到净磁化强度矢量纵向分量值 $M_z\left(t\right)$ 的完整恢复过程，并拟合计算得到纵向弛豫时间 T_1。与反转恢复法相比，该方法消除了精确产生 180° 射频脉冲可能存在误差的影响，且不需要在每个脉冲序列结束时延迟较长时间。

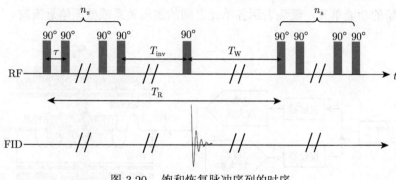

图 3.20 饱和恢复脉冲序列的时序

对比横向弛豫与纵向弛豫测试所用脉冲序列可以发现，由于后者通常需要调整扳转时间进行多次测试才能完成一轮纵向弛豫扫描，使纵向弛豫测试远比横向弛豫耗时。出于快速检测的需要，对岩石和水泥基材料等多孔介质多选用横向弛豫测试技术。然而，考虑到磁场局部非均匀性影响，以及顺磁性物质对表面弛豫和扩散弛豫的显著强化作用，细小孔隙内部流体的横向弛豫率可能极快，磁共振设备难以测量得到其弛豫信号，进而导致细小孔隙无法探测，该问题对水泥基材料测试分析尤为关键。由于扩散弛豫机制不影响孔隙溶液的纵向弛豫，利用纵向弛豫对水泥基材料进行测试分析也具有一定的优势。

3.5 低场磁共振测试

在了解前面所述磁共振弛豫机制及基本测量方法的基础上，根据具体测试对象的性质及测试目标，可以合理地选择测试仪器，并利用低场磁共振弛豫技术对水泥基材料进行测试分析。为了更好地利用低场磁共振弛豫技术来测试分析多孔

介质，应了解磁共振设备硬件系统的主要性能参数，掌握磁共振设备工作状态的调试方法，以保证磁共振测试仪器处于最佳技术状态。此外，在正式开展测试时，也需要根据试件关键特征来合理设置测试参数，避免因射频脉冲扳转不准确、回波信号采集不正确、弛豫或极化不完全、信噪比过低等问题影响测试结果的分析和演绎。

3.5.1　设备硬件系统

1. 硬件组成

低场磁共振设备的基本硬件组成主要包括永磁体、探头线圈及电子谱仪等，以实现射频脉冲的发射和回波信号的接收，同时需配备电子计算机以存储和分析回波信号等数据。低场磁共振设备系统的硬件组成如图 3.21 所示，其中，方块代表设备系统的功能单元，箭头表示各单元之间的逻辑关系或数据信息流向。

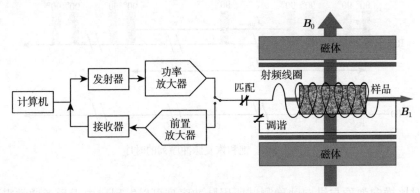

图 3.21　低场磁共振设备系统的硬件组成

磁体是磁共振仪器设备的基本且关键部件，它用来产生均匀、稳定的静磁场 B_0 以极化自旋原子核系统，建立可供观测的净磁化强度矢量 M_0。根据磁场强度的高低，可以将磁体分为永磁型、常导型、混合型和超导型四种，其中，稀土永磁体 (场强通常不超过 0.4 T) 采用开放式结构，构造简单，造价低，且不消耗电能和制冷剂，维护费用低，是低场磁共振仪器的首选。能够产生均匀、稳定静磁场的磁体有多种多样的构造形式，实验室用测试分析设备主要采用如图 3.22 所示的三种磁体结构类型。磁体结构 A 和 B 的构造简单，但稀土永磁材料消耗量大，磁体较为笨重，且控温不便导致磁体的稳定性相对较差。磁体结构 C (Halbach 磁体) 利用质量较轻的小块永磁材料拼装而成，可以产生场强相对较高且更为均匀、稳定的磁场 [446]，体积紧凑便携且布线控温较为容易，在大型粒子加速器、低场磁共振弛豫设备等科研仪器与工业设备中广泛应用，具有一定的技术优势。

　　探头主要由射频线圈构成，它是实施射频脉冲发射和接收、处理射频信号的关键组成部件，决定着低场磁共振仪器的测量方式、有效区域和原始信号强度等。在射频脉冲激励过程中，射频天线将射频功率转换为脉冲磁场 B_1，射频天线效率越高，能用相对较小的射频功率获得更强的 B_1 磁场。在信号接收阶段，射频天线及相关的前置放大器又将净磁化强度矢量 M 转化为可以进一步处理的电信号，当射频天线效率越高时，就能获取信噪比更高的测量信号。由于射频线圈同时具有发射和接收两个功能，故有发射线圈和接收线圈之分。通常将发射线圈和接收线圈合并，设计制作成既能发射又能接收的两用线圈。这种线圈在工作时，需通过开关电路在发射和接收功能之间进行快速切换。低场磁共振仪器一般采用螺线管线圈，此时脉冲磁场 B_1 的方向与试件室轴线一致，如图 3.21 所示。

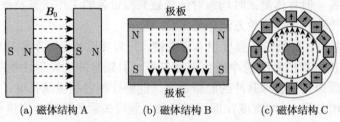

(a) 磁体结构 A　　　　(b) 磁体结构 B　　　　(c) 磁体结构 C

图 3.22　稀土永磁体的常见结构类型

　　电子谱仪也是低场磁共振设备的核心部件，主要包括射频发射和接收控制单元，用于按特定时序提供射频磁场 B_1 发射所需能量脉冲，同时负责数据采集和有效信号提取等。射频发射单元仅在脉冲发射时与射频共振电路接通，否则由接收单元与射频电路接通以探测自旋核系统的进动行为。由于低场磁共振信号比较微弱，通常只有微伏量级，电子谱仪通常还需配备宽带信号接收器和用于放大来自探头微弱信号的前置放大器。此外，电子谱仪其他标配还包括温控单元、匀场线圈电源和模数转换器等零部件。

2. 硬件性能参数

　　低场磁共振测试设备的硬件性能参数对测试结果的影响非常大。依据测试对象的性质及测试目标的不同，需要依据关键硬件性能参数来合理地选择测试设备。作为典型的多孔介质，水泥基材料有其特殊性，如含有一定铁磁性物质、微纳米孔隙含量丰富且含有一定体积的粗孔等。从测试水泥基材料弛豫信号进而准确地反演分析其孔结构角度出发，需要重视以下关键性能参数的控制和合理选择。

1) 磁场强度

　　永磁体在试件室范围内产生的匀强静磁场 B_0 及对应的共振频率是选择低场磁共振设备时首当其冲的基础参数。依据式 (3.29) 可知，当静磁场强度越高时，净磁化强度矢量 M_0 也越大，则磁共振信号的信噪比也就越高，这对弛豫信号的准确采集及反演计算更为有利，但与孔隙表面铁磁性物质相关的表面弛豫将显著增大，且次生磁场梯度更大并将显著地强化扩散弛豫的影响。通用硅酸盐水泥的 Fe_2O_3 的质量分数通常在 4% 左右甚至更高 (表 1.1)，即便白水泥通常也含有质量分数在 0.4% 左右的 Fe_2O_3。依据式 (3.56) 可知，从控制铁磁性物质强化扩散弛豫并干扰横向弛豫信号测试解析的角度出发，宜选择场强较低的磁体系统。综合以上两个角度，对具有一定铁含量且纳米孔隙含量丰富的水泥基材料来说，低场磁共振设备场强的选择需兼顾弛豫测试效率、准确性和弛豫信号解析的难易程度。借鉴石油工程广泛的测试经验并参考作者课题组对白水泥基材料开展的试验研究成果，结合目前市售设备的配置情况，建议优先考虑选用静磁场强度为 0.047 T(对应 ^1H 核共振频率为 2 MHz) 的低场磁共振设备，也可以选用磁场强度稍高的低场磁共振设备，但具体测试时均须对低场磁共振设备的工作状态及弛豫信号的来源进行严格校验，具体校验方法详见 4.1.3 节。

除静磁场外，射频磁场强度也非常关键，它需要以特定频率和功率进行发射，才能有效操控自旋核系统的净磁化强度矢量。射频脉冲的发射由射频探头完成，通过调制射频探头中射频脉冲的能量幅度，能够控制射频磁场强度，配合调整脉冲的持续作用时间 (脉冲宽度)，即可对净磁化强度矢量的扳转角度进行精确控制。当射频磁场强度越高时，将净磁化强度矢量扳转 90° 或 180° 所需脉冲宽度就越小，这对降低回波间隔更为有利。

2) 静磁场均匀度

静磁场均匀度指特定容积限度 (通常指试件室空间范围) 内静磁场强度的空间均匀程度，即穿过单位面积磁力线的相对差异，它与制作磁体的稀土永磁材料和磁体结构设计方案 (图 3.22) 等因素有关，常用静磁场强度的百万分之一作为偏差的基本单位来定量表示。试件室区域静磁场强度的偏差越大，表示静磁场均匀性越差，也意味着局部静磁场的梯度越大。依据式 (3.44) 和式 (3.56) 可知，当静磁场均匀性越低时，自旋核系统散相越快并提高自由弛豫率，且扩散弛豫的影响也将更为显著。更关键的是，扩散弛豫的影响无法利用 180° 重聚脉冲进行消除，这将降低横向弛豫数据的质量，进而影响依据横向弛豫数据反演计算所得孔隙率和孔径分布的准确性。因此，在经济合理条件下，低场磁共振设备宜尽可能地提高静磁场的均匀度，对主频为 2 MHz 的低场磁共振设备来说，当磁场均匀度小于 $200 \, \mu T/T$ 时，通过合理地利用横向弛豫技术并优选回波间隔等测试参数，可以满足对水泥基材料孔隙率和孔径分布等的测试要求。当磁场强度越高时，应相应地提高对磁场均匀度的要求。

利用低场磁共振设备实际观测磁共振信号时，除静磁场 B_0 外，还需要施加射频磁场 B_1 对净磁化强度矢量进行扳转操控，它的均匀度也非常重要，可以通过不同 ^1H 核含量或孔隙率的标准试件对探头测量信号的线性程度进行刻度，进而保证射频磁场 B_1 的均匀度和可靠性。

3) 静磁场稳定性

受磁体附近铁磁性物质、电磁线圈、环境温度和匀场电源漂移等因素的影响，磁场强度及磁力线的均匀程度均会随时间发生变化，此即磁场漂移，通常采用静磁场强度或与之相对应的共振频率变化来衡量磁场的稳定性。低场磁共振是种精细的电磁测量技术，中心谐振频率、90° 和 180° 脉冲等都需要非常准确地进行测量与刻度，静磁场强度或共振频率的微小变化都可能导致相关参数设置出现较大误差，进而严重地影响测试结果的准确性和可靠性，如扳转角度误差较大可能导致 CPMG 脉冲序列测试所得回波信号产生明显的误差累积等。

低场磁共振设备的磁体稳定性越高越好，对主频为 2 MHz 的仪器来说，主频的经时漂移小于 800 Hz/24 h 时，可以保证测量结果的长期稳定性、可靠性和可重复性，同一试件在较长时间跨度范围内的测试结果都具有良好的可比性。低场磁共振技术具有无损特征，可以对同一试件进行反复测试，特别适合用来测试分析水泥基材料这类组成和微结构随时间变化的多孔材料。在研究水泥水化过程尤其是体积稳定性、耐久性等长期性能时，尤其需要严格控制磁体的稳定性。

结合式 (3.29) 可知，温度高低会改变稀土永磁材料的磁性，进而影响磁体强度，故需要对永磁体进行精确控温。低场磁共振设备在开机后，通常需要恒温 3 h 左右，当标样对应的共振频率稳定后才可以正常开展测试。此外，其他内含电机、线圈等部件的电气设备可能因屏蔽不当而向外辐射较高的电磁能量，这也可能影响到低场磁共振设备的磁场强度和均匀程度，同时也可能影响射频线圈的工作状态，干扰射频信号的发射和回波信号的接收等，最终导致低场磁共振弛豫测试数据的噪声水平较高、质量较差甚至产生系统误差。尽管无须像医用磁共振成像设备那样对成像室进行严格的电磁屏蔽，但也需要注意仪器周边电气设备的布置，尽量地降低电磁干扰。

4) 中心工作频率

低场磁共振设备探头线圈发射的射频脉冲频率并不单一，实际上是包含从低到高一段频率的复频电磁波，它的中心频率称作探头的中心工作频率。探头线圈的中心工作频率需要与自旋原子核系统在静磁场作用下的进动频率相同或极为相近。依据式 (3.20) 可知，自旋核系统的进动频率由静磁场强度 B_0 决定。需要注意的是，低场磁共振仪器的主频通常只是其名义值，受稀土永磁材料与磁体加工控制精度和温度等因素的影响，实际共振频率与其名义值有一定的偏差。由于探头中心工作频率需与进动频率精确匹配，实际测试时需要准确测量自旋核系统的共振频率并对探头的中心工作频率进行精确调谐，通常采用对质量分数为 1% 的 $CuSO_4$ 溶液进行自由感应衰减测试的方法，来搜寻中心工作频率并进行准确匹配。

5) 探头死时间和回波间隔

不同于高场磁共振设备，为了保证磁共振信号的测量效率和信噪比，低场磁共振设备通常采用射频发射/信号接收一体的射频系统，即射频探头中的线圈在射频发射时用于激发特定频率和功率的射频脉冲，以操控试件中形成的净磁化强度矢量；在信号接收时又被用作接收线圈，采集试件中感应净磁化强度矢量的电磁信号。在切换发射和接收功能的过程中，需要预留一定的等待时间，保证射频线圈内残存的发射能量在接收磁共振信号前消耗殆尽，这一等待时间即为探头死时间 (dead time)。探头死时间是衡量探头工作效率的重要指标，它决定 Hahn 自旋回波等脉冲序列中 τ 时间能取到的最小值，如图 3.15 所示。最短回波间隔也是衡量探头工作性能的重要指标，它决定了仪器能探测到的试件最小孔隙尺寸，具体与探头死时间、脉冲宽度和采样窗口等有关，取决于与磁场强度匹配的射频电路设计等。最短回波间隔越小，能检测到的孔隙尺寸就越小，测试结果通常越准确。

6) 数据信噪比与射频吸收比率

磁共振的信号量通常在微伏甚至纳伏级，接收信号的好坏可直接用来评价设备性能是否优良。接收信号的质量可用信噪比 (signal to noise ratio，SNR) 指标来衡量，它是接收信号和背景噪声的幅值之比。信噪比与静磁场强度、射频探头几何因子、电子谱仪放大器噪声系数、扫描次数及试件中 ^{1}H 核数量等因素密切相关。在低场磁共振设备运行过程中，需合理地选择控制采集参数，以保证高效、准确地采集磁共振弛豫信号。

在低场磁共振测量过程中，需要对被测试件发射一定数量的射频波段电磁脉冲来操控净磁化强度矢量，进而通过对净磁化强度矢量的演化规律进行测试与分析，得到纵向弛豫时间和横向弛豫时间 T_1、T_2 等磁共振特征参数。在射频脉冲发射过程中，若被测试件具有一定的电导率，则将会使试件产生局部热效应，进而改变被测试件的温度。使用的射频脉冲数量越多、脉冲宽度越大，则该局部热效应影响将越发显著，它的影响程度可以用射频吸收比率 (specific absorption ratio，SAR) 来衡量。为避免或尽量地降低局部热效应，实际测量时需要对发射射频脉冲的数量和时序进行控制。

3.5.2　设备工作状态调试

低场磁共振弛豫测试设备通过探测 ^{1}H 等自旋核系统共振激发后逐渐恢复至平衡状态过程中的进动行为，来分析水等含氢流体的含量及其所处孔隙对流体的约束状态 (即物理状态)。虽然低场磁共振设备的硬件、软件系统和测试操作没有磁共振成像与高场磁共振测试系统那么复杂，但对技术人员操作的要求依然很高。在正式开展弛豫测试前，需要对低场磁共振设备的工作状态进行调试，确保设备运转正常以获得可靠、优质的测试数据。设备调试主要包括磁体温度控制、探头调谐、射频脉冲刻度、噪声信号采集等步骤，调试没问题后才可以正式地对待测试件进行实测。

1) 磁体温度控制

稀土永磁体材料的磁性对温度变化较敏感，温度变化会影响永磁体的磁场强度、均匀性和稳定性。低场磁共振设备均要求配备磁体温控系统，且通常只具备制热功能以简化温控单元配置。在这种情况下，永磁体的温度最好设定在稍高于室温的水平，尽量地降低温度波动以控制静磁场均匀且稳定。设备组装并连接好相关线缆后，温度通常由系统自动启动控制，只需合理地设定目标温度即可。

2) 探头调谐

探头的射频谐振电路通常设置 2 个可调电容器，以协助将探头发射电磁脉冲的谐振频率微调至自旋核系统的进动频率 f。对探头进行调谐时，可以利用电子谱仪自带的 Wobble 功能，向探头发射一个低功率射频信号，在所需特征频率范围内重复扫频，同时测量反射能量。随着频率变化，反射能量在共振频率处呈现显著下降的趋势。当线圈、试件和核磁管交流阻抗的有效电阻等于发射器与接收器的交流阻抗之和时，谐振电路阻抗与谱仪阻抗相匹配，反射信号能量最低，此时射频能量能最大限度地从发射单元转移到试件以激发自旋核系统，然后再传递到接收单元。通常，通过交替调整两个可调电容器，可以达到最佳匹配效果。实际操作时，首先对质量分数为 1% 的 $CuSO_4$ 溶液进行自由感应衰减测试，搜索与实际场强对应的自旋核进动频率，调整可调电容器使射频探头的中心工作频率与共振频率匹配，当探头中心工作频率小数点后 3 位有效数字与进动频率相同时即达到系统要求的匹配程度，探头调谐成功。

3) 射频脉冲刻度

脉冲序列主要由 90° 和 180° 脉冲有序编排而成，为了保证测试结果的准确性，需通过严格控制脉冲作用时间 t_p(脉宽) 和发射能量幅度，满足恰好将净磁化强度矢量扳转所需特定角度的核心需要。在磁共振仪器硬件允许的条件下，宜采用较小脉宽，通过调整发射脉冲的能量高低，来实现不同角度的扳转。若脉宽太大，则射频脉冲发射占用时间较多，不利于减小回波间隔。此外，3.2.4 节利用布洛赫方程推导弛豫过程中净磁化强度矢量变化的数学表达式时，通常忽略脉冲作用时间内的弛豫行为，但若脉宽较大且回波间隔较小时，这可能会引入一定误差，进而影响测试结果的准确性。反之若脉宽太小，发射射频脉冲所需能量过高，仪器可能会过载，进而影响射频脉冲发射的稳定性，在利用长时间持续、密集发射 180° 射频脉冲的 CPMG 序列进行测试时，尤其需要注意合理控制脉宽和发射能量。实际操作时，通常先依据设备硬件性能选定脉宽，再按较小步长对质量分数为 1% 的 $CuSO_4$ 溶液发射不同能量的射频脉冲并测试其自由感应衰减信号，与最大信号幅值 (表示横向净磁化强度矢量 M_{xy} 达到最大) 对应的能量值即为发射 90° 脉冲所需能量，与最小信号幅值 ($M_{xy} \approx 0$) 对应的能量值即为发射 180° 脉冲所需能量。当脉宽相同时，180° 脉冲的发射能量是 90° 的 2 倍左右。低场磁共振仪器通常均具备射频脉冲自动刻度功能，测试人员只需合理操作即可。

4) 噪声信号采集

低场磁共振弛豫信号非常微弱，且后续对弛豫信号进行反演分析时要求信噪比越高越好，故要求尽可能地降低噪声水平。在正式开展测试前，需要对背景噪声进行检查，以确保硬件设置正确且仪器周边电磁环境正常。低场磁共振设备通常自带噪声测试分析功能，工作人员可以通过测试分析噪声均方根 (root of mean square, RMS) 值的大小来判断仪器是否工作正常，同时根据傅里叶变换所得频谱是否存在明显的尖峰，协助判断周边环境电磁干扰是否存在及其干扰程度。如果 RMS 值在设备正常范围内，且频谱不存在明显尖峰，那么设备工作正常；否则，需要检查设备自身及周边电磁环境，待背景噪声恢复正常稳定水平后再开展测试。

3.5.3　测试参数设置

在调整好低场磁共振设备的工作状态后，尚需根据待测试件的化学/矿物组成、孔结构及孔隙流体的特征，合理地设定相关测试参数，主要包括回波间隔、回波个数 (echo count)、重复时间 (repetition time) 或等待时间 (waiting time)、扫描次数 (scan number)、回波偏移 (echo shift)、采样点数 (samples) 及采样间隔 (dwell time) 等。本节结合作者实验室配备的 Limecho 公司生产的 2 MHz 低场磁共振测试系统，以利用 CPMG 脉冲对水泥基材料进行测试为例，对关键参数的合理设置方法进行简要介绍。

1) 回波间隔

回波间隔 T_E 必须大于等于脉冲宽度、探头死时间、回波偏移与采集时间之和。作者实验室所配低场磁共振设备的脉冲宽度最小值 $t_p = 13$ μs，探头死时间为 20 μs，回波偏移为 18 μs，采集时间为 7.5 μs，则回波间隔 $T_E \geqslant 58.5$ μs，一般取整并设置 $T_E = 60$ μs。水泥基材料含有丰富的纳米级微孔，在确定回波间隔时，宜选择仪器允许的最小值，以完整地采集纳米级微孔内部水分的弛豫信号。在测试孔隙较粗大的多孔材料时，可以根据测试需求适当地增大回波间隔 T_E。根据香农采样定理可知，低场磁共振设备能准确地测量孔隙水的最小弛豫时间为 $2T_E$。当 $T_E = 60$ μs 时，只能准确地采集到横向弛豫时间 $T_2 \geqslant 0.12$ ms 的微孔内部水分的弛豫信号；若试件内部存在 $T_2 < 0.12$ ms 的微孔，则它的弛豫信号将因为衰减太快而无法采集。

2) 扫描次数

扫描次数 N_S 是单次测量时发射 CPMG 脉冲序列的数量，数值上等于采集回波串的个数。实际测试所得回波串信号不可避免地会受到背景噪声的干扰，常采用信噪比来衡量噪声影响水平。通过连续进行 N_S 次 CPMG 测量并叠加所得回波串信号，可有效地压制背景白噪声的影响并减小有效弛豫信号的测量误差，进而提升测量所得回波信号的信噪比，且信噪比近似与 $\sqrt{N_S}$ 成正比，但单次测量所耗时间随扫描次数 N_S 线性增加。因此，扫描次数主要通过综合考虑信噪比和测试时间要求来合理选择。由于信噪比的提升效率随扫描次数的增加而降低，在满足信噪比要求的前提条件下，宜采用较少的扫描次数 N_S，以加快测试进度。水泥基材料非常密实，试件内部水分 (或其他含氢流体) 含量较少，有效弛豫信号较低，故需重复扫描多次并叠加才能得到满足信噪比要求的弛豫信号。当低场磁共振设备的静磁场强度越低时，弛豫信号的信噪比也越低。对主频为 2 MHz 的低场磁共振设备来说，信噪比通常控制在 100 左右比较经济合理，可满足多数弛豫测试的需要。实际测试时，扫描次数 N_S 通常取为 2 的整数次方，当弛豫信号的信噪比不满足要求时，考虑到信噪比 $\propto \sqrt{N_S}$，可以将扫描次数翻 1 倍再重新测试，此时信噪比将提升 40% 左右，测量时间则将增大 1 倍。

3) 回波个数

回波个数 N_E 是单个回波串所含回波数量。为了完整地测量多孔材料内部孔隙水的弛豫信号并分析所有孔隙水所处物理状态，回波个数应足够多但无须过多，以回波信号衰减至背景噪声水平为准来确定回波个数即可；否则，若采集过多冗余信号，不仅影响测量效率，还可能对后期的数据反演处理造成负面影响。由于较粗孔隙内部水分弛豫较慢，回波个数主要依据大孔内部水分完全弛豫来设定。含水孔隙尺寸较小的试件弛豫较快，需要的回波个数较少；含水孔隙尺寸较大的试件弛豫较慢，需要的回波个数较多。实际测试时，可以依据待测试件的孔隙结构特征及水分分布状态，先偏低预估所需回波个数 N_E，并用较少的扫描次数 N_S 进行快速测试，之后根据弛豫信号是否衰减至背景噪声水平，酌情调整并确定实际所需回波个数 N_E。

水泥基材料内部含有一定比例的大孔 (如孔径大于 1 μm)，内部自由水弛豫非常慢 (横向弛豫时间在秒级)，此时所需回波个数可能非常多，甚至高达 10 万量级，这对低场磁共振设备硬件设计与配置提出了非常高的要求，但对弛豫数据的质量及反演精度没有太大帮助，射频脉冲的局部热效应会导致试件逐渐升温，甚至可能还会带来一定系统误差。低场磁共振设备通常均按回波间隔 T_E 等间隔发射 180° 射频脉冲，若设备支持按对数时间间隔越来越稀疏地发射 180° 射频脉冲，则回波个数可大幅度地降低。另外，由于水泥基材料纳米微孔含量丰富，准确捕捉快速弛豫信号又要求密集发射 180° 射频脉冲并采集回波信号，纯按对数时间间隔进行脉冲发射并不能很好地满足水泥基材料的测试需求。因此，CPMG 脉冲序列先按等时间间隔密集发射一定数量的 180° 射频脉冲，后期改按对数时间间隔进行脉冲发射，可能更为合理。

4) 重复时间

重复时间 T_R 是相邻两次脉冲序列扫描间的时间间隔。在利用各类脉冲序列进行低场磁共振测试时，通常均以自旋核系统在静磁场 $\boldsymbol{B}_0$ 的作用下达到完全极化作为基准起始状态。因此，重复时间 T_R 应足够长以保证恢复至初始平衡状态，进而保证在下次脉冲序列开始作用时，自旋核系统完全极化，净磁化强度矢量完全恢复，相邻两次脉冲序列的测试结果相互独立。实际测试时，通常设置重复时间 $T_R > 5T_1$ 即可，此时净磁化强度矢量理论上已经恢复了 99% 以上，可以认为纵向弛豫已经完全结束。对多孔材料来说，不同大小孔隙所含不同种类流体的纵向弛豫时间 T_1 各不相同。当待测试件内部含有一定量自由水时，由于自由水的 $T_1 \approx 3\,s$，此时重复时间 T_R 通常可取 $15\,s$ 甚至 $20\,s$。若回波个数特别多，则发射的射频脉冲会由于局部热效应使试件温度升高，除合理控制发射射频脉冲的数量外，还可以适当地增大重复时间 T_R，避免试件显著升温并导致系统误差的产生。当对质量分数为 1% 的 $CuSO_4$ 溶液进行测试时，由于其纵向弛豫较快，重复时间一般设置为 $1\,s$ 左右即可。

5) 回波偏移

回波偏移指射频脉冲发射并经历射频探头死时间和半回波间隔后，到采集回波信号前的调制时间，它用来指定采集回波信号的时间偏移。利用 CPMG 脉冲序列发射 180° 射频脉冲后，理论上散相的净磁化强度矢量横向分量将在 $T_E/2$ 后重聚并出现最大回波信号，但实际上，尤其是在回波间隔 T_E 设置较小的常见情况下，由于从射频发射后到信号接收前射频探头中存在较显著的振荡干扰现象，散相的净磁化强度矢量横向分量不会在该理论时刻准确重聚，最大回波信号的出现时间与理论值有些偏差。为了准确地采集到净磁化强度矢量横向分量重聚时的最大回波信号，需正确地选择回波偏移时间。这样一来，回波偏移的取值会影响净磁化强度矢量 M_0 值的测试结果，若选取不当，则可能影响依据 M_0 值反演计算所得含水量及孔径分布曲线等。通过调整回波偏移时间并在采集时间窗口内持续观测整体的回波波形，当回波在采集窗口内居中时，对应的回波偏移为合适数值。

6) 采样点数和采样间隔

采样点数是每个回波内采集数据点的个数，采样间隔是回波采集时相邻采样点间的时间间隔，采样点数和采样间隔之积为采集窗口时间。采样点数通常取为 2 的整数倍，它的取值会给信号的信噪比带来一定影响，当采样点数减少时，信噪比会有所降低。采集窗口时间过短，记录的信息较少，信号可能会失真；采集窗口时间过长，会导致系统无法设置较短的回波间隔，不利于水泥基材料等致密试件的测试分析。一般情况下，采样点数可设置为 16，采样间隔设置为 $0.5\,\mu s$。

依据 3.5.2 节所述方法调节好低场磁共振设备的工作状态，并按以上要求设定好相关测试参数后，即可将待测水泥基材料试件放入试件室，开始正式测试并完整采集得到待测试件的弛豫信号，扣除在仪器状态和主要测试参数相同条件下空采得到的背景噪声信号后，即可得到试件内部孔溶液的弛豫信号，为后续反演计算水泥基材料试件的孔隙率、孔径分布和非饱和水分分布等信息提供准确的原始数据。

第 4 章　横向弛豫测试分析方法

由于低场磁共振弛豫测试技术以多孔介质孔隙内部水分或其他含氢液体作为探针，且纵向和横向表面弛豫性质与孔隙的比表面积密切相关，理论上完全具备对水泥基材料在饱和状态下的孔结构和非饱和状态下的水分分布进行原状、无损测试的能力。但是，依据第 3 章的论述可知，多孔介质孔隙内部氢核的弛豫行为受到很多因素的影响。由于水化硅酸钙是种组成、结构十分复杂的无定形凝胶体，水泥基材料多尺度孔隙的形状、表面性质相比其他多孔介质具有独特的复杂性，利用氢核弛豫行为对孔结构特征进行测试分析依然具有相当高难度。本章紧密结合水泥基材料组成和微结构特征，着重阐述如何准确测试并反演分析饱和水泥基材料的孔径分布和非饱和时的水分微观分布关键特征。

4.1　横向弛豫时间谱测试

由 3.3 节所述孔隙溶液中氢核的横向弛豫机理可知，自由弛豫、表面弛豫和扩散弛豫均对孔溶液的横向弛豫有贡献，而与孔隙比表面积特征直接密切相关的弛豫机制只有表面弛豫，如何对表面弛豫进行解耦分析并依据表面弛豫性质计算得到孔结构的有效特征，就成为孔结构原状、无损测试的关键，而准确测试水泥基材料的横向弛豫行为并反演计算其横向弛豫时间谱是孔结构测试分析的先决条件。

在多种弛豫机制共同作用下，多孔介质中某类孔径相近、形貌相似孔隙内部溶液依然表现出相同的单指数弛豫规律。对实际包含多种不同孔径和形貌特征的水泥基材料来说，采用 CPMG 脉冲序列测试所得孔溶液的横向弛豫信号 $M(t)$ 依然是各类孔隙内部溶液横向弛豫信号的叠加，即

$$M(t) = M_0 \sum_i f_i \exp\left(-\frac{t}{T_{2i}}\right), \quad f_i = V_i/V, \quad \sum_i f_i = 1 \tag{4.1}$$

式中，M_0 为孔隙流体的总信号量；f_i 为第 i 类孔隙内部溶液体积 $V_i(\mathrm{m}^3)$ 占孔溶液总体积 $V(\mathrm{m}^3)$ 的比例，当多孔介质饱和时，f_i 即为各组分孔隙占总孔隙的体积分数；$T_{2i}(\mathrm{s})$ 为第 i 类孔的横向弛豫时间。总信号量 M_0 与刚开始弛豫 $(t=0)$ 时的初始核磁矩或净磁化强度矢量值成正比，由于射频脉冲宽度和探头死时间的存在，$t=0$ 时刻的初始核磁矩无法测试，它只能利用在 $t = iT_E$ $(i = 1, 2, \cdots, N)$ 时刻测量所得 CPMG 脉冲回波信号串 $M(t)$ 进行反演计算得到，其中，N 为

CPMG 脉冲序列所含 180° 脉冲个数 (等于回波个数). 在解析实测 CPMG 脉冲回波信号 $M(t)$ 并对孔结构进行反演分析前, 必须先明确总信号量 M_0 来自哪部分孔隙内部的溶液. 另外, 横向弛豫时间 T_{2i} 或弛豫率 T_{2i}^{-1} 与孔隙特征密切相关, 但同时也受多种横向弛豫机制的影响, 如何解析它与孔隙特征间的关系也是重中之重. 换句话说, 在严格开展 CPMG 横向弛豫测试并得到有效脉冲回波信号 $M(t)$ 之后, 为了通过求解式 (4.1) 计算得到具有不同横向弛豫时间 T_{2i} 的各组分孔隙溶液所占体积分数 f_i, 进而实现多孔介质孔结构特征和非饱和水分分布的定量解析, 还需要采用合理的测试方法来准确刻度磁共振总信号量 M_0 和横向弛豫时间 T_{2i}, 将它们分别转化成含水量和等效孔径.

4.1.1　固相信号屏蔽方法

由 1.1.3 节可知, 水泥基材料是多相非均质复合材料, 物相组成多样, 其中, 含有氢核的组成物质主要有孔隙水、C—S—H 凝胶、氢氧化钙、石膏、高硫型水化硫铝酸钙晶体、低硫型水化硫铝酸钙、水化铝酸钙晶体、水化铁酸钙凝胶等, 这些物质中的氢核都可能对磁共振信号有贡献, 都是横向弛豫信号的可能来源. 同时, 通用硅酸盐水泥通常还有一定的铁含量, 含铁物质在孔隙表面和骨架内部的存在, 将显著地加速固相组成及孔隙水 (尤其是纳米孔内水分) 中氢核的横向弛豫, 进而改变横向弛豫信号. 若受回波间隔限制导致磁共振设备无法采集纳米孔内部水分等快速弛豫信号, 则横向弛豫的信号量将被显著地抑制. 为了实现水泥基材料全尺寸孔隙结构的测试, 首先需要通过调整磁共振测试方法, 以使有且仅有孔隙内部可蒸发水中的氢核横向弛豫信号能够被准确采集, 在避免其他物相对孔隙水横向弛豫信号产生干扰的同时, 不采集其他物相中氢核的横向弛豫信号, 这对水泥基材料低场磁共振横向弛豫测试方法提出了很高的要求.

水泥基材料中的铁磁性物质对孔溶液横向弛豫信号的干扰非常强, 磁场强度越高时干扰也就越大, 且铁磁性物质通过强化孔溶液表面弛豫、扩散弛豫来影响横向弛豫信号的规律过于复杂, 目前尚没有准确量化描述的理论与方法. 在利用医院的磁共振成像设备对人体进行测试时, 为了人员和设备的安全, 需要将待测人员身体上的所有铁磁性物质全部摘除. 同理, 在利用低场磁共振设备对水泥基材料进行横向弛豫测试时, 也需要尽量地去除水泥基材料内部的铁磁性物质. 如此一来, 只能以利用不含铁或铁含量极低的胶凝材料制备而成的水泥基材料作为研究对象, 如白色硅酸盐水泥、硅酸三钙或二钙单矿等 [447]. 当然, 严格控制铁含量的铝酸盐水泥、硫铝酸盐水泥等特种水泥也能应用低场磁共振横向弛豫方法进行测试. 白色硅酸盐水泥的水化过程及水化产物的微观结构等与通用硅酸盐水泥没有显著差异, 在利用低场磁共振横向弛豫技术进行试验研究时, 通常采用白色硅酸盐水泥作为胶凝材料.

受白色硅酸盐水泥国家标准对白度的限制要求 [447]，常见市售白水泥中的Fe_2O_3质量分数通常控制在 0.5% 以内。即便对原材料进行更严格的把控，一定的铁含量通常无法避免，这依然可能对横向弛豫信号带来干扰，且磁共振设备的静磁场强度越高时干扰越大。为了进一步降低铁相对横向弛豫信号的干扰，需要尽可能地降低磁共振设备的磁场强度和共振频率。但当静磁场强度过低时，由于横向弛豫信号的信噪比也过低，这也不利于对采集到的横向弛豫信号进行准确分析，因而需要综合考虑这些因素的影响来选择磁共振设备的场强和频率。考虑到石油工程领域常用主频为 2 MHz 的低场磁共振设备对含油气的砂岩和碳酸岩等沉积岩进行测试，该型设备应该具备对常被视作人造石的水泥基材料的适用性，可以优先考虑选用。

在合理选择设备场强和主频条件下，通过合理控制仪器设备性能指标和横向弛豫测试的关键参数，可以屏蔽水泥基材料固相中的氢核信号，使低场磁共振测试技术只采集并可以完全采集所有可蒸发水的弛豫信号，进而可以对孔结构及非饱和条件下的水分分布进行有效分析。由 4.1.3 节的试验分析可知，采用北京青檬艾柯科技有限公司生产的 2 MHz 低场磁共振设备，利用 CPMG 脉冲序列对含水率不同的白水泥砂浆试件进行横向弛豫测试发现，在严格控制回波间隔、极化时间等相关测试参数 (详见 4.1.5 节) 的条件下，依据初始核磁矩的幅值 M_0 换算得到的含水量与质量法实测所得可蒸发水含量吻合，两者的相对误差可以控制在 1% 以内。由此可以认为，在利用 2 MHz 低场磁共振设备进行测试并合理设置相关参数后，质量分数较低的铁含量对横向弛豫信号的影响完全可控，市售满足标准要求的白水泥可以用来开展横向弛豫测试分析。当掺加矿物掺合料时，由于硅灰的纯度非常高，它通常满足磁共振测试对铁含量的限制要求。杂质含量较低的偏高岭土、石灰石粉等矿物掺合料的铁含量通常也较低，掺加到白水泥中后，横向弛豫测试方法同样适用。市售合格矿渣粉中 Fe_2O_3 的质量分数通常在 0.6% 以内，多数矿渣也可以直接掺用，并不会对横向弛豫信号带来不可接受的干扰。但是，普通粉煤灰中 Fe_2O_3 的质量分数可能高达 8% 甚至更高，掺量较高时会严重影响对横向弛豫信号的准确测试与解析。当利用低场磁共振技术研究掺加矿渣粉和粉煤灰的水泥基材料时，需要特别注意铁含量的高低及可能由此带来的严重干扰。在严格控制掺合料铁含量的条件下，低场磁共振测试技术也可以用于研究矿物掺合料对水泥基材料孔结构和与此相关宏观性能的影响。

对于含氢核的氢氧化钙等晶体和 C—S—H 等凝胶体中所含氢核来说，由于它们处于较强的化学结合状态，它们的横向弛豫时间非常短 (通常为几微秒)。对于主频为 2 MHz 的低场磁共振设备来说，即使采用短至 60 μs 的回波间隔，但因为设备探头死时间通常在 10 μs 以上，使得该型设备通常无法测试晶体和凝胶体内结晶水的信号。利用该型设备对氢氧化钙晶体进行测试时，弛豫信号与背景噪声基本上无法区分。对其他单一固相进行磁共振测试，也可以验证这一点。如此一来，低场磁共振弛豫法可以天然地过滤掉结晶水的信号，这对准确地采集可蒸发水信号进而准确地分析孔结构十分有利。

4.1.2　液相信号采集方法

由 1.2 节对水泥基材料微结构特征及孔隙水的总结分析可知，C—S—H 凝胶的层间孔等微孔非常细小 (1 ~ 2 nm) 且体积分数通常较高，同时不可避免地存在气孔等较大粗孔 (可达毫米级)，层间水的弛豫率非常快 ($T_2 < 1$ ms)，而气孔内部水分的弛豫率非常慢 (T_2 值在秒级)，两者相差 3 ~ 4 个数量级。水泥基材料孔结构及孔隙水具有的这个特征给低场磁共振设备和横向弛豫测试方法提出了非常严苛的要求。图 4.1 给出了水灰比为 0.5、灰砂比为 1∶3 的某白水泥砂浆的典型横向弛豫信号。

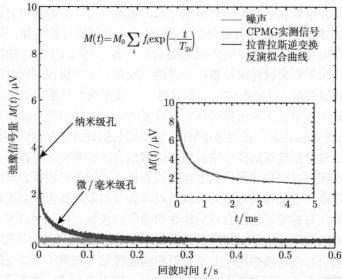

图 4.1　水灰比为 0.5、灰砂比为 1∶3 的某白水泥砂浆的典型横向弛豫信号 (彩图扫封底二维码)

从图 4.1 中可见，饱和白水泥砂浆孔隙水的横向弛豫信号非常特殊，主要表现在两方面。首先，在约 5 ms 的极短时间内，横向弛豫信号量 $M(t)$ 从 8.5 μV 快速降低至 2 μV 左右，降幅高达 76%。这就是说，横向弛豫信号能够反映出水泥基材料内部含有大量微孔，它们的尺寸小但体积分数高。如此一来，在测试并分析横向弛豫信号时需要明确的关键问题在于，低场磁共振设备和测试参数组合能够测量到哪部分微孔的信号？或者换句话说，当前测试所得弛豫信号来自哪部分纳米孔隙？如果不能准确地回答这个问题，就无法对磁共振弛豫信号进行准确分析。由于纳米孔中水分信号弛豫是如此之快，在开展低场磁共振测试时，必须采用尽可能短的回波间隔，这样才可以尽量准确地捕捉纳米孔溶液的弛豫信号，进而测试纳米孔结构信息。快速弛豫阶段的磁共振信号对反演计算 $t = 0$ 时的总信号量 M_0 非常关键。当回波间隔 T_E 越小时，能够采集到越靠近 $t = 0$ 时刻的弛豫信号，也能更密集地采集初始阶段的弛豫信号，这都对准确拟合并反演计算 M_0 非常有利。其次，水泥基材料微/毫米级粗孔内部水分弛豫非常慢，为了完整采集它们的横向弛豫信号，需要在足够长的时间范围内连续采集。由于水泥基材料测试要求采用尽可能短的回波间隔 T_E，且当前磁共振设备通常不支持按对数间隔发射 $180°$ 脉冲，因此，要想采集足够长时间内的弛豫信号，CPMG 脉冲序列中的回波个数应足够多。就图 4.1 中所示典型范例来说，回波间隔取 $T_E = 60\,\mu s$，采集时间为 $0.6\,s$，CPMG 脉冲序列共需发射 10000 个 $180°$ 脉冲。粗孔中自由水的弛豫时间 T_2 在 3 s 左右，若要采集自由水含量较高的水泥基材料横向弛豫信号，有时要求发射 $180°$ 脉冲的个数高达 100000 个。这对低场磁共振设备的性能提出了超高的要求，满足该要求的低场磁共振设备在市面上并没有太多的选择。

4.1.3 横向弛豫总信号量

水泥基材料的孔隙率通常在 10%~20% 甚至更高，实现完全饱和或完全干燥均非常困难 (参见 1.2.2 节)，因此，在任意状态下开展低场磁共振测试均能测到一定量的弛豫信号。例如，即便不控制水泥基材料的 Fe_2O_3 含量，尽管 C—S—H 凝胶内部纳米级微孔中的部分孔隙水由于弛豫太快而无法实际测量得到它们的弛豫信号，但采用 CPMG 脉冲序列依然能测量得到具有一定幅值的回波信号串 $M(t)$，只是此时对回波信号的解析非常困难，根源在于 Fe_2O_3 通过强化表面弛豫与扩散弛豫来影响横向弛豫信号的程度和规律尚不明确。从全面研究水泥基材料孔隙结构的角度出发，希望利用低场磁共振技术采集所有孔隙水的弛豫信号，这样就可以对全尺寸范围内的孔隙结构及非饱和水分分布进行分析。为此，需要研究水泥基材料横向弛豫总信号量 M_0 与可蒸发水质量之间的关系。

为了研究横向弛豫总信号量 M_0 来自哪部分孔隙溶液，利用强度等级分别为 32.5 和 42.5 的两种白水泥来制备水灰比为 0.5、灰砂比为 1:3 的典型白水泥砂浆材料并开展测试分析。两种白水泥的 Fe_2O_3 的质量分数严格控制在 0.5% 以下，具体化学组成见表 4.1。为了避免其他组成对弛豫信号的干扰，白水泥砂浆不掺加任何其他外加剂与矿物掺合料。在按照设计配合比备料、搅拌均匀后浇筑在 $100\,mm \times 100\,mm \times 400\,mm$ 的棱柱体模具内，24 h 后拆模并放在标准养护室 (温度为 $20°C \pm 3°C$，相对湿度 $H > 95\%$) 内养护 12 个月后，利用钻芯机在棱柱体中部钻取直径 25 mm 的圆柱体，并利用切割机将其部分端部切除，以制备高约 50 mm 的小圆柱体若干。在对所有试件进行真空饱水处理后，利用低场磁共振 CPMG 脉冲序列测试其横向弛豫信号；之后将试件两两一组分别放入由多种不同饱和盐溶液控制相对湿度恒定的干燥器内部，初始饱和试件内部水分将向密闭环境中扩散，直至试件内部相对湿度与环境相对湿度相等时达到热力学平衡状态，此时试件的质量将不再变化。通过连续监测试件的质量变化，如果试件质量每 7 d 的相对变化小于 0.1%，那么近似认为试件达到平衡状态。利用低场磁共振技术测试此时试件的 CPMG 脉冲回波信号，计算得到在不同相对湿度、饱和度或含水量时的总信号量 M_0。为了进一步测量各试件达平衡状态后所含可蒸发水含量，利用 105℃真空干燥箱将所有试件进行烘干处理，通过测量烘干前后的质量变化，可以计算得到稳定状态时试件内部的可蒸发水含量 m_w(g)，它与总信号量 M_0 之间的关系如图 4.2 (a) 所示。图 4.2 (b) 同时给出了自由水质量 m_{wb}(g) 与总信号量 M_{0b} 的关系。

表 4.1　两种不同强度等级白水泥的化学组成 (质量分数)

强度等级	SiO_2/%	Al_2O_3/%	Fe_2O_3/%	CaO/%	MgO/%	SO_3/%	R_2O/%	累计/%
32.5	21.66	4.78	0.36	67.09	0.60	2.86	0.27	97.62
42.5	20.04	3.96	0.33	68.18	2.52	2.40	0.23	97.66

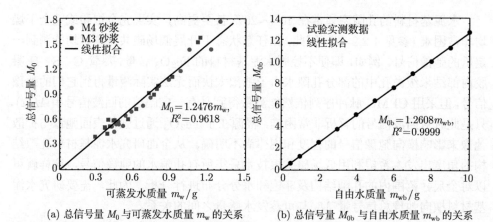

(a) 总信号量 M_0 与可蒸发水质量 m_w 的关系　　(b) 总信号量 M_{0b} 与自由水质量 m_{wb} 的关系

图 4.2　低场磁共振横向弛豫信号总量与可蒸发水质量和自由水质量的相关性

由于横向弛豫总信号量 M_0 与试件所含氢核数量成正比，理论上当然也与水分质量线性相关且拟合直线必过零点。由图 4.2 可见，不管是自由水还是孔隙水，横向弛豫总信号量均与水分质量成正比，且均可以利用过原点的直线来对实测数据进行拟合，相关系数 $R^2 > 0.96$，这与理论预期完全吻合。更重要的是，可蒸发孔隙水和自由水的质量与总信号量间的比例系数之间的相对差异只有 1% 左右。这说明，当对含水非饱和白水泥砂浆试件进行测试时，横向弛豫总信号量 M_0 恰好来自所有可蒸发水，它与可蒸发水质量 m_w 之间的关系可以利用自由水来进行校正或直接计算。也就是说，在测量得到横向弛豫总信号量 M_0 后，可按式 (4.2)

计算试件所含可蒸发水质量 m_{w}:

$$m_{\mathrm{w}} = m_{\mathrm{wb}} M_0 / M_{0\mathrm{b}} \tag{4.2}$$

式 (4.2) 表明, 在恰当选用低场磁共振设备 (主要控制磁场强度和均匀程度等), 合理控制试件铁含量等, 并合理选择回波间隔等关键测试参数后, 利用低场磁共振横向弛豫技术可以很方便地对水泥基材料试件所含可蒸发水质量进行原状、无损、快速、准确的测试。

由图 4.2 还可以看出, 自由水质量 m_{wb} 与总信号量 M_0 的相关系数相对更高些, 这可能由多方面原因导致。首先, 由于非饱和试件内部含水量已经很低, 利用主频低至 2 MHz 的低场磁共振设备进行测试时, 试件的信噪比较低, 这使得反演计算所得总信号量 M_0 的误差相对较大。在实际测试时, 应尽可能地提高弛豫信号的信噪比。其次, 白水泥砂浆试件内部依然存在一定铁含量, 它会对试件的横向弛豫信号带来一定的干扰, 进而增大反演计算所得总信号量 M_0 的误差。此外, 由于砂浆试件内部含有一定量的石膏和高/低硫型水化硫铝酸钙, 它们在 105 ℃ 真空干燥条件下会失去部分结晶水, 进而使得可蒸发水质量 m_{w} 被高估, 这使得白水泥砂浆试件总信号量 M_0 与可蒸发水质量 m_{w} 的相关性相对较低, 同时也是孔隙水的比例系数 M_0/m_{w} 略低于自由水比例系数 $M_{0\mathrm{b}}/m_{\mathrm{wb}}$ 的原因。

为了避免石膏等含结晶水的矿物分解对可蒸发水质量测试结果的影响, 从灰砂比均为 1:3, 水灰比分别为 0.33、0.43 的另外两组白水泥砂浆中随机选取 4 个试件, 在室温、相对湿度为 3% 的干燥器内进行逐步烘干, 分别利用电子天平和横向弛豫技术监测试件质量损失和总信号量 M_0 的变化过程, 结果如图 4.3 (a) 所示。由图 4.3(a) 可见, 随着各砂浆试件干燥失水导致的质量逐渐降低, 横向弛豫测试所得总信号量 M_0 也随之线性降低, 线性相关程度非常高 ($R^2 > 0.997$)。此外, 线性拟合所得直线斜率均在 1.26 左右, 说明当砂浆试件质量每降低 1 g 时, 它的总信号量 M_0 将减小约 1.26, 该值与图 4.2 (b) 中所示单位质量自由水的信号量非常接近。同时, 图 4.3 (a) 中所有拟合直线与横轴的截距 (与 $M_0 = 0$ 对应) 即为各试件固体骨架的质量, 进而可以计算得到各试件在不同干燥阶段所含可蒸发水质量。若对白水泥砂浆试件不予区分, 利用过原点的直线对所有试件所含可蒸发水质量与总信号量 M_0 的关系进行拟合, 所得结果如图 4.3 (b) 所示。从中同样可见, 不同材料、不同试件所含可蒸发水质量 m_{w} 与总信号量 M_0 高度线性相关 ($R^2 = 0.998$), M_0 只由可蒸发水质量决定, 跟多孔材料及试件的组成和微结构无关。也就是说, 无论水分子处于自由状态还是被约束在砂浆材料不同大小孔隙内部, 横向弛豫技术均可准确地采集到所有可蒸发水的信号。综上可知, 利用恰当的低场磁共振设备并采用合理的关键参数进行测试, 可恰好采集到所有可蒸发水的信号量, 这是利用横向弛豫技术对水泥基材料多尺度孔径分布进行测试分析时必须满足的基础与先决条件。利用横向弛豫总信号量与可蒸发水质量间的关系式 (4.2)，可对白水泥砂浆试件的含水量进行快速无损测试。

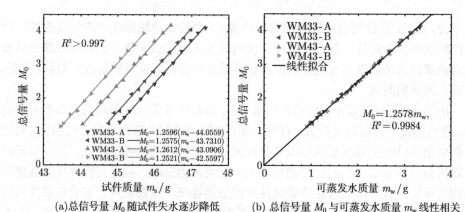

(a) 总信号量 M_0 随试件失水逐步降低　　　(b) 总信号量 M_0 与可蒸发水质量 m_w 线性相关

图 4.3　利用室温干燥方法测量白水泥砂浆试件所含可蒸发水质量并校验设备工作状态 (彩图扫封底二维码)

　　需要特别强调的是，在对低场磁共振设备和横向弛豫测试参数进行调校时，横向弛豫总信号量 M_0 与可蒸发水质量 m_w 间必须满足通过原点的线性关系，且比例系数与自由水之间的误差应足够小。若不满足该条件，则无法确认所采集到的横向弛豫信号究竟来自多孔材料内部哪部分孔隙水，也就无法确定低场磁共振测试所得孔结构究竟包含哪部分孔隙。考虑到水泥基材料内部所含石膏、高/低硫型水化硫铝酸钙和 C—S—H 凝胶等组成可能在高温干燥过程中部分失水，进而影响对可蒸发水质量的精准测定，建议采用图 4.2 (b) 与图 4.3 所示方法来校验低场磁共振设备和所设置的关键测试参数是否合理恰当，通过拟合直线是否过原点、单位自由水与孔隙水信号量的偏差程度来进行判断。

4.1.4　横向弛豫时间刻度

　　在严格控制低场磁共振设备试件室区域的磁场均匀度、限制水泥基材料试件的铁磁性物质含量、采用尽可能短的回波间隔、采用足够多的 180° 脉冲个数并合理控制重复时间 T_R 等条件下，与磁场梯度密切相关的扩散弛豫机制 (见 3.3.4 节) 对整体横向弛豫的贡献可以忽略。这样一来，孔隙水的横向弛豫机制只由自由弛豫和表面弛豫控制。对如图 4.4 (a) 所示饱和流体的第 i 种孔隙来说，假设它的表面积为 $A_i(\mathrm{m}^2)$ 且体积为 $V_i(\mathrm{m}^3)$，孔溶液分子的直径为 $d_L(\mathrm{m})$，则孔隙表面单层液膜所占体积分数 f_S 近似为 $f_S = d_L A_i / V_i$。由于水泥基材料孔隙内部自由流体与表面单层液膜通常满足快扩散条件 [448]，此时第 i 种孔隙内部溶液的弛豫率 T_{2i}^{-1} 可以表示成表层与内部溶液横向弛豫率的体积分数加权平均值 [449,450]：

$$\frac{1}{T_{2i}} = \left(1 - \frac{d_{\mathrm{L}}A_i}{V_i}\right)\frac{1}{T_{2\mathrm{B}}} + \frac{d_{\mathrm{L}}A_i}{V_i}\frac{1}{T_{2\mathrm{S}}} \tag{4.3}$$

由于孔溶液的自由弛豫时间 $T_{2\mathrm{B}}$ 通常在秒级，如自由水的 $T_{2\mathrm{B}} \approx 2\,\mathrm{s}$，自由异丙醇的 $T_{2\mathrm{B}} \approx 1\,\mathrm{s}$，而表面弛豫时间 $T_{2\mathrm{S}}$ 通常在毫秒级，两者相差 3 个数量级左右，这使得自由弛豫对孔隙内部溶液横向弛豫率的贡献通常可以忽略 [409]，即横向弛豫由表面弛豫机制控制。此时，式 (4.3) 可以简化成

$$T_{2i}^{-1} = \rho_2 A_i/V_i, \quad \rho_2 = d_{\mathrm{L}}/T_{2\mathrm{S}} \tag{4.4}$$

式中，表面弛豫强度 ρ_2 反映孔壁与溶液分子的相互作用，由孔隙表面与孔溶液的性质共同决定，且不受温度与压力的影响 [405]。若将第 i 种孔隙等效视作半径为 r_i 的圆柱形孔，如图 4.4 (b) 所示，则 $A_i/V_i = 2/r_i$，整理式 (4.4) 可得

$$r_i = 2\rho_2 T_{2i} \tag{4.5}$$

也就是说，在测量得到孔溶液的横向弛豫时间 T_{2i} 后，依据式 (4.5) 可以计算得到等效的圆柱形孔半径 r_i。一般地，第 i 种孔隙内部溶液的横向弛豫时间 T_{2i} 与孔隙等效半径 r_i 间的关系可以写作

$$r_i = \alpha \rho_2 T_{2i} \tag{4.6}$$

当采用圆柱形孔假设时，无量纲系数 $\alpha = 2$；当采用平板状孔假设时，若 r_i 表示平板间距的 $1/2$，则系数 $\alpha = 1$。对其他复杂形状的孔隙，可以采用相同方法确定系数 α。

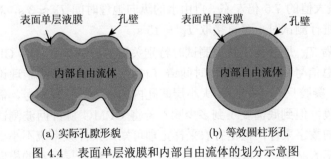

(a) 实际孔隙形貌   (b) 等效圆柱形孔

图 4.4 表面单层液膜和内部自由流体的划分示意图

4.1.5 测试参数的合理选择

在一定条件下，无论孔隙水分布在砂浆哪部分孔隙中，低场磁共振技术均可采集到它们的弛豫信号，除选用合适的低场磁共振设备外，选择合理的测试参数也非常关键。

在选定低场磁共振设备主频后, 利用 CPMG 脉冲序列来测试横向弛豫信号时的关键参数包括回波间隔 T_E、重复时间 T_R、回波个数 N_E、扫描次数 N_S 等。这些关键参数可以结合如图 4.1 所示典型横向弛豫信号来进行合理选择。首先, 回波个数 N_E 应足够多, 以完整采集孔隙水在整个弛豫过程中的所有信号。水泥基材料内部通常含有一定量的较大毛细孔和气孔等, 由于它们的比表面积很小, 饱和状态下这些大孔内部的水分弛豫主要由自由弛豫机制控制, 它们的横向弛豫时间通常在 $2 \sim 3$ s。因此, 在设定回波个数 N_E 时, 应使 CPMG 脉冲序列的测试时间足够长, 以使孔隙流体的横向弛豫信号最终衰减到背景噪声水平。实际测试时, 可以先选用较大的回波间隔 T_E 以快速确定 CPMG 脉冲序列的测试时长, 进而协助确定合理的回波个数 N_E。其次, 需要通过合理控制扫描次数 N_S, 以使横向弛豫信号的信噪比达到一定数值。对特定含水量的待测试件来说, 它的总信号量 M_0 一定, 低场磁共振测试所得 M_0 及由 M_0 所代表孔溶液质量的测量精度与信噪比成正比。若信噪比为 100, 则总信号量 M_0 的测试精度约为 $1/100$。扫描次数越多, CPMG 信号叠加次数越大, 弛豫信号的信噪比也就越高, 但所需测试时间也越长。通常, 弛豫信号的信噪比与 $\sqrt{N_S}$ 成正比。在条件允许的情况下, 可以尽量地增大扫描次数 N_S 以提高试件的信噪比。当利用主频为 2 MHz 低场磁共振设备对水泥基材料试件进行测试时, 建议通过调整扫描次数等使信噪比达到 $80 \sim 100$。再次, 重复时间 T_R 是相邻两次 CPMG 脉冲扫描之间的时间间隔, 它应足够大以使自旋核系统极化完全, 进而使相邻两次 CPMG 脉冲扫描信号相互独立。依据自旋核的极化规律可知, 当重复时间 $T_R > 5T_1$ 时, 极化基本完成。考虑到水泥基材料孔隙水 T_1 测试较为耗时且 $T_1/T_2 \approx 1.5$, 在快速完成初步 CPMG 脉冲测试并反演得到对应的横向弛豫时间谱 $f(T_2)$ 之后, 可以将重复时间 T_R 取作 T_2 谱中最大值的 7.5 倍左右。自由水的纵向弛豫时间 $T_2 \approx 3$ s, 对含自由水的水泥基材料进行测试时, 可直接取 $T_R = 15$ s。

回波间隔 T_E 是低场磁共振测试时特别关键的控制参数, 对 CPMG 脉冲序列测试所得总信号量 M_0 和弛豫时间谱 $f(T_2)$ 具有重要影响。理论上, 为了采集 C—S—H 凝胶只有 $1 \sim 2$ nm 大小层间孔内部水分的弛豫信号, 需要采用足够小的回波间隔, 但到底需要小到多少呢? 若将 CPMG 脉冲回波测试视作对孔隙水弛豫信号的数字采样, 依据香农采样定理可知, 采样频率应不小于模拟信号频谱中最高频率的 2 倍。在水泥基材料内, C—S—H 凝胶层间水的横向弛豫时间最短, 对应的弛豫率最高。相关试验研究表明, 对 Fe_2O_3 含量受限的白水泥砂浆开展的低场磁共振测试结果表明, 在 2 MHz 主频条件下, 层间水的横向弛豫时间 T_2 会低至 $0.2 \sim 0.3$ ms。依据香农采样定理进行初步估算可知, 回波间隔 T_E 应不高于 0.1 ms。若在其他测试参数保持一致的情况下, 在 $60 \sim 800$ μs 内单独调整回波间隔 T_E 对同一白水泥砂浆试件开展测试, 利用拉普拉斯逆变换算法来反演

计算总信号量 M_0 和横向弛豫时间谱 $f(T_2)$，所得结果如图 4.5 所示。

由图 4.5 可见，反演计算所得横向弛豫时间谱 $f(T_2)$ 与回波间隔 T_E 高度相关。当回波间隔从 800 μs 逐渐减小至 100 μs 时，T_2 谱所包围的面积越来越大，即总信号量 M_0 值越来越大。这就是说，回波间隔 T_E 取值不同时，横向弛豫能采集到信号的孔溶液来源也不一样。回波间隔越短时，弛豫越快的微孔内部流体弛豫信号就能采集得越多。当回波间隔低于 100 μs 时，T_2 谱及总信号量 M_0 的变化非常小，可以认为此时它们随回波间隔逐渐减小而收敛至其稳定值，此时它们之间存在的微小差异还与具体的回波间隔及其他测试参数相关。为了确保前后多次磁共振测试结果之间具有良好的横向可比性，在确定合适的回波间隔 T_E 后，实际测试时应统一采用相同的 T_E 值。进一步分析不同回波间隔条件下测量所得总信号量 M_0 与试件所含可蒸发水质量间的关系可知，当利用主频为 2 MHz 的低场磁共振设备进行测试并取回波间隔 $T_E = 60$ μs 时，将总信号量 M_0 代入式 (4.2) 计算所得含水量与可蒸发水质量的实测值高度吻合，建议将回波间隔统一取作 $T_E = 60$ μs。在通过严格校验确保能采集到所有层间水的弛豫信号时，回波间隔 T_E 也可以采用稍大些的数值。

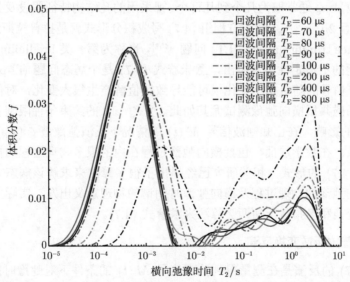

图 4.5　回波间隔 $T_E \in [60, 800]$ μs 时的横向弛豫时间谱 $f_i(T_{2i})$ 测试结果 (彩图扫封底二维码)

结合图 3.10 所示自由弛豫时间及表面弛豫影响可知，C—S—H 凝胶层间水的横向弛豫时间 T_2 与磁场强度有些相关，且受 Fe_2O_3 含量的影响非常显著。当磁场强度提高时，层间水的横向弛豫时间 T_2 值会有所减小，此时应采用更短的回波间隔 T_E 以采集含量丰富的层间水的弛豫信号。当水泥基材料的 Fe_2O_3 含量过高时，受铁磁性物质对表面弛豫和扩散弛豫机制的强化作用影响，层间水的横向弛豫时间 T_2 显著地减小至几十微秒甚至更低的数值，此时采用低至 $60\,\mu s$ 的回波间隔通常采集不到全部层间水弛豫的完整信号，甚至可能完全采集不到。

4.2　横向弛豫时间谱反演计算

由于低场磁共振测试时不可避免地会受环境电磁噪声的干扰，考虑到噪声信号的影响及数值求解的需要，横向弛豫信号 $M(t)$ 的控制方程式 (4.1) 应改写成

$$M(t) = \sum_{i=1}^{n_e} \zeta_i \exp\left(-\frac{t}{T_{2i}}\right) + \epsilon(t), \quad \zeta_i = M_0 f_i \text{ 且 } \zeta_i \geqslant 0 \qquad (4.7)$$

式中，n_e 为单指数弛豫组分的数量；ζ_i 为第 i 个弛豫组分的信号量；$\epsilon(t)$ 通常可视作高斯白噪声的噪声信号。利用 CPMG 脉冲序列进行测试时，在 $t_i = iT_E$，$1 \leqslant i \leqslant N_E$ 时刻对脉冲回波信号进行了 N_E 次采样，式 (4.7) 是包含 $2n_e$ 个待定参数 (T_{2i}, ζ_i) 的 N_E 个方程组成的方程组，N_E 的数值通常在几百到几万甚至十几万；弛豫组分的数量 n_e 通常取为几个到几百个，视采用的孔结构特征假设及具体的反演算法而定，且 $2n_e \ll N_E$。超定方程组 (4.7) 写成积分形式就是拉普拉斯逆变换 (inverse Laplace tranformation，ILT) 问题 [451]，也称为第一类 Fredholm 问题 [452]。该类反问题的不适定性非常突出，意味着式 (4.7) 是个病态问题 (ill-posed problem)，噪声信号的随机微小变化很可能导致数值解产生很大变化，对信噪比相对较低的低场磁共振横向弛豫测试尤其如此。受 $\zeta_i \geqslant 0$ 的约束条件限制及随机噪声信号 $\epsilon(t)$ 的影响，在已知回波信号 $M(t)$ 的情况下反演弛豫谱 $\zeta_i(T_{2i})$ 的数值算法非常复杂。在数学层面，包括横向弛豫过程在内的很多物理过程的控制方程均可写成式 (4.7) 的形式，相关研究已经提出了很多算法来求解该病态方程。从孔隙流体横向弛豫的物理过程及横向弛豫时间谱的物理意义出发，实际主要采用拉普拉斯逆变换和多指数反演两类算法来求解式 (4.7)。

4.2.1　拉普拉斯逆变换反演

式 (4.7) 的反演是在测量得到弛豫信号 $M(t)$ 的条件下对弛豫时间谱 $\zeta(T_2)$ 进行求解，即确定弛豫时间 T_{2i} 及与之对应的各组分信号量 ζ_i。不适定式 (4.7) 的求解很不稳定，数值解 $\zeta_i(T_{2i})$ 很容易受随机噪声信号 $\epsilon(t)$ 的影响，噪声信号的微小变化会导致数值解产生很大变化。换句话说，当弛豫时间谱 $\zeta_i(T_{2i})$ 变化非常明显时，它们给出的横向弛豫信号 $M(t)$ 可能非常接近，无法分辨数值拟合效果的相对优劣。为了克服控制方程不适定性的影响并计算得到较稳定的数值解，通常采用正则化方法进行反演计算。令 $\mathcal{K}(t, T_2) = \exp(-t/T_2)$（常称作积分核），将

式 (4.7) 改写成积分形式可得

$$M\left(t\right) = \int_{\Omega} \mathcal{K}\left(t, T_2\right) \zeta\left(T_2\right) \mathrm{d}T_2 + \epsilon\left(t\right) \tag{4.8}$$

式中，Ω 为横向弛豫时间 T_2 的积分域。进一步令积分核 $\mathcal{K}\left(T_2\right) = \mathcal{K}\left(t, T_2\right)$，引入积分算子 $\mathcal{L}$ 为 $\mathcal{L}\zeta = \int \mathcal{K}\left(T_2\right) \zeta\left(T_2\right) \mathrm{d}T_2$，定义 $\|\cdot\|_2$ 为 L2 范数，此时可以将式 (4.7) 转化成式 (4.9) 所示的非负最小二乘问题进行求解：

$$\min_{\zeta \geqslant 0} \|M - \mathcal{L}\zeta\|_2^2 + \lambda_{\mathrm{r}} \|\zeta\|_2^2 \tag{4.9}$$

式中，$\lambda_{\mathrm{r}} > 0$ 为正则参数。式 (4.9) 第一项是实测横向弛豫信号与拟合数据之间的差异，第二项基于 Tikhonov 正则化，通过引入正则参数 λ_{r} 来控制模型的复杂度并防止过拟合。由于 L2 范数自身具有的特性，Tikhonov 正则化倾向于计算得到非常平滑的数值解 [453]，当应用于反演分析多孔介质的弛豫信号时，所得横向弛豫时间谱通常由若干个宽峰组成 [411]。

弛豫时间谱 $\zeta\left(T_2\right)$ 具有明确的物理意义。对于孔隙水来说，弛豫时间 T_2 的最大值为其自由弛豫时间 (约为 $3\,\mathrm{s}$)，其最小值为横向弛豫测试方法能探测并分辨的最小值，通常约为回波间隔 T_E 的 2 倍。为了简化数值求解，通常将横向弛豫时间 T_2 在其最小值和最大值之间进行布点并假设对应的弛豫时间 T_{2i} 已知。对 $2\,\mathrm{MHz}$ 低场磁共振测试来说，由于最小回波间隔 $T_\mathrm{E} = 60\,\mathrm{\mu s}$，则 T_{2i} 的最小值约为 $1.2 \times 10^{-4}\,\mathrm{s}$。由于横向弛豫时间的最大值与最小值相差好几个数量级，实际多采用对数布点的方式。对孔溶液横向弛豫问题来说，为使弛豫时间 T_2 的数值解完整地包括它的最小值和最大值之间的可能取值范围，通常将它在 $T_2 \in [10^{-5}, 10^1]\,\mathrm{s}$ 内进行对数布点，如图 4.6 所示。

在对横向弛豫时间 T_2 进行对数布点后，数值求解的任务就转化为计算与横向弛豫时间 T_{2i} 对应的弛豫组分信号量 ζ_i，此时广泛采用 BRD(Butler-Reeds-Dawson) 算法来进行数值求解 [452,454]。BRD 算法的具体计算原理与过程非常复杂，问题的不适定性及正则参数 λ_{r} 的引入使所得数值解与正则参数 λ_{r} 高度相关，反演计算结果是测量所得回波信号串 $M\left(t\right)$ 及所选择正则参数 λ_{r} 的函数，且正则参数至少部分取决于实测横向弛豫信号的信噪比。因此，各弛豫组分信号量 ζ_i 的计算结果对信噪比和正则参数的选择非常敏感，往往具有多解性 (明显不同的弛豫时间谱 $\zeta_i\left(T_{2i}\right)$ 可能对同一回波信号都具有很好的拟合效果)，这既给合理地选择正则参数 λ_{r} 提出了很高的要求，同时使得在对弛豫时间谱进行反演计算及实际应用时必须特别注意细节问题。例如，计算所得横向弛豫总信号量 $M_0 = \sum_i \zeta_i$ 通常比较稳定，横向弛豫时间 T_{2i} 落在差异显著的较宽区间范围内的各弛豫组分信号量之和也会相对较稳定, 但由于正则化算法具有明显的平滑效应 (如图 4.6 所示的弛豫时间谱曲线非常光滑), 和弛豫时间相邻的各弛豫组分倾向于合并或相互重叠 pearling 效应 (pearling effect [411,455]), 使得与特定弛豫时间 T_{2i} 对应的信号量 ζ_i 无法准确计算, 在解析与应用横向弛豫时间谱时需要特别小心, 尽量利用弛豫时间谱的整体信息而不是局部信息。

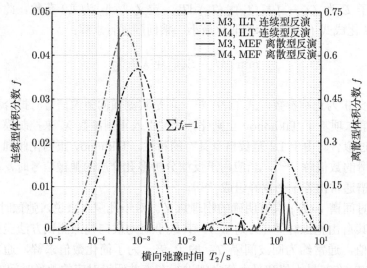

图 4.6　白水泥砂浆饱水时的连续和离散型横向弛豫时间谱图 (彩图扫封底二维码)

为了进一步说明正则参数 λ_r 对弛豫时间谱计算结果的影响, 利用拉普拉斯逆变换算法对同一试件的实测弛豫数据进行反演, 正则参数 λ_r 取值不同时的弛豫时间谱计算结果如图 4.7 所示。为了评价反演结果的拟合情况, 同时计算并在图 4.7 (b) 中给出了反演所得信号量 M_0 和弛豫信号拟合的均方误差 (root mean square error, RMSE):

$$\text{RMSE} = \sqrt{\frac{1}{N_E} \sum_{j=1}^{N_E} \left[M(t_j) - \hat{M}(t_j) \right]} \tag{4.10}$$

式中, $\hat{M}(t_j)$ 为将反演所得横向弛豫谱 $f(T_2)$ 代入式 (4.1) 计算所得的拟合值。

由图 4.7 可见, 当 $\lambda_r \leqslant 1$ 时, 拉普拉斯逆变换反演拟合所得总信号量 M_0 基本无变化, 但反演所得横向弛豫时间谱 $\zeta(T_2)$ 左峰较窄, 右峰明显较多, 此时似乎能计算得到更准确、含更多细节特征的弛豫时间谱。但是, 当对同一试件进行多次重复测试和反演时, 由于随机噪声不可避免且每次测试都有所不同, 会发现反演所得横向弛豫时间谱可能会发生很大变化, 即弛豫时间谱反演结果的稳定性很差, 难以对计算所得弛豫时间谱进行解析和应用。另外, 当正则参数 $\lambda_r > 1$ 时, 随着

λ_r 值的增大，反演所得 M_0 值逐渐减小且 RMSE 逐渐增大。尽管 RMSE 只是从 $3.07 \times 10^{-2}(\lambda_r = 1)$ 稍微增大至 $3.20 \times 10^{-2}(\lambda_r = 1000)$，但总信号量 M_0 却从 2.1 左右显著减小至约 0.5，这是由式 (4.9) 中正则项的影响越来越大导致的。因为控制方程式 (4.7) 具有不适定性，尽管反演计算所得横向弛豫时间谱 $f(T_2)$ 和总信号量 M_0 变化显著，但表征拟合效果的 RMSE 始终处于相近的较低水平。单纯从对回波信号的拟合精度角度来看，难以判断拉普拉斯逆变换反演计算所得数值解的准确性。此外，由图 4.7 还可以看出，弛豫时间谱峰随正则参数 λ_r 的增大而逐渐展宽，乃至将所有特征峰全部平滑化，弛豫时间谱的细节特征逐渐被掩盖，这同样使得弛豫时间谱解析应用的难度加大。需要特别强调的是，正则参数 λ_r 的影响程度与规律还与实测回波信号的信噪比密切相关，即与测试设备、测试环境及试件特征 (如固体骨架和孔溶液组成等) 等的关系非常密切。在利用拉普拉斯逆变换算法对横向弛豫时间谱进行反演时，需要特别小心并合理选择正则参数的数值。

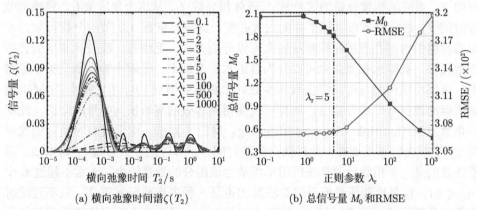

(a) 横向弛豫时间谱 $\zeta(T_2)$ (b) 总信号量 M_0 和RMSE

图 4.7　正则参数 λ_r 取值不同时的横向弛豫时间谱计算结果和拟合效果 (彩图扫封底二维码)

　　根据上面的分析可知，正则参数 λ_r 取值越小时，拉普拉斯逆变换算法的计算精度越高，但数值解的稳定性越低；反之，λ_r 取值越大时，计算精度越差，但数值解的稳定性越高。在具体反演计算横向弛豫时间谱时，通常选择在尽量提高反演结果准确性 (细节特征) 的条件下，尽可能地兼顾反演结果的稳定性 (可重复性)，通常可采用与 RMSE 开始快速增大相对应的临界正则参数 [456,457]，如图 4.7 (b) 中所示 $\lambda_r = 5$ 的情形。采用 $\lambda_r = 5$ 对两种不同白水泥砂浆试件的横向弛豫时间谱 $f(T_2)$ 进行拉普拉斯逆变换反演，所得结果如图 4.6 所示，该结果能在一定程度上准确地反映两种砂浆材料孔隙结构之间存在的差异，如代表纳米孔的整个左峰、代表自由流体的右峰及代表介孔的中间峰等。正是由于控制方程式 (4.7) 的病态性和正则参数 λ_r 影响的复杂性，正则参数 λ_r 的最优值很难确定，取值过大则可能存在欠拟合问题，取值过小时可能会过拟合。拉普拉斯逆变换反演算法无法准确计算与某横向弛豫时间 T_{2i} 对应的弛豫组分信号量 ζ_i，即弛豫时间谱中特定弛豫时间的纵坐标计算结果并不准确且没有实际意义，但在某个弛豫时间区间范围内的分布特征具有一定的稳定性，在解析应用横向弛豫时间谱计算结果时需要特别注意。此外，由图 4.7 (b) 可见，总信号量 M_0 同样受正则参数 λ_r 取值的影响，当 $\lambda_r > 1$ 时，M_0 的计算结果随 λ_r 的增大而快速减小，单纯分析 M_0 值没有太大意义。根据式 (4.2) 可知，总信号量 M_0 代表试件内部客观的孔溶液含量，在解析总信号量 M_0 的物理含义时，必须对 M_0 的计算结果进行严格标定。

4.2.2 多指数反演

前面已经说明，由于横向弛豫的控制方程式 (4.7) 的不适定性及正则参数影响的复杂性，尽管拉普拉斯逆变换反演算法将横向弛豫时间 T_2 按对数进行布点计算，能考虑可能存在的众多弛豫组分的贡献，但无法准确计算与某个特定弛豫时间 T_{2i} 对应的弛豫分量的信号量 ζ_i 或体积分数 f_i。从这个角度来看，将横向弛豫时间 T_2 进行密集布点似乎并无太大必要。此外，依据 1.2 节的分析可知，水泥基材料的内部孔隙按结构特征通常可以分成大孔、毛细孔、凝胶孔和层间孔等少数几种，孔隙水按概念也可以分为自由水、毛细水、吸附水等少数几类。原则上，可以将横向弛豫时间谱仅取作少数几个离散数据点 (T_{2i}, f_i) 来对 CPMG 测试所得回波信号串进行拟合，同样可反演得到等效的离散横向弛豫时间谱，此即多指数反演 (multiple exponential fitting, MEF) 算法。由于没有对横向弛豫时间 T_2 进行先验布点处理，此时横向弛豫时间 T_{2i} 和各组分信号量 ζ_i 均未知。需要注意的是，多指数反演算法所用单指数弛豫组分的数量较少，通常不超过 6 个 ($n_e \leqslant 6$)。拉普拉斯逆变换反演算法其实也是一种多指数反演算法，只不过此时指数的数量由横向弛豫时间 T_2 的布点数量决定，通常远大于多指数反演算法所用指数的数量。

当按多指数反演思想来拟合实测横向弛豫信号 $M(t)$ 时，由于 ζ_i 与 T_{2i} 均未知，甚至单指数弛豫组分的数量 n_e 也可以假设未知，此时尽管待定参数数量明显少于拉普拉斯逆变换反演算法的布点数量，但受控制方程式 (4.7) 不适定性及随机噪声等因素的影响，计算结果的准确性及稳定性同样与信噪比等密切相关。Provencher 等 [458-460] 提出了一种能适应较低信噪比情况的多指数反演算法，该算法充分地利用弛豫信号可由少数几个单指数弛豫组分的衰减信号叠加构成的先验知识，尽量地提高对相干谱峰的计算精度，借助指数求和、乘积及导数的快速计算方法，利用最小二乘算法在参数空间内寻找最优解。Provencher 利用 Fortran 语言编写了实现该算法的 Discrete 程序并公开了其源代码 [461]，该程序采用内建数学变换算法来获得较好的初始解，规避正则参数的合理取值问题，进而有效地求解弛豫组分的数量 $n_e \leqslant 9$ 的多指数反演问题，并能给出弛豫组分数量不同时反演所得数值解的相对优劣。利用 Discrete 程序对两种白水泥砂浆饱和试件的横向弛豫实测回波信号进行多指数反演，所得结果如图 4.6 所示。

对白水泥砂浆 M3 和 M4 来说，多指数反演计算所得最优解含有 5 个单指数弛豫组分。弛豫最快的 2 个组分的横向弛豫时间 T_2 分别约为 0.3 ms 和 1.5 ms，二者的体积分数占比非常高，它们大致与拉普拉斯逆变换反演所得左侧大峰相对应。结合 C—S—H 凝胶结构及水泥砂浆孔结构的特征可知，可以认为它们分别代表 C—S—H 凝胶的层间孔和凝胶孔 [139,427]。另外，最右侧弛豫时间 T_2 最长、体积分数也较大的弛豫组分近似与拉普拉斯逆变换反演所得右峰相对应，它的弛豫时间在秒级，大致与拉普拉斯逆变换反演所得连续型弛豫时间谱的右峰相同，可以认为它代表的是自由水。除以上 3 个体积分数 f_i 较大的弛豫组分外，多指数反演算法还计算得到两个弛豫时间分别在 30 ms 和 200 ms 左右的小峰，可以认为它们分别代表 C—S—H 凝胶无序堆积形成的凝胶间孔和小毛细孔。由于横向弛豫谱反演问题的不适定性和随机噪声的影响，多指数反演也很难准确地计算各弛豫组分的弛豫时间 T_{2i} 和体积分数 f_i，这可以从白水泥砂浆 M3 和 M4 反演所得结果之间的显著差异看出来。在确定表面弛豫强度 ρ_2 并将横向弛豫时间 T_2 刻度成等效孔隙半径 r 之后，4.4 节将对多指数反演所得结果的物理意义进行深入阐述。

横向弛豫控制方程的病态性导致多解性，在对实测横向弛豫信号进行多指数反演时，部分研究强行先验限定弛豫组分的数量 [428]，也有部分研究人为给各弛豫组分的横向弛豫时间添加额外约束，如限制各组分的横向弛豫时间之比为 1:3:9 等 [415,462]，这相当于强行限制水泥基材料尤其是 C—S—H 凝胶的纳米孔结构满足先验的约束条件，实属无奈之举。此外，文献 [426]、[463] 还采用约束型指数剥离法等算法进行反演，这类算法的工作原理也较简单，但由于受主观因素影响较大，应用较少。应该强调的是，由于这些额外约束条件的引入，反演结果必然会因为这类人为先验约束的引入而发生畸变，进而影响对弛豫时间谱的解析与应用，具体采用时应特别小心谨慎。

与采用 L2 范数的 Tikhonov 正则化表达式 (4.9) 不同，L1 范数正则化本质上倾向于给出具有稀疏特性的数值解 [464,465]，此时式 (4.7) 可转化成如下最小值问题：

$$\min_{\zeta \geqslant 0} \|M - \mathcal{L}\zeta\|_2^2 + \lambda_r \|\zeta\|_1 \tag{4.11}$$

式中，L1 范数 $\|\zeta\|_1 = \sum_i |\zeta_i|$。通过交叉验证法 [466]、Akaike 信息准则 [467] 及 Morozov 偏差原理 [468] 等方法优化确定正则参数 λ_r 后，利用内点法等求解最优化问题的经典算法，也可以求解式 (4.11) 并计算得到离散横向弛豫时间谱。这类算法没有人为引入先验约束，通过调整正则参数 λ_r 可以兼顾反演结果的准确性和稳定性。由于水泥基材料的孔结构具有显著结构化特征，结合 C—S—H 凝胶

的结构特点等，可将其孔隙分成层间孔、凝胶孔、毛细孔等少数几类孔隙，使得在解析水泥基材料的横向弛豫时间谱时，倾向于得到稀疏解的 L1 正则化算法具有一定的优势，但相关计算代码还需要进一步开发与完善。横向弛豫时间谱反演算法的准确性和鲁棒性非常关键，它们对横向弛豫信号的解析至关重要，这在利用低场磁共振弛豫技术对水泥基材料进行测试分析时应特别注意。

4.3   表面弛豫强度的测定

由式 (4.5) 可知，孔隙流体的横向弛豫时间 T_{2i} 可以刻度成等效孔隙半径 r_i，二者之间呈简单的线性关系，但关键的比例系数 ρ_2 非常难以确定。对岩石等多孔材料来说，表面弛豫强度 ρ_2 的数值可以通过孔隙图像分析、脉冲场梯度磁共振、压汞毛细压力曲线等方法进行间接标定 [404]。然而，由于水泥基材料的细、微观孔隙形貌及其结构非常复杂，且存在扫描电镜都难以观测的大量纳米微孔，使这些方法的适用性存疑。如何准确测定表面弛豫强度 ρ_2 是将横向弛豫时间 T_{2i} 刻度成等效半径 r_i 的关键。由式 (4.4) 可知，ρ_2 由表层液体分子直径 d_L 和表面弛豫时间 T_{2S} 共同决定，前者可以根据具体的孔溶液分子种类确定 (水分子直径 $d_{H_2O} = 0.3\,\mathrm{nm}$ [449,450]，异丙醇分子直径 $d_{IPA} = 0.56\,\mathrm{nm}$ [389])，确定表面弛豫强度 ρ_2 的难点在于如何测定表征表面弛豫快慢的表面弛豫时间 T_{2S}。

4.3.1   自旋回波测试法

从试验测试角度来看，在制备出孔壁表面只吸附一层孔溶液分子的非饱和水泥基材料试件后，利用 Hahn 自旋回波脉冲序列对其进行测试，可以确定该类孔溶液的表面弛豫时间 T_{2S}。将式 (4.1) 中的指数项在 $t = 0$ 时刻进行泰勒展开并近似忽略高阶项，则在初始弛豫 $(t \to 0)$ 阶段，横向弛豫信号 $M(t)$ 的衰减过程可以近似为

$$M(t) \approx M_0 \left(1 - \frac{t}{T_{2,\mathrm{Init}}} \right) \tag{4.12}$$

且有

$$T_{2,\mathrm{Init}}^{-1} = \sum_i f_i / T_{2i} \tag{4.13}$$

式中，$T_{2,\mathrm{Init}}(\mathrm{s})$ 为在 $t \to 0$ 时的初始横向弛豫时间。由式 (4.12) 可知，在 $t \to 0$ 的短时间范围内，横向弛豫信号 $M(t)$ 近似与弛豫时间 t 成正比，利用该比例关系可以很方便地确定初始横向弛豫时间 $T_{2,\mathrm{Init}}$。在利用 Hahn 自旋回波进行测试时，通过调整回波间隔 T_E 进行多次测试并保证每次测试结果的信噪比，可以对该近似线性规律进行检验与验证。另外，若近似忽略扩散弛豫的贡献，由于单类

孔隙的横向弛豫率可以视作表层溶液分子的表面弛豫率和孔隙内部溶液自由弛豫率的体积分数加权平均, 将式 (4.3) 代入式 (4.13), 整理可得

$$T_{2,\text{Init}}^{-1} = \frac{d_{\text{L}}A_0}{V_0}T_{2\text{S}}^{-1} + \left(1 - \frac{d_{\text{L}}A_0}{V_0}\right)T_{2\text{B}}^{-1}, \quad A_0 = \sum_i A_i, \quad V_0 = \sum_i V_i \qquad (4.14)$$

式中, $A_0(\text{m}^2)$ 为多孔材料试件孔隙的总表面积; $V_0(\text{m}^3)$ 为孔溶液总体积。若逐步降低水泥基材料试件的含水量, 当孔隙表面恰好吸附单层孔溶液分子时, 孔溶液的总体积 V_0 近似为 $V_0 = d_{\text{L}}A_0$, 代入式 (4.14) 可知, 此时有 $T_{2,\text{Init}} = T_{2\text{S}}$。在逐步降低含水量的过程中, 由于 $d_{\text{L}}A_0 \leqslant V_0$, 初始横向弛豫时间 $T_{2,\text{Init}}$ 将逐渐逼近 $T_{2\text{S}}$, 该规律已经在水泥基材料试件上得到验证 [409]。这就是说, 通过制备孔壁表面只吸附单层孔溶液分子的水泥基材料试件, 并利用 Hahn 自旋回波脉冲序列测试其初始横向弛豫时间 $T_{2,\text{Init}}$, 可以确定表面弛豫时间 $T_{2\text{S}}$, 进而测定关键的表面弛豫强度 ρ_2。

根据经典的气体吸附理论可知 [77], 水泥基材料吸附单层气体分子对应的相对气体分压在 25% 左右, 对水蒸气来说, 此时的相对湿度 $H \approx 25\%$。依据 5.1.6 节的测试分析可知, 在较低饱和度条件下, 初始横向弛豫时间 $T_{2,\text{Init}}$ 对气体分压并不敏感, 实际测定时并不要求严格满足单层气体吸附条件。考虑到试件含水量较高时磁共振弛豫测试结果的信噪比也较高, 可以直接将水泥基材料试件放置在相对湿度 $H \approx 30\%$ 的密闭环境内进行吸附或脱附处理, 待达到平衡状态时开展 Hahn 自旋回波测试, 并将此时的初始横向弛豫时间 $T_{2,\text{Init}}$ 视作该类材料的表面弛豫时间 $T_{2\text{S}}$, 即可计算得到其表面弛豫强度 ρ_2。需要注意的是, 表面弛豫时间 $T_{2\text{S}}$ 及表面弛豫强度 ρ_2 与多孔材料孔壁的表面性质、孔溶液性质及低场磁共振的主频均有关, 这与孔溶液的横向弛豫时间 T_2 类似 [139]。

4.3.2 其他测试方法

除了以上 Hahn 自旋回波测试法, 还有其他近似方法可供选择用来确定表面弛豫强度 ρ_2。对水泥基材料来说, 其比表面积主要取决于其 C—S—H 凝胶的性质及含量。当内部相对湿度 $H = 25\%$ 时, 水泥基材料表面只吸附单层水分子膜。当内部相对湿度增大至 45% 左右时, 孔隙内部将发生毛细凝聚 [229]。因此可以认为, 当水泥基材料内部相对湿度 $H < 45\%$ 时, 孔隙表面主要发生单层或多层水分子吸附, 且吸附的水分子层可视为表面吸附水。若忽略掉此时微量体积水 $(T_{2\text{B}} \gg T_{2\text{S}})$ 的影响, 则式 (4.3) 可以简化成

$$\frac{1}{T_2} = \frac{d_{\text{L}}A_0}{V_0}\frac{1}{T_{2\text{S}}} = \rho_2\frac{A_0}{V_0} \qquad (4.15)$$

式中, 孔隙总表面积 A_0 和对应的孔隙水总体积 V_0 可以采用水蒸气等温吸附或者脱附试验来测定, 这是由于 C—S—H 凝胶的比表面积等属性与水蒸气吸附或

脱附过程密切相关，且水蒸气能够进入并探测到 C—S—H 凝胶层间孔，而它对水泥基材料的比表面积起控制作用。由式 (4.15) 可知，当对达到吸附或脱附平衡状态的试件进行低场磁共振弛豫测试时，在确定含不同孔隙水总体积 V_0 的试件的弛豫率 $1/T_2$ 之后，通过拟合 $1/T_2$ 与 $1/V_0$ 间的比例系数，结合实测所得总表面积 A_0，也可以计算得到表面弛豫强度 ρ_2 [469]。由于该测试方法需要用到多个在不同相对湿度条件下达平衡状态的水泥基材料试件，水蒸气吸附或脱附比表面积的测定非常耗时、难度较大且精度较低，而式 (4.15) 中的 T_2 实测结果通常是时间谱并非某个特征值，依据式 (4.15) 进行表面弛豫强度测定的方法不大实用，也没有相关实测数据可供与前述 Hahn 自旋回波测试法进行对比分析。

孔隙图像分析、脉冲场梯度磁共振和压汞法等也常用来测定岩石等多孔材料的表面弛豫强度 ρ_2 [405]。实际上，这些方法是利用其他测试技术来测定岩石材料的孔径分布，并用获得的特征孔径来标定低场磁共振测试所得横向弛豫时间谱，进而确定将等效孔隙半径 r 与横向弛豫时间 T_2 关联起来的关键系数 ρ_2。需要注意的是，由于水泥基材料具有的特殊性质尤其是与水之间存在一定的特殊相互作用，在采用这几种测定方法时需要特别注意它们的适用性。以压汞法为例，由于压汞法测定孔隙结构前必须对试件进行干燥预处理，而干燥预处理对水泥基材料孔结构的影响非常显著，这使得压汞法测试所得干燥状态下的孔径分布曲线与低场磁共振弛豫法测试所得饱和状态下的孔径分布曲线并非一一对应，此时不能采用前者来标定后者，对该问题的具体讨论详见第 5 章和 7.3 节。在应用孔隙图像分析法时，如果能避免干燥预处理就能测量得到水泥基材料纳米孔隙的尺寸分布，那么理论上也可以用来标定低场磁共振弛豫测试所得横向弛豫时间谱。但问题在于，水泥基材料的纳米尺度孔结构特别复杂，常规技术通常既不能避免预干燥，也无法准确获得尺寸仅有几个纳米的微观孔径分布，这使得孔隙图像分析法应用于水泥基材料时的局限性显著。另外，由于水泥基材料纳米级微孔内部水分弛豫非常快，横向弛豫时间极短，利用脉冲场梯度磁共振方法进行测试时，受低场磁共振设备性能限制，此时允许的最小回波间隔依然远大于纳米微孔的横向弛豫时间，它通常不能采集到纳米微孔的弛豫信号，也就不适用于水泥基材料纳米尺度孔结构的标定。由于表面弛豫强度 ρ_2 对刻度低场磁共振测试所得横向弛豫时间 T_2 非常关键，具体应用时应特别注意采用合理的方法来测定其数值。

4.4   典型饱水孔结构特征

低场磁共振横向弛豫测试的直接结果是如图 4.1 所示的脉冲回波信号衰减过程，利用拉普拉斯逆变换或多指数反演算法，可以计算得到总信号量 M_0 和横向弛豫时间谱 $f(T_2)$。在采用恰当的测试设备、方法和合理测试参数条件下，可以将

总信号量 M_0 刻度成可蒸发水质量, 在利用 Hahn 自旋回波测试法测量得到表面弛豫强度 ρ_2 后, 可以将横向弛豫时间 T_2 刻度成等效孔隙半径 r。至此, 低场磁共振横向弛豫方法就可以用来测试水泥基材料不同尺寸孔隙含有多少可蒸发水。当水泥基材料试件饱水时, 该方法测量所得结果就是其原状孔结构; 当水泥基材料处于非饱和状态时, 该方法也可以用来测量孔隙水在不同尺寸孔隙内的分布特征。众所周知, C—S—H 凝胶非常脆弱, 水泥基材料微结构对干燥预处理特别敏感。低场磁共振弛豫测试技术以孔溶液所含氢核作为探针, 测试前无须干燥, 具有原状、无损、快速、准确、灵活等特点, 且同时适用于饱和与非饱和情形, 特别适合用来表征水泥基材料的微结构及水分细微观分布, 应用前景广阔。

对图 4.6 所示两种白水泥砂浆来说, 5.1.6 节利用 Hahn 自旋回波法测试所得结果表明, 这两种砂浆的表面弛豫时间 $T_{2S} = 0.16\,\mathrm{ms}$, 将该值与水分子直径 $d_{\mathrm{H_2O}} = 0.3\,\mathrm{nm}$ 代入式 (4.4), 可得它们的表面弛豫强度 $\rho_2 = 1.88\,\mathrm{nm/ms}$, 进而可以将横向弛豫时间 T_2 准确刻度成等效孔隙半径 r。在利用单位质量自由水的信号量来刻度总信号量 M_0 后, 可以计算得到孔隙比容 $\vartheta(\mathrm{mL/g},$ 单位质量固体骨架所含孔隙体积), 进而可将图 4.6 中所示横向弛豫时间谱 $f(T_2)$ 转化成等效孔径分布曲线 $\vartheta(r)$, 如图 4.8 所示。

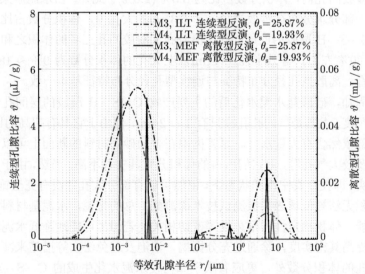

图 4.8 白水泥砂浆饱水时的连续和离散孔径分布曲线 (彩图扫封底二维码)

若认为水泥基材料内部孔隙的孔径连续分布, 由拉普拉斯逆变换反演算法计算所得连续孔径分布曲线可知, 白水泥砂浆 M3(M4) 的绝大多数孔隙的等效半径都在 20 nm 以内, 它们的体积分数高达 74.6% (87.3%); 白水泥砂浆 M3(M4)

内有相当一部分孔隙的孔径在 1 μm 以上，体积分数为 21.4% (10.8%)；白水泥砂浆 M3(M4) 的孔径在 [20, 1000] nm 内的孔隙很少，体积分数只有 4.0% (1.9%)。该孔径分布测试结果与利用常规压汞法等技术测量所得孔径分布曲线存在显著差异。如果认为 20 nm 以内的小孔均来自 C—S—H 凝胶层间孔、凝胶孔及不规则堆积分布形成的凝胶间孔，那么饱水状态下 C—S—H 凝胶内部及其周边的孔隙体积占比高达 80% 左右，具体数值与胶凝材料组成、水灰比、水化生成的 C—S—H 凝胶的数量、化学组成和形貌等密切相关，这与 1.2 节对水泥基材料孔结构的定性分析相吻合。孔径在 1 μm 以上的大孔占比为 10% ~ 20%，具体与砂浆材料的流动度、密实度及浇筑振捣成型效果等密切相关。

结合水泥基材料孔隙结构特征，当认为白水泥砂浆材料内部孔隙可以先验地分成层间孔、凝胶孔、凝胶间孔、小毛细孔和大毛细孔共五类孔时，依据多指数反演计算所得离散孔径分布也具有与连续孔径分布曲线类似的宏观特征。从图 4.8 中所示离散孔径分布可知，饱和白水泥砂浆 M3 (M4) 内大多数水分分布在等效半径 $r \approx 1.2$ nm 的层间孔内，体积分数占比为 41.6% (73.3%)；相当一部分水分分布在等效半径 $r \approx 5.8$ nm 的凝胶孔内，体积分数占比为 34.4% (14.3%)，层间孔和凝胶孔体积占总孔隙体积的 76.0% (87.6%)；还有小部分水分分布在凝胶堆积后形成的凝胶间孔内，体积分数占比为 3.5% (2.0%)；此外，白水泥砂浆 M3(M4) 还有相当一部分水分布在等效半径 $r \approx 6.3$ μm 的大孔内，体积分数占比为 18.4% (9.0%)。C—S—H 凝胶内的层间孔、凝胶孔和凝胶间孔三者的体积之和占到总孔隙体积的 80% 左右，等效半径在 1 μm 以上大孔的体积分数为 9% ~ 18%，从定性角度来看，离散型孔径分布特征与连续型孔径分布特征基本一致。

众所周知，硅酸盐水泥水化后的主要产物 C—S—H 凝胶的层间孔和凝胶孔位于纳米尺度，尤其是层间孔孔径只有 1 ~ 2 nm，但由于它具有超高的比表面积，饱和时内部依然含有大量水分。尽管肉眼在普通砂浆材料的断面上可以看到很多较小孔隙及较大气孔等，但它们所占的体积分数其实并不高。当然，由于水泥基材料非常密实，即使在真空饱和状态下，依然可能有部分大孔并没有完全饱水，此时它们的体积无法被低场磁共振测试技术探测到。总的来说，水泥基材料的孔隙率与力学性能、体积稳定性和耐久性等密切相关，若想尽可能地降低水泥基材料的孔隙率以提高其密实度，除通过充分振捣、消泡及避免泌水等措施来减小微米尺度以上大孔的体积分数外，更应着眼于如何使水泥水化生成的 C—S—H 凝胶更为密实。可以预计，控制水灰比及应用矿物掺合料更主要的作用是调控 C—S—H 凝胶的孔结构，而不在于利用压汞法即可进行测试的毛细孔结构。

从测试原理上来看，低场磁共振技术完全适用于白水泥基材料孔结构及其水分细微观分布的表征。但由于水泥基材料自身的独特性能与结构特点，具体应用时要非常小心，尤其需要注意：①如何有效地开展低场磁共振横向弛豫测试；②如何准确地反演计算连续或离散型横向弛豫时间谱;③如何测试关键的表面弛豫强度参数;④如何刻度回波信号幅值和横向弛豫时间。利用本章建立的横向弛豫测试方法,可以实现饱和白水泥砂浆原状孔结构的测试,为与孔结构密切相关的宏观性能分析打下坚实基础。

第 5 章　孔结构随含水率演化研究

从第 2 章的总结分析可知，水泥基材料与水之间存在某些特殊的物理化学相互作用导致其渗透性能、毛细吸收性能、体积收缩等存在一系列异常现象。由于多孔材料的渗透性等物质传输性能主要由其孔结构决定，根据 2.1.3 节总结归纳得出水泥基材料的水分渗透率异常低等现象可以初步推测，水泥基材料的孔结构可能会随着失水干燥和吸水湿润过程的进行而发生显著变化。利用第 4 章建立的低场磁共振横向弛豫技术这一原状无损测孔方法，可以对水泥基材料含水率变化过程中的孔结构演化进行分析，进而必然能在一定程度上解释水分渗透率异常低等与水有关的异常现象。相对于体积稳定性来说，水泥基材料的物质传输性能与孔结构间的关系更为直接、密切，且它们对孔结构变化非常敏感。考虑到物质传输性能常用来定量表征水泥基材料关键的耐久性能，从孔结构层面深入揭示以水分渗透率异常低为典型代表的与水有关异常现象背后的物理原因具有重要意义。

5.1　试验研究方案

从分析渗透率等传输性能与孔结构之间直接关系的角度考虑，本章拟对水泥基材料在不同状态下的孔结构及渗透率、毛细吸水速率等传输性能进行严格的系统测试分析。

5.1.1　材料与试件

为了借助低场磁共振弛豫技术对水泥基材料进行试验研究，同时避免由水泥颗粒持续水化导致的孔结构演化，最好采用龄期足够长的成熟白水泥砂浆材料进行试验研究。本章采用严格控制 Fe_2O_3 含量的白水泥 (强度等级分别为 32.5 级和 42.5 级，具体化学组成见表 4.1)、ISO (International Organization for Standardization, 国际标准化组织) 标准砂和普通自来水来制备水灰比为 0.5、灰砂比为 1:3 的两种代表性砂浆材料，不掺加任何其他外加剂和矿物掺合料。按照设计配合比进行配料、搅拌并分别浇筑到 2 个 100 mm×100 mm×400 mm 的棱柱体塑料模具中，24 h 拆模后进行标准养护 12 个月备用。两种水泥砂浆组成的主要差异是所用白水泥品种不同，故将 32.5 级和 42.5 级白水泥制备的砂浆分别简称为 M3 和 M4。

所有渗透率测试、毛细吸水速率测试及孔结构测试等所用试件均通过在白水泥砂浆棱柱体中部钻芯切割的方法来制备。为了避免与模板直接接触的表层砂浆可能受脱模剂及边壁效应 (wall effect) [470] 等的影响，在钻芯取样后均将表层材料至少切除 10 mm 厚度。为了尽量保证试验结果的代表性，试件最小尺寸尽可能控制在 25 mm (即砂子最大粒径的 5 倍) 以上。对砂浆材料来说，这样制备的试件测试所得孔结构及渗透率等物质传输性能均具有良好的代表性。当不同类型试验可以在相同试件上开展时，尽量地采用相同试件以减小材料不均质性导致的测试结果离散程度，即便这可能会使得部分试验只能串行开展并导致试验所需时间大幅增加。由于不同类型试验对试件尺寸的要求不同，在满足以上制样标准的条件下，对白水泥砂浆材料进行取芯切割并按要求进行真空饱水等预处理，具体试件的尺寸如表 5.1 所示。由于压汞测试只能采用破碎的小颗粒开展试验，实际使用尺寸在 25 mm 以上的较大试件来制备。由于试件越厚时的平衡时间越长且近似与厚度的平方成正比，水蒸气等温吸附脱附试验利用薄片试件来开展。

表 5.1   不同类型试验所用试件的尺寸

试验类型	试件尺寸
流体渗透率试验	ϕ50 mm×25 mm
毛细吸水速率试验	ϕ50 mm×25 mm
CPMG 测试	ϕ25 mm×25 mm
等温吸附脱附试验	ϕ50 mm×(6 ∼ 8) mm
Hahn 回波测试	破碎 ϕ50 mm×(6 ∼ 8) mm

5.1.2 孔结构测试

水泥砂浆的孔结构与渗透率等传输性能密切相关，可以利用前面建立的压汞法和低场磁共振弛豫法来进行测试。

1. 压汞法测孔

当利用压汞法来测试砂浆的孔结构时，先将 M3 和 M4 砂浆的较大试件在 80 °C 真空干燥箱中烘干至恒重，再小心地将较大试件破碎成 5 mm 左右的小颗粒后，利用美国 Micromeritics 公司生产的 AutoPore® IV 9500 型全自动压汞仪开展孔结构测试，该型设备允许施加的最大进汞压强为 228 MPa。若采用圆柱形孔假设，当进汞压强为 p_i(MPa) 时，汞能进入的最小孔喉等效半径 r_{mip}(m) 为

$$r_{\mathrm{mip}} = -\frac{2\gamma_{\mathrm{m}} \cos \alpha_{\mathrm{c}}}{p_i} \tag{5.1}$$

式中，γ_{m}(N/m) 为汞的表面张力，通常取 $\gamma_{\mathrm{m}} = 0.485$ N/m；汞与水泥基材料孔壁的接触角通常可取 $\alpha_{\mathrm{c}} = 130°$ [471]。通过逐级增大进汞压强 p_i，可以逐渐探测越来越小的孔隙，结合进汞历程，理论上可以计算得到不同尺寸各级孔隙所

占的体积，进而得到以不同尺寸孔隙所占体积分数来表示的孔径分布曲线。将进汞压强最大值 228 MPa 代入式 (5.1) 可知，压汞试验能探测到的孔隙半径下限为 $r_{mip} = 2.8 \, nm$。需要注意的是，由于压汞法测试时施加的进汞压力较高，可能给水泥基材料的孔结构造成破坏，进而影响孔结构的测试结果。水泥基材料内部含有较多半径小于 2.8 nm 的小孔，使得压汞法只能探测到尺寸较大的部分孔隙。由于利用逐级进汞技术进行测试，受孔隙网络连通性及墨水瓶孔结构的影响，与进汞压力对应的等效半径其实是孔喉尺寸。由于墨水瓶孔的存在，在任意进汞压强作用下，进汞量并不等于半径大于当前等效半径 γ_{mip} 的孔隙体积之和，此二者的关系并不明确 [123]。受以上几个因素的影响，当利用压汞法测试结果来分析水泥基材料的孔结构时要特别谨慎。

2. 低场磁共振弛豫法测孔

水泥基材料孔结构特征非常复杂，且不同测孔技术的工作原理不同，它们的测量结果通常很难具有直接的横向可比性。低场磁共振技术利用水或者其他含氢液体中的氢核作为探针，可以直接测试饱和含氢液体时的孔隙结构，理论上可以将此时的孔结构与完全干燥后利用压汞法进行测试所得孔结构特征进行对比分析。考虑到压汞测试前的干燥预处理通常会导致水泥基材料脆弱的微结构发生变化，为了更好地将低场磁共振测孔结果与压汞法进行对比，有必要利用低场磁共振弛豫技术来测试完全干燥时的孔结构。然而，完全干燥时孔隙内部没有含氢液体，此时低场磁共振弛豫法不适用，但在让干燥试件饱和异丙醇等含氢惰性液体后，同样可以提供低场磁共振测试所需氢核探针。为了进一步避免干燥预处理给微结构带来的改变，可以采用异丙醇浸泡的方法来将孔隙水全部置换成异丙醇。如此一来，利用低场磁共振弛豫测试技术可以测试饱和水分、异丙醇 (完全脱水状态) 时的孔结构，利用压汞法来测试完全干燥 (完全失水状态) 时的孔结构，通过对比不同测试方法测量所得不同状态下的孔结构特征，可以协助分析水泥基材料饱水时的孔结构及其与干燥失水、异丙醇置换脱水状态下孔结构的差异。

利用低场磁共振弛豫技术测试孔结构可以分成三个环节，如图 5.1 所示。首先，每组白水泥砂浆制备 2 个 $\phi 25 \, mm \times 25 \, mm$ 试件，真空饱水后利用 CPMG 脉冲序列来测试其横向弛豫过程，进而反演计算得到横向弛豫时间谱 $f(T_2)$。在确定水分的表面弛豫强度 ρ_2(测试方法见 5.1.6 节) 后，可以将横向弛豫时间谱 $f(T_2)$ 转换成等效的孔径分布曲线。其次，将白水泥砂浆试件置入体积相对于试件来说非常大的容器内，将它装满异丙醇溶液来浸泡砂浆试件。在浓度梯度驱动下，试件内部孔隙水将被稀释和置换，通过定期更换异丙醇溶液，可以很方便地实现孔隙水的完全置换。实际试验时，将试件放入装有 2 L 异丙醇的大容量烧杯中，每周更换一次异丙醇，通过监测试件质量的减小过程，可以判断孔隙水的置换程度。

当试件质量达到稳定 (每 7 d 的相对质量变化小于 0.01%),认为异丙醇完全置换孔隙水的过程完成,砂浆试件达到饱和异丙醇状态,之后再利用 CPMG 脉冲序列进行横向弛豫测试和孔径分布反演计算。最后,为了分析异丙醇置换对孔结构的影响是否可逆,将饱和异丙醇的砂浆试件放入 80 ℃真空干燥箱中干燥 24 h,质量稳定后再对试件进行高压饱水处理,即先抽真空、浸水并施加 20 MPa 的高压使砂浆充分饱水 24 h,之后利用相同的低场磁共振弛豫法来测量高压饱水时的孔结构特征。

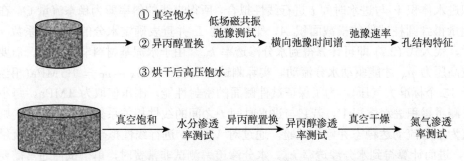

图 5.1　白水泥砂浆试件的低场磁共振横向弛豫试验和渗透率测试流程

低场磁共振弛豫测试采用新西兰 Magritec 公司生产的磁共振岩心分析仪进行。该型设备的主频为 2 MHz,回波间隔可以短至 60 μs,试件室允许的试件最大尺寸为 ϕ25 mm×60 mm。在利用 CPMG 脉冲序列进行弛豫测试时,为了保证完整采集砂浆试件纳米级层间孔内部水分的弛豫信号,回波间隔取为允许的最小值 T_E = 60 μs。为了完整采集较大孔隙内的自由水信号,回波个数设置 N_E = 30000 个。为了保证弛豫信号的信噪比,扫描次数 N_S = 32 次,相邻两次扫描间的重复时间 T_R = 15 s,实际测试弛豫数据的信噪比 > 110,满足准确反演横向弛豫时间谱的要求。由于自由水和异丙醇的横向弛豫时间相差不大,砂浆在饱和异丙醇时的横向弛豫试验采用与饱水状态相同的测试参数。

5.1.3 渗透率测试

流体只能在孔隙中渗透,多孔介质的渗透率是其孔隙结构的直接反应。在测量得到砂浆试件饱和水分、异丙醇和完全干燥状态下的孔结构后,为了从宏观层面量化观测由孔结构变化导致的物质传输性能演化,可以采用水、异丙醇和惰性气体如 N_2 来测试相同砂浆试件的渗透率。由于水泥基材料微结构非常脆弱且天然具有一定的非均质性,其渗透率比常见岩石材料还要低好几个数量级,使得渗透率很难精确地测量且通常离散性很大。为了尽量提高不同流体渗透率测试结果的可比性,并利用它来验证孔结构演化程度和规律的准确性,可以使用同一试件来连续测量不同流体的渗透率,具体流程如图 5.1 所示。

白水泥砂浆 M3 和 M4 各制备 2 个尺寸为 $\phi50$ mm×25 mm 的圆饼试件, 真空饱水后利用准三轴压力室来测试水分渗透率, 准三轴压力室的组成与构造示意图如图 2.2 所示。圆饼试件用具有较高强度的丁腈橡胶套包裹后装入压力室, 通过向压力室加压至一定压力以密封试件侧面, 之后在试件一侧的圆柱面上施加恒定的较高压力 p_A, 另一圆柱面敞向大气 ($p_B = p_{atm}$)。在压力差 $p_A - p_B$ 的驱动下, 试件内部水分将发生流动。通过在上游连续监测累积进水体积 $V(m^3)$, 如果它与进水时间 t 成正比, 那么可以认为此时试件内部的水分流动达到稳态。对累积进水体积 V 与进水时间 t 进行线性拟合, 所得直线的斜率即为稳态流量 Q。在测量得到圆柱试件的横截面积 A、平均厚度 L 并查表确定水分的动黏滞系数 η 后, 代入式 (2.7) 即可计算得到水分渗透率 k_w。由于水泥基材料非常密实, 需要较高压力 p_A 才能驱动水分流动。实际测试时取表压值 $p_A - p_B = 1.5\,MPa$(相当于 15 个标准大气压), 为了保证试件侧面的密封性能, 围压值取为 $3\,MPa$, 每小时测量累积进水体积 V, 若它与进水时间 t 之间的线性相关系数 $R^2 \geqslant 0.999$, 则认为水分流动达稳态并停止试验, 通过对 V 与 t 进行线性拟合并计算水分流量 Q, 进而计算得到水分渗透率 k_w。水分渗透率测试非常费时, 单个试件通常需要 $5\sim 7$ d 才能基本实现稳态流动。

在水分渗透率测试完成之后, 每组砂浆材料利用相同的 2 个试件来继续开展异丙醇渗透率测试。将砂浆试件浸泡在至少 40 倍试件体积的异丙醇溶液中并每周更换, 当试件质量稳定 (每周的相对质量变化小于 0.01%) 后认为试件内部孔隙水完全被异丙醇置换, 此时即可开展异丙醇渗透率测试, 测试方法与水分渗透率相同, 围压值及压力差均保持一致。由于相同试件的异丙醇渗透率通常比其水分渗透率高 2 个数量级左右 [280,283], 异丙醇渗透试验能在较短时间内达到稳态。通常, 异丙醇完全置换需要 6 周左右, 单个试件的异丙醇渗透率测试耗时 $12\sim 24$ h。

考虑到干燥预处理会对水泥基材料的孔结构带来不可逆的影响, 每组白水泥砂浆另外选用 2 个 $\phi50$ mm×25 mm 左右圆饼试件来测试其气体渗透率。为了尽量降低干燥预处理影响程度, 先将试件放在由无水 $CaCl_2$ 控制相对湿度接近 0% 的密封干燥器内进行室温干燥, 避免使用高温。当试件每 7 d 的相对质量变化小于 0.02% 时, 认为达到恒重状态并开展气体渗透率测试, 所用气体渗透率测试系统的构造如图 2.3 所示, 其测试原理和步骤与水分渗透率基本一致。由于气体渗透率比水分渗透率大 2~3 个数量级, 所需围压及进气压力比水分渗透率测试小得多。考虑到气体分子在小孔中渗透时存在滑移流动模式, 实际测试时保持围压为 $0.7\,MPa$左右, 保持下游出气口敞向大气 ($p_B = p_{atm}$), 当进气压力 p_A 分别为 $0.15\,MPa$、$0.20\,MPa$、$0.30\,MPa$ 和 $0.40\,MPa$左右的四档不同值时, 在下游出气端连续监测气体的体积流量 Q。当间隔 10 min 气体流量的相对变化小于 1% 时, 认为当前进气压力 p_A 作用下的气体流动达到稳态, 将此时的体积流量 Q 代入

式 (2.12) 可得表观气体渗透率 k_{app}。利用式 (2.13) 来拟合四档不同压力下测量所得表观气体渗透率 k_{app} 与平均压力的倒数 $1/p_m$ 之间的关系，可进一步计算得到本征气体渗透率 k_{int}。理论上，本征气体渗透率 k_{int} 与气体种类及进气压力无关，只取决于多孔材料的孔结构及含水率的高低。

由于水泥基材料对水的亲和力特别强，在室温、相对湿度 $H \approx 0\%$ 条件下的干燥处理较为温和，尽管采用非常严格的平衡条件，当试件达到恒重时，内部依然含有部分水分。为了进一步去除残余孔隙水，先在 80℃真空干燥箱内干燥，达恒重后再次使用相同方法测试砂浆试件的本征气体渗透率 k_{int}。此后进一步在 105℃条件下干燥至恒重以去除所有可蒸发水，并第三次测试砂浆试件的气体渗透率。以 105℃烘干后的固体骨架质量为基准，还可以计算得到任意其他状态下试件所含的可蒸发水含量。

5.1.4 非饱和传输性能试验

水泥基材料非常密实，由于水泥水化消耗水及水泥基材料内部与周边环境发生水分交换等，实际服役水泥基材料很少处于完全饱和或完全干燥状态。此外，以氯盐侵蚀为例，当水泥基材料处于干湿循环环境中时，氯离子的迁移速率往往最快，进而加快耐久性劣化的速度和进程。从这个角度来看，除上节对水泥基材料饱和与完全干燥状态下的渗透性能进行测试分析外，对非饱和状态下的物质传输性能进行试验研究也非常有必要。从测试难易程度角度考虑，在众多的水、气和离子传输性能指标中，以非饱和气体渗透率和毛细吸水速率的测试最为简便，此时关键难点主要在于如何制备饱和度不同且水分空间分布均匀的砂浆试件。

非饱和均匀含水试件的制备方法很多，大致可以分成等温吸附脱附法 [185,472] 和先干燥再平衡方法 [231-234]，后者的制备速度远高于前者。等温吸附脱附法将试件放置在相对湿度恒定不变的密闭环境中进行等温吸附或脱附，直至试件内部相对湿度与环境相等时达到平衡，具体试验方法可参见 5.1.5 节。由于水泥基材料特别密实，孔隙水的渗透流动速度和水蒸气的扩散速度特别低，使得水分交换与重分布过程非常缓慢，通常采用升温的方法来加速。先干燥再平衡方法是将饱和试件进行适度烘干至目标含水率，密封后在较高温度下让水分重分布直至空间分布均匀。遗憾的是，升温干燥等措施都会导致水泥基材料脆弱的微结构发生不可逆的变化，且水分重分布是否已达均匀含水状态无法确认，常通过经验性地确定平衡时间来进行控制。尽管提高温度能加速水分重分布进程，但实际试验采用的平衡时间短则几天长则几周，不一而同。由于含水率高低及水分分布均匀程度对气体渗透率和毛细吸水速率的影响非常显著，开展非饱和传输性能试验时，需要特别注意选择非饱和试件的干燥预处理方法。

为了尽可能降低干燥和平衡温度对水泥基材料微结构的影响，我们计划在室温条件下开展先干燥再平衡试验来制备非饱和试件，且设计了自洽的客观方法来确定水分平衡分布所需时间 [239,330]。该自洽干燥平衡预处理方法的核心思想在于，近似认为同种水泥基材料的初始饱和试件在任意环境条件下干燥至恒重所需时间等于先干燥至目标饱和度的时间与在相同温度下平衡至水分均匀分布所需时间之和，如图 5.2 所示。若试件密实度不同，干燥至目标饱和度及再平衡所需时间显然不同，该方法采用同种材料试件来标定平衡所需时间，能够避免对不同密实度材料试件经验性地采用相同的干燥与平衡时间。实际试验时，M3 和 M4 砂浆各制备 13 个 $\phi 50\,\mathrm{mm} \times (25 \pm 2)\,\mathrm{mm}$ 的圆饼试件，用环氧树脂密封所有试件的侧面后，将它们放进由无水 $CaCl_2$ 控制相对湿度 $H \approx 0\%$ 的密闭干燥器内并在室温 18~32 °C 条件下进行干燥，定期监测每个试件的质量变化。当每组砂浆任意试件的失水质量达到饱和含水量的 10% 左右时，利用保鲜膜将试件严实包裹多层后，再用自粘式铝箔将试件密封以防止孔隙水散失，之后将试件放在干燥器内进行室温平衡处理。如此循环往复，直至制备失水质量分别为饱和含水量 20%、30%、···、90% 左右的非饱和试件若干。当最后几个试件的质量稳定 (每 7 d 的质量变化小于 0.01 g) 时，认为这几个试件达到干燥状态的同时，其他非饱和试件内部水分也重新分布均匀。利用该自洽方法制备非饱和试件耗时 8 个多月，它以较长平衡时间的温和室温干燥制度，保证均匀含水非饱和试件的制备效果。

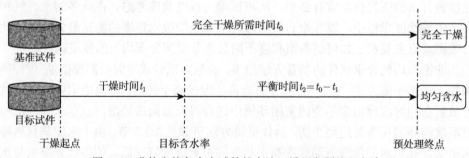

图 5.2   非饱和均匀含水试件的自洽干燥平衡预处理方法

在制备好不同初始饱和度砂浆试件后，即可依次测量各砂浆试件的非饱和气体渗透率和毛细吸水速率。非饱和气体渗透率的测试方法与 5.1.3 节相同，其典型测试结果见图 5.3 (a)。毛细吸水速率的测试非常简便易行 (图 2.6)，在浅盆内呈等边三角形放置 3 枚硬币以支撑砂浆试件，往盆内倒入适量自来水恰好淹没硬币上表面 $3 \sim 5\,\mathrm{mm}$。利用电子天平称量试件的初始质量后，在 $t = 0$ 时刻将试件放在硬币上方，试件底面与盆内液态水接触并在毛细压力的驱动下吸收水分，前 2 h 内每隔 15 min 和在第 150 min 将试件取出，快速用拧干的湿抹布将底面自由水擦干，利用精度为 0.001 g 的电子天平称量试件吸水后的质量后，快速放回浅盆内继续毛细吸水试验直至试验结束。测量试件质量时不停止计时，单次质量称量在 30 s 内完成，以尽量减小对毛细吸水过程的干扰。依据式 (2.33)，通过线性拟合单位面积的吸水体积 $V_w(t)$ 与根号吸水时间 $\sqrt{t}$ 的关系，即可很方便地确定毛细吸水速率 S 的数值。毛细吸水速率典型测试结果如图 5.3 (b) 所示。实际测试时发现，非饱和试件的气体渗透率和毛细吸水速率拟合效果非常好 $(R^2 > 0.95)$，式 (2.13) 和式 (2.33) 能准确地描述非饱和气体渗透与毛细吸水过程。由于试件高度较小，只测试了初始阶段的毛细吸水过程。

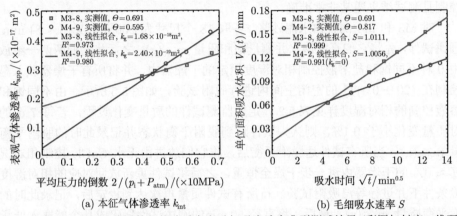

(a) 本征气体渗透率 k_{int}　　　　　(b) 毛细吸水速率 S

图 5.3　非饱和白水泥砂浆试件气体渗透率和毛细吸水速率典型测试结果 (彩图扫封底二维码)

饱和度对气体渗透率和毛细吸水速率的影响通常以相对气体渗透率或相对毛细吸水速率来表示。由于水泥基材料具有一定非均质性，为尽可能地准确计算每个试件的相对传输性能，需要对各试件在完全干燥时的气体渗透率和毛细吸水速率进行测试，为此将非饱和传输性能试验分成多个轮次进行，如图 5.4 所示。考虑到不同干燥温度对水泥基材料微结构的影响程度不同，在完成非饱和传输性能测试后，先后分别在 60 ℃ 和 105 ℃ 条件下将所有试件真空干燥至质量恒定状态，并测试此时的气体渗透率和毛细吸水速率。

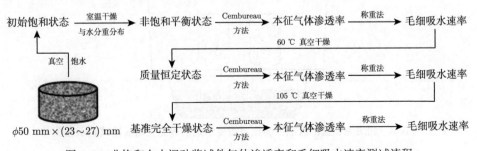

图 5.4　非饱和白水泥砂浆试件气体渗透率和毛细吸水速率测试流程

5.1.5　等温吸附脱附试验

在非饱和状态下，气体渗透率和毛细吸水速率均与内部孔隙流体所处热力学状态密切相关，它可以利用表示孔隙流体数量与能量间关系的水分特征曲线来描述。描述饱和度对气体渗透率和毛细吸水速率影响的相关理论与经验模型均要用到水分特征曲线模型及其参数。为了将实测非饱和传输性能与理论模型进行对比分析，需要实测白水泥砂浆的水分特征曲线。水泥基材料特别密实，它的水分特征曲线只能采用等温吸附脱附试验来测试，该试验非常耗时，但测试过程很容易控制且测试结果通常非常准确。

对 M3 和 M4 两种白水泥砂浆，各取 18 个尺寸为 $\phi 50$ mm $\times (6 \sim 8)$ mm 的圆饼试件，先将它们真空饱水并测量饱和质量 $m_{\text{sat}}(\text{g})$，之后将它们两两一组放入由 9 种不同饱和盐溶液控制相对湿度恒定的干燥器内，并将所有干燥器放入温度控制在 $(20 \pm 0.5)℃$ 的密闭空间内进行脱附试验，如图 5.5 所示。由不同饱和盐溶液控制的相对湿度详见表 5.2。定期监测试件的质量变化过程，若每 7 d 的相对质量变化小于 0.1%，则认为试件达到脱附平衡状态并记录此时的脱附平衡质量 $m_{\text{des}}(\text{g})$。当所有试件达脱附平衡后，将它们放进由无水 $CaCl_2$ 控制相对湿度 $H \approx 0\%$ 的干燥器内进一步干燥至恒重，之后将试件重新放回对应的相对湿度环境条件下并进行等温吸附试验。待所有试件质量再次达到稳定后，记录此时的吸附平衡质量 $m_{\text{ads}}(\text{g})$。最后，将直径 50 mm 的圆饼试件掰碎成几个能塞入低场磁共振仪器试件室 (尺寸为 $\phi 25$ mm$\times 50$ mm) 内的小块，利用低场磁共振横向弛豫技术，测试达吸附平衡时试件内部水分的非饱和平衡分布状态、初始横向弛豫时间 T_{Init} 及表面弛豫强度 ρ_2 等关键参数，具体测试方法见 5.1.6 节。

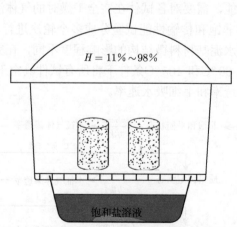

$H = 11\% \sim 98\%$

饱和盐溶液

图 5.5　利用饱和盐溶液法控制相对湿度恒定的等温吸附脱附试验示意图

表 5.2 由不同饱和盐溶液控制的相对湿度

盐溶液	相对湿度/%
LiCl	11
CH₃COOK	23
MgCl₂	33
K₂CO₃	43
NaBr	59
KI	70
NaCl	75
KCl	85
K₂SO₄	98

依据试件在不同相对湿度条件下达脱附和吸附平衡时的质量数据，可以计算得到对应的孔隙水比容 $\vartheta_{\text{des,ads}}(\mu\text{L/g})$ 及饱和度 $\Theta_{\text{des,ads}}(-)$：

$$\vartheta_{\text{des,ads}} = \frac{m_{\text{des,ads}} - m_{\text{dry}}}{\rho_{\text{w}} m_{\text{dry}}}, \quad \Theta_{\text{des,ads}} = \frac{m_{\text{des,ads}} - m_{\text{dry}}}{m_{\text{sat}} - m_{\text{dry}}} \tag{5.2}$$

式中，$m_{\text{dry}}(\text{g})$ 为试件绝干质量。在完成 5.1.6 节所述非饱和水分分布测试后，对所有试件进行 105 ℃高温真空干燥 72 h，冷却至室温后测定所得质量即为 m_{dry}。

5.1.6 非饱和水分分布测试

等温吸附脱附试验只能测试非饱和状态下试件内孔隙水含量的多少，而无法进一步探测水分分布在哪些孔隙内。借助于以孔隙水自身为探针的低场磁共振弛豫技术，基于不同尺寸孔隙内的水分横向弛豫时间存在明显差异，可以对非饱和水分分布进行细微观测试表征，不再局限于宏观的总含水量。

1. CPMG 脉冲序列测试

利用 CPMG 脉冲序列，可以测试均匀含水的等温吸附脱附平衡试件内部水分分布状态。由于低场磁共振测试仪器试件室尺寸只有 $\phi25 \text{ mm} \times 50 \text{ mm}$，无法容纳直径为 50 mm 的等温吸附脱附试验所用试件，因而需要将其分解成几个小块后开展试验，只要能放入磁共振设备的试件室即可。为了避免磁共振测试时试件与环境发生水分交换并改变内部均匀含水状态，测试前用保鲜膜将试件包裹多层后再开展低场磁共振测试。

依据等温吸附脱附试验数据可知，即便只是稍微降低初始饱和试件的相对湿度 (如降至 98%)，试件内部的自由水也将全部失去，孔隙水含量明显降低。在选择与调整低场磁共振弛豫测试参数时，必须考虑到孔隙水具有的这个重要特征。为了完整采集层间水的弛豫信号，将回波间隔取为最小值 $T_{\text{E}} = 60 \text{ μs}$。由于孔隙水含量降低会导致信号量减小，为了尽量保持弛豫信号的信噪比，需要提高扫描次数，且平衡相对湿度越低时，扫描次数越大。即便如此，由于 2 MHz 低场磁共振测试的信噪比相对较低，且低相对湿度时试件内部含水量非常少，此时增大扫描次数对提高信噪比的作用不大显著。此外，当自由水全部失去后，孔隙水的横向弛豫时间 T_2 的最大值也将显著减小，弛豫信号很快衰减至背景噪声水平，此时可以大幅度地减小脉冲回波个数 N_E 至几千甚至几百。若近似认为纵向弛豫时间 $T_1/T_2 \approx 1.5$，则可以根据试测结果来合理地选择较小的重复时间 T_R。综合扫描次数、回波个数和重复时间的调整情况，实际 CPMG 脉冲回波测试所需时间有所缩短，信噪比相比饱和状态也明显降低。实际测试时，通过调整相关测试参数，尽量地保证信噪比高于 50。对平衡相对湿度特别低的非饱和试件来说，信噪比很难通过增大扫描次数来提高，此时的信噪比通常只有 $30 \sim 40$。

由于非饱和试件内部只有部分孔隙含水，低场磁共振技术无法探测不含水的孔隙，只能测试到较小孔隙内部水分的弛豫信号。当利用拉普拉斯逆变换反演算法来计算非饱和试件孔隙水的横向弛豫时间谱时，由于该反演算法具有横向弛豫时间谱峰被展宽且分辨率不高的特点，它并不能有效地识别不同饱和度时孔隙水的分布状态。考虑到多指数反演能有效地识别不同组分孔隙水的弛豫时间 T_{2i} 及信号量 ζ_i，主要采用该算法进行反演计算，进而分析非饱和水分分布的演化过程。

2. Hahn 自旋回波测试

考虑到 Hahn 自旋回波测试法具有坚实的理论依据且相对较为简单实用，本书主要采用该方法来测定水泥基材料的表面弛豫强度 ρ_2。在完成 CPMG 自旋回波测试后，挨个试件开展低场磁共振 Hahn 自旋回波测试。由于所用低场磁共振仪器允许的回波间隔最小值为 60 μs，实际测试时将回波间隔在 $[60, 180]$ μs 按步长 10 μs 进行取值，并记录与不同回波间隔 T_E 对应的自旋回波信号 M_{SE}，测试结果如图 5.6 (a) 所示。从图 5.6(a) 中可见，即便在含水量较少、信噪比较低的情况下，Hahn 自旋回波信号在 $T_E \in [60, 120]$ μs 内近似满足线性规律，这与泰勒展开式 (4.12) 吻合，但由于高阶展开项的影响，当 $T_E > 120$ μs 时，自旋回波信号 M_{SE} 与回波间隔 T_E 不再线性相关。受脉宽和探头死时间限制，在 2 MHz 主频下将回波间隔做到 60 μs 已经快接近极限，尽管无法在更接近 $t = 0$ 的时间段内采集 Hahn 自旋回波信号，但近似在 $t \in [T_E, 2T_E]$ 内进行测试，也能根据式 (4.12) 计算得到初始横向弛豫时间 $T_{2,\text{Init}}$。在 $H = 33\%$ 条件下达到平衡的含异丙醇砂浆试件的初始横向弛豫时间 $T_{2,\text{Init}}$ 测试结果见图 5.6 (a)。

为了协助确定白水泥砂浆试件在饱和异丙醇时的孔结构，需要利用 Hahn 自旋回波测试法来确定异丙醇在砂浆试件内部的表面弛豫强度 ρ_2。依据 5.2.1 节的分析可知，当砂浆试件孔隙表面吸附单层异丙醇分子时，初始横向弛豫时间 $T_{2,\text{Init}}$ 等于表面弛豫时间 T_{2S}，结合异丙醇分子直径即可确定异丙醇的 ρ_2 值。特别地，测试异丙醇表面弛豫时间并不严格要求满足单层吸附条件，原因在于水分或异丙醇含量较低时，它对初始横向弛豫时间的影响非常小，可以忽略。因此，当对等温吸附脱附平衡试件进行 105 ℃ 真空烘干处理后，用试管滴一定量的异丙醇溶液在砂浆试件上使其吸收异丙醇的饱和度约为 0.2，再快速用保鲜膜包裹试件并在常温下平衡 24 h，之后利用与吸附水蒸气时类似的方法开展 Hahn 自旋回波测试。由于异丙醇弛豫率相对较慢，实际测试时，回波间隔 $T_E \in [80, 240]$ μs，步长取 20 μs，测试结果如图 5.6 (b) 所示。从中可见，在 $T_E \in [80, 160]$ μs 内，自旋回波信号 M_{SE} 近似与 T_E 线性相关，依据式 (4.12) 可以计算得到初始横向弛豫时间 $T_{2,\mathrm{Init}}$。由于此时异丙醇含量非常低，实测所得 $T_{2,\mathrm{Init}} \approx T_{2S}$。

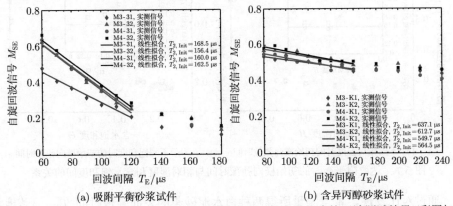

(a) 吸附平衡砂浆试件   (b) 含异丙醇砂浆试件

图 5.6   白水泥砂浆在 $H = 33\%$ 条件下达脱附平衡时的 Hahn 自旋回波测试结果 (彩图扫封底二维码)

5.2   孔结构特征分析

5.2.1   表面弛豫强度

在测得表面弛豫时间 T_{2S} 后，依据式 (4.4) 可确定表面弛豫强度 ρ_2，它对饱和水分或异丙醇时孔结构测定非常关键。依据 5.1.6 节所述方法，按相应原则合理控制回波间隔、扫描次数和重复时间等关键参数，对在不同相对湿度条件下达吸附平衡的砂浆试件开展 Hahn 自旋回波测试，依据 Hahn 自旋回波信号 M_{SE} 随回波间隔 T_E 变化的线性关系，拟合计算得到初始横向弛豫时间 $T_{2,\mathrm{Init}}$，它与平衡相对湿度 H 和依据式 (5.2) 计算所得试件含水饱和度 Θ 间的关系如图 5.7 所示。

由图 5.7 可知，对达吸附平衡状态的砂浆试件来说，初始横向弛豫时间 $T_{2,\mathrm{Init}}$ 均随相对湿度 H 或含水饱和度 Θ 的增大而非线性增大。当相对湿度 $H < 85\%$ 时，初始横向弛豫时间 $T_{2,\mathrm{Init}}$ 随相对湿度或饱和度增大而增大的过程较为缓慢，且 $T_{2,\mathrm{Init}}$ 与相对湿度 H 关系的离散性非常小。当 $H > 85\%$ 时，$T_{2,\mathrm{Init}}$ 快速增大且离散性也增大。从定量角度来看，当相对湿度 H 从 1 逐渐降低至 33%、含水饱和度 Θ 从 1 逐渐降低至 0.2 左右时，初始横向弛豫时间 $T_{2,\mathrm{Init}}$ 逐渐趋近于稳定值 (约为 0.16 ms)，此后它不再随相对湿度或饱和度的降低而降低，这与 4.3.1 节的理论推导结果保持一致。对由化学组成如表 4.1 所示的两种白水泥制备而成的砂浆来说，表面弛豫时间 $T_{2\mathrm{S}}$ 可取为初始横向弛豫时间的稳定值，即取 $T_{2\mathrm{S}} = 0.16$ ms。由于水分子直径 $d_{\mathrm{H_2O}} = 0.3$ nm，代入式 (4.4) 可得表面弛豫强度 $\rho_2 = 1.88$ nm/ms。

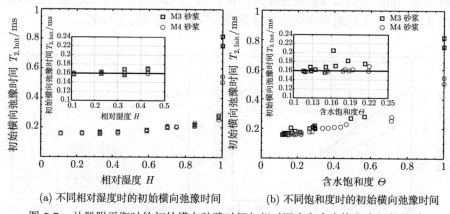

(a) 不同相对湿度时的初始横向弛豫时间　　　(b) 不同饱和度时的初始横向弛豫时间

图 5.7　达脱附平衡时的初始横向弛豫时间与相对湿度和含水饱和度间的关系

通过对比发现，本章测量所得两种白水泥砂浆的表面弛豫时间 $T_{2\mathrm{S}}$ 显著地大于文献 [409]、[411] 和 [473] 中报道的数据。利用主频为 30 MHz 的低场磁共振设备，Halperin 等 [409] 对水灰比为 0.4 的硬化水泥浆进行测试分析发现，当该水泥浆的饱和度降低至 0.2 左右时，表面弛豫时间 $T_{2\mathrm{S}}$ 也不再降低，这与本章的试验研究结论类似，但它们测试所得表面弛豫时间 $T_{2\mathrm{S}} = 40$ μs，远低于本章的测量结果。Bohris 等 [473] 利用主频为 20 MHz 的低场磁共振设备进行测试，并直接采用化学结合水的横向弛豫时间 (10 μs) 作为水灰比分别为 0.5 和 0.3 的两组硬化水泥浆的表面弛豫时间。此外，Muller 等 [411] 同样利用 20 MHz 的低场磁共振设备对水灰比为 0.4 的硬化水泥浆进行测试分析，并采用在相对湿度很低的条件下达平衡状态时 C—S—H 凝胶层间水的横向弛豫时间 75 μs 作为该硬化水泥浆的表面弛豫时间。这些相关研究采用化学结合水或强结合单层吸附水的横向表面弛豫时间，均显著地低于本章利用 Hahn 自旋回波测试法测量所得表面弛豫时间 ($T_{2\mathrm{S}} = 160$ μs)。尽管横向表面弛豫时间 $T_{2\mathrm{S}}$ 与具体水泥基材料孔隙表面的物理化学特征有关，但它同时也受低场磁共振设备的磁场强度的影响，可能正是磁场强度不同才导致表面弛豫时间存在显著差异。下面利用式 (4.5) 对层间孔和凝胶孔等效孔径进行计算发现，它们与文献 [411]、[427] 中采用不同场强的低场磁共振设备测量到的表面弛豫时间进行换算所得等效孔径非常接近，间接地证明表面弛豫时间的显著差异与测试设备的磁场强度密切相关。对由不同品种水泥制备的水泥基材料，利用不同主频的低场磁共振设备进行孔结构表征时，应采用不同的表面弛豫强度 ρ_2 来刻度横向弛豫时间 T_2，建议采用 4.3.1 节所述 Hahn 自旋回波测试法进行实际测定。

当利用 Hahn 自旋回波脉冲序列测试异丙醇的初始横向弛豫时间 $T_{2,\text{Init}}$ 时，由于饱和度控制在 0.2 左右，此时 $T_{2,\text{Init}} = T_{2\text{S}}$。由图 5.6 (b) 中所示结果可知，M3 砂浆两组试件的表面弛豫时间分别为 0.637 ms 和 0.613 ms，M4 砂浆两组试件的表面弛豫时间分别为 0.550 ms 和 0.565 ms。考虑到两种白水泥来自同一厂家，所用熟料组成接近，可以近似认为两种砂浆的横向弛豫时间相等，将它们的均值取作异丙醇的表面弛豫时间，即取 $T_{2\text{S}} = 0.591$ ms。由于异丙醇分子直径 $d_{\text{IPA}} = 0.56$ nm [389]，代入式 (4.4) 可得砂浆在饱和异丙醇时的表面弛豫强度 $\rho_2 = 0.89$ nm/ms。在此基础上，可以将饱和异丙醇时的横向弛豫时间 T_2 刻度成对应的等效孔隙半径 r。

5.2.2 连续孔径分布曲线

由 4.1.3 节的分析可知，在合理选择横向弛豫测试及反演计算相关参数的条件下，低场磁共振弛豫技术可以一次性采集所有可蒸发水和异丙醇等其他含氢液体的弛豫信号，可以准确地反演计算得到连续型或离散型横向弛豫时间谱 $f(T_2)$，依据式 (4.2)，同时可以将横向弛豫总信号量 M_0 刻度成孔隙溶液质量或体积。在利用 Hahn 自旋回波测试技术，测量得到水和异丙醇的表面弛豫强度 ρ_2，可以进一步地将横向弛豫时间谱 $f(T_2)$ 刻度成连续孔径分布曲线 $\vartheta(r)$。将利用低场磁共振测试所得 M3 和 M4 砂浆试件在饱和水分、异丙醇时的连续孔径分布曲线与和完全干燥时压汞测试所得孔结构合并绘图表示，如图 5.8 所示。为了更好地分析不同孔径分布曲线之间的差异，图 5.8 中同时标识出了临界孔径和逾渗孔径。表 5.3 同时列出了不同方法在不同状态下测试所得孔隙率 ϕ 的数据。

由表 5.3 可见，在初始真空饱水和异丙醇置换后，两组白水泥砂浆的孔隙率非常接近。这说明，前述异丙醇置换方法可将孔隙水几乎完全置换。在高压饱水状态下，M3 和 M4 砂浆测得的孔隙率均高于初始真空饱水与异丙醇置换状态，意味着此时有更多水分被压入砂浆试件内部，考虑到真空饱水并不能实现完全饱和，这与预期相符。另外，当利用压汞法测试孔结构时，由于进汞压力有限，部分微孔无法探测，压汞法测得的孔隙率显著偏低。压汞法与低场磁共振弛豫法测试结果之间的差异非常显著，说明半径在 $r_{\text{mip}} = 2.8$ nm 以下的微孔体积分数占比较大，在利用压汞法来表征孔结构时需要特别注意。

由图 5.8 可以看出，同一试件在不同状态下的孔径分布 $\vartheta(r)$ 差异显著。对比初始真空饱水和高压饱和状态下的孔径分布曲线可知，此时临界孔径与逾渗孔径接近，孔结构相差无几。当高压饱水时，右峰面积有些许增大，意味着此时有更多的粗孔被水充满。进一步对比饱水状态与利用压汞法测试所得干燥状态孔结构

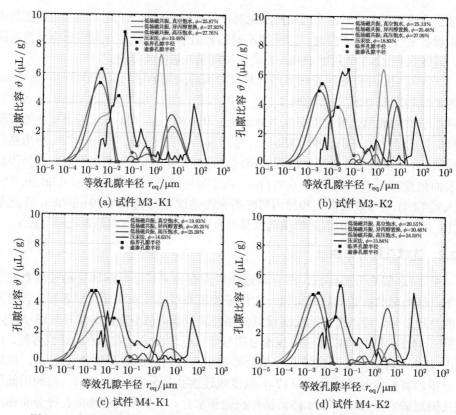

图 5.8　白水泥砂浆 M3 和 M4 试件的实测孔径分布曲线 (彩图扫封底二维码)

表 5.3　M3 和 M4 砂浆材料用于测量渗透率试件的孔隙率 ϕ

砂浆	试件	真空饱水/%	异丙醇置换/%	高压饱水/%	压汞法/%
M3	M3-K1	25.87	27.92	27.76	19.49
	M3-K2	25.13	25.48	27.09	18.83
	平均值	25.50	26.70	27.43	19.16
M4	M4-K1	19.93	20.25	25.39	14.63
	M4-K2	20.55	20.46	24.59	15.84
	平均值	20.24	20.36	24.99	15.24

可知，两者的临界孔径 $2r_{cr}$ 和逾渗孔径 $2r_{th}$ 相差约 1 个数量级[77,125]，具体数值见表5.4。在利用低场磁共振弛豫法测试孔结构时，需要利用 Hahn 脉冲回波测试法来将横向弛豫时间 T_2 刻度成等效半径 r。读者可能会认为，低场磁共振测试所得饱水状态下的孔结构与压汞法测试所得干燥状态下的孔结构之间存在的显著差异，来自等效孔径的刻度方法即如何确定横向弛豫强度系数 ρ_2。但是，对比饱水和饱和异丙醇状态下的孔径分布曲线可知，当试件内部水分完全被异丙醇置换 (即处于完全脱水状态) 时，即使是用相同的低场磁共振方法进行测试，对应的

临界孔径和逾渗孔径依然相差 1 个数量级左右，且完全脱水 (饱和异丙醇) 与完全干燥状态下的特征孔径非常接近。这也就是说，不管是用低场磁共振还是压汞法进行测试，饱水与脱水 (或干燥失水) 状态下的孔结构差异非常显著。通常认为，C—S—H 凝胶的微结构对干燥作用非常敏感，尽管如此，在利用压汞法测试孔结构时，默认此时的孔结构与干燥预处理前的孔结构类似，并具有足够的代表性。然而，从实测所得孔径分布曲线来看，水泥基材料的孔结构受干燥失水或异丙醇置换脱水的影响非常显著。下面的分析将进一步证明，水泥基材料的纳米孔结构对失水或脱水作用非常敏感的原因在于 C—S—H 凝胶层间孔会脱/失水收缩，进而显著地改变总体孔径分布，根源在于 C—S—H 凝胶具有干缩湿胀的水敏性。

表 5.4 利用不同方法测试所得白水泥砂浆孔结构的特征参数

砂浆试件	孔结构特征	低场磁共振弛豫法			压汞法
		真空饱水	异丙醇置换	高压饱水	
M3-K1	r_{cr}/nm	3.26	21.88	3.75	38.53
	r_{th}/nm	23.01	88.34	17.41	141.90
	F	0.0297	0.0419	0.0435	0.0242
M3-K2	r_{cr}/nm	2.47	16.55	3.26	47.66
	r_{th}/nm	20.01	88.34	17.41	174.90
	F	0.0308	0.0377	0.0458	0.0256
M4-K1	r_{cr}/nm	1.62	16.55	2.47	25.18
	r_{th}/nm	15.14	88.34	15.14	141.80
	F	0.0141	0.0142	0.0395	0.0177
M4-K2	r_{cr}/nm	1.62	16.55	2.84	25.18
	r_{th}/nm	13.17	76.83	15.14	141.80
	F	0.0182	0.0138	0.0364	0.0225

5.2.3 离散孔结构

低场磁共振测试所得横向弛豫信号也可以利用多指数反演算法进行分析，得到不同孔隙内部水分的横向弛豫时间 T_{2i} 及对应的体积分数 f_i，前者可以进一步刻度成等效孔径 $r_i = \rho_2 T_{2i}$。多指数反演算法仅用少数几组等效半径不同的特征孔隙来代表砂浆材料的孔结构，结合水泥基材料的微结构特征 [102]，此时多指数反演结果可以对离散孔径分布特征进行有效分析。利用 Discrete 程序对初始饱水、异丙醇置换和高压饱水状态下的弛豫信号进行反演，所得结果见表 5.5。实际反演时，Discrete 程序计算所得最优解绝大多数都具有 5 个单指数弛豫组分，偶尔 5 组分解为次优解。尽管如此，考虑到横向弛豫控制方程的病态性及计算结果的横向可比性，所有砂浆试件均采用包含 5 个弛豫组分的数值计算结果进行分析。

由表 5.5 中可见，在初始饱水状态下，相邻 2 个弛豫组分的横向弛豫时间相差非常大，弛豫最快组分的 T_2 时间低至 0.3 ms 左右，它的等效半径 $r_1 \approx 0.60$ nm，这使得在利用 CPMG 脉冲序列进行测试时，回波间隔应足够短。参考对孔隙水横向弛豫时间和等效半径的相关分析 [419,474]，弛豫最快的第 1 组分来自 C—S—H 凝胶层间水的信号，它的等效半径与文献 [411]、[427]、[475] 中同样利用低场磁共振方法进行测试所得等效半径相当。第 2 弛豫组分则来自凝胶孔内水分的信号，它的等效半径 $r_2 \approx 2.8\,\mathrm{nm}$，这比文献中对水灰比为 0.40 的白水泥净浆进行测试所得结果 $1.55\,\mathrm{nm}$ [411] 和 $2.05\,\mathrm{nm}$ [427] 要稍大。第 3 弛豫成分的等效半径 r_3 为 $60 \sim 72\,\mathrm{nm}$，可以认为它来自 C—S—H 凝胶团无序堆积后形成的凝胶间孔 [475]。第 4 弛豫组分的等效半径 r_4 为 $406 \sim 669\,\mathrm{nm}$，可以认为它来自小毛细孔 [474]。弛豫最慢的第 5 组分的横向弛豫时间高达 $1 \sim 2\,\mathrm{s}$，对应的等效半径 r_5 为 $1.5 \sim 4.1\,\mu\mathrm{m}$，这使得在利用 CPMG 脉冲序列进行测试时需采集数量足够多的脉冲回波信号。依据 Young-Laplace 方程式 (2.45) 可知，与第 5 弛豫组分等效半径对应的毛细压力很小，考虑到自由水的横向弛豫时间约为 $3\,\mathrm{s}$，该级别孔隙内部水分所处状态与自由水无异，它来自砂浆内部的粗毛细孔、气孔甚至可能存在的微裂纹。根据低场磁共振横向弛豫测试原理可知，水分的横向弛豫主要由孔隙水与孔壁间相互作用导致的表面弛豫机制控制。对等效半径较大的小毛细孔和粗毛细孔来说，由于它们的比表面积较小，低场磁共振弛豫方法测试所得粗孔等效半径的准确程度较低，在对它进行定量分析时需要小心谨慎 [476,477]。以上对含 5 个弛豫组分的离散孔结构分析方法与水泥基材料的孔隙结构特征定性分析相吻合 [102]。

表 5.5　白水泥砂浆材料 M3 和 M4 在饱水和饱和异丙醇时的多指数反演结果

砂浆	特征物理量	状态	第 1 弛豫组分	第 2 弛豫组分	第 3 弛豫组分	第 4 弛豫组分	第 5 弛豫组分
M3	弛豫时间 T_{2i}/ms	真空饱水	0.33	1.50	31.51	215.95	1583.13
		异丙醇置换	0.28	2.40	13.40	86.42	940.01
		高压饱水	0.47	1.10	17.83	129.16	1265.58
	等效半径 r_i/nm	真空饱水	0.63	2.82	59.25	405.99	2976.29
		异丙醇置换	0.25	2.14	11.93	76.91	836.61
		高压饱水	0.89	2.07	33.52	242.82	2379.29
	体积分数 f_i/%	真空饱水	43.97	29.61	2.07	3.39	20.96
		异丙醇置换	11.87	26.49	26.65	4.20	30.79
		高压饱水	24.28	37.42	3.12	4.86	30.32
M4	弛豫时间 T_{2i}/ms	真空饱水	0.31	1.54	38.47	355.97	2154.96
		异丙醇置换	0.21	2.06	12.18	81.33	775.59
		高压饱水	0.33	0.92	17.79	146.00	824.12
	等效半径 r_i/nm	真空饱水	0.58	2.89	72.32	669.23	4051.32
		异丙醇置换	0.19	1.83	10.84	72.38	690.28
		高压饱水	0.61	1.73	33.44	274.47	1549.35
	体积分数 f_i/%	真空饱水	71.11	15.23	1.41	2.70	9.55
		异丙醇置换	25.01	34.88	27.66	3.94	8.51
		高压饱水	28.94	35.92	3.04	4.39	27.71

依据以上对 5 个弛豫组分的定性分析可知，弛豫较快的前 3 个组分对应的孔隙水可以认为来自 C—S—H 凝胶内部，第 4 弛豫和第 5 弛豫组分对应的孔隙水来自 C—S—H 凝胶外部孔隙。如此一来，可将与 5 个弛豫组分对应的 5 组孔隙分成凝胶内孔和凝胶外孔两大类。结合表 5.3 中所列孔隙率和表 5.5 中所列结果，可以重新整理得到层间孔孔隙率、凝胶内孔孔隙率和凝胶外孔孔隙率，如表 5.6 所示。从中可见，当水泥砂浆饱水时，大部分孔隙水都分布在 C—S—H 凝胶内部，且等效孔径只有 $1 \sim 2\,\mathrm{nm}$ 的层间孔含水量最高，这也间接地反映 C—S—H 凝胶纳米尺度微结构的重要性。

表 5.6   低场磁共振测试所得各组孔隙的孔隙率

砂浆材料	分组孔隙率	真空饱水	异丙醇置换	高压饱水
	层间孔孔隙率 $f_1\phi$/%	11.21	3.17	6.66
M3	凝胶内孔孔隙率 $(f_1 + f_2 + f_3)\phi$/%	19.29	17.36	17.78
	凝胶外孔孔隙率 $(f_4 + f_5)\phi$/%	6.21	9.34	9.65
	层间孔孔隙率 $f_1\phi$/%	14.39	5.09	7.23
M4	凝胶内孔孔隙率 $(f_1 + f_2 + f_3)\phi$/%	17.76	17.83	16.96
	凝胶外孔孔隙率 $(f_4 + f_5)\phi$/%	2.48	2.53	8.03

由表 5.5 和表 5.6 中同样可见，异丙醇置换会导致白水泥砂浆的孔隙结构发生显著变化。在孔隙水完全被异丙醇置换之后，M3(M4) 砂浆层间孔的体积分数 f_1 将从 43.97% (71.11%) 降低至 11.87% (25.01%)，凝胶间孔体积分数 f_3 从 2.07% (1.41%) 显著地增大至 26.65% (27.66%)。与此相对应，M3(M4) 砂浆层间孔孔隙率 $f_1\phi$ 从 11.21% (14.39%) 显著地降低至 3.17% (5.09%)。此外，M3 砂浆凝胶孔的体积分数 f_2 只是稍微降低，但 M4 砂浆的凝胶孔体积分数 f_2 由 15.23% 显著地增大至 34.88%。由表 5.6 还可以看出，异丙醇置换并不会明显地改变凝胶内孔孔隙率 $(f_1 + f_2 + f_3)\phi$。这就说明，在异丙醇置换过程中，C—S—H 凝胶的层间孔会部分转变成凝胶孔和凝胶间孔，进而使纳米尺度孔结构显著粗化，本质上归因于 C—S—H 凝胶层间孔会脱水并显著塌陷，层间孔等效孔径的变化也直接证明了这一点。异丙醇置换之后，M3(M4) 砂浆层间孔的等效半径 r_1 由 0.63(0.58)nm 减小至 0.25(0.19)nm，等效孔径明显减小，层间孔显著塌陷。

当异丙醇置换脱水的砂浆材料再次高压饱水后，脱水过程中孔结构发生的显著变化只有部分可恢复。M3(M4) 砂浆的总孔隙率 ϕ 从 25.50% (20.24%) 增大到 27.43% (24.99%)，这可能是因为粗毛细孔和脱水干燥导致的微裂纹只有在高压条件下才能饱水。M4 砂浆的总孔隙率增幅更大，这说明孔隙率更低的 M4 砂浆内部粗孔更难真空饱水，或者具有更高的微观开裂敏感性。此外，由表 5.6 可知，M3(M4) 砂浆的凝胶外孔孔隙率 $(f_4 + f_5)\phi$ 从 6.21% (2.48%) 增大至 9.65% (8.03%)。更重要的是，尽管 M3(M4) 砂浆凝胶内孔孔隙率 $(f_1 + f_2 + f_3)\phi$ 由 19.29% (17.76%)

稍微降低至 17.78% (16.96%)，它们的层间孔孔隙率 $f_1\phi$ 从 11.21% (14.39%) 显著地降低至 6.66% (7.23%)。定量地看，在第一轮脱水再高压饱水过程中，尽管 M3(M4) 砂浆层间孔等效半径由 0.25(0.19)nm 显著增大到 0.89(0.61)nm，但依然有近一半的层间孔体积塌陷不可恢复。该不可恢复的层间孔塌陷同时使砂浆材料的凝胶孔和凝胶间孔的体积分数显著增加，C—S—H 凝胶内部孔结构对干燥失水和置换脱水作用均非常敏感。

5.3　孔结构动态演化

经典理论默认假设，作为典型的多孔介质，水泥基材料及岩石等的孔结构并不会随孔隙水含量的变化而发生显著变化。根据以上对砂浆试件在不同状态下的孔结构实测结果可知，水泥基材料的孔结构在完全失水或脱水后显著粗化，特征孔径增大约 1 个数量级，这与经典观念完全背离。尽管低场磁共振测试技术理论上能够探测饱和含氢液体时的孔结构，且关键的表面弛豫强度系数可以通过试验测试得到，但该技术测试所得孔径分布曲线是否真实准确还有待验证。从实测孔径分布曲线来看，由于低场磁共振弛豫法与传统压汞法的测试结果差异显著，且依据低场磁共振测试结果进一步推断所得水泥基材料孔结构对含水量敏感的结论与经典观念相违背，读者自然而然就会质疑低场磁共振测试结果的准确性和可靠性。从这个角度来看，低场磁共振测孔结果还有待进一步验证，孔结构随含水率的变化而变化的重要现象还有待进一步证实。由于多孔材料的渗透率是其孔结构的综合反映，从渗透率角度切入，可以对水泥基材料的孔结构演化进行分析与验证。

5.3.1　热力学对比分析

1. 不同流体的渗透率差异

利用稳态渗透率测试方法，以水、异丙醇和氮气作为渗透媒介，对白水泥砂浆材料 M3 和 M4 的渗透率进行测试，所得结果见表 5.7。从表 5.7 中所列渗透率数据可见，尽管 M3 和 M4 两组砂浆的孔隙率相对较高，但它们的水分渗透率均非常小，数值低至 $1.0 \times 10^{-21} \sim 1.0 \times 10^{-20}$ m² 量级。但当孔隙水完全被异丙醇置换后，实测所得异丙醇渗透率会显著地增大 2 ~ 3 个数量级至 1.0×10^{-18} m² 量级。当利用干燥法将孔溶液逐步去除时，测试所得气体渗透率会进一步增大至 1.0×10^{-17} m² 量级。砂浆材料的气体渗透率随干燥温度的提高而逐渐增大，这是由于砂浆试件的干燥程度随干燥温度的提高而提高。此外，同种材料的气体渗透率比异丙醇渗透率大约高几倍，考虑到干燥作用通常会不可避免地导致微裂纹的产生。作为流体渗透的快速通道，干燥微裂纹可以定性解释气体渗透率与异丙醇渗透率之间的差异。但是，同种砂浆的水分渗透率要比异丙醇渗透率低 2 ~ 3 个数量级，此即

2.1.3 节所指出的渗透率异常现象。对于本试验研究制备的两种白水泥砂浆，该渗透率异常现象同样非常显著，考虑到渗透率对多孔介质尤其是水泥基材料的耐久性能等非常关键，迫切需要深入挖掘导致该异常现象的本质原因。

表 5.7　M3 和 M4 砂浆材料流体渗透率的实测值

砂浆	水分渗透率 $k_{\mathrm{w}}/\mathrm{m}^2$	异丙醇渗透率 $k_{\mathrm{IPA}}/\mathrm{m}^2$	气体渗透率 $k_{\mathrm{g}}/\mathrm{m}^2$		
			室温干燥	60℃干燥	105℃干燥
M3	6.16×10^{-20}	4.00×10^{-18}	1.48×10^{-17}	2.91×10^{-17}	5.71×10^{-17}
M4	2.67×10^{-21}	3.96×10^{-18}	1.32×10^{-17}	1.89×10^{-17}	5.52×10^{-17}

2. 渗透率与孔结构的关系分析

结合渗透率的量纲及 Katz-Thompson 模型式 (2.14) 可知，渗透率与孔结构某特征尺寸的平方 l_{c}^2 成正比，对多种油气储层岩石的经验拟合结果已有效地验证了这一点 [478,479]。依据 5.2.2 节的孔结构实测结果可知，白水泥砂浆材料的孔径分布在饱和不同流体时存在显著差异，考虑到渗透率与孔结构之间的对应关系，那么，孔径分布曲线的显著差异是否就是不同流体的渗透率差异显著的原因呢？为了对这个问题进行定性分析，考虑到特征长度 l_{c} 通常取作临界孔径 $2r_{\mathrm{cr}}$ 或逾渗孔径 $2r_{\mathrm{th}}$，将饱和水、异丙醇和真空状态下的特征半径 r_{cr} 和 r_{th} 均识别出来 (图 5.8 和表 5.4)，对特征半径的平方 $r_{\mathrm{cr,th}}^2$ 与相应种类孔隙流体的渗透率 $k_{\mathrm{w,IPA,g}}$ 进行相关性分析，如图 5.9 所示。

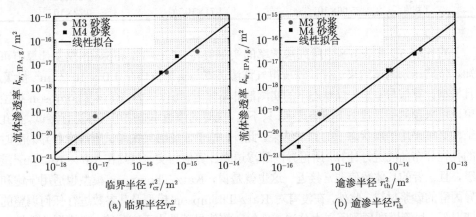

(a) 临界半径 r_{cr}^2　　　　　　(b) 逾渗半径 r_{th}^2

图 5.9　白水泥砂浆 M3 和 M4 的特征孔径与不同流体渗透率的相关关系

由图 5.9 中的结果可知，无论将特征孔径取为临界孔径还是逾渗孔径，也不管是采用低场磁共振弛豫技术还是传统的压汞法进行测试，白水泥砂浆的流体渗透率 $k_{\mathrm{w,IPA,g}}$ 与它们在饱和相应流体 (或真空) 时特征孔径的平方均近似成正比。这就是说，定性地看，采用不同流体来测试水泥砂浆的渗透率时，测试结果之间存在的显著差异，本质上来自它们在饱和不同流体时的孔结构明显不同。在饱和不同流体、采用不同方法进行孔结构测试时，白水泥砂浆的孔径分布曲线间存在显著差异并不奇怪，不同流体的渗透率差异显著也并不奇怪，关键问题在于水泥基材料的孔结构会随着孔隙流体种类的变化而变化。特别地，水泥基材料的水分渗透率之所以异常低，原因在于此时的孔结构特别密实，特征孔径比饱和异丙醇或惰性气体状态要小 1 个数量级左右。该结果进一步定性地证明，水泥基材料在饱水和干燥失水、置换脱水状态下的孔结构存在显著差异。

为了进一步定量分析不同状态下的孔结构与对应流体渗透率之间的相关性，基于图 5.8 所示孔径分布曲线，利用 Katz-Thompson 模型式 (2.14) 和式 (2.15) 对渗透率进行计算，所得结果见表 5.8。需要注意的是，考虑到压汞测孔技术无法探测到半径在 $r_{\mathrm{mip}} = 2.8\,\mathrm{nm}$ 以下的微孔，它测量所得孔隙率 ϕ 显著偏小，在利用式 (2.15) 计算构造因子 F 及对应的气体渗透率时，将孔隙率 ϕ 取为表 5.3 所列高压饱水状态下的孔隙率。

表 5.8   利用 Katz-Thompson 模型计算所得流体渗透率

砂浆	试件	水分渗透率 $k_{\mathrm{w}}/\mathrm{m}^2$	异丙醇渗透率 $k_{\mathrm{IPA}}/\mathrm{m}^2$	气体渗透率 $k_{\mathrm{g}}/\mathrm{m}^2$
M3	M3-K1	2.78×10^{-19}	5.79×10^{-18}	0.86×10^{-17}
	M3-K2	2.18×10^{-19}	5.21×10^{-18}	1.39×10^{-17}
	平均值	2.48×10^{-19}	5.50×10^{-18}	1.13×10^{-17}
M4	M4-K1	5.71×10^{-20}	1.96×10^{-18}	0.63×10^{-17}
	M4-K2	5.60×10^{-20}	1.45×10^{-18}	0.80×10^{-17}
	平均值	5.66×10^{-20}	1.71×10^{-18}	0.72×10^{-17}

对比表 5.7 和表 5.8 中所列渗透率的实测值与 Katz-Thompson 模型计算值可知，依据压汞测试结果进行计算所得气体渗透率与实测值均在 $1.0 \times 10^{-17}\,\mathrm{m}^2$ 量级，且模型计算值与室温干燥状态下的实测值非常接近。可以认为，Katz-Thompson 模型可以用来预测干燥状态下的渗透率，只不过，此时的渗透率必须用气体进行测试，且孔结构必须采用干燥状态下的测试结果。此外，基于低场磁共振测试所得饱和异丙醇时的孔径分布曲线进行计算，所得异丙醇渗透率计算值与实测值均在 $1.0 \times 10^{-18}\,\mathrm{m}^2$ 量级，且二者的具体数值非常接近。这也就是说，Katz-Thompson 模型也适用于饱和异丙醇的砂浆材料。此外，在没有对 Katz-Thompson 模型及其参数进行任何调整的情况下，尽管模型预测所得水分渗透率的计算值显著地大于实测值，但模型计算精度依然比文献 [125]、[178]、[231]、[480]~ [482] 中普遍报道的 2 个数量级差异要优越得多。正是由于水泥基材料的孔结构在干燥后将显著粗化，基于压汞测试所得干燥状态下的孔结构，各种模型均难以准确地预测水泥基材料的水分渗透率。尽管部分研究尝试通过优化经典 Katz-Thompson 模型参数来提高水分渗透率的预测精度 [125,275]，但由于未能认识到水泥基材料在干燥与饱水状态下的孔结构存在显著差异，几乎所有

基于压汞法等测试所得干燥孔结构特征的模型预测结果与实测水分渗透率依然差别显著 [240]。此外，假设凝胶内外的孔隙呈双模态分布，利用广义有效介质理论可以大幅度地提高水分渗透率的预测精度 [181]，但此时计算模型过于复杂，具体参数的物理意义不甚明确且难以合理地确定其数值，适用性存在较大疑问。

压汞法基于非浸润液体逐步压入过程进行孔结构探测，在基础测试原理上，它与低场磁共振弛豫测孔技术完全不同。压汞法测试得到的是孔喉尺寸，而低场磁共振弛豫技术测试得到的是等效孔腔尺寸。因此，当从压汞法和低场磁共振弛豫法测试所得孔径分布曲线上识别逾渗孔径时，理论上应采用不同的识别方法。7.4 节的精细化建模分析会发现，通过调整逾渗孔径的识别方法，可以进一步显著地提高 Katz-Thompson 模型预测水分渗透率的精度。准确地预测水泥基材料水分渗透率的关键在于，应当采用饱水时的原状孔径分布曲线，此时即便采用基于最简单平行毛细管束假设的 Kozeny-Carman 模型 [178,277]，通过合理地考虑孔结构曲折度参数的取值，也可以准确地预测水泥基材料的水分渗透率。

由以上对孔结构测试结果及其与渗透率之间关系的分析可知，从热力学角度来看，水泥基材料在完全饱水和完全失水或脱水时的孔结构差异显著，孔结构的显著改变主要归因于纳米尺度孔隙与孔溶液组成高度相关。结合 5.2.3 节对白水泥砂浆饱水和饱和异丙醇状态下的离散孔结构特征 (表 5.5) 分析可知，初始真空饱水砂浆内部孔隙水被异丙醇置换后，层间孔体积显著减小，同时凝胶孔和凝胶间孔的体积显著增大，但凝胶内部孔隙的体积分数变化很小。这就是说，干燥失水或置换脱水作用均会使 C—S—H 凝胶重新排列组合，层间孔显著塌陷，部分层间孔体积转变成凝胶孔和凝胶间孔体积，如图 5.10 所示，进而使孔结构显著粗化，异丙醇或气体渗透率显著增大。当失水或脱水砂浆重新饱水后，层间孔体积显著增大，但依然小于初始饱水状态下的层间孔体积，即 C—S—H 凝胶层间孔吸水膨胀且只有部分塌陷可以恢复，凝胶孔和凝胶间孔被体积显著膨胀后的 C—S—H 凝

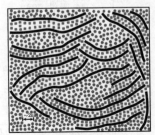

(a) 饱水状态   (b) 脱水状态

图 5.10   C—S—H 凝胶在饱水和完全脱水时的微结构示意图 (彩图扫封底二维码)

黑色粗曲线代表 C—S—H 凝胶片，灰色方块代表层间水，蓝色圆点代表凝胶水，绿色圆点代表异丙醇等惰性流体

胶填充，进而使纳米尺度孔结构显著细化，水分渗透率显著降低。上述 C—S—H 凝胶微结构随孔溶液的变化而显著改变的特征可以用干缩湿胀四字来高度概括。

经典观念认为，水泥基材料是一种人工石 (砼)，尽管 C—S—H 凝胶的微结构对干燥作用比较敏感，但通常依然默认假设它的孔结构并不会随着孔溶液的变化而发生显著变化，干燥后的压汞测孔结果依然能代表干燥前的孔结构特征。立足低场磁共振测孔结果及其与不同流体渗透率之间关系的深入分析，新发现的 C—S—H 凝胶干缩湿胀特征与经典观念相悖，孔结构随孔溶液的改变而改变的机理和过程还有待进一步验证与深入分析。

5.3.2 动力学演化分析

通过分析非饱和白水泥砂浆内部水分的细微观分布特征，可以对孔结构在完全饱水与完全失水两个极端状态间的变化历程进行分析，低场磁共振弛豫测试技术为此提供了技术支撑。利用多指数反演算法对非饱和砂浆孔隙水弛豫信号进行分析，可以识别不同尺寸孔隙内部的含水量，进而分析孔结构随饱和度变化而变化的历程。

当白水泥砂浆在不同相对湿度条件下达到脱附或吸附平衡时，试件内部的相对湿度与环境相对湿度相等，孔隙内部的水分分布达到稳态，含水量可以采用称重法进行测试，结果如图 5.11 所示。由图 5.11 中可见，两组白水泥砂浆在脱附 133 d (19 周) 后达到平衡，在吸附 84 d (12 周) 后达到平衡，吸附平衡速度高于脱附平衡，这源自水泥基材料对水的亲和力较强。另外，在第一轮脱附-吸附循环过程中，水泥砂浆在相对湿度 $H > 33\%$ 时存在明显的滞后效应，在同一相对湿度条件下达脱附平衡时的含水量显著地高于吸附平衡。该滞后效应在水泥基材料中普遍存在，通常认为它来自材料内部存在的墨水瓶孔，但其实也是平板状微孔的典型特征。当相对湿度 $H < 33\%$ 时，试件内部含水量变化不大，对应的饱和度 Θ 在 0.2 以下。

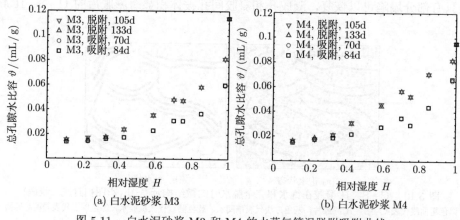

(a) 白水泥砂浆 M3   (b) 白水泥砂浆 M4

图 5.11   白水泥砂浆 M3 和 M4 的水蒸气等温脱附吸附曲线

若以 105 °C 干燥至恒重状态作为完全干燥的基准状态，初始真空饱水状态作为饱和状态，按式 (5.2) 可计算得到每组砂浆材料等温吸附-脱附平衡试件的孔隙率 ϕ 及在室温干燥 ($H = 0\%$)、60 °C 干燥至恒重状态下的可蒸发水饱和度 Θ，对 M3 和 M4 砂浆每组 18 个试件的测量结果如表 5.9 所示。由表 5.9 中可见，对薄片砂浆试件孔隙率 ϕ 的测试结果表明，M3 和 M4 砂浆试件的平均孔隙率 ϕ 比对应渗透率测量所用试件 M3/M4-K1/K2 的孔隙率 (表 5.3) 要稍低，这源自砂浆材料的非均质性，尺寸效应可能也有一定的影响。此外，在室温且相对湿度 $H = 0\%$ 条件下干燥至恒重时，两组砂浆材料内部水分的饱和度依然有 $0.1 \sim 0.2$。即便将它们在 60 °C 烘箱内干燥至恒重，砂浆试件内部依然含有一定量可蒸发水，说明水泥砂浆材料对水分的约束能力很强。

表 5.9　砂浆材料的孔隙率及经历不同预处理后的可蒸发水饱和度

砂浆	孔隙率 ϕ	可蒸发水饱和度 Θ		
		室温干燥 ($H = 0\%$)	60 °C 烘箱干燥	105 °C 烘箱干燥
M3	0.229±0.012	0.115±0.007	0.058±0.003	0
M4	0.178±0.002	0.191±0.015	0.104±0.005	0

尽管低场磁共振弛豫测试具有无损特性，但受试件尺寸限制，仅利用 CPMG 脉冲序列对达到吸附平衡状态砂浆试件内部的水分平衡分布进行测试，利用 Discrete 程序对弛豫信号进行多指数反演计算。依据 CPMG 脉冲序列测试结果可知，当在各相对湿度条件下达到吸附平衡后，砂浆试件内部的自由水均已全部失去，此时试件内部水分的弛豫速度非常快。即使相对湿度高达 98%，M3 和 M4 砂浆试件的横向弛豫信号在 6 ms 左右就已衰减到背景噪声水平，实际测试时只能通过加大扫描次数、减小重复时间来实现横向弛豫信号的准确快速测试。对弛豫信号进行多指数反演发现，吸附平衡试件内部孔隙水可分解成 2 个单指数弛豫组分，同时可以计算得到两者的横向弛豫时间 T_{2i} 及其体积分数 f_i ($i = 1, 2$)，如图 5.12 所示。由它们的横向弛豫时间 T_{2i} 可知，即使相对湿度高达 98%，吸附平衡砂浆试件内部水分均只分布在层间孔和凝胶孔中。当在不同相对湿度下达到吸附平衡时，弯液面曲率半径 r_k 可以依据 Kelvin 方程式 (1.14) 进行计算[483]。在室温、98%RH 条件下，弯液面的 Kelvin 曲率半径 $r_k = 53.2$ nm。结合表 5.5 中数据可知，该曲率半径与体积分数很小的凝胶间孔等效半径接近。在各相对湿度条件下，凝胶间孔及孔径更大的粗孔很快就完全失水，使得达到吸附平衡时只有层间孔和凝胶孔含有一定水分，对横向弛豫信号进行多指数反演时，通常就只能得到 2 个弛豫组分。尽管粗孔表面也会吸附一层水膜，但由于砂浆材料的比表面积主要取决于层间孔和凝胶孔这类纳米级微孔，粗孔的比表面积较小，其表面吸附薄层水膜的影响可以忽略。

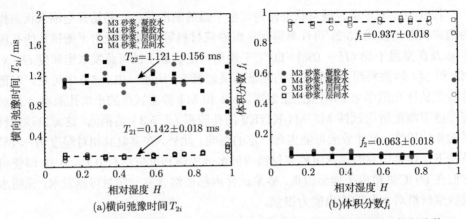

图 5.12　　不同相对湿度条件下层间孔与凝胶孔内水分的横向弛豫时间和体积分数

分析图 5.12 中所示层间孔和凝胶孔内部水分的横向弛豫时间 $T_{21,22}$ 可知，尽管它们的离散性较为明显，但在相对湿度 $H < 85\%$ 时，T_{21} 和 T_{22} 几乎不再随相对湿度变化而变化。当相对湿度从 98% 逐步降低到 59% 时，Kelvin 曲率半径 r_k 从 53.2 nm 减小至约 2 nm。低场磁共振弛豫技术并不能识别曲率半径的显著降低，它其实主要是从水分子扩散角度探测孔隙的比表面积。依据多层气体吸附理论可知 [130]，当气体相对分压降低至 25% 以下时，多孔介质孔隙表面只吸附单层气体分子薄膜，这使得它们的表面弛豫时间不再变化。然而，当相对湿度 $H > 25\%$ 时，孔隙水的横向弛豫时间依然近似保持不变，直到相对湿度达到 85% 左右，横向弛豫时间才开始增大。考虑到横向弛豫时间 T_{2i} 与等效半径 r_i 近似成正比，理论上它应该随相对湿度的提高而增大，但低场磁共振弛豫技术并不能准确地探测到该现象 [484]。由于层间水的横向弛豫时间 $T_{21} = 0.142 \pm 0.018$ ms，当试件内部相对湿度降至 85% 以下时，层间孔的等效半径约为 0.27 nm，这与单层水分子厚度相当，此时层间孔及更大孔隙表面只吸附很薄的一层水膜。此外，从图 5.12 (b) 中可见，当相对湿度 $H < 85\%$ 时，凝胶孔的含水量非常低，且凝胶水的横向弛豫时间基本保持不变。从孔隙水的细微观分布来看，当相对湿度低于 85% 时，层间水和凝胶水各自所占体积分数几乎保持不变，绝大多数水分分布在细小的层间孔内，而凝胶水占比很低，仅有 6.3% 左右。

依据多指数反演所得体积分数 f_i，以及吸附平衡状态下的孔隙水比容 ϑ_{ads} (mL/g)，可以计算得到层间水和凝胶水的比容 $\vartheta_{1,2}$(mL/g)

$$\vartheta_i = f_i \vartheta_{ads}, \quad i = 1,\ 2 \tag{5.3}$$

这样一来，可以将图 5.11 所示可蒸发水质量进一步分解成层间水和凝胶水质量，它们随相对湿度 H 及可蒸发水饱和度 Θ 的变化过程如图 5.13 所示。

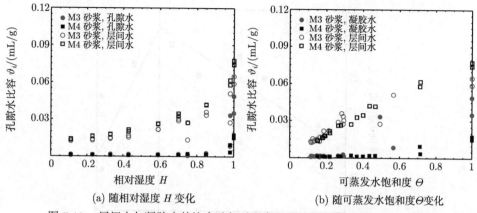

图 5.13 层间水与凝胶水的比容随相对湿度和可蒸发水饱和度的变化过程

由图 5.13 中可见,随着相对湿度或饱和度的增大,具有巨大比表面积的层间孔持续吸收水分,且层间水比容 ϑ_1 与饱和度 Θ 近似线性相关,而凝胶孔只有在相对湿度相当高 (接近 100%) 时才开始大量吸收水分。这意味着,在水蒸气吸附过程中,吸收的绝大多数水分都分布在微小的层间孔内。当相对湿度 $H < 35\%$ 或饱和度 $\Theta < 0.2$ 时,孔隙水只以单层水膜的形式被吸附在孔隙表面。当相对湿度或含水量增大时,层间孔将逐渐张开以吸收并容纳更多水分。因此,在逐步湿润过程中,C—S—H 凝胶将持续膨胀;反之,在干燥失水过程中,C—S—H 凝胶将持续收缩塌陷。

为了进一步分析层间孔和凝胶孔吸附水蒸气的动力学过程,计算层间水和凝胶水体积分数之比 f_1/f_2,并分析它随相对湿度 H 的变化过程,如图 5.14 所示。当相对湿度 $H < 85\%$ 时,尽管层间水和凝胶水的体积分数近似保持不变 (图 5.12),但层间水和凝胶水含量的相对比例并非恒定不变。在水蒸气吸附过程中,当相对湿度 $H < 75\%$ 时,比值 f_1/f_2 随相对湿度 H 的增大而逐渐增大,也就是说,层间孔将吸收更多水分,体积显著膨胀。当相对湿度 $H > 75\%$ 时,比值 f_1/f_2 随相对湿度的增大而快速降低,意味着更多可蒸发水将分布在凝胶孔中。依据 Kelvin 方程式 (1.14) 可知,与相对湿度 $H = 75\%$ 相对应的 Kelvin 半径 $r_k = 3.7\,\mathrm{nm}$。当 $H = 75\%$ 时,所有半径小于 $3.7\,\mathrm{nm}$ 的小孔均被水充满。该特征半径比 M3(M4) 砂浆在高压饱水后的凝胶孔等效半径 2.07(1.73)nm(表 5.5) 稍大。当相对湿度 $H > 75\%$ 时,凝胶孔内将发生毛细凝聚,进而使凝胶孔的含水量快速增加。根据以上分析可知,水泥基材料的吸湿过程并非水分依次由小到大填充不同尺寸孔隙的过程,而是同时伴随有 C—S—H 凝胶吸水膨胀,这使得水泥基材料的孔结构随含水量的变化而动态变化。C—S—H 凝胶所具有的干缩湿胀特性应该来自 C—S—H 凝胶与水之间存在的特殊物理化学作用。

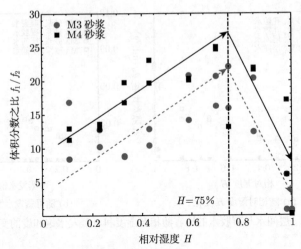

图 5.14　层间水和凝胶水体积分数之比 f_1/f_2 随相对湿度 H 的变化过程

　　结合 5.3.1 节的热力学分析可知，尽管 C—S—H 凝胶层间孔孔径只有 1 ~ 2 nm，但由于 C—S—H 凝胶比表面积巨大，使 C—S—H 凝胶干缩湿胀对整体孔结构的影响是如此之显著，以至于饱水与脱水状态下的临界孔径和逾渗孔径变化达 1 个数量级，并使得对应的渗透率变化幅度高达 2 ~ 3 个数量级。由于孔结构和含水量对水泥基材料几乎所有性能均具有重要影响，理论与试验研究应充分地重视 C—S—H 凝胶所具有的干缩湿胀特性及水泥基材料的动态孔结构特征，尤其是与水和孔密切相关的体积稳定性及耐久性。

5.3.3　水敏性的提出

　　依据 5.3.1 节和 5.3.2 节的分析可知，在水泥基材料从完全干燥状态逐渐吸水至饱和的过程中，C—S—H 凝胶的层间孔总是优先吸水，使得包含层间孔在内的 C—S—H 凝胶表观体积膨胀并侵占凝胶孔等粗孔的孔隙空间，进而使孔结构整体显著细化。反之，在干燥过程中，在凝胶孔以上粗孔失水的同时，C—S—H 凝胶的层间孔逐渐收缩，层间距逐渐减小，释放出来的孔隙空间使凝胶孔以上粗孔进一步粗化。这就是说，C—S—H 凝胶具有干缩湿胀性能，它使得水泥基材料的孔结构随着含水率的变化而动态变化。在干燥或湿润过程中，C—S—H 凝胶的吸水膨胀或失水收缩的过程在相对湿度 $H = 75\%$ 左右存在转折点。当相对湿度 $H > 75\%$ 时，C—S—H 凝胶内部的层间孔、凝胶孔及凝胶间孔已充满水分，此后 C—S—H 凝胶依然会吸水膨胀，但膨胀能力显著降低。失水干燥或吸水湿润过程中 C—S—H 凝胶微结构的变化过程示意图如图 5.15 所示，它与图 2.10 所示岩石等多孔介质微观干燥失水和宏观收缩的物理、力学过程完全不同。

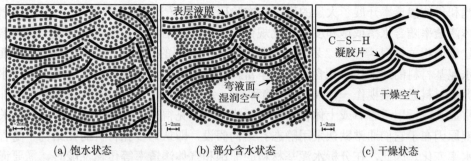

图 5.15 失水干燥或吸水湿润过程中 C—S—H 凝胶微结构的变化过程示意图

在利用低场磁共振弛豫技术测得饱水孔结构及非饱和水分分布后,作者起初对 5.3.1 节和 5.3.2 节所述定量分析结果也感到非常费解。经典观念认为,C—S—H 凝胶与层间水的亲和力非常强,层间水只有在相对湿度 $H < 25\%$ 时才会开始失去 [1]。在常见湿度范围内,水泥基材料的孔结构像岩石材料那样,并不会随干燥或湿润而发生变化,使得含水率对水泥基材料的孔径分布及与此密切相关的抗压强度等宏观性能的影响很小。然而,前述 C—S—H 凝胶层间孔干缩湿胀行为及水泥基材料具有的动态孔结构特征与经典观念完全相悖。在含水量变化过程中,尽管水泥基材料的总孔隙率保持不变,但纳米尺度孔径分布会因为孔隙水被异丙醇置换或干燥失水而发生显著变化。由于 C—S—H 凝胶干缩湿胀特征动摇了对水泥基材料的基础认知和研究范式 (常规科学所赖以运作的理论基础和实践规范,是从事某一领域科学研究的科学家群体所共同遵从的世界观和行为方式) [485],作者将水和 C—S—H 凝胶间特殊相互作用导致的干缩湿胀性能称作水分敏感性 (简称水敏性,water sensitivity),第 6 章将更加全面地论述水敏性的物理本质及其对水泥基材料科学研究的价值与意义。

需要强调的是,具有水敏性的主体是 C—S—H 凝胶及水泥基材料,不是水泥。广义上讲,水泥遇水发生的化学反应也可视作它们之间的某种敏感性或相互作用,但它主要指两者之间发生的化学反应,而不是 C—S—H 凝胶干缩湿胀的物理化学相互作用。为了尽量地避免可能存在的歧义或混淆,本书通篇将水分敏感性或水敏性视作专有名词。

5.4 非饱和传输性能分析

在实际混凝土结构中,尽管 CO_2、O_2 和水蒸气等很少发生压力梯度驱动下的渗透流动,但由于气体渗透率的测量远比水分渗透率容易,因而广泛地用于耐久性能定量表征与分析。作为重要的耐久性基础性能指标,相关研究文献已经对非饱和气体渗透率开展了大量的理论与实验研究 [185,233,234,236,239,486,487]。在描述气体渗透率随水率或饱和度的变化规律时，通常都借用起初针对岩石或土壤材料建立的相关模型 [488,489]。岩石和土壤这类多孔材料的孔隙结构通常较为粗大，而水泥基材料的纳米级小孔含量非常丰富，二者的孔隙结构特征差异显著。尽管水泥基材料通常被视作一种人造石 (简称砼)，但其实它与岩石类多孔材料的差异非常显著，适用于岩石或土体材料的相关模型并不见得同样适用于水泥基材料，关键原因在于它们通常默认采用静态孔结构假设，即认为多孔材料的孔结构不随含水率变化。因此，在分析水泥基材料的非饱和气体渗透率等传输性能时，需要谨慎地采用针对岩石和土体材料提出的相关数学模型。

本质上，多孔介质的气体渗透与水分毛细传输一样，都取决于其孔隙结构。作为重要的传输机理与过程，水泥基材料毛细吸水过程对多种腐蚀环境条件下的侵蚀介质迁移过程具有重要意义。然而，水泥基材料的毛细吸水过程非常复杂，存在长期吸水过程偏离根号时间理论规律等多个重要的异常现象 (见 2.2 节的分析讨论)，这使得水分在水泥基材料中的传输过程显著地区别于岩石和土壤等材料 [308]。尽管如此，在分析水泥基材料非饱和毛细吸水速率及过程时，依然普遍立足针对岩石、土体、砖等多孔材料提出的数学模型 [239,303,304,308,327-329]。考虑到 C—S—H 凝胶干缩湿胀特性使得水泥基材料总体孔结构随含水率发生显著变化 [240,241]，水泥基材料的非饱和毛细吸水过程相关研究依然存在重要不足，需要进一步开展理论与试验研究工作。

5.4.1   传输性能数学模型

1. 水分特征曲线模型

如前所述，水泥基材料非饱和气体渗透率的数学模型主要立足于岩石和土体等材料的相关模型 [489,490]。在描述岩石和土体含水饱和度 Θ 与毛细压力水头 P_c 之间的水分特征关系时，应用最为广泛的 van Genuchten 模型 [490] 可以写作

$$\Theta = \left[1 + (\alpha_{vg}P_c)^{\beta_{vg}}\right]^{-\gamma_{vg}}, \quad P_c = p_c/\rho_w g \tag{5.4}$$

式中，$\alpha_{vg}(m^{-1})$、β_{vg} 和 γ_{vg} 为 VG 模型参数；$p_c(Pa)$ 为毛细压力。由于式 (5.4) 含 3 个待定参数，故将它简称为 VG3 模型。为了简化后续建立非饱和水分、气体渗透率模型时需要进行的积分计算，常对参数 β_{vg} 和 γ_{vg} 施加如下约束 [490]：

$$\gamma_{vg} = 1 - 1/\beta_{vg} \tag{5.5}$$

这样一来，β_{vg} 与 γ_{vg} 不再相互独立，VG3 模型简并成含双参数的 VG2 模型：

$$\Theta = \left[1 + (\alpha_{vg}P_c)^{1/(1-\gamma_{vg})}\right]^{-\gamma_{vg}} \tag{5.6}$$

此外, 作者提出的 Zhou 模型 [491] 同样采用 2 个经验拟合参数 $\alpha_{\mathrm{zh}}(\mathrm{m}^{-1})$ 和 β_{zh} 来描述毛细压力水头与饱和度间的关系:

$$\Theta = \left[1 - \beta_{\mathrm{zh}} + \beta_{\mathrm{zh}} \exp\left(\alpha_{\mathrm{zh}} P_{\mathrm{c}}\right)\right]^{-1} \tag{5.7}$$

相关研究已经证明, Zhou 模型对常见水泥基材料具有良好的适用性。

2. 相对水分和气体渗透率模型

为更有效地表征含水饱和度 Θ 对水分和气体渗透率的影响, 引入无量纲的相对水分渗透率 k_{rw} 和相对气体渗透率 k_{rg}:

$$k_{\mathrm{rw}}\left(\Theta\right) = k_{\mathrm{w}}\left(\Theta\right) / k_{\mathrm{w}}\left(\Theta = 1\right), \quad k_{\mathrm{rg}}\left(\Theta\right) = k_{\mathrm{g}}\left(\Theta\right) / k_{\mathrm{g}}\left(\Theta = 0\right) \tag{5.8}$$

只立足水分特征曲线模型 $p_{\mathrm{c}}\left(\Theta\right)$, Burdine [492] 将水分和气体相对渗透率表示为

$$k_{\mathrm{rw}}\left(\Theta\right) = T_{\mathrm{w}}\left(\Theta\right) \int_0^{\Theta} \frac{\mathrm{d}\Theta}{p_{\mathrm{c}}^2} \Big/ \int_0^1 \frac{\mathrm{d}\Theta}{p_{\mathrm{c}}^2}, \quad k_{\mathrm{rg}}\left(\Theta\right) = T_{\mathrm{g}}\left(\Theta\right) \int_{\Theta}^1 \frac{\mathrm{d}\Theta}{p_{\mathrm{c}}^2} \Big/ \int_0^1 \frac{\mathrm{d}\Theta}{p_{\mathrm{c}}^2} \tag{5.9}$$

式中, 液相曲折度 T_{w} 和气相曲折度 T_{g} 是随饱和度 Θ 变化的函数。Burdine 模型认为液相和气相的曲折度满足对称条件, 并可以写作

$$T_{\mathrm{w}}\left(\Theta\right) = \Theta^2, \quad T_{\mathrm{g}}\left(\Theta\right) = \left(1 - \Theta\right)^2 \tag{5.10}$$

依据式 (5.9) 可知, Burdine 模型给出的水分和气体相对渗透率始终满足

$$\frac{k_{\mathrm{rw}}}{T_{\mathrm{w}}} + \frac{k_{\mathrm{rg}}}{T_{\mathrm{g}}} = 1 \tag{5.11}$$

这是由于非饱和多孔材料内部水分与气体分布和渗透的孔隙空间均互补, 它们的相对渗透率必然密切相关。通过拓展修正 Burdine 模型, Mualem [489] 提出非饱和状态下的相对水分渗透率 k_{rw} 和相对气体渗透率 k_{rg}:

$$k_{\mathrm{rw}}\left(\Theta\right) = T_{\mathrm{w}}\left(\Theta\right) \left[\int_0^{\Theta} \frac{\mathrm{d}\Theta}{p_{\mathrm{c}}^2} \Big/ \int_0^1 \frac{\mathrm{d}\Theta}{p_{\mathrm{c}}^2}\right]^2, \quad k_{\mathrm{rg}}\left(\Theta\right) = T_{\mathrm{g}}\left(\Theta\right) \left[\int_{\Theta}^1 \frac{\mathrm{d}\Theta}{p_{\mathrm{c}}^2} \Big/ \int_0^1 \frac{\mathrm{d}\Theta}{p_{\mathrm{c}}^2}\right]^2 \tag{5.12}$$

引入曲折度系数 ξ, Mualem 建议将液相和气相曲折度函数更一般性地写作

$$T_{\mathrm{w}}\left(\Theta\right) = \Theta^{\xi}, \quad T_{\mathrm{g}}\left(\Theta\right) = \left(1 - \Theta\right)^{\xi} \tag{5.13}$$

由式 (5.12) 易知, Mualem 模型给出的水分和气体相对渗透率满足

$$\sqrt{\frac{k_{\mathrm{rw}}}{T_{\mathrm{w}}}} + \sqrt{\frac{k_{\mathrm{rg}}}{T_{\mathrm{g}}}} = 1 \tag{5.14}$$

根据以上分析可知, 只依据水分特征曲线模型, Burdine 模型和 Mualem 模型均能显式地给出水分和气体相对渗透率的模型表达式。将任意水分特征模型与 Burdine 模型或 Mualem 模型相结合, 就能给出对应的水分和气体相对渗透率的数学模型。将应用非常广泛的 VG2 水分特征曲线模型式 (5.4) 代入 Mualem 模型表达式 (5.12), 整理可得

$$k_{rw} = \Theta^\xi \left[1 - \left(1 - \Theta^{1/\gamma_{VG}} \right)^{\gamma_{VG}} \right]^2, \quad k_{rg} = (1 - \Theta)^\xi \left[1 - \Theta^{1/\gamma_{VG}} \right]^{2\gamma_{VG}} \quad (5.15)$$

相对渗透率主要由曲折度系数 ξ 和水分特征曲线模型参数决定。因为该模型是 van Genuchten 模型与 Mualem 模型结合的产物, 将式 (5.15) 记作 VGM 模型。对土壤来说, VGM 模型中关键的曲折度系数 ξ 主要在 $[-1, 3]$ 内取值, 平均值约为 0.5 [489]。相关研究表明, 当将 VGM 模型应用于水泥基材料时, 曲折度系数 ξ 的数值高达 5.5 [234,493], 这表明水泥基材料的孔隙结构更为曲折, 它与饱和度间关系的非线性程度更高。

若认为水泥基材料的水分扩散率 $D(\Theta)$ 为指数型函数, 即式 (2.40) 适用并可改写成 $D(\Theta) = D_0 \exp(n\Theta)$。对毛细吸水过程进行试验研究和理论分析表明, 形状参数 n 的典型值在 6 左右, 它与水泥基材料的曲折度系数 ξ 非常接近, 说明水分扩散率函数同样具有很高的非线性 [119,303]。考虑到 Zhou 模型式 (5.7) 能给出容量函数 $C(\Theta) = \mathrm{d}\Theta/\mathrm{d}P_c$ 的解析表达, 将它与式 (2.40) 代入水分扩散率 $D(\Theta)$ 与水分渗透率 $k_w(\Theta)$ 的关系式 (2.25), 整理可得饱和水分渗透率 $k_{sw}(\mathrm{m}^2)$ 和相对水分渗透率 k_{rw} 的表达式为

$$k_{sw} = \mu_w \alpha_{zh} \beta_{zh} D_0 \phi / (\rho_w g), \quad k_{rw}(\Theta) = \Theta \left(\Theta + \frac{1 - \Theta}{\beta_{zh}} \right) \exp\left[n(\Theta - 1) \right] \quad (5.16)$$

若采用同样满足对称条件的指数型函数来描述液相和气相的曲折度, 即

$$T_w = \exp\left[n(\Theta - 1) \right], \quad T_g = \exp(-n\Theta) \quad (5.17)$$

将相对水分渗透率 $k_{rw}(\Theta)$ 代入 Burdine 模型式 (5.11), 可得相对气体渗透率 k_{rg} 为

$$k_{rg}(\Theta) = \left\{ 1 - \Theta \left[\Theta + \frac{1 - \Theta}{\beta_{zh}} \right] \right\} \exp(-n\Theta) \quad (5.18)$$

由于式 (5.16) 与式 (5.18) 是水分特征曲线 Zhou 模型式 (5.7) 和 Burdine 模型式 (5.11) 相结合的产物, 故将它们称作 ZB 模型。

3. 相对毛细吸水速率模型

理论上，多孔介质的毛细吸水速率、水分扩散率和水分渗透率均可以用来描述水分的一维毛细传输过程 (参见 2.2 节)，故此三者必然密切相关 [491,494]。实际上，已有的毛细吸水速率模型都建立在它与水分扩散率之间隐式关系的基础之上，两者都可以通过一维毛细吸水试验进行测量 [119]。为表征初始含水饱和度 ω_{init} 对非饱和毛细吸水速率的影响，按 2.2.5 节给出的相对毛细吸水速率 S_{r} 定义式 (2.38) 等四个经典数学模型，可显式地给出相对毛细吸水速率随初始饱和度 ω_{init} 的典型变化规律，如图 2.9 所示。

正如 2.2.5 节所述，相对毛细吸水速率的经典模型均建立在测试经验或者毛细吸水速率与水分扩散率之间关系的基础上，默认采用孔结构不随水分吸收过程而发生变化的静态孔结构假设。然而，依据水敏性可知，在毛细吸水过程中，C—S—H凝胶逐渐膨胀并使整体孔结构显著细化，静态孔结构假设不适用于水泥基材料，这可能是 2.2.5 节所述毛细吸收速率对初始饱和度的依赖关系异常的根本原因，5.4.3节和 8.2 节将进一步讨论该问题。

5.4.2 非饱和气体渗透率

当砂浆试件在不同相对湿度 H 条件下达到脱附或吸附平衡时，依据毛细压力表达式 (2.55)，非饱和试件内部因弯液面导致的毛细压力水头 P_{c} 为

$$P_{\text{c}} = -\frac{RT}{M_{\text{w}}g} \ln H \tag{5.19}$$

考虑到饱和度 $\Theta = \vartheta(H)/\vartheta(H=1)$，其中，$\vartheta(\mu\text{L/g})$ 为孔隙水的比容，可以将图 5.11 所示等温吸附脱附数据 $\vartheta(H)$ 转换成水分特征数据 $P_{\text{c}}(\Theta)$，同时利用含2 参数的 van Genuchten 模型式 (5.4) 与 Zhou 模型式 (5.7) 对 M3 和 M4 砂浆材料的水分特征曲线进行拟合，所得拟合参数见表 5.10，如图 5.16 所示。由于非饱和传输性能测试所用试件都是采用先干燥再平衡至目标饱和度的方法进行制备，故而只对两组砂浆材料在脱附达到恒定质量 (133 d) 后的水分特征数据进行拟合分析。为后续讨论方便，图 5.16 同时给出了以饱和度 Θ 来表示的等温脱附平衡试验数据。

表 5.10 双参数 van Genuchten 模型和 Zhou 模型的拟合参数

砂浆	van Genuchten 模型式 (5.4)			Zhou 模型式 (5.7)	
	$\alpha_{\text{vg}}/\text{km}^{-1}$	β_{vg}	$\gamma_{\text{vg}} = 1 - 1/\beta_{\text{vg}}$	$\alpha_{\text{zh}}/\text{km}^{-1}$	β_{zh}
M3	1.4481	1.5566	0.3576	2.3112×10^{-5}	1.1886×10^{4}
M4	0.5224	1.6677	0.4004	2.9186×10^{-5}	6.4272×10^{3}

由图 5.16 (a) 中可见，尽管 M3 和 M4 砂浆水分特征曲线的非线性程度非常高，双参数 VG2 模型式 (5.6) 和 Zhou 模型式 (5.7) 均能准确地拟合有限的实测数据。

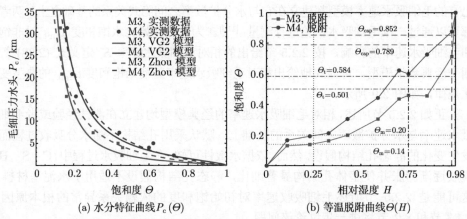

图 5.16　M3 和 M4 砂浆的水分特征曲线 $P_c(\Theta)$ 及等温脱附试验数据 $\Theta(H)$ (彩图扫封底二维码)

为尽量地降低通常采用的高温烘干预处理对水泥基材料微结构带来的影响，在制备非饱和水泥砂浆试件时，采用更为温和的室温干燥预处理方式。按 5.1.4 节所述测试方法，对初始饱和度不同的系列砂浆试件进行气体渗透率测试，所得结果如图 5.17 所示。尽管水泥基材料的气体渗透率通常具有较大离散性，但图 5.17 所示结果表明，M3 和 M4 砂浆的气体渗透率 k_g 随饱和度 Θ 的变化趋势非常明显且规律比较类似。由于水泥基材料的孔隙水很难通过温和的干燥方式完全去除，而升温干燥方法将不可避免地会使水泥基材料内部产生微裂纹，它们必然影响完全干燥状态下的气体渗透率测试结果。如此一来，也就无法直接测量得到不包含微裂纹贡献的完全干燥理想状态下的气体渗透率 $k_g\,(\Theta = 0)$。如果将 $k_g\,(\Theta = 0)$ 视作待定参数，利用 VGM 模型式 (5.15) 和 ZB 模型式 (5.18) 对非饱和气体渗透率实测结果进行拟合，结果如图 5.17 所示，对应的拟合所得结果见表 5.11 。

表 5.11　利用 VGM 模型和 ZB 模型对非饱和气体渗透率进行拟合所得结果

砂浆	VGM 模型式 (5.15)			ZB 模型式 (5.18)		
	$k_g\,(\Theta = 0)/m^2$	ξ	R^2	$k_g\,(\Theta = 0)/m^2$	n	R^2
M3	1.6134×10^{-17}	2.9567	0.8991	1.8356×10^{-17}	3.8406	0.8984
M4	1.7883×10^{-17}	2.2062	0.8261	2.3152×10^{-17}	3.3461	0.8109

由图 5.17 可见，当水泥砂浆的饱和度 $\Theta \in [0.14,\ 0.82]$ 时，不管是 VGM 模型还是 ZB 模型，都能很好地描述非饱和气体渗透率随饱和度的变化规律，且两

个模型对试验实测数据拟合的准确度相差不大。然而，当 M3(M4) 砂浆的饱和度 $\Theta < 0.14(0.24)$ 时，VGM 模型和 ZB 模型预测结果之间的差异随饱和度 Θ 的降低而逐渐增大，在饱和度 $\Theta \to 0$ 时达到最大。ZB 模型拟合所得形状参数 $n > 3$，当饱和度 Θ 较低时，它给出的气体渗透率 k_g 总是高于 VGM 模型，后者拟合所得曲折度系数 $\xi < 3$。在不含微裂纹的理想干燥状态下 $(\Theta = 0)$，ZB 模型预测所得 M3(M4) 砂浆的气体渗透率 $k_g(\Theta = 0)$ 比 VGM 模型预测值高 13.8% (29.5%)。结合图 5.16 (b) 可见，M3(M4) 砂浆的特征饱和度 $\Theta \approx 0.14(0.24)$ 大致与砂浆孔壁在 $H = 25\%$ 时单层水分子吸附状态下的饱和度 $\Theta_m = 0.14(0.24)$ 差不多 [77]。如果将该单层水分子进一步烘干，那么在表面能等驱动力的作用下，C—S—H 凝胶的微结构将发生显著收缩塌陷 [240,241]，总体孔结构显著粗化，并使 M3(M4) 砂浆的气体渗透率从 1.0×10^{-17} m² 增大至 $1.613 \times 10^{-17}(1.788 \times 10^{-17})$m²，增幅达 61.3% (78.8%)。

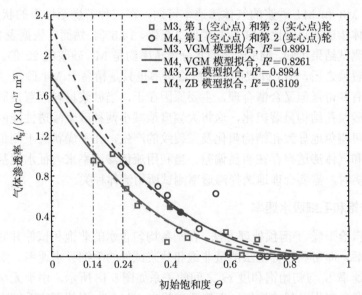

图 5.17 实测非饱和气体渗透率 k_g 与初始饱和度 Θ 间的关系 (彩图扫封底二维码)

依据试验方案，非饱和传输性能所用试件先后 3 次分别在室温干燥、60 °C烘箱干燥和 105 °C高温干燥状态下测量气体渗透率，将 M3 和 M4 砂浆试件在不同状态下的气体渗透率进行统计说明，表 5.12 中正负号前后的数字分别为均值和方差。由于试件未达到完全干燥状态或因高温干燥导致试件内部含有微裂纹，在前述三种干燥状态下测量所得气体渗透率只是名义值。对比表 5.12 中列出的名义干燥状态下的气体渗透率和表 5.11 中利用模型拟合外推所得理想干燥状态下的气体渗透率可知，M3(M4) 砂浆的名义气体渗透率约是 ZB 模型预测所得理想值

的 3.11(2.38) 倍。若与 VGM 模型预测结果对比，则名义值与理想值之间的差异
将更大。显然，该显著差异由高温干燥作用使材料内部产生的微裂纹导致。即便
在 60°C中等温度条件下干燥至恒重，尽管此时 M3(M4) 砂浆试件的残余水饱和
度仅为 5.8% (10.4%)，它们的名义气体渗透率依然比 ZB 模型预测所得理想值高
约 58.8% (9.9%)。综上可知，高温干燥产生的微裂纹对气体渗透率的影响显著且
无法避免，干燥温度越高时，干燥微裂纹的影响也就越大。

表 5.12   砂浆试件在不同干燥状态下测量所得气体渗透率

砂浆	气体渗透率 $k_g/ (\times 10^{-17}\ \mathrm{m}^2)$		
	室温干燥 ($H = 0\%$)	60°C烘箱干燥	105°C高温干燥
M3	1.484±0.958	2.915±1.220	5.715±1.799
M4	1.316±1.006	2.546±2.435	5.518±0.798

对比 M3 和 M4 砂浆的气体渗透率可知，在三种干燥至恒重的状态下，M4
砂浆的气体渗透率总是比 M3 砂浆稍低 3.6% ~ 14.5%。然而，依据表 5.7 所列水
分渗透率测试结果可知，M3 砂浆的水分渗透率约是 M4 砂浆的 22 倍。当孔隙水
被异丙醇置换之后，M3 砂浆的异丙醇渗透率也只是稍高于 M4 砂浆 [240]。该结
果看起来有些奇怪但又合情合理，主要原因在于，当砂浆材料因置换脱水或干燥
失水后，砂浆孔结构显著粗化，这将大幅度地减小两种砂浆渗透性能的差异。干
燥作用不可避免地导致孔结构粗化及微裂纹的产生，在干燥状态下测量所得异丙
醇渗透率和气体渗透率存在明显偏差。当利用流体渗透率来表征水泥基材料的耐
久性能优劣时，需要合理地选择渗透率测试所用流体种类。

5.4.3 非饱和毛细吸水速率

利用自洽干燥-平衡预处理方法，在制备均匀含水的非饱和试件并完成气体渗
透率测试后，即可利用称重法测量非饱和砂浆试件的毛细吸水速率。实测非饱和
毛细吸水速率 S 与初始饱和度 Θ 之间的关系如图 5.18 所示。由于无法完全除去
孔隙水并避免产生微裂纹损伤，理想干燥状态 ($\Theta = 0$) 下的真实毛细吸水速率无
法测试。为了便于分析试验实测与模型预测所得初始饱和度对毛细吸水速率的影
响，不失一般性，将理想干燥状态下的毛细吸水速率取作 $S(0) = 0.16$ mm/min$^{0.5}$，
形状参数 n 取作典型值 6.0，据此利用 Zhou 模型式 (2.43) 计算所得非饱和毛细
吸水速率 $S(\Theta)$，如图 5.18 所示。

由图 5.18 所示结果很容易发现，随着初始饱和度的增大，毛细吸水速率起初
快速降低直至饱和度 $\Theta = 0.5 \sim 0.6$，此后毛细吸水速率随饱和度增大而减小的速
率显著降低。当初始饱和度增大到 $\Theta \approx 0.8$ 时，毛细吸水速率降至 0。也就是说，虽
然试件并没有完全饱和，但它已经没有通过毛细作用吸收水分的能力，此时砂浆

试件已经达到毛细饱和状态，尚未饱水的粗孔或气孔所能发挥的毛细作用力几乎可以忽略。实测毛细吸水速率随饱和度的变化过程可以近似采用双线性函数来描述，最小二乘拟合结果如图 5.18 中实线所示，同时可得 M3(M4) 砂浆与双线性规律转折点对应的转折饱和度 $\Theta_t = 0.501(0.584)$，毛细饱和度 $\Theta_{cap} = 0.789(0.852)$。通过与实测等温吸附脱附曲线相结合，可以进一步确定与 M3(M4) 砂浆转折饱和度 Θ_t 对应的相对湿度均在 $H = 75\%$ 左右，与毛细饱和度 Θ_c 对应的相对湿度 $H \approx 98\%$，如图 5.16 所示。

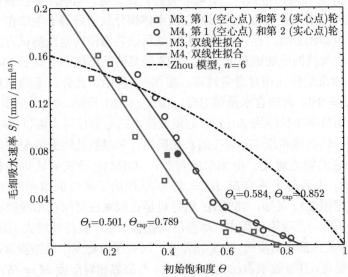

图 5.18　实测非饱和毛细吸水速率 S 与初始饱和度 Θ 之间的关系 (彩图扫封底二维码)

对比图 5.18 中所示实测毛细吸水速率与 Zhou 模型的计算结果，结合图 2.9 中所示经典模型曲线的变化规律可知，实测毛细吸水速率随初始饱和度的变化过程无法采用 2.2.5 节归纳总结的相对毛细吸水速率经典模型进行描述，同样表现出显著异常。更重要的是，包括 Philip 模型、Brutsaert 模型、Parlange 模型和 Zhou 模型在内，所有理论模型预测所得初始饱和度的影响规律与实测结果完全不同。尽管 Brutsaert 模型能够给出毛细饱和度 Θ_{cap} 的存在，但其实其他理论模型也可以很方便地考虑毛细饱和度的影响。最关键的差异在于，理论模型预测所得 $S_r(\Theta)$ 均为凸函数，而实测结果为近似符合双折线规律的凹函数。该显著差异说明，默认采用静态孔结构假设并基于水分扩散率模型建立的理论预测模型均不再适用，根本原因在于水泥基材料的层间孔在吸水后显著膨胀，并使其总体孔结构及渗透率等传输性能随饱和度的增大而动态变化。此外，图 5.18 中所示砂浆的实测毛细吸水速率变化规律与图 2.9 中汇总的混凝土材料实测数据有些差异，这既可能与具体材料的组成与微结构特征有关, 也可能与采用的干燥预处理制度有关。水泥混凝土材料非常密实, 制备初始饱和度不同的大尺寸混凝土试件非常耗时, 故而都在高温条件下加速干燥与平衡进程, 这可能影响吸水过程中 C—S—H 凝胶膨胀的动力学过程, 进而导致相对毛细吸水速率随初始饱和度的变化程度不同。

依据表 5.5 所列低场磁共振测试结果可知, M3(M4) 砂浆孔隙水的第 5 组分占可蒸发水的体积分数 $f_5 = 20.96\%(9.55\%)$, 由于该组分的横向弛豫时间在秒级, 显然它代表的是自由水。将它与 M3(M4) 砂浆内自由水体积分数 $1 - \Theta_{\text{cap}} = 21.1\%(14.8\%)$ 进行对比可知, 二者吻合良好。这说明, 当利用多指数反演算法来分析低场磁共振横向弛豫信号, 所得自由水体积分数恰好等于毛细作用几乎可忽略的粗孔所占体积分数。换句话说, 利用低场磁共振横向弛豫测试方法, 可以快速地识别砂浆材料的毛细饱和度 Θ_{cap}。M3 砂浆的毛细饱和度高于 M4 砂浆, 原因在于 M3 砂浆的粗孔相对含量较高, 如图 5.8 所示。此外, 毛细饱和度大致与相对湿度 $H = 98\%$ 时的含水量相对应, 由式 (5.19) 易知, 常温下与 98%RH 相对应的弯液面曲率半径约为 50 nm, 它能发挥出的毛细作用力可以忽略[77]。

本质上, 转折饱和度 Θ_{t} 与孔隙水在层间孔和凝胶孔间的分配密切相关, 需要特别重视它的物理意义。由图 5.16 可见, M3(M4) 砂浆的转折饱和度 $\Theta_{\text{t}} = 0.501\ (0.584)$ 大致等于各自在 $H = 75\%$ 达脱附平衡时的饱和度 $\Theta = 0.460\ (0.600)$。根据图 5.14 可知, 75%RH 恰好也是孔隙水在层间孔和凝胶孔间相对分布规律的转折点。在吸附过程中, 尽管层间孔含水量一直持续增大 (图 5.13), 当 M3 和 M4 砂浆内部相对湿度 $H > 75\%$ 后, 凝胶孔内将发生毛细凝聚, 使得凝胶水含量快速提高, 且凝胶水占比也快速增大。与临界相对湿度 $H = 75\%$ 相对应的弯液面曲率半径 3.7 nm 也大致与 M3(M4) 砂浆的凝胶孔等效半径 2.82(2.89)nm 相当, 详见表 5.5 。在毛细吸水过程中, 若砂浆试件的初始饱和度 $\Theta > \Theta_{\text{t}}$, 当试件直接与液态水接触后, 尽管层间孔也在吸水并膨胀, 但总的毛细吸水速率主要由凝胶孔、凝胶间孔和小毛细孔吸水控制。若砂浆试件的初始饱和度 $\Theta < \Theta_{\text{t}}$, 在干燥预处理过程中, 孔径小但体积分数高的层间孔显著塌陷, 同时使凝胶孔、凝胶间孔等粗孔的体积显著增大, 进而使得它们吸收水分的速度显著提高, 宏观的毛细吸水速率显著增大。正是基于该原因, 初始饱和度对毛细吸水速率的影响规律出现转折, 且转折点的饱和度与 75%RH 相对应。综上可知, 转折饱和度 Θ_{t} 与孔隙水在层间孔和凝胶孔间的相对分配密切相关, 也与吸水过程中层间孔膨胀和总体孔结构变化的动力学过程有关, 它们使初始饱和度对毛细吸水速率的影响规律近似呈双线性。

实验室测试毛细吸水速率时, 通常采用高温干燥的方法来进行预处理。为了分析高温干燥对毛细吸水速率的影响, 将砂浆试件在室温 ($H = 0\%$)、60 °C 和 105 °C 条件下干燥至恒重后, 采用称重法测试此时的毛细吸水速率 $\hat{S}_0$, 结果见表 5.13 。

因为不导致微裂纹产生的理想干燥制度不存在，所以表 5.13 中所示干燥状态下的毛细吸水速率 $\hat{S}_0$ 依然只能视作名义值。

表 5.13　砂浆材料在不同干燥状态下测量所得名义干燥毛细吸水速率

砂浆	名义干燥毛细吸水速率 $\hat{S}_0/(\mathrm{mm/min}^{0.5})$		
	室温干燥 ($H = 0\%$)	60 ℃烘箱干燥	105 ℃高温干燥
M3	0.117±0.035	0.161±0.042	0.223±0.037
M4	0.109±0.032	0.169±0.033	0.236±0.027

显然，名义干燥毛细吸水速率 $\hat{S}_0$ 的数值随干燥温度的提高而增大。对比 M3 和 M4 砂浆的试验结果可知，在 60 ℃或 105 ℃高温烘干后，两种砂浆的毛细吸水速率非常接近，且 M4 砂浆的毛细吸水速率稍高于 M3 砂浆。然而，在室温干燥至恒重条件下，M3 砂浆的毛细吸水速率却比 M4 砂浆高 7.3%。回顾图 5.18 所示试验结果发现，在任意相同初始饱和度条件下，M4 砂浆的毛细吸水速率总是高于 M3 砂浆。尽管 M4 砂浆的水分渗透率、异丙醇渗透率或气体渗透率总是低于 M3 砂浆，但由于干燥预处理制度对初始饱和度、孔结构粗化和微裂纹损伤程度的影响非常复杂，实际很难判断哪种砂浆的名义干燥毛细吸水速率更大。因此，当采用高温干燥方式来对水泥基材料试件进行预处理时，单纯依据名义干燥毛细系数速率很难对其物质传输性能或耐久性能进行对比分析与评价。在测试并应用毛细吸水速率时，应合理地选择干燥预处理制度。

5.5　主 要 结 论

利用低场磁共振横向弛豫技术，本章对饱水和饱和异丙醇的白水泥砂浆的孔结构进行定量测试，结合压汞测孔及水分、异丙醇和气体渗透率的测试结果进行分析发现，采用不同种类流体进行测试所得渗透率在数值上相差 2～3 个数量级的根本原因在于水泥基材料的孔结构与孔隙流体的种类密切相关。当且仅当孔隙充满水时，水泥基材料的孔结构最为致密，与此对应的水分渗透率比利用其他流体进行测试所得渗透率低 2～3 个数量级。在水泥基材料干燥失水或异丙醇置换脱水过程中，尽管水泥基材料的孔隙率并不随孔隙流体不同而发生变化，但由于 C—S—H 凝胶层间孔的微观收缩与塌陷，体积占比非常大的层间孔体积将显著地降低，同时使凝胶孔孔径及其体积分数显著地增大，进而使渗透率大幅度地增加。在干燥水泥基材料重新饱水的过程中，C—S—H 凝胶部分收缩或塌陷的层间孔将重新吸水膨胀，并使层间孔体积增大，凝胶孔和凝胶间孔等大孔体积减小，孔结构显著地细化，水分渗透率显著地降低。但由于部分层间孔塌缩后不可恢复，水泥基材料的孔结构及其渗透率与干燥历史相关，经历干燥作用后再也回不到初始饱和状态。C—S—H 凝胶具有的这种干燥失水/脱水收缩、吸水湿润膨胀的特殊性质来自它与水之间存在的某种特殊物理化学作用。借鉴第 6 章对含蒙脱土等黏土成分岩石材料也具有类似性质的分析与讨论，本章提出将 C—S—H 凝胶具有的干缩湿胀特殊性质称作水敏性。考虑到水泥天然具有与水发生化学反应的能力，水泥显然对水敏感，故建议将水敏性作为专有名词，以明确具有水敏性的物质是 C—S—H 凝胶，而不是水泥。C—S—H 凝胶是硅酸盐水泥基材料的最重要组成，可以认为它也同样具有水敏性。

除对砂浆在完全饱水与完全失水或脱水状态下的孔结构进行热力学分析外，本章还对砂浆材料等温吸附过程中水分的微观分布进行低场磁共振弛豫测试，同样发现 C—S—H 凝胶的层间孔在整个吸附过程中一直在持续吸水且体积膨胀，这从动力学角度进一步证明它具有干缩湿胀的水敏性。对初始饱和度不同的砂浆试件进行的毛细吸水速率测试结果表明，水泥基材料的孔结构会随初始含水率的不同而发生显著变化，且演化规律与毛细吸水速率随饱和度的变化规律相吻合，从侧面进一步验证了 C—S—H 凝胶具有的水敏性。

虽然 C—S—H 凝胶干缩湿胀的水敏性得到了低场磁共振弛豫测试和非饱和传输性能相关试验结果的支撑，但导致水敏性产生的细微观物理化学机制还有待深入研究。

第 6 章　水敏性的物理机制

由第 5 章开展的理论与试验研究发现，C—S—H 凝胶的微结构及水泥基材料的孔结构对含水量的变化敏感。事实上，这种非常特殊的性质并非水泥基材料独有。通过文献调研可知，部分硅铝酸盐黏土矿物具有与 C—S—H 凝胶干缩湿胀非常类似的性质。早在 1889 年 Hyde 和 Smith[289] 对油气储集岩石的渗透性进行相关研究，他们发现了这种非常特殊的性质，在深入分析该性质产生的物理化学机制后，Johnston 和 Beeson[495] 于 1945 年明确提出该性质并将它称作水敏性。在石油工程领域，水敏性指与地层不配伍的外来流体进入油气储层后，使储层中的黏土矿物发生水化膨胀和分散运移，进而造成储层渗透率下降的可能性及其程度[496]。在钻井、完井、油层酸化、压裂和后续油田开发过程中，若不能有效地克服水敏性的不利影响，井壁附近油气储层的渗透性将遭到损害，造成油气井不能达到应有产能，严重时可能完全堵死油气层。由于油气储层的水敏性对油气资源开采非常关键，理论界和工程界已对油气储集岩石的水敏性开展深入研究，如何克服水敏性的不利影响，普遍成为石油工程现场施工时的重大关切[300,497]。目前，储集岩石的水敏性特征在石油工程领域已经得到广泛认可。

导致油气储层水敏性的无机硅铝酸盐黏土矿物通常具有层状晶体结构，而同样具有水敏性的水化硅酸钙 C—S—H 则是无定形凝胶。从材料科学研究角度，由于组成与结构不确定的 C—S—H 凝胶比晶体材料更难表征与分析，对它的水敏性进行理论与试验研究要比油气储集岩石困难得多。尽管黏土矿物与 C—S—H 凝胶之间存在显著差异，但在深入研究发掘 C—S—H 凝胶与水有关性能时，依然可以广泛地借鉴黏土矿物相关理论与试验研究成果。本章将在深入分析讨论含黏土矿物储层岩石的水敏性现象及其底层机理基础上，结合 C—S—H 凝胶的微结构特征和水泥基材料与水有关性能的分析与讨论，进一步揭示 C—S—H 凝胶具有干缩湿胀这一重要水敏性的物理机制。

6.1　储集岩石的水敏性

6.1.1　水敏性现象

在研究水泥基材料水分渗透率异常现象的基础上，第 5 章发现该类材料具有显著的水敏性。实际上，油、气渗透率同样是储层岩石的重要性能指标，其对油气资源储量及其开采难度、成本控制非常重要。储集岩石的水敏性也是在对其渗透率进行研究时发现并提出的。在利用水驱法开采油气资源的过程中，发现某些种类砂岩的渗透率会显著降低，降幅可能高达好几个数量级，如图 6.1 所示，导致油气资源开采困难。由于多孔材料的渗透率本质上由其孔结构决定，利用蒸馏水对 Hopeman 砂岩和 Berea 砂岩进行测试所得水分渗透率 k_w 与完全干燥状态下本征气体渗透率 k_{gas} 的实测值相差不大，随后采用质量分数为 2% 的 NaCl 溶液进行测试，它们的渗透率依然几乎保持不变。但是，当再次使用蒸馏水来测试他们的渗透率时却惊奇地发现，此时砂岩的渗透率将显著降低，Hopeman 砂岩渗透率的降幅高达 80%，而 Berea 砂岩的渗透率甚至降低到其初值的 0.5% 左右。该现象说明，部分砂岩的渗透率同样显著地依赖于渗透流体的种类及其组成。如图 6.1 所示砂岩渗透率显著降低的特殊现象可以利用水敏性理论进行解释与分析。

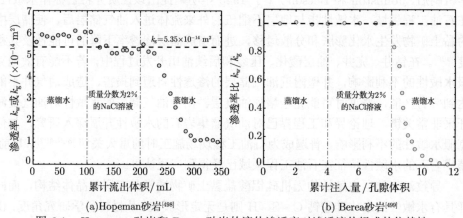

(a)Hopeman 砂岩[498]　　　　　　　　　　　(b) Berea 砂岩[499]

图 6.1　Hopeman 砂岩和 Berea 砂岩的流体渗透率对渗透流体组成的依赖性

对某些特定组成的砂岩来说，当内部含盐孔溶液被蒸馏水置换之后，砂岩的渗透率将显著并快速降低的试验现象就是其具有水敏性的直接表象，如图 6.1 所示。显然，Hopeman 砂岩和 Berea 砂岩渗透率显著降低的行为是由质量分数为 2% 的 NaCl 溶液渗透所激发的。后期深入研究发现，只有含 Na^+、K^+ 等一价阳离子的溶液能激发砂岩的水敏性，而含 Ca^{2+}、Fe^{3+} 和 Zr^{4+} 等多价阳离子溶液并不能起到激发作用 [300,497,500,501]。

将图 6.1 与图 2.4 所示试验结果进行对比可知，在经历过干燥作用后，水泥基材料水分渗透率经时降低的现象与 NaCl 溶液激发后砂岩水分渗透率显著降低的过程非常相似。依据 2.1.4 节的分析讨论可知，水泥基材料的水分渗透率逐渐降低的过程有三个重要特征需要特别注意，这包括水分渗透率降幅达数个数量级、只有水分渗透率会经时降低和必须先经历干燥作用才能激发渗透率经时降低。岩石材料的水敏性现象与水泥基材料水分渗透率经时降低现象存在一定差别，其中，最重要的差异在于，激发岩石材料水敏性的关键因素是含一价阳离子的溶液置换，而不是干燥作用。尽管如此，图 2.4 所示水泥基材料时变渗透率现象依然可以视作一种水敏性。考虑到水泥基材料孔结构是对含水量的变化敏感，将水泥基材料渗透率经时降低的现象称作水敏性其实比砂岩更为合适。实际上，储集岩石具有水敏性的基本物理机制与水泥基材料非常类似，下面将对此进行详细分析。

6.1.2 黏土矿物的微结构特征

石油与天然气储层指埋藏在地下或深或浅的含油气岩层，沉积岩是地下石油与天然气的主要储层岩石种类。在全球已发现的油气储量中，99% 以上集中分布在沉积岩储层中 [502]。在储层岩石固体骨架中，除石英等构成岩石骨架主体的无机矿物颗粒外，还包含使无机矿物成岩的各种胶结物及分布在孔隙中的填充物。储集沉积岩的水分敏感性多来自这部分胶结物和填充物，这类物质尤其是所含黏土矿物 (clay minerals) 的组成、数量、分布及产状等直接决定储集沉积岩的水敏性程度。几乎所有沉积砂岩内部均含有一定量的黏土矿物，它们或多或少都具有一定程度的水敏性。当细粒砂岩含水敏性黏土矿物的质量分数为 1%~4% 时，若注入与黏土矿物不配伍的溶液，黏土矿物的膨胀与运移就可能完全堵死油气通道 [503]。由于具有水敏性的黏土矿物可能给油气储层带来严重损害，对油气储层水敏性的相关研究主要聚焦在黏土矿物的组成、结构及其水敏性程度上。

黏土通常指天然的、土状的细颗粒集合体，当它与适量水混合时会产生可塑性。由于黏土颗粒很细，利用光学显微镜无法观测到它们的微观结构，早期甚至以为黏土是由非晶质的胶体颗粒聚合而成的。借助 X 射线衍射等现代材料表征与分析技术，发现黏土主要由结晶物质组成，通常将组成黏土主体结构的矿物称作黏土矿物。油气储层岩石中的黏土矿物都是含水的铝硅酸盐，Al_2O_3、SiO_2 和 H_2O 是黏土矿物的主要化学成分，含量较低的化学成分主要有 Fe、Mg、Ca、Na 和 K 等元素。不同黏土矿物不但主要化学成分的比例不同，次要化学成分的含量也可能存在显著差异。随着材料测试技术的发展与研究工作的深入开展，对黏土矿物的认识不断深入，发现黏土中除含有大量结晶物质外，还存在水铝英石、硅铁石等非晶态硅酸盐矿物。结晶态黏土矿物通常是呈薄片状、板条状、管状和纤维状的微细颗粒，单一矿物颗粒的厚度通常为 $1 \sim 100$ nm，长度和宽度一般为几微米左右。在储层岩石中，常见的黏土矿物主要有高岭石 (kaolinite, $Al_2 Si_2 O_5 (OH)_4$)、蒙皂石 (smectite, $(Na, Ca)_{0.33} (Al, Mg)_2 (Si_4 O_{10}) (OH)_2 \cdot j H_2O$) 和伊利石 (illite, $(K, H_3O) (Al, Mg, Fe)_2 (Si, Al)_4 O_{10} [(OH)_2 \cdot H_2O]$) 等含水层状硅酸盐矿物，在某些特殊环境中也可能存在海泡石 (sepiolite, $Mg_2 Si_3 O_{15} (OH)_2 \cdot 6 H_2O$) 等纤维状硅酸盐矿物。

按赋存状态的不同，黏土矿物中的水通常分为吸附在黏土矿物颗粒表面的吸附水、分布在黏土矿物晶层之间的层间水和以羟基形式存在于晶格内部的结合水，这与水泥基材料内部水分的赋存状态类似。吸附水和层间水与黏土矿物的结合比较弱，通常升温至 100~200℃即可去除，而结晶水通常需要 400 ~ 800 ℃ 的高温才能除掉。

黏土矿物通常具有细分散性，黏土矿物颗粒的厚度多在 1 μm 以下，因而具有一定的胶体性质。由于具有层状微结构特征，黏土矿物的比表面积较大，具有很高的表面自由能和吸附能力[504]。通常，高岭石、蒙皂石和伊利石的比表面积分别为 $10 \sim 40 \ m^2/g$、$600 \sim 800 \ m^2/g$ 和 $60 \sim 100 \ m^2/g$。较高的比表面积使黏土矿物既能吸附有机分子，也容易吸附某些阴阳离子，且这些阴阳离子始终处于可交换状态[505]。高岭石、蒙皂石和伊利石的阳离子可交换量通常分别为 $10 \sim 100 \ mmol/kg$、$800 \sim 1200 \ mmol/kg$ 和 $200 \sim 400 \ mmol/kg$。不同类型黏土矿物吸附有机分子和阴、阳离子的能力差别显著，具体与它们的晶体结构及比表面积等细微观结构特征密切相关。

常见黏土矿物的最显著特征是其晶体结构均呈层状，它们的基本结构单元是由硅氧四面体与铝氧八面体晶片在纵向和横向按不同方式延展堆叠而成的，如图 6.2 所示。在层状结构中，单个硅氧四面体通过底面的三个氧分别与相邻硅氧四面体共用而相互连接在一起，在二维平面上可无限延展、连接成硅氧四面体片，不同平面上的氧离子 O^{2-} 和硅离子 Si^{4+} 都近似排列成带网眼的六方圆环。处在另一平面上的顶端氧离子彼此不连接且仍然带负电荷，因而能与阳离子结合。整个硅氧四面体晶片的化学式可以写作 $j[Si_4O_{10}]^{4-}$，常用符号 T(tetrahedral sheet) 来表示。铝氧八面体结构如图 6.2 (b) 所示，它由居中的铝离子 Al^{3+} 和上下各 3 个氧离子 O^{2-} (或氢氧根离子 OH^-) 紧密堆积而成。相邻两个铝氧八面体通过共用棱边上的氧离子 O^{2-} 或氢氧根离子 OH^- 连接形成八面体片。当铝离子 Al^{3+} 周边全部配置氢氧根离子时，单个晶胞含 4 个 Al^{3+} 和 12 个 OH^-，刚好呈电中性，此时整个铝氧八面体晶片的化学式可以写作 $j[Al_4(OH)_{12}]$，常用符号 O(octahedral sheet) 来表示。硅氧四面体和铝氧八面体晶片按一定模式叠合成晶层，形成黏土矿物的基本结构单元[506]。

 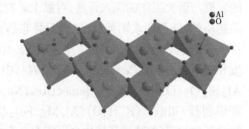

(a) 硅氧四面体及其层状结构　　　　　　　　(b) 铝氧八面体及其层状结构

图 6.2　硅氧四面体、铝氧八面体及它们各自组成的层状结构示意图 (彩图扫封底二维码)

在黏土矿物的晶层内，硅氧四面体中的 Si^{4+} 和铝/铁氧八面体中的 Al^{3+}、Fe^{3+}

可能部分被大小相近、性质相似的其他阳离子取代但保持晶体结构形式不变,此即离子的同形置换 (isomorphous substitution)。大小相近、电价相同的离子更容易发生置换,但电价相同不是必要条件,离子尺寸相近更为重要,通常相差不超过 15%。在黏土矿物中,最常见的同形置换主要由 Al^{3+}、Fe^{3+} 取代四面体中的 Si^{4+},以及 Fe^{2+}、Fe^{3+}、Zn^{2+} 取代八面体中的 Al^{3+} 和 Mg^{2+}。同形置换不仅会使四面体和八面体结构发生畸变,强化微结构的无序性,还会加剧晶片电荷不平衡的程度。若晶片表面不平衡电荷增大,则黏土矿物晶层间需要吸附更多的 Na^+、Ca^{2+} 等阳离子以实现电中性,在一定条件下它们可以被其他阳离子置换。相似配位位置中离子的同形置换、层间阳离子和水分子的排列方式和带负电晶层叠置的长短程有序和无序等,使黏土矿物的组成和微结构非常复杂且多种多样。

不同黏土矿物晶体结构的差异主要体现在晶层叠合模式和层间物质的组成不同。高岭石的晶层按 TO 型堆叠,故将其结构称作 TO 型 (或 1:1 型),无层间物质。蒙皂石具有 TOT 型 (或称作 2:1 型) 结构,层间离子为 Ca^{2+}、Na^+ 等的水合离子或其他有机质。伊利石也属 TOT 型,但层间离子主要是 K^+。以典型的高岭石和蒙脱石为例,由于它们的晶层叠合模式和层间物质不同,它们的物理化学性质差别非常显著 [502]。

高岭石具有 TO 型晶层结构,晶层一面全由氢氧根离子组成,另一面全由氧离子组成,两面的组成不同且层间电荷为零,故而没有层间阳离子 [496]。相邻两层之间的作用力除范德瓦耳斯力外,还有一定比例的 OH^- 离子团能够形成较强的氢键,使相邻 TO 晶层间结合较为紧密,水不容易进入 TO 晶层间。即使部分表面水化能打开晶层,通常也不足以克服其晶层间较强的结合力,这使得高岭石的微结构比较稳定,高岭石族黏土矿物吸水的可能性很小,膨胀潜力很低。高岭石结构侧缘存在断键和部分八面体上的 OH^- 裸露,使晶层表面带负电但电荷量较低,阳离子交换量很低。由于高岭石具有层状解理,在机械力或流体高速流动作用的影响下,高岭石的解理可能被肢解并分散成鳞片状的微粒,它们的分散运移也可能堵塞储层岩石的较小孔喉,进而使储层岩石的渗透率降低,表现出一定程度的速度敏感性效应,这也有可能给储层岩石造成损伤 [502]。

作为蒙皂石的亚族矿物,蒙脱石 (montmorillonite) 是颗粒极细的含水硅铝酸盐层状矿物,具有 TOT 型结构,它的晶层由两片硅氧四面体晶片夹一片铝氧八面体晶片形成,如图 6.3 所示。晶层内的高价阳离子 (Si^{4+}、Al^{3+}) 能被低价阳离子 (Al^{3+}、Mg^{2+}、Ca^{2+}、Na^+ 等) 部分取代,进而使晶层带负电,晶体表面及晶层通过吸附可交换阳离子 (Mg^{2+}、Ca^{2+}、Na^+、K^+ 和 H^+ 等) 来实现电荷平衡。由图 6.3 可见,蒙脱石晶层间的氧离子面直接相邻,晶层间无法形成氢键,仅有较弱的范德瓦耳斯力,允许可交换阳离子携带大量水分子和其他极性分子进入 [502]。蒙脱石所具有的表面带负电、晶层间作用力弱的特点,使蒙脱石的微结构及其物理化学性质容易发生显著变化。它一旦与含盐水溶液接触，阳离子可能发生交换并继续在层间水化，使晶层间距显著增大，晶层显著膨胀甚至裂开。蒙脱石晶层的显著膨胀会细化储层岩石的孔结构，晶层裂开后的分散运移会进一步堵塞传输通道，此二者均会显著地降低储层岩石的渗透率。蒙脱石黏土矿物尤其是钠基蒙脱石具有极强的水敏性，遇水后体积可能膨胀 6 ~ 10 倍，从而给储层岩石渗透率造成严重损伤。

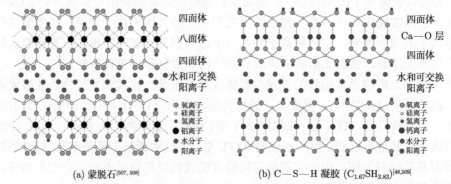

(a) 蒙脱石[507, 508]　　　　　　　(b) C—S—H 凝胶 $(C_{1.67}SH_{3.83})$[48,509]

图 6.3　吸水膨胀性很强的蒙脱石和典型 C—S—H 凝胶的层状微观结构示意图 (彩图扫封底二维码)

6.1.3 岩石水敏性的物理机制

多孔介质的渗透率由其孔结构决定，如图 6.1 所示渗透率显著降低的水敏性现象必然与其孔结构的变化有关。对储层岩石来说，其水敏性通常由一价盐溶液置换激发，而水泥基材料的水敏性则由干燥作用激发，这两种激发作用分别使岩石或水泥基材料的孔结构发生显著变化。对储层岩石水敏性的物理机制进行深入分析，有助于揭示水泥基材料具有水敏性的根本原因。

理论界和工程界很早就对储层岩石水敏性的物理机制开展了深入研究，目前相关研究已经比较成熟。通常认为，导致储层岩石产生水敏性的原因主要包括黏土矿物膨胀[499,500,510] 和微粒堵塞[498,511] 两种机制，如图 6.4 所示。当砂岩内部的蒙脱石等黏土矿物被含盐水溶液活化之后再次接触淡水，黏土矿物可能发生非常显著的膨胀，并使砂岩开口孔孔径减小，水分渗透率随之降低，如图 6.4 (a) 所示。此外，部分黏土矿物被活化后，会沿晶层解理面剥裂开并被流水冲刷，脱离孔壁发生运移并堵塞较小孔喉，这同样会使砂岩的水分渗透率显著降低，造成显著的储层损伤。黏土矿物膨胀及其脱离、分散和运移均与黏土自身的微结构特征及渗透液体的性质密切相关。

依据 6.1.2 节对黏土矿物微结构特征的简单总结与分析可知，自然界中普遍存在的黏土矿物主要是含水的层状硅铝酸盐或硅镁酸盐，由硅氧四面体和铝氧四面体晶层以各种有序或无序形式堆积而成 [512]。部分黏土矿物具有非常显著的水敏性，最典型的代表是具有 TOT 结构的蒙脱石。在石油工程领域，由于经常要处理蒙脱石可能带来严重储层损伤的关键问题，研究人员已经对蒙脱石的膨胀行为开展了广泛且深入的理论与试验研究。从微结构特征及膨胀行为角度总结分析蒙脱石具有显著水敏性的物理机制，对揭示水泥基材料所具有的类似水敏性具有重要的借鉴意义。

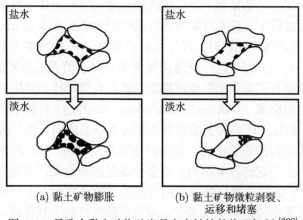

(a) 黏土矿物膨胀   (b) 黏土矿物微粒剥裂、运移和堵塞

图 6.4 导致含黏土矿物砂岩具有水敏性的物理机制 [300]

蒙脱石的膨胀过程由多个复杂的物理化学过程控制，主要归根于它具有带负电荷的 TOT 型层状微结构 [513-515]。从热力学角度来看，当黏土矿物晶间作用力达平衡时，晶层间距处于稳定状态。晶层表面吸附的可交换阳离子尤其是尺寸较小的 Na^+ 和 Ca^{2+} 具有较强的水合能力，它们将携带较多的水分进入层间，并迫使层间距增大。此外，晶层表面带负电离子的部分水合作用也会使晶层间的斥力增大，尽管增幅较小，但一定程度上同样会使层间距增大 [514]。试验研究已经表明，在相对湿度逐渐增大的吸附过程中，蒙脱石黏土矿物表面会逐渐吸附水分，并形成 $1 \sim 4$ 层水分子膜 [516-519]。在水分子间氢键的作用下，水分子会排列整齐并在晶层间形成准结晶结构，进而使晶层间空间膨胀。在该准结晶膨胀过程中，蒙脱石矿物晶层间距依然较小，典型变化范围为 $0.9 \sim 2$ nm[519]。从动力学角度来看，该晶层间吸水膨胀的过程与相变过程比较相似，因而常被称作短程结晶膨胀 (crystalline swelling)。从以上机理分析可知，蒙脱土矿物的结晶膨胀过程主要依赖于晶层表面电荷量、电荷密度、层间阳离子种类及孔溶液的离子组成等，使得短程结晶膨胀对孔隙水及水中溶解的离子种类和浓度等非常敏感 [498,501,511,520]。

渗透膨胀 (osmotic swelling) 是导致黏土矿物体积膨胀的另外一种机制，且它带来的体积膨胀通常远比结晶膨胀更为显著。由于黏土晶层比表面积较大且表面带负电，晶层表面会吸附一定量的可交换阳离子，使得晶层间可交换阳离子浓度通常高于附近的孔溶液。若黏土矿物晶层间可交换阳离子的浓度显著地高于孔溶液，在由阳离子浓度差导致的渗透压驱动下，水分子将被吸入晶层间，以使阳离子浓度重新取得平衡。这种渗透压导致水分子向阳离子浓度较高的晶层间迁移，并迫使晶层间距显著增大，黏土矿物将进一步膨胀。以含一定量蒙脱石的黏土为例，渗透压驱动导致的渗透膨胀会使其体积增大好几倍，矿物颗粒高度分散，进而显著地细化其孔结构并降低其渗透率[521]。通常，只有层间可交换阳离子浓度较高的黏土矿物才会发生渗透膨胀[515]，渗透膨胀量与层间阳离子种类和浓度密切相关。在渗透膨胀过程中，蒙脱石矿物的晶层间距主要要在 $2 \sim 13$ nm 内变化。当晶层间 Na^+ 和 K^+ 的浓度相同时，尺寸相对较小的 Na^+ 会使黏土的渗透膨胀更为显著。因此，在石油工程中，广泛地应用含 K^+ 离子的无机盐来置换 Na^+ 离子，以抑制含钠基蒙脱石矿物黏土的渗透膨胀，进而有效地控制储层损伤程度[522]。

此外，双电层膨胀 (electrical double-layer swelling) 对黏土的整体膨胀也有一定贡献[514]。蒙脱土矿物的表面电荷主要分布在晶层间，部分分布在矿物颗粒表面，在这些带电荷的表界面处，均会产生双电层结构[523]。外侧扩散层的存在使相邻晶层间产生一定的静电斥力，这会使晶层间距增大，宏观上将导致黏土矿物膨胀[498]。尽管证明双电层膨胀机制存在的试验证据尚不十分明确，但从双电层结构及晶层表面电荷影响角度来看，双电层膨胀机制十分合理，它或多或少会对黏土矿物的整体膨胀有一定贡献。

在结晶膨胀、渗透膨胀和双电层膨胀机制的共同作用下，当满足活化条件时，表面带负电的层状黏土矿物将趋向于体积膨胀，利用环境扫描电镜开展的试验研究已经直接观察到该膨胀现象[524]。从热力学角度来看，储层岩石内部黏土矿物的体积膨胀必将堵塞部分可供水分流动的孔隙通道，减小孔隙尺寸，进而显著地降低岩石的水分渗透率[525]，如图 6.4 (a) 所示。在动力学上，由于黏土矿物的膨胀过程需要一定时间，水分渗透率将随黏土矿物的缓慢膨胀而逐渐降低，直至黏土矿物膨胀结束。例如，对某泥岩开展的试验研究发现，在瞬态水分渗透试验过程中，它的水分渗透率将从 1×10^{-18} m^2 降至 1×10^{-21} m^2，降幅高达 3 个数量级[526]。当促使黏土矿物膨胀的条件被逆转时，它们的微结构至少会部分塌陷且体积收缩，开口孔隙或孔喉的有效尺寸增大，进而使惰性气体的渗透率显著地提高[526,527]。对含黏土的砂岩来说，在干燥状态下采用惰性气体进行测试，所得气体渗透率通常显著地高于水分渗透率的稳定值[278,527,528]。因此，气体渗透率和水分渗透率之间差异的大小常用来定量地表示储层岩石的水敏性程度[300]。

水敏性现象在不含膨胀性黏土矿物的储层岩石中也能观察到，此时主要是由孔壁上的细小颗粒脱落、聚集并堵塞细小孔喉导致的，如图 6.4 (b) 所示。在满足一定活化条件时，孔壁表面粘连的细小黏土颗粒会脱离初始位置，并随着流水发生迁移。在某些尺寸较小的孔喉处，这些新脱落的黏土颗粒会滞留并堵塞水分流动的通道，进而使水分渗透率下降。当逆转水分流动方向且水流速度较大时，脱落黏土颗粒在孔喉处的聚集堵塞会被部分破坏，进而使储层岩石有所降低的水分渗透率至少部分恢复[300,529]。与黏土膨胀不同的是，颗粒运移堵塞导致的水敏性程度主要取决于黏土颗粒脱落并在孔喉处聚集的可能性及程度，这同样与黏土矿物的层状结构及运动流体的具体性质密切相关。

蒙脱石黏土矿物的抗拉强度较低，晶层间的相互作用力较弱，层状微结构很容易被破坏。在结晶膨胀、渗透膨胀及双电层膨胀机制的作用下，蒙脱石可能发生非常显著的体积膨胀，颗粒分散甚至形成悬浮液，此时晶层间距大幅增加，由部分晶层构成的小尺寸黏土矿物颗粒也可能远离附近其他黏土颗粒，使相邻晶层及黏土颗粒间本就较弱的相互作用力进一步降低。在流水冲刷等外界能量的激励下，晶层及黏土颗粒可能从其初始位置剥裂、脱落并随水流运移。实际上，稀溶液中的钠基蒙脱石的层状结构可能被完全破坏，转变成由单一晶层组成的悬浮液，这是由于此时晶层很容易从黏土矿物颗粒中剥裂出来。此外，黏土矿物中通常含有两种以上阳离子，它们在带负电的晶层表面会发生竞争吸附，使得不同种类阳离子趋向于分布在不同的晶层间。在由 Na^+ 和 Li^+ 等高度水解阳离子控制的黏土矿物中，不同阳离子的分离趋势可能使晶层间距增大[514]，在外界激励作用下，晶层同样可能发生剥离和脱落。在水分渗透流动过程中，脱落的晶层或黏土颗粒将发生运移，若聚集在较小的孔喉处，则水流通道将被堵塞。即使在不含或只含少量膨胀性黏土矿物的情况下，黏土颗粒运移堵塞也可能使储层岩石的渗透率降低，进而发生水敏性现象。

在总结分析黏土膨胀和颗粒运移堵塞导致储层岩石具有水敏性的物理机制基础上，可以对影响水敏性程度的各因素进行分析讨论。在黏土矿物体系中，由于水分和离子的平衡分布主要由它们的化学势控制，黏土膨胀及颗粒运移堵塞必然与温度[497,510,530,531]、压力[530] 及水溶液含盐的种类[497,501,532,533]、浓度 (矿化度)[499,510,534]、pH[510] 等组成特征有关。通常，在水敏性现象的发展过程中，阳离子尤其是可水解金属阳离子的竞争吸附可能发挥重要作用，这使得储层砂岩的水分渗透率与溶液中金属阳离子的种类及其浓度高度相关。此外，由于温度会影响黏土膨胀和脱落的动力学过程，则它必然会或多或少地影响水敏性的发展过程。由于这些因素对储层砂岩水敏性的具体影响机制和规律已偏离本章主题较远，感兴趣的读者可自行检索阅读相关参考文献以获得更多信息。

6.2 水泥基材料的水敏性

对比图 2.4 和图 6.1 所示渗透率经时显著降低的唯象测试结果可知，水泥基材料似乎也具有明显的水敏性特征，其水敏性程度甚至显著地高于典型的储层砂岩。依据第 5 章的低场磁共振等测试结果发现，C—S—H 凝胶的干缩湿胀与蒙脱石等黏土矿物的膨胀惊人地相似。更重要的是，C—S—H 凝胶与蒙脱石等膨胀性黏土矿物同样具有表面带负电的层状微结构，这恰恰是含黏土矿物储层砂岩具有水敏性的重要微结构特征。在满足一定条件的情况下，水泥基材料的水分渗透率也同样会因为 C—S—H 凝胶层间孔的膨胀而显著降低，第 5 章的试验研究及理论分析已经充分地证明了这一点。

与黏土矿物不同的是，C—S—H 是一种无定型凝胶，它的组成与结构均非常复杂，且不能使用 X 射线散射等功能强大的晶体结构分析技术进行有效的测试，使得对 C—S—H 凝胶结构的深入分析比黏土更加困难。尽管相关研究已经提出了多个模型来描述 C—S—H 的组成和结构特征（见 1.2.1 节），并将它们与水泥基材料的强度、渗透率、体积稳定性等宏观性能关联起来 [48,59,62,69,73,75]，但理论界对 C—S—H 凝胶的关键微结构特征依然存在广泛争议，对 C—S—H 凝胶组成、结构与性能间关系的认识依然有限，详见 1.2.1 节对凝胶结构模型的总结分析。不过，学术界已经公认，C—S—H 是一种在钙氧层上连接硅氧四面体构成准晶层且层间含有一定水分的无序网络状凝胶 [33,111-113]，代表性 $C_{1.67}SH_{3.83}$ 凝胶的原子结构如图 6.3 (b) 所示 [48,509]。在水泥基材料体系内，受水泥及矿物掺合料组成不同的影响，C—S—H 凝胶的钙硅比 (Ca/Si 摩尔比) 与水硅比 (H/Si 摩尔比) 在一定范围内变化，硅氧四面体、铝氧八面体无序堆积且桥接部位部分缺失 [44,535,536]，Al^{3+}、Fe^{3+} 还会同形置换 Si^{4+}，这些因素均使实际 C—S—H 凝胶的微结构远比图 6.3 (b) 所示要复杂得多。尽管如此，图 6.3 (b) 所示代表性微结构给出了 C—S—H 凝胶的关键特征，即单层 C—S—H 凝胶具有两层硅氧四面体间夹一钙氧多面体的三明治结构，且凝胶层间内含有一定量水分并溶解有 Ca^{2+}、Na^+/K^+、OH^- 等阴阳离子，它们起到平衡凝胶表面电荷并降低凝胶表面能等作用 [44,537]。乍看起来，图 6.3 (b) 所示 C—S—H 凝胶的微结构与图 6.3 (a) 所示膨胀性蒙脱石的层状结构非常类似 [53,538]。材料的组成和结构决定其性能，在一定条件下，C—S—H 凝胶同样可能呈现与蒙脱石类似的膨胀性能。尽管水泥基材料的相关试验研究并没有明确提出 C—S—H 凝胶具有干缩湿胀的水敏性，但实际上，已有试验研究利用不同测试技术、从不同角度证明 C—S—H 凝胶层间孔会发生干缩湿胀。

6.2.1　C—S—H 凝胶湿胀

由于 C—S—H 凝胶具有干缩湿胀的水敏性，C—S—H 凝胶自身及水泥基材料的孔结构等特征均与其含水状态密切相关。然而，通常用来表征水泥基材料孔结构的测试技术均要求对试件进行干燥预处理，使得常规技术测试所得孔结构特征仅能适用于干燥状态，并不能表征饱水状态及自然非饱和状态的孔结构特征，且偏差非常显著。正是因为 C—S—H 的无定型凝胶本质及自然状态下孔结构表征技术的缺乏，很少有试验研究能直接观测到 C—S—H 凝胶的干缩湿胀，科研人员也很少意识到纳米尺度孔结构随含水率的变化。幸运的是，低场磁共振弛豫测试技术能直接探测不同大小孔隙中的水分分布状态，借助该强大的测试技术，文献中有部分研究已经发现 C—S—H 凝胶具有的动态孔结构特征。

利用单边氢核磁共振谱仪 (single-side ^{1}H NMR spectrometer)，Fischer 等 [418] 对初始预干燥硅酸盐水泥砂浆和混凝土试件毛细吸收液态水的过程进行了实时监测。所得结果表明，在吸水 24h 之后，试件表层一定厚度范围内的毛细水含量明显高于预干燥之前的测试结果；在接下来长达 7d 的毛细吸水过程中，即使试件表面始终保持与液态水接触，试件表层的毛细水含量会再次降低。对试件内部凝胶水的磁共振监测结果表明，表层凝胶水含量的变化趋势恰好与毛细水先增后减的变化趋势相反，直接证明试件内部的毛细水和凝胶水发生了转换，毛细孔中吸入的部分水分会重分布至较小的凝胶孔中，这间接地支撑 C—S—H 凝胶吸水膨胀的重要结论。此外，深入分析单边磁共振弛豫信号，可以进一步识别出层间孔、凝胶孔、凝胶间孔及毛细孔各自的含水量。通过连续监测毛细吸水过程中孔隙水含量及其重分布发现，在吸水 1h 后直至几周的很长时间范围内，试件新吸入的水分会持续、依次向凝胶孔和层间孔重分布，这将直接导致 C—S—H 凝胶膨胀，并使比凝胶孔大的较粗孔隙体积分数逐渐降低 [420]。在毛细吸水过程中，Alderete 等 [319,539] 利用应变片连续监测砂浆和混凝土试件的宏观体积变化过程，测试结果同样有力地证明，在毛细吸水过程中，C—S—H 凝胶将显著地膨胀并使毛细吸水速率逐渐降低，水泥基材料的孔结构在吸水过程中会动态变化。文献 [241] 报道的这部分测试结果与第 5 章对非饱和水泥砂浆在不同相对湿度条件下的平衡水分分布测试结果高度吻合，均有力地证明 C—S—H 凝胶具有吸水膨胀的显著水敏性特征。C—S—H 凝胶吸水膨胀过程与蒙脱石的膨胀行为高度类似。

6.2.2 C—S—H 凝胶干缩

与水泥基材料吸水或吸湿过程中 C—S—H 凝胶发生的膨胀现象相反，部分试验研究已表明，在干燥失水或置换脱水过程中，C—S—H 凝胶将显著收缩。早在 20 世纪 80 年代，Parrott 等 [540] 在详细分析氮吸附试验数据时就已经发现，在阿利特 (C$_3$S) 水泥净浆第一轮干燥过程中，纳米尺度小孔会发生显著塌陷，本质上就是 C—S—H 凝胶层间孔的收缩。对硬化水泥浆、1.4 nm 托贝莫来石和钙基蒙脱石平行开展等温干燥试验 [541]，发现它们的长度变化等温线 (length change isotherm) 和质量变化等温线 (mass change isotherm) 很相似，试验结果清晰地表明，在干燥与湿润过程中，水分子会反复迁出、嵌入层状 C—S—H 凝胶的层间孔。此外，在第一轮水分脱附过程中，水蒸气脱附等温线及高场磁共振测试所得硅谱的试验结果同样表明，硬化水泥浆的宏观孔隙体积分数会逐渐增大，它的代价是介孔和层间孔孔隙体积分数的逐渐减小[225]，故而认为失水过程中 C—S—H 凝胶会发生固结，C—S—H 凝胶片会逐渐靠拢甚至黏聚。利用低场磁共振弛豫测试技术，Maruyama 等[542] 对不同相对湿度下硬化水泥浆等温干燥过程中的含水状态进行表征分析发现，在较高相对湿度 $H = 80\%$ 条件下，失水过程中 C—S—H 凝胶孔和凝胶间孔逐渐粗化，而 C—S—H 凝胶层间距逐渐减小，并认为部分较小的凝胶孔会因失水而转变成更小的层间孔。尽管 Zhou 等[543] 并不认同较小凝胶孔向层间孔转变的观点，但可以肯定的是，即使在相对湿度高达 80% 的环境条件下，首轮干燥时 C—S—H 凝胶也会逐渐收缩塌陷，层间距逐渐减小，这与第 5 章试验研究提出 C—S—H 凝胶具有的干燥收缩性质完全吻合。受限于试验测试技术与研究方法，直接证明 C—S—H 凝胶干燥收缩的相关试验研究较少，但从部分微结构特征角度来看，干燥过程中 C—S—H 凝胶将脱水收缩，物理上主要表现为层间孔间距的减小和层间孔体积分数的降低。

　　尽管已经公认，C—S—H 凝胶的微结构非常脆弱，在干燥预处理过程中容易被破坏，但通常依然认为水泥基材料是一种类似于岩石材料、由刚性固体骨架支撑而成的多孔介质。这种理念在水泥基材料干燥收缩的计算模型中体现得非常充分，此时通常将它视作毛细压力等作用驱动固体骨架发生的宏观变形[359,544]，具体见 2.3.1 节。经典观念认为，由于尺寸越小的孔隙内部水分受孔壁的约束作用也越强，在连续失水干燥的过程中，水泥基材料内部孔隙从大到小依次失水[411]，大孔失水时 C—S—H 凝胶的层间孔等小孔保持或基本保持不变；层间孔内水分受 C—S—H 凝表面约束作用非常强，只有在相对湿度 RH 低至 20%~25% 时，层间孔才会开始失水[102,169]。需要特别强调的是，C—S—H 凝胶表面能的作用通常局限在其表面单层水分子范围内，紧临孔壁表面的单层水分子确实很难脱除，这使得当在较高温度和极低湿度条件下对水泥基材料试件进行干燥处理时，试件质量的降低速率非常缓慢，试件内部依然含有一定量的水分。但是，除表面单层水分子膜以外，在毛细压力、拆开压力[97,543] 甚至温度变化[428] 的影响下，干燥过程中层间孔内的其余水分完全可能逐渐减少，湿润时层间孔内的含水量也会逐渐增加，这与黏土矿物晶层间距收缩与膨胀的行为类似。

　　在纳米尺度，图 5.15 已经给出失水干燥、吸水湿润过程中 C—S—H 凝胶层间孔分别收缩和膨胀的物理机制。C—S—H 凝胶所具有的这种水敏性充分说明，水泥基材料不能视作由刚性固体骨架组成的人工石。实际上，清华大学土木工程系著名结构工程专家蔡方萌教授于 1953 年提出将混凝土简称为砼 (中国文字改革委员会于 1985 年 6 月 7 日正式批准砼与混凝土同义并用)，个人认为，除起到缩写和简化的作用外，可能主要是考虑到混凝土与岩石一样都是抗压不抗拉的准脆性硬质刚性结构材料。混凝土与岩石的组成差异很大，尽管具有非常类似的受力特点，但不意味着在其他性能和微结构特征方面也非常相似。当含水量发生变化时，水泥基材料的孔结构不能与多数岩石材料一样保持不变。由于水泥基材料的体积稳定性及耐久性与孔结构密切相关，C—S—H 凝胶具有的水敏性特征使水泥基材料的孔结构随含水量的变化而动态改变，水敏性特征的发现将重塑水泥基材料体积稳定性和耐久性的研究范式，为体积稳定性与耐久性研究提供新方法和新思路。

6.2.3 水敏性机制分析

立足第 5 章对水泥基材料动态孔结构的低场磁共振试验测量结果，综合含膨胀性黏土的岩石具有水敏性的物理机制和 C—S—H 凝胶干缩湿胀的相关研究可知，在初始饱水条件下，C—S—H 凝胶处于最为蓬松的状态，其层间距和层间孔体积取得最大值。在逐步干燥过程中，弯液面从大孔逐渐向小孔中推进，此时 C—S—H 凝胶的层间距和层间孔体积分数均逐渐减小，释放出的层间孔体积使临近的凝胶孔和毛细孔进一步粗化且体积分数增大 [240]，C—S—H 凝胶自身逐渐收缩并固结。当水泥基材料完全干燥时，相邻 C—S—H 凝胶层靠拢甚至完全闭合，此时层间孔体积分数最小。当水泥基材料再次吸水饱和时，水分能重新进入靠近或已经闭合的层间孔中，使 C—S—H 凝胶持续膨胀。但由于已经贴合的 C—S—H 凝胶部分发生键合，水分无法打开并进入其中部分层间孔 [61,225]，宏观上表现为存在部分不可逆的干燥收缩变形。干燥后再次吸水湿润时 C—S—H 凝胶持续膨胀现象就是水分渗透率经时显著降低 (图 2.4) 的本质原因，而干燥作用恰恰就是激发该水敏性机制的关键因素。剑桥大学 Hearn 和 Morley[288] 研究认为，水泥基材料水分渗透率经时降低的原因在于其具有自密封效应 (self-sealing effect)。依据对 C—S—H 凝胶层间孔干缩湿胀行为的分析可知，本质原因其实在于 C—S—H 凝胶具有显著的水敏性，这与部分黏土矿物所具有的膨胀性能非常类似，只是 C—S—H 凝胶及黏土矿物膨胀性能的激发机制不同。考虑到阳离子置换是激发黏土吸水膨胀的关键因素，而 C—S—H 凝胶的膨胀性能与干燥后再次吸水密切相关，将 C—S—H 凝胶所具有的干缩湿胀性能称作水敏性非常合适。

除黏土矿物膨胀机制外，黏土微粒脱落堵塞也是导致储层岩石具有水敏性的重要原因。但对水泥基材料来说，由于只有在首次反转水分流动方向时，它的水分渗透率才有些微降低 [288,292]，此后反转流动方向基本不影响水分渗透率，因而微小颗粒脱落堵塞的影响很小，可忽略不计，这可能是因为 C—S—H 凝胶层间作用力远比黏土矿物晶层间作用力要强。这样一来，水泥基材料的水敏性主要来自 C—S—H 凝胶所具有的干缩湿胀性能，这可能归结于水和 C—S—H 凝胶间存在一定的特殊相互作用。

6.2.4 C—S—H 凝胶与水的相互作用

水泥基材料具有的水敏性本质上归因于 C—S—H 凝胶所具有的特殊性质，正是它与溶解有阴、阳离子的水溶液间存在的特殊相互作用，才使得 C—S—H 凝胶呈现干缩湿胀特征。为更好地分析理解 C—S—H 凝胶及水泥基材料具有的水敏性，需要深入揭示 C—S—H 凝胶及它与水之间相互作用的特殊性。

作者认为，化学组成不同的 C—S—H 凝胶具有复杂的无定形结构，这部分归因于硅原子的特殊化学性质，它能与其他原子最多形成 4 个共价键。一般来说，2 价原子通过共价键能与其他原子形成长链状或环形分子结构。3 价原子能与其他原子形成二维片状或层状结构，但层间只能通过较弱的范德瓦耳斯力相结合。更重要的是，碳和硅等 4 价原子理论上可以组成无穷多种空间分子构型，包括高分子聚合物、蛋白质等链状分子及 C—S—H 凝胶、黏土等具有三维微结构的矿物。聚合物和蛋白质的多样性正分别是有机化合物及生命体品种繁多的基础[353]。类似地，硅基矿物能形成为数众多的三维结构，使得自然界中天然矿物及无定形 C—S—H 凝胶的微观形态多种多样。

尽管对 C—S—H 凝胶详细的微结构特征尚无定论，但通常可以认为，C—S—H 凝胶是纳米颗粒组成的聚集体，由表面带负电的凝胶层堆积而成[33,111,112]，详见 6.2 节的分析讨论。依据胶体与表面化学的基本原理可知[545]，带电纳米颗粒表面存在的双电层结构对分析理解 C—S—H 凝胶与水有关性能非常关键，如图 6.5 所示。在分子尺度，C—S—H 凝胶层表面部分硅羟基在高碱性条件下发生电离，在增大 C—S—H 凝胶的负电荷密度的同时，使其表面通过静电作用吸附一定量 H^+、Na^+、K^+ 和 Ca^{2+} 等反离子[509,546]，形成厚度约为零点几纳米厚的 Stern 吸附层[547]。C—S—H 凝胶表面负电荷与吸附的解离反离子相平衡，表面吸附层的具体结构与孔溶液的 pH 密切相关。受 C—S—H 凝胶表面负电荷及 Stern 吸附层影响，同号离子和反离子将在孔溶液中扩散开并呈梯度分布，扩散层中同号离子的浓度远大于反离子，使相邻 C—S—H 凝胶层间产生一定斥力 (参见 2.3.1 节)。深入分析相邻 C—S—H 凝胶层间作用力的平衡关系，有助于分析理解 C—S—H 凝胶干缩湿胀的水敏性机制。

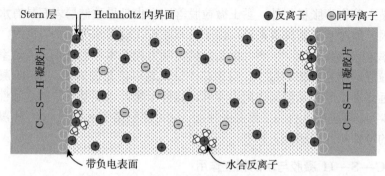

图 6.5 C—S—H 凝胶表面双电层结构示意图

表面带负电荷的 C—S—H 凝胶相邻层间作用力主要有离子-共价键力 (iono-covalent forces)、离子关联力 (ionic correlation forces) 和范德瓦耳斯力等多种引力 [548-552]，以及长程双电层力 (long-range double-layer forces)[553]、短程水合力 (short-range hydration forces) 和空间位阻力 (steric forces) 等多种斥力，这些引力与斥力的大小均与孔溶液 [554] 和 C—S—H 凝胶表面的性质及它们之间的距离密切相关 [353]。这些引力和斥力的作用机制非常复杂，深入讨论 C—S—H 凝胶和孔溶液的相互作用已经超出本书的讨论范畴。但可以肯定的是，在热力学平衡角度，任意干扰 C—S—H 凝胶表面双电层结构平衡的因素都会改变 C—S—H 凝胶层间的力学平衡状态，进而改变约为几纳米大小的 C—S—H 凝胶层间距及凝胶团间距，并导致 C—S—H 凝胶的层间孔及凝胶孔尺寸发生变化 [113]。当水泥基材料经受干燥作用时，附加的毛细压力等将打破初始饱水时 C—S—H 凝胶层间平衡状态，使 C—S—H 凝胶层逐渐靠近 [75,555]，该机制可能对水泥基材料的干燥收缩起到控制作用 [70,94,542]。孔溶液组成的变化尤其是碱金属离子等水解阳离子浓度的变化 [556]，很可能会改变 C—S—H 凝胶层间的平衡距离，进而影响水泥基材料失水后的体积收缩等性能 [94,369,386]。此外，由于孔溶液的 pH 会显著地影响 C—S—H 凝胶表面吸附层的结构及表面吸附离子的解离等，进而影响 C—S—H 凝胶表面负电荷密度及双电层电势，pH 的变化也必将改变 C—S—H 凝胶的纳米尺度形貌，这有可能是水泥基材料碳化后产生收缩而不是膨胀的原因 [97]。即便是温度的改变，同样可能会影响 C—S—H 凝胶表面双电层结构，进而影响 C—S—H 凝胶的层间距，基于氢核磁共振的试验研究已经观察到了该现象 [428]。综合以上分析讨论可知，在平衡状态下，C—S—H 凝胶的空间堆积状态及水泥基材料的纳米尺度孔结构主要由 C—S—H 凝胶表面特征及孔溶液的组成控制 [552]。

依据从胶体科学角度对 C—S—H 凝胶平衡状态及影响因素的分析可知，当初始饱和水泥基材料经历干燥作用时，C—S—H 凝胶的平衡状态将被打破，层间孔将持续收缩。反之，湿润时 C—S—H 凝胶层间孔将持续膨胀，在短程水合力、长程双电层力和其他中近程作用的驱动下 [353]，水分子持续进入 C—S—H 凝胶层间孔。近期对 C—S—H 凝胶层及其堆积体间黏接作用的分析结果表明，离子-共价键力和离子关联力等分子间引力非常强，正是它们使水泥基材料具有较高强度 [552]。尽管如此，水分子依然可以撬开并楔入已经收缩的层间空间，除非相邻 C—S—H 凝胶层之间已经以共价键形式相结合。也就是说，C—S—H 凝胶所具有的干缩湿胀性质不但与 C—S—H 凝胶自身所具有的特殊性质密切相关，也与水分子的独特物理化学性质有关。因为水的特殊性，只有水分子能撬开并楔入 C—S—H 凝胶已经收缩或闭合的层间孔，而异丙醇等有机溶剂分子无法促使已经失水收缩的 C—S—H 凝胶层间孔膨胀。

水是一种非常神奇的物质，水分子与水分子和其他多种物质间的相互作用方式十分特殊甚至反常 [557]。水分子与水分子间能形成较强氢键且相邻水分子按四面体方式排布，是液态水表现出不同寻常性质的核心[353]。受较强氢键作用的影响，水分自身多种基本物理性质显著地区别于其他极性和非极性液体，这包括它的熔点、沸点、密度及比热等[557]。以最基础的密度为例，由于分子围绕分子间势能曲线的零点进行热振动，几乎所有液体和固体的密度均随温度的升高而降低，但有三个例外，它们是温度在 0 K 左右的氦同位素 ^{4}He(常称作量子液体，quantum liquid)、液体金属铋和温度在融点左右的液态水。在普通晶体熔化过程中，随着分子间协同作用的消失，熔化后液体体积通常增大 10% 左右。但是，在冰升温融化的过程中，由于氢键数量减少约 10%，在未能建立起氢键的羟基–OH 附近，H_2O 的配位数将增大，在范德瓦耳斯力的作用下，水分子趋向于紧密堆积排列，进而使密度逐渐增大[557]。当温度从 0℃升高到 4℃时，液态水的密度进一步增大。然而，当温度进一步升高时，水的密度将持续减小。水在 4℃时密度最大的性质对地球上的生命起源非常重要。如若不然，在降温过程中，水结冰后将沉入水底，江河湖海中的水将会从下往上全部结冰，鱼和其他水生动物将全部死亡，地球上也就不会诞生丰富多彩的生命。需要注意的是，氢键的键能比绝大多数范德瓦耳斯力的能量都要高，且与氢键的取向有关。

对 C—S—H 凝胶来说，由于它表面广泛地分布氧离子 O^{2-}，C—S—H 凝胶表面必然含有丰富的氢键，如图 6.3 (b) 所示。此时，水分子所含 2 个带正电的 H^+ 中必有 1 个朝向表面带负电的 C—S—H 凝胶表面，C—S—H 凝胶表面相邻水分子相互约束且被迫定向排列。因此，在 C—S—H 凝胶表面附近，水分子倾向于分层定向紧密堆积排列，水分子的扩散相对受限[558]。水分子与 C—S—H 凝胶表面形成的氢键将同时强化附近水分子的构造特征，并使氢键倾向于沿 C—S—H 凝胶表面铺展开。C—S—H 凝胶表面水分子的结构化排列无疑会影响凝胶层间的短程振荡力 (short-range oscillatory force)、电荷转移作用力 (entropic charge-transfer interaction) 及空间位阻作用力等。在这些作用力与层间阳离子水解、同号离子解离等共同作用下，较强的离子-共价键力及离子关联力可能被部分弱化[552]，这可能是高饱和度时水泥基材料的强度有所降低的原因[68,559]。除氢键外，水分子倾向于形成四面体空间排列的趋势也会驱使更多水分子进入 C—S—H 凝胶的层间空间，这是一种甚至比氢键作用更加反常的性质[353]。目前，对水或水溶液与 C—S—H 凝胶表面间短程反常相互作用的了解很有限，有待深入开展理论与试验研究。

作为地球上所有生命体的主要组成，水在自然界中起着非常关键的作用[557]，对具有主观意识的人体及各类动植物等甚至是本书聚焦的水泥基材料这种人工无机非金属材料，都具有重要影响。成年人人体的含水量为 65%~70%，除脂肪外，人类的食物也主要由水构成。蘑菇看起来像是固体物质，但 100 g 新鲜蘑菇晾干后仅有几克重。莴苣的含水量可能高达 97%，瘦肉含 76% 左右水分，鱼类含 81% 左右水分，大多数蔬菜和水果含水量也在 80% 以上。正是由于水分所具有的特殊性质，大自然才多姿多彩。若将动植物视作碳基生命，则水泥基材料似乎可以视作一种硅基生命，水对水泥基材料各方面性能同样起着重要作用。在物理层面，水泥基材料的水敏性归根结底来自水自身的奇特性质，以及它与组成、结构均十分复杂的 C—S—H 凝胶间的相互作用机制，这两者对水泥基材料各方面性能尤其是体积稳定性和耐久性影响十分深远。

6.3 水敏性的内涵

在含黏土矿物储层砂岩的水敏性现象中，胶体与界面现象起着重要作用，黏土矿物影响水敏性的主要特征包括纳米颗粒尺寸、巨大的比表面积和表面带负电荷。C—S—H 凝胶同样具备这三个方面的关键微结构特征 [44,542,560]，经历过干燥预处理等活化作用后，与含黏土矿物储层砂岩类似，水泥基材料的水分渗透率也会显著降低。在系统深入地分析 C—S—H 凝胶与膨胀性黏土矿物在组成、结构与宏观性能上的相似性后，可以得出 C—S—H 凝胶具有干缩湿胀特性并使水泥基材料具有显著水敏性的重要结论。水泥基材料的水敏性概念是从地球物理领域借鉴而来的，在狭义上专指 C—S—H 凝胶吸水膨胀使水分渗透率经时降低的现象 (图 2.4 和图 6.1)。由于 C—S—H 凝胶对水泥基材料多方面性能起着决定性作用，水敏性的内涵也可进一步拓展，以定性地解释第 2 章总结的水泥基材料部分性能异常现象。

6.3.1 渗透率视角

第 2 章归纳指出，经历干燥作用并重新饱水后，渗透试验时水泥基材料的水分渗透率将在几十个小时的时间内显著地降低约 1 个数量级 [267,288-290]（图 2.4），该渗透率异常现象早在 1889 年就有报道，已困扰学术界 134 年之久 [289,297]。此外，水泥基材料的水分渗透率实测结果也非常反常，它比理论上应该相差不大的异丙醇、气体渗透率普遍要小 2 ~ 3 个数量级。针对这两个渗透率异常现象，2.1.4 节对文献中提出来定性解释渗透率经时降低现象的机理进行了分析讨论，指出相关机理解释并不充分合理。在利用低场磁共振弛豫技术测试得到水泥基材料在饱水状态下的孔结构及非饱和水分分布信息后，第 5 章对水分渗透率显著地低于异丙醇和气体渗透率的异常现象给出了充分揭示，定量证明了 C—S—H 凝胶干缩湿胀才是水分渗透率异常低的物理本质原因，但未能直接证明水分渗透率经时显著降低的异常现象也归因于 C—S—H 凝胶膨胀。本节进一步对包括水分渗透率经时显著降低现象进行分析讨论。

正如 2.1.4 节所述，未水化水泥颗粒的继续水化 [282,291,292] 等因素确实可能导致水分渗透率的经时降低。但是，综合文献中报道的其他相关试验结果可知，大多数影响因素并不总是起作用，但经历过干燥作用后的水泥基材料试件却始终表现出渗透率经时降低的异常现象。作为由凝胶微结构特征决定的本质属性，C—S—H凝胶干缩湿胀导致的水敏性能进一步拓展并始终一贯地定性解释渗透率经时降低的现象 [240]。狭义水敏性在概念上与含黏土矿物储层砂岩水分渗透率经时降低的现象类似，它可以利用 C—S—H 凝胶在测试水分渗透率时施加的压力水头驱动 C—S—H 凝胶进一步膨胀来进行定性解释。

对如图 2.4 所示异常现象来说，始终水下养护混凝土试件内部 C—S—H 凝胶一直处于水分充盈状态，此时 C—S—H 凝胶层间距处于当前状态下的最大值。在测试水分渗透率时，由于 C—S—H 凝胶的层间作用力较强，外加约 3 MPa 的静水压力并不足以改变 C—S—H 凝胶的形貌，也就不会改变混凝土的孔结构，此时其水分渗透率在整个测试过程中保持恒定，且为该材料水分渗透率的最低值。然而，如果水泥基材料经历过干燥作用，那么 C—S—H 凝胶部分层间孔将收缩塌陷，即使 C—S—H 凝胶在后期真空饱水阶段能重新吸水并部分膨胀，但依然有部分层间孔在收缩塌陷后不能完全恢复。此时混凝土的孔结构相比初始饱水时明显粗化，在水分渗透率测试过程中，表现为初始水分渗透率显著地高于经历干燥作用前的实测值。在图 2.4 中，混凝土试件干燥再饱水后的初始渗透率约为 1×10^{-17} m²，而持续水养试件的水分渗透率约为 1×10^{-19} m²，前者比后者高出 2 个数量级左右。但在水分渗透率测试过程中，在外加静水压力的作用下，部分 C—S—H 凝胶还将继续膨胀并使孔结构逐步细化，宏观上表现为水分渗透率经时显著降低。在图 2.4 中，混凝土试件的渗透率最终将降低约 1 个数量级。即便如此，水分渗透率也不可能再次降低至持续水养状态下的最低值，图 2.4 中的稳定值 (约为 1×10^{-18} m²) 比最低值高出约 1 个数量级，根源在于干燥过程中塌陷的 C—S—H 凝胶部分不可恢复。综合以上对水分渗透率经时降低异常现象的定性分析及 5.3.1 节对水分渗透率异常低现象的定量分析可以进一步推断，C—S—H 凝胶具有干缩湿胀的水敏性是导致水分渗透率经时显著降低且水分渗透率显著低于其他流体的关键原因。

实际上，7.4 节的定量研究表明，如果基于低场磁共振测试所得饱水状态孔径分布曲线进行分析，通过简单修正经典 Katz-Thompson 理论 [126,127]，即可准确地预测水泥基材料的水分渗透率 [561]；即便采用更简单的基于平行毛细管束模型假设的 Kozeny-Carman 理论 [178]，同样可以准确地预测水分渗透率，预测精度达到国际领先水平 [562]。若采用干燥后测量所得孔结构特征进行分析，直接利用这些经典理论进行计算得到的渗透率通常与气体渗透率更为接近 [125,178,181,231,480-482]，而它比实测水分渗透率通常高出 2 ~ 3 个数量级。

此外，由于水分与 C—S—H 凝胶间存在一定的相互作用，水泥基材料饱和水与饱和其他有机溶剂时，C—S—H 凝胶的形貌会存在显著差异。理论上，由于水与 C—S—H 凝胶间的相互作用必受温度、压力等热力学状态参数的影响，

C—S—H 凝胶的干缩湿胀性质不但使水分渗透率异常低于其他有机溶剂, 进而也会使主要受温度影响的水分动黏滞系数 η 与传统饱和渗透率 K_s 之间的关系表现出一定的特殊性 (2.1.5 节)。考虑到本征渗透率 k、传统饱和渗透率 K_s 和流体动黏滞系数 η 之间的理论关系式 (2.5), 由水分渗透率异常低的物理原因可以进一步推断, 图 2.5 所示传统饱和水分渗透率的数据点必然在有机溶剂拟合直线的下方。从这个角度来看, 2.1.5 节指出的传统饱和渗透率 K_s 对液体性质的依赖关系异常也可以利用 C—S—H 凝胶具有的水敏性来进行定性解释。

由于水泥基材料水分渗透率经时降低的现象没有引起足够重视, 且动态水分渗透率的测试难度较高, 文献 [290] 中绝大多数实测水分渗透率都是在一定状态下测量所得初始值或者是最终稳定值。由于很少报道实测水分渗透率经时降低过程的试验数据, 利用水分渗透率经时降低幅度来表征水敏性影响程度最为合适, 但并不方便应用。考虑到异丙醇、氮气等惰性流体渗透率主要由 C—S—H 凝胶收缩塌陷后的孔结构决定, 可以改用水分与惰性流体渗透率之比 k_w/k_{IF} 来表征水泥基材料的水敏性程度。表 2.2 总结了文献中报道的部分水泥基材料水敏性特征参数 k_w/k_{IF}。

从表 2.2 中所列数据可知, 尽管少数水泥基材料的特征参数 $k_w/k_{IF} > 10\%$, 但大多数水泥基材料的特征参数 $k_w/k_{IF} < 2\%$, 定量说明它们的水敏性非常显著。需要注意的是, 水泥基材料的惰性流体渗透率 k_{IF} 与试件的预处理操作可能导致的微裂纹损伤关系密切 [285-287], 水分渗透率测试结果可能是测试早期较高的初始值, 也可能是测试较长时间后已明显降低的稳定值, 这几方面因素会对特征参数 k_w/k_{IF} 的数值带来较大影响, 并使该参数表征水敏性的准确性下降。尽管如此, 依然可以肯定, 同种水泥基材料的异丙醇渗透率比水分渗透率起码高 1 个数量级左右 [299], 极端情况下甚至高出 2 ~ 3 个数量级。水敏性程度与水泥基材料尤其是 C—S—H 凝胶的组成和结构特征间的关系还有待深入开展理论与试验研究。

6.3.2 毛细吸收视角

通过给水泥基材料引入水敏性特征, 还可以对 2.2 节所述水泥基材料毛细吸收异常现象进行定性解释, 包括对根号时间线性规律的显著偏离、本征毛细吸水速率异常小、毛细吸水速率对测试温度和初始饱和度的依赖关系异常四个方面。

当初始干燥的均匀棱柱体试件单面接触液态水时, 毛细压力将驱动水分进入试件内部, 吸水过程理论上应满足根号时间线性规律, 即单位面积的吸水体积 (或质量) 与根号吸水时间成正比。根号时间线性规律起初是建立在测试经验 [305,306] 或者其他理论 [563,564] 的基础上, 但立足经典非饱和流动理论并应用 Richards 方程式 (2.27) 来描述一维毛细吸水过程, 可以严格推导得到根号时间线性规律, 并可以依据式 (2.32) 来严格定义毛细吸水速率。理论上, 根号时间吸水规律式 (2.32)

的推导过程适用于初始水分均匀分布、水分流动满足非饱和达西定律的均质多孔介质一维毛细吸水过程。水泥基材料毛细吸水过程显著偏离根号时间吸水规律充分地说明，建立该规律时所采用的某些基本假设其实并不适用。正如 2.2.2 节对毛细吸水过程偏离根号时间线性规律的分析所述，除水泥基材料的孔结构随着水分吸入动态变化外，其他解释都没有足够充分的说服力。毛细吸水过程本质上是毛细压力驱动下的水分渗透过程，依据 C—S—H 凝胶干缩湿胀的水敏性可知，水分渗透率的显著降低必然同时使毛细吸水速率逐渐减小，图 2.7 中所示单位面积吸水体积与根号时间的关系曲线 $V_w(\sqrt{t})$ 总是向下弯曲。但在初始阶段，毛细吸水过程可能还是由干燥预处理粗化后的孔结构控制，起初依然满足根号时间线性规律。之后 C—S—H 凝胶动态膨胀的作用逐步显现，$V_w(\sqrt{t})$ 曲线出现非线性过渡段。在吸水较长时间后，湿润区域内 C—S—H 凝胶膨胀基本完成，湿润部分水泥基材料的渗透率显著降低，该区域内的水分流动可能对整体毛细吸水速度起控制作用，进而使毛细吸水过程进入另一个根号时间线性吸水阶段，$V_w(\sqrt{t})$ 关系曲线的斜率将显著地低于初始阶段斜率。由以上分析可知，水敏性特征可以定性解释如图 2.7 所示典型的水泥基材料毛细吸水过程。

除偏离根号时间线性规律外，2.2.3 节所述本征毛细吸水速率小于有机溶剂的异常现象也可以利用水敏性特征进行定量解释。水泥基材料毛细吸收有机液体过程中，由于 C—S—H 凝胶与有机液体接触时并不会膨胀，此时水泥基材料的孔结构不随时间变化，它的吸收过程符合根号时间线性规律[321-324]。但当它吸收水分时，由于 C—S—H 凝胶与水一接触就开始膨胀，受膨胀影响程度较低且湿润范围较小的影响，虽然此时毛细吸水过程主要由吸水前已粗化的孔结构控制，但 C—S—H 凝胶吸水膨胀或多或少都会减缓初期毛细吸水速度，进而使初始毛细吸水速率 S 对水的动黏滞系数和表面张力的依赖关系偏离多种有机溶剂均符合的拟合直线[301] (图 2.8)，且初始本征毛细吸水速率总是偏小。此外，由于水敏性程度与 C—S—H 凝胶的组成和微结构特征密切相关，不同水泥基材料的水敏性程度不一，使初始毛细吸水速率受 C—S—H 凝胶吸水膨胀的影响程度存在一定差异，这可能是图 2.8 中所示本征毛细吸水速率实测数据点较为离散的主要原因。

若将 C—S—H 凝胶的干缩湿胀视作它与水之间发生某种意义上的化学反应，则从热力学角度来看，该过程毫无疑问将受到温度的影响。当温度提高时，水与 C—S—H 凝胶相互作用较强，使其膨胀速度加快，则孔结构细化及水分渗透率降低的速率也将提高，进而改变毛细吸水动力学过程。由于初始阶段和后期的毛细吸水速率受 C—S—H 凝胶吸水膨胀的影响，而凝胶膨胀的动力学过程又与测试温度相关，显然，初始毛细吸水速率也将依赖于温度。即便对考虑温度影响水分的动黏滞系数和表面张力的影响进行修正，所得本征毛细吸水速率依然与测试温度有关，根本原因在于测试温度会影响决定本征毛细吸水速率的孔结构及其动态变化过程。

对初始饱和度影响毛细吸水速率问题来说，水泥基材料初始含水率越低时，C—S—H 凝胶收缩塌陷程度越高，导致整体孔结构粗化越明显，水分渗透性增大程度也就越显著。当重新接触液态水时，水分将以更快的速度被吸入水泥基材料内部，毛细吸水速率将显著提高。若考虑 C—S—H 凝胶收缩程度和孔结构粗化程度随初始含水率逐渐减小而越发明显的变化，初始毛细吸水速率将随初始饱和度的降低而快速增加，这与图 2.9 和图 5.18 所示水泥基材料实测数据的变化规律一致。实际上，通过引入水敏性，可以定量模拟初始饱和度对毛细吸水速率的影响[565]。水敏性对水泥基材料毛细吸水速率随初始饱和度变化规律的影响非常显著，考虑到毛细吸水是种重要、快速的侵蚀介质传输机制，后续还须加强对初始饱和度影响毛细吸水速率的定量研究。

依据水敏性的内涵可知，水泥基材料的毛细吸水过程可视作水与 C—S—H 凝胶发生活性反应的动力学过程，使其孔结构经时显著变化，此时式 (2.27) 中的非饱和水分扩散率 $D(\theta, t)$ 不单是含水率 θ 的函数，同时还是湿润时间 t 的函数，且与孔结构动态变化过程有关的函数关系 $D(\theta, t)$ 同时还受测试温度及 C—S—H 凝胶组成等多重因素的影响。由于 C—S—H 凝胶与水之间的相互作用机制及 C—S—H 凝胶吸水膨胀的动力学规律非常复杂，水泥基材料孔结构动态变化过程及由时变孔结构决定的毛细吸水过程难以描述，8.1 节将致力于对水泥基材料长期毛细吸水过程及关键的异常现象进行宏观定量分析。由于混凝土材料的耐久性主要由服役环境和混凝土材料间发生的水分、气体和离子等侵蚀介质交换决定，当定量表征分析实际总是处于非饱和状态 (尤其是干湿循环作用) 下混凝土结构的耐久性时，必须考虑混凝土材料的孔结构随含水率变化而变化的关键基础特征。

6.3.3 收缩性能视角

尽管对水泥基材料收缩机理已经开展了大量理论与试验研究，但依然存在普遍争论[71]，这与 C—S—H 凝胶的组成与结构非常复杂相关[344]。2.3.1 节已经总结了表面能、毛细压力和拆开压力理论等具有重要影响力的干燥收缩理论[70,97,168,368,566]，但截至目前，它们对干燥收缩的贡献大小依然没有达成统一认识。尽管基于毛细压力理论[340,566,567]、表面自由能变化理论和拆开压力变化理论[67,95,359,568] 的计算模型已经有了大幅改进与提高，但当应用于分析预测各种水泥基材料的干燥收缩时，依然很难取得令人满意的计算精度[569,570]。目前，对干燥收缩机理的认识依然还存在较大局限性，关键在于还存在多个难以解释的与收缩有关的异常现象。

依据 2.3 节的归纳与分析可知，毛细压力理论无法解释硬化水泥浆在异丙醇溶液中浸泡时发生的显著收缩[362,363]，如图 2.13 所示。在引入 C—S—H 凝胶具有干缩湿胀的显著水敏性后可知，由于水分子的特殊性及其与 C—S—H 凝胶间存在的物理化学作用，只有水能够进出 C—S—H 凝胶的层间孔。当将硬化水泥浆浸泡在异丙醇溶液中时，在浓度梯度驱动下，包括层间水在内的孔隙水将被异丙醇部分置换，但由于异丙醇无法进入层间孔，此时层间孔将显著收缩塌陷，并使异丙醇渗透率比水分渗透率高 2 ~ 3 个数量级。尽管这种 C—S—H 凝胶层间孔的收缩塌陷主要由凝胶孔等临近大孔的粗化来补偿[240,241,543]，但由于层间孔收缩塌陷的程度是如此之显著[240,542]，以至于哪怕只有一小部分 C—S—H 凝胶的局部收缩反映在宏观体变化上，都足以使水泥基材料体积发生显著收缩。例如，假设初始饱水状态下 C—S—H 凝胶的层间孔孔径为 1 nm，在异丙醇置换后，若层间孔间距减小至单层水分子厚即 0.3 nm，则 C—S—H 凝胶团的局部体积收缩达 70%；其中，哪怕只有 0.1% 的局部变形未能得到补偿，进而以宏观变形的方式表现出来，就会带来 700 μm/m 的体积收缩。因此，水泥基材料至少有部分宏观收缩来自纳米尺度 C—S—H 凝胶的局部变形，其中的不可恢复部分必然对宏观不可逆收缩有一定贡献。在建立收缩预测模型时，须考虑驱动 C—S—H 凝胶层间孔收缩的拆开压力的影响。

如图 2.14 所示钠、钾离子浓度显著地影响干燥收缩的异常现象不能采用毛细压力理论解释[94,368]，但可以依据水敏性进行定性说明。由 6.2.4 节对 C—S—H 凝胶与水溶液之间相互作用的分析可知，带负电凝胶颗粒表面容易吸附金属阳离子并形成双电层结构，显然，钠钾离子浓度必然会改变 Stern 吸附层的离子吸附平衡状态，影响凝胶层间的相互作用及其平衡状态，进而也必然影响 C—S—H 凝胶团对干燥失水作用的响应。由于层间钠钾离子的水解程度非常高，当钠钾离子浓度提高时，高度水解且容易被吸附的金属阳离子将使 C—S—H 凝胶层间斥力及平衡层间距均增大[501,520]。当在一定温、湿度条件下干燥时，C—S—H 凝胶收缩塌陷的相对影响程度也就越高，宏观上表现出更大的干燥收缩。依据水敏性特征可知，由相对湿度降低带来的干燥收缩与比表面积巨大的 C—S—H 凝胶系统和孔溶液的相互作用密切相关[70,171]。当孔溶液离子组成不同时，干燥失水导致 C—S—H 凝胶纳米颗粒收缩重排必然对水泥基材料的宏观收缩有所贡献[383,571]。

此外，2.3.4 节和 2.3.5 节所述孔壁憎水处理几乎不影响干燥收缩及碳化收缩异常现象，也可以利用水敏性特征进行定性解释。当采用硅烷乳液等界面处理剂对孔壁进行憎水处理时，由于它基本不影响孔溶液尤其是 C—S—H 凝胶纳米颗粒表面双电层结构，所以 C—S—H 凝胶团对干燥失水作用的响应变化不大。尽管孔壁憎水处理后必然会影响毛细压力大小，但若宏观体积收缩主要由 C—S—H 凝胶失水重排决定，则憎水处理后干燥收缩性能应该变化不大。由于憎水处理前后的干燥收缩性能相差无几，说明毛细压力对宏观体积收缩的贡献非常有限，这个定性分析结果与经典的毛细压力理论差异显著。对碳化收缩来说，由于碳化作用必然使 C—S—H 凝胶和 Ca(OH)$_2$ 等固相发生显著变化，但同时也会显著地改变水泥基材料孔溶液的 pH、Ca^{2+} 浓度等关键组成。尽管 Ca(OH)$_2$ 等固相碳化后体积增大，但由孔溶液组成改变导致的 C—S—H 凝胶体积收缩可能起控制作用，进而在总体上表现出体积收缩，这可能是碳化收缩的微观机理。从 C—S—H 凝胶具有水敏性角度出发，可以定性解释憎水处理几乎不影响干燥收缩及碳化收缩现象，水敏性究竟是不是这两个异常现象的根本原因，还有待后续深入研究水泥基材料体积收缩的物理机制和驱动力，并建立相关数学模型进行定量分析。

根据图 5.15 所示 C—S—H 凝胶干缩湿胀的水敏性机制可知，水泥基材料干燥收缩并不单纯是毛细压力、拆开压力等附加压力驱动刚性固体骨架发生变形的过程，而是同时伴随有 C—S—H 凝胶自身微结构的重要物理化学变化。因此，在分析干燥收缩等体积稳定性时，不能将水泥基材料视作一种人工石。多数岩石的固体骨架是由连续的刚性无机矿物组成的，但混凝土本质上是由 C—S—H 凝胶等物质将粗细骨料胶结而成的，且 C—S—H 是由纳米颗粒分散在孔溶液中形成的凝胶。在分析与孔结构和含水量密切相关的体积稳定性、耐久性等宏观性能时，切记 C—S—H 的凝胶本质，它具有干缩湿胀的显著水敏性。

6.3.4 微结构特征视角

依据描述孔结构与渗透率间关系的经典 Katz-Thompson 模型式 (2.14) 或 Kozeny-Carman 模型式 (2.20) 可知，尽管两个模型分别基于截然不同的逾渗理论 [126,127] 和平行毛细管束 [178,277] 假设而建立，但都给出渗透率与某特征孔径的平方成正比的关键结论，这从渗透率的量纲也可以看出来。对现代水泥基材料来说，采用气体或其他有机溶剂进行测量所得渗透率通常低于 1×10^{-17} m^2，水分渗透率通常要再低 $2 \sim 3$ 个数量级。通过简单计算可知，决定水泥基材料渗透率的特征孔径必然位于纳米尺度。由于水泥基材料的渗透率对测试所用流体的种类敏感，所以纳米尺度的孔结构受孔溶液种类或干燥预处理制度的影响必然十分显著，这与 C—S—H 凝胶干缩湿胀的水敏性特征相吻合。正是由于纳米尺度孔结构的重要性及其对孔隙溶液种类和干燥制度的敏感性，在测试分析水泥基材料的纳米尺度孔结构及相关微结构特征时需要特别谨慎。

水泥基材料孔结构的表征方法非常多，测试原理也各不相同 [77]，不同测试方法测试孔结构的有效性及适用范围也存在较大差异。依据 5.3.1 节对砂浆孔结构的测试分析可知，通常认为干燥或异丙醇置换处理或多或少会导致试件产生微裂纹损伤 [343]，在纳米尺度范围内的孔结构差异尤为显著，即便一般认为对纳米尺度孔结构影响最小的异丙醇置换方法也是如此，这可以从同种砂浆材料对水、异丙醇和气体的渗透率间存在的数量级差异看出来，水和异丙醇本征毛细吸收速率之间存在的显著差异也能在一定程度上间接反映。由于以压汞法和氮吸附法为典型代表的主要测孔方法都需要对试件进行干燥预处理，在分析获得的测孔结果时一定要铭记，此时测量所得孔结构不可避免地包含 C—S—H 凝胶干燥收缩给纳米尺度孔结构带来的显著影响。

由于组成不同的 C—S—H 凝胶受干燥预处理的影响程度不一致，所以干燥预处理对纳米尺度孔结构的显著影响可能会掩盖真实的孔结构及其变化规律。7.3 节对高温水浴如何影响孔结构的深入分析发现，干燥预处理对孔结构的显著影响会直接掩盖掉高温水浴作用的影响，此时基于干燥状态下利用压汞法测量所得孔结构特征，甚至会误判高温水浴对孔结构的影响趋势。而基于低场磁共振测试所得饱水状态下的孔结构特征，可以实现孔结构变化的准确监测。由于不改变纳米尺度孔结构特征的理想干燥预处理方法并不存在 [90,572]，为了准确表征水泥基材料的孔结构及其变化趋势，应尽量地采用适用于饱水试件的测试方法，低场磁共振弛豫技术是非常好的选择。

在研究水泥基材料时，通常还特别关注与纳米孔结构密切相关的比表面积 [130]，这是因为它与水泥基材料的渗透率及其他性能密切相关 [77]。与纳米孔结构类似，比表面积测试结果受试件预处理及测试技术的影响也非常显著。由 2.4 节的分析及表 2.3 中所列实测数据可知，当探测媒介是水或者试件处于含水状态时，测试所得比表面积显著地高于探测媒介是氮气或试件处于干燥状态下的测试结果，前者是后者的 2.0 ~ 21.4 倍。该异常现象具有良好的一致性，且墨水瓶孔的解释远不够充分。依据水敏性可知，当采用水分子作为探测媒介时，由于只有水分子能够打开比表面积占比最大的 C—S—H 凝胶层间孔，所以水分子必然可以探测到更多的孔隙表面积，含水状态下的测试结果显著偏高也是因为这个原因。尽管墨水瓶孔的存在会使得尺寸不同的分子探测到的比表面积存在一定差异，但采用水分子或在含水状态下进行探测所得比表面积较高，该异常现象产生的根本原因并不在于尺寸较小的水分子探针能探测到的范围更大，而在于水的存在将使水泥基材料的比表面积显著增大，根源在于 C—S—H 凝胶具有干缩湿胀的水敏性。

C—S—H 凝胶的层间孔间距非常小，内部水分子只能成结构化分层排列，层间孔间距只能取水分子直径的整数倍，水分子逐层进出层间孔的过程必然不连续，这与膨胀性蒙脱土的逐步结晶膨胀过程类似 [514,573]。当含水率相同时，由于单层水分子进入层间和从层间脱除所需克服的 C—S—H 凝胶层间作用力不同，尽管水蒸气及氮气的等温吸附脱附过程普遍存在的滞后现象通常采用墨水瓶孔、曲折度、连通度等孔结构特征来解释 [574-579]，但水敏性必然也会对水蒸气吸附脱附的滞后程度有一定贡献。此外，水分子进出层间孔需要一定时间，当采用动态水蒸气吸附仪测试水泥基材料的等温吸附脱附行为时，平衡时间通常较短，即便很小尺寸的试件可能也并没有达到平衡状态，导致吸附和脱附等温线可能存在较大误差。当定量分析水泥基材料的等温吸附脱附行为及质量等温线、长度等温线时，需要考虑 C—S—H 凝胶干缩湿胀的影响 [61, 62, 580]。

水敏性概念明确指出，C—S—H 凝胶的层间孔会随含水量发生显著的变化。但由于水泥基材料内部 C—S—H 凝胶和 $Ca(OH)_2$ 等固相与液相处于动态平衡状态，液相变化导致层间孔收缩或膨胀的同时，必然也会对与之平衡的固相带来一定影响。以 C—S—H 凝胶的聚合度为例，由于首轮干燥不可避免地会使 C—S—H 凝胶塌陷且发生部分聚合，如果采用高场磁共振技术来测试 ^{29}Si 谱，那么C—S—H 凝胶的聚合度和平均链长等结构特征在首轮干燥前后的测试结果应该存在一定差异。同理，C—S—H 凝胶纳米颗粒的堆积状态及密度等特征也与干燥状态有关。当测试表征固相尤其是 C—S—H 凝胶相的组成与结构特征时，同样需要注意含水状态的影响。

6.4　主　要　结　论

本章在分析膨胀性蒙脱土等硅铝酸盐矿物和 C—S—H 凝胶均具有层状微结构且纳米颗粒表面带负电等类似性质的基础上，借鉴含膨胀性黏土矿物岩石具有的水敏性特征及其产生机理，从组成、结构与性能之间的关系角度，系统论证 C—S—H 凝胶具有干缩湿胀的水敏性。在归纳总结从不同角度观察到 C—S—H 凝胶干缩湿胀相关研究的同时，利用水敏性来定性解释水泥基材料与水有关的多个异常性能或特殊现象，在深入揭示水泥基材料部分关键性能与 C—S—H 凝胶微结构变化之间关系的同时，从侧面进一步证明水敏性的科学性。根据水敏性理论可知：

(1) 经历干燥作用后，C—S—H 凝胶的微观形貌及水泥基材料的纳米尺度孔结构与湿润状态差别显著。在分析 X 射线散射、环境扫描电镜及压汞测孔等在干燥状态下测量所得结果时，需要特别重视干燥预处理可能给观测结果带来的显著影响。若忽略 C—S—H 凝胶具有的水敏性，则对水泥基材料微结构进行的分析可能会得出错误结论。

(2) 尽管水泥基材料经历干燥作用时很容易开裂，进而给渗透率等传输性能带来重要影响，但其实 C—S—H 凝胶自身收缩的影响更为显著，且它很可能是宏观体积收缩的主要物理来源。水敏性特征的发现，动摇了经典干燥收缩理论的基础，后续需考虑水敏性影响来进一步完善干燥收缩的计算分析模型。

(3) 由于 C—S—H 凝胶干缩湿胀，非饱和水泥基材料水分迁移本质上是种伴随有活性物理化学反应的传输过程，在分析水分传输及与此密切相关的离子传输过程时，必须考虑 C—S—H 凝胶与水之间存在的特殊相互作用。因此，在从介质传输角度对干湿循环条件下的耐久性问题进行定量分析时，必须考虑由水敏性导致的孔结构动态变化和介质传输性能时变特征。

(4) 由于温度等热力学状态参数会影响 C—S—H 凝胶与孔溶液间的平衡,进而改变凝胶层间孔径等纳米尺度的微结构特征。因此,在冻融循环作用下,即便纳米级小孔内的水分始终不发生相变,但这并不意味着纳米级小孔的等效孔径等结构特征不会发生明显变化,这可能与水泥基材料在冻融过程中显著吸水的现象密切相关。由于水泥基材料的强度主要由 C—S—H 凝胶对粗细骨料的黏接强度决定,C—S—H 凝胶纳米微结构特征的改变必然会影响水泥基材料的冻融损伤与破坏过程。考虑水敏性特征,水泥基材料冻融损伤破坏的经典理论也有待进一步完善。

(5) 为了深入揭示水泥基材料的组成、结构与性能间的关系,需要对 C—S—H 凝胶与孔溶液间的物理化学相互作用开展深入系统的理论与试验研究。调控 C—S—H 凝胶的组成、表面电位和微观形貌等结构特征及孔溶液的离子组成等,可能是优化调整水泥基材料各方面性能 (尤其是关键的体积稳定性和耐久性) 的高效手段。

C—S—H 凝胶干缩湿胀是导致水泥基材料具有水敏性的根本物理机制,这使得水泥基材料的孔结构随含水量及孔溶液组成的变化而变化。水敏性的发现推翻了水泥基材料科学体系默认采用的"层间孔只有在相对湿度低至 20% ~ 25% 时才会失水"的重要公理性基础假设,颠覆了在研究体积稳定性和耐久性时通常将混凝土视作人工石的传统观念。由于水泥基材料绝大多数物理、化学及力学性能均与孔隙和含水量密切相关,相关理论与试验研究必须充分地重视 C—S—H 凝胶与孔溶液间的相互作用。水敏性理论将为水泥基材料科学研究与技术研发提供新视角与新思路。

第 7 章　水灰比和高温水浴影响研究

水灰比是影响水泥基材料宏观性能的关键组成参数，它主要通过调整孔结构这一基础微结构特征来影响宏观性能。当分析用水量、胶凝材料组成等因素对水泥基材料强度、渗透率和氯离子扩散率等性能指标的影响时，经常需要对孔结构进行测试分析，应用很广的测孔方法是压汞法和氮吸附法等。考虑到水泥基材料具有水敏性特征，在干燥状态下利用压汞法等测试所得孔结构显著地区别于饱水状态，它们可能并不能准确地表征水泥基材料的孔结构，甚至不能有效地反映孔结构随水灰比、胶凝材料组成等因素的演变规律。本节主要利用低场磁共振和压汞法来研究不同水灰比砂浆材料在水泥水化基本完成后的孔结构，并结合渗透率进行对比分析，在证明水敏性理论的重要意义与价值的同时，进一步论证经典压汞法的显著局限性，以及低场磁共振弛豫测试技术对水泥基材料孔结构的表征能力。

温湿度是影响水泥水化动力学过程及硬化后孔结构、渗透性等多方面性能的基本要素，第 5 章已经对湿度变化如何影响水泥基材料的孔结构进行了深入分析。对温度影响来说，考虑到它对水泥水化动力学过程的影响非常复杂，温度与湿度对水泥水化的影响机理和规律也难以定量分析，为尽可能单纯地分析温度因素对水泥基材料孔结构的影响规律，本节同样选择水泥水化已基本完成的砂浆材料作为研究对象，分析不同温度水浴处理对不同水灰比砂浆材料孔结构的影响程度与规律。

7.1　试验研究方案

7.1.1　材料与试件

为了便于利用低场磁共振弛豫测孔技术，采用含铁量较低的 52.5 级白色硅酸盐水泥 (河北乾宝特种水泥有限公司生产，白度高于 87) 作为唯一胶凝材料，采用 ISO 标准砂作为骨料，制作灰砂比恒定为 1:3 且水灰比分别为 0.35(WM35)、0.40(WM40)、0.45(WM45)、0.50(WM50)、0.55(WM55) 的水泥砂浆。为了尽量地避免其他组成因素可能给低场磁共振测孔结果带来干扰，砂浆材料不添加任何其他矿物掺合料和化学外加剂。所用白色硅酸盐水泥的化学组成为 $CaO(62.6\%)$、$SiO_2(21.71\%)$、$Al_2O_3(4.59\%)$、$MgO(2.34\%)$、$SO_3(2.30\%)$、$Fe_2O_3(0.48\%)$、R_2O (0.41%)，含铁量比常见通用硅酸盐水泥低约 1 个数量级，较低的铁含量不会对主频为 2 MHz 的低场磁共振弛豫测试带来明显影响。由于不同白水泥砂浆原材料之间的差异主要体现在水灰比，故而将它们按"WM+水灰比"进行命名。以 WM35 为例，它表示水灰比为 0.35 的白水泥砂浆，余同。

按设计配合比计量好白水泥、标准砂和自来水并搅拌均匀后，将砂浆拌和物浇筑在 100 mm×100 mm×300 mm 的塑料模具中，24 h 后拆模并将棱柱体试件浸泡在恒温 20℃的饱和石灰水中养护至 28d 龄期 (图 7.1)，利用钻芯机在棱柱体中部取芯并切割出足够数量的直径为 25 mm、高度分别为 25 mm 和 50 mm 的圆柱体，真空饱水后备用。

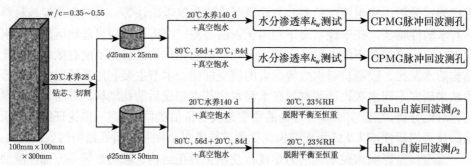

图 7.1　水灰比和高温水浴影响白水泥砂浆孔结构及渗透率的试验测试流程

将钻取的 28d 龄期圆柱试件随机取一半，放在 20℃温水中养护至 168d 龄期，另一半试件先在 80℃热水中养护 56d 后再放在 20℃温水中养护至相同的 168d 龄期，热水养护的升温与降温速率控制在 10℃/h 以内，试件制备与养护方案如图 7.1 所示。每个水灰比、不同养护温度下随机选取直径为 25 mm、高度为 25 mm 的圆柱体试件 2 块并统一编号，利用稳态渗透法和低场磁共振弛豫测试技术，分别测试同一个试件的水分渗透率和饱水状态下的孔径分布。以编号 WM45-80C-B 的试件为例，它表示水灰比为 0.45、80℃热水养护的白水泥砂浆试件 B。此外，每组水灰比、不同养护温度下随机选取直径为 25 mm、高度为 50 mm 的试件 2 块，用于低场磁共振 Hahn 自旋回波测试以确定砂浆材料的表面弛豫强度 ρ_2，协助将横向弛豫时间刻度成等效孔径。

7.1.2　水分渗透率测试

砂浆试件的流体渗透率采用配备准三轴压力室的稳态流体渗透仪进行测试，测试原理见图 2.2。采用游标卡尺准确测量名义尺寸为 ϕ25 mm×25 mm 砂浆试件的直径和厚度 (精确到 0.1 mm) 后，将它装入准三轴压力室后，调整并控制围压在 6 MPa 左右以密封圆柱试件侧面；上游进水压强的表压值 p_i 控制恒定为 3 MPa，该较高的进水压强能驱动砂浆试件内部孔隙水发生流动，下游出水口直接敞向大气。

为了使砂浆试件内部的微小水分流动达到稳态, 水分渗透率测试持续时间长达 7d, 待最后一天夜晚 6 h 的累积进水量与测试时间之间呈良好的线性关系 (相关系数 $R^2 >$ 0.99) 后, 通过拟合此时的进水过程数据, 可以计算得到砂浆试件内部的稳态流量 Q, 进而根据达西定律式 (2.7), 计算得到砂浆试件的水分渗透率 k_w。

7.1.3 孔结构测试

1. 饱水孔结构测试

在完成水分渗透率测试后取出试件, 立即快速擦干试件表面自由水并称量其质量, 再用聚乙烯薄膜严密包裹以防止进一步失水后, 采用北京青檬艾柯科技有限公司生产的 Limecho-MRI-D2 型 2 MHz 磁共振分析仪来测试试件在饱水状态下的孔结构, 测试系统如图 7.2 所示。该分析仪的磁场强度为 0.047 T, 磁体温控精度为 ±0.01℃(实际测试时设定为比室温略高的 30℃), 试件室有效尺寸为 $\phi 25.4\,\mathrm{mm} \times 60\,\mathrm{mm}$, 在该范围内磁场均匀度可达 150 μT/T; 电磁脉冲宽度的控制精度达 10 ns, 最短回波间隔低至 60 μs, 最大回波个数可多达 200000 个。作者前期开展的试验研究表明, 该型号磁共振分析仪的关键性能参数特别适合水泥基材料的测试分析。

图 7.2 主频为 2MHz 的 Limecho 低场磁共振弛豫测试系统

具体开展低场磁共振测试时, 利用 CPMG 脉冲序列来测试饱水试件内部氢核的横向弛豫过程, 回波间隔 T_E 采用设备允许的最小值 60 μs, 以采集弛豫时间非常短的 C—S—H 凝胶内部纳米孔隙水的快速弛豫信号; 视试件孔隙情况脉冲回波个数 N_E 为 30000 ~ 80000, 以采集弛豫时间很长的试件内部大孔自由水的低速弛豫信号; 扫描次数取 64 次, 以使横向弛豫信号的 SNR > 90; CPMG 脉冲扫描的重复时间取 15 s, 以使氢核在扫描前完全极化, 且相邻两次扫描相互独立互不干扰, 最终测量得到 CPMG 脉冲回波信号串 $M\,(t = jT_E)\ (j = 1, 2, \cdots, N_E)$, 利用拉普拉斯逆变换反演算法或多指数反演算法, 即可计算得到孔隙水的横向弛豫时间谱 $f\,(T_2)$。

在严格控制砂浆试件铁磁性物质含量并按上述针对水泥基材料优化选择的关键参数进行 CPMG 扫描测试后, 拉普拉斯逆变换反演计算所得总信号量 M_0 与砂浆试件所含可蒸发水含量始终成正比, 相对误差很小且满足测试精度要求 [241]。本试验采用的低场磁共振分析仪及测试方法, 能完整地采集各类砂浆所有可蒸发水的完整弛豫信号, 进而可以有效地测试其全尺寸孔隙分布特征。

2. 表面弛豫强度测试

由式 (4.5) 可知, 孔隙水表面弛豫强度 ρ_2 的准确测试非常关键, 它是将横向弛豫时间谱 $f(T_2)$ 等效转换成孔径分布曲线的重要参数。依据式 (4.4) 可知, 孔隙水的表面弛豫强度 ρ_2 由表面弛豫时间 T_{2S} 决定, 它在数值上等于试件孔壁只吸附单层水膜时的初始横向弛豫时间 $T_{2,\text{Init}}$, 可以利用 4.3.1 节所述自旋回波测试法进行测定。

具体测试时, 将直径 25 mm、高度 50 mm 的砂浆试件放入下部装有过饱和醋酸钾溶液 (平衡相对湿度 $H = 23\%$) 的密闭干燥器的上层空间, 再一起放入 20 °C 恒温箱内进行等温脱附试验 (图 5.5), 直至质量恒定 (每 7d 的质量相对变化小于0.1%), 此时可认为试件孔壁只吸附单层水分子膜 [77,241]。将脱附平衡试件取出并用聚乙烯薄膜包裹严密后, 利用 Hahn 自旋回波脉冲序列测量 $T_E = 60 \, \mu s$,70 μs, · · · , 120 μs 时的回波信号幅值 M_{SE}。由于表层水膜弛豫很快, 所以可以采用较短的重复时间 $(T_R = 0.5 \, s)$, 扫描 2048 次并叠加以获得信噪比较高的回波信号,据此计算得到表面弛豫时间 $T_{2S} = T_{2,\text{Init}}$, 最终确定砂浆试件的表面弛豫强度 ρ_2。

3. 压汞测试孔径分布

为了与低场磁共振测试所得孔结构进行对比, 将 20 °C 温水养护的各组砂浆材料分别制备系列直径约为 5 mm 的小颗粒, 每组砂浆材料各取 2 份, 先 80 °C 真空干燥至质量恒定再在 105 °C 高温条件下真空烘干 24 h [180,572], 接着采用压汞法测试它们在完全干燥状态下的孔径分布。压汞试验采用 Auto Pore® IV 9500 型全自动压汞仪进行测试, 最高施加 228 MPa 的进汞压力, 依据各级进汞压力下的进汞体积可换算得到孔径分布曲线, 计算时汞的表面张力取作 $\gamma_m = 0.485 \, \text{N/m}$, 接触角取 $\alpha_c = 130°$, 可探测的最小孔隙半径约为 2.8 nm。

为了进一步研究高温水浴养护砂浆材料孔结构的演化, 试验额外选取 80 °C 热水养护的 WM35 和 WM50 两组砂浆材料各 2 个试件做代表, 采用相同的试件预处理和压汞测试方法, 测量得到这两组砂浆材料在 80 °C 热水养护后的孔径分布。

7.1.4　高场磁共振测试硅谱

高场磁共振测试 ^{29}Si 化学位移谱是表征 C—S—H 凝胶相的直接、高效手段,它能直接量化表征硅原子所处的化学状态。通常, 将硅原子所处局部化学状态简

写成 Q^i, 其中, $i = 0 \sim 4$ 为硅氧四面体 $SiO_4(Q)$ 中桥接氧原子的数量[367,581], 高场磁共振测试硅原子所处化学状态 $Q^1 \sim Q^3$ 的结构示意如图 7.3 所示。当硅氧四面体只含 1 个桥接氧原子时, 将其标识为 Q^1, 其余以此类推。应用高场磁共振测试所得硅谱来表征水泥基材料的相关研究表明[225,582], Q^0、Q^1、Q^2 和 Q^3 状态硅原子的化学位移分别为 $[-69.6, -73.5]$ ppm($1ppm = 10^{-6}$)、$[-75.6, -79.0]$ ppm、$[-82.0, -85.0]$ ppm 和 $[-91.5, -92.3]$ ppm。根据高场磁共振测试所得化学位移谱, 可以识别不同化学状态的硅原子相对含量, 理论上还可计算 C—S—H 凝胶硅链的平均长度、聚合度和水泥水化程度等参数[583]。

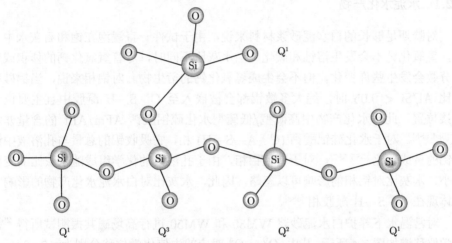

图 7.3   高场磁共振测试硅原子所处化学状态 $Q^1 \sim Q^3$ 的结构示意图

为了表征水泥砂浆固相骨架尤其是体积分数最高的 C—S—H 凝胶可能发生的变化, 利用 Brucker Advance Ⅲ 型高场固体磁共振波谱仪来测试水泥砂浆的 ^{29}Si 化学位移谱, 磁场强度为 9.4 T, 与之对应的 ^{29}Si 核共振频率为 79 MHz。选取 WM35 和 WM50 水泥砂浆作代表, 将常温养护和高温水浴养护好的两组试件进行破碎、磨细并在水下过滤。利用干滤纸将砂浆粉末的自由水吸干后, 每组砂浆各取适量粉末试件 2 组, 装入配备 3.2 mm 交叉极化魔角旋转探头的 ZrO_2 转子内, 在 20°C 条件下开展高场磁共振测试, 并在魔角旋转频率为 10 kHz 条件下进行高能解耦以测得单脉冲波谱。单个粉末试件扫描 800 次后取平均进行分析, 测量所得 ^{29}Si 化学位移为参照四甲基硅烷的相对数值。依据水浴处理前后砂浆试件的 ^{29}Si 化学位移, 可以对 C—S—H 凝胶相的化学变化进行分析。受高场磁共振测试时间的限制, 实际测试数据的信噪比并不高, 所得化学位移谱主要用来定性分析硅谱的变化, 未实现平均链长等参数的定量分析。需要注意的是, 在整个试件制备与测试过程中, 试件没有经历过任何干燥作用, 也没有与二氧化碳接触, 进而可以避免干燥和碳化可能给试件组成及结构带来的不确定性影响。

7.2　水灰比影响分析

作为水泥基材料重要基本组成参数，水灰比全面深刻地影响水泥基材料孔结构等微结构特征和水分渗透率等宏观性能。本节主要从水泥水化产物 (尤其是 C—S—H 凝胶)、密度、孔隙率、孔径分布、水分渗透率这几个方面着手，深入分析水灰比对白水泥砂浆的影响。

7.2.1　水泥水化产物

对龄期足够长的白水泥砂浆材料来说，由于试件一直浸泡在饱和石灰水中养护，氢氧化钙不会发生溶蚀和碳化。当水灰比不同时，尽管氢氧化钙的体积或质量分数会发生些许变化，但不会生成氢氧化钙的衍生物。对铝相来说，当铝硅摩尔比 Al/Si < 0.05 时，绝大多数铝都会被嵌入至 C—S—H 凝胶中且主要位于桥接位置，此时水化产物中高硫型/低硫型水化硫铝酸钙 AFm/AFt 的含量非常少 [584,585]。对于水化硅铝酸钙 (C—A—S—H) 相，它吸收铝的总量与孔溶液中溶解铝的量成正比 [585-587]。对于其他铝相，由于孔溶液的化学组成随水灰比的变化较小，水灰比对铝相的影响可以忽略。因此，水灰比对白水泥水化产物的影响主要体现在 C—S—H 凝胶相 [588]。

对常温水下养护白水泥砂浆 WM35 和 WM50 进行高场磁共振测试所得 ^{29}Si 化学位移谱如图 7.4 所示，其中，$Q^0 \sim Q^4$ 对应的中值化学位移分别为 $-71.8\,\mathrm{ppm}$、$-79.1\,\mathrm{ppm}$、$-85\,\mathrm{ppm}$、$-95\,\mathrm{ppm}$ 和 $-108.1\,\mathrm{ppm}$。将各峰值化学位移与相关研究给出的化学位移谱进行对比分析，可以依次识别 ^{29}Si 原子所处化学状态。受所用高场磁共振定性测试方法的限制，图 7.4 中所示硅谱只能用于定性分析。

由图 7.4 可见，砂浆 WM35 和 WM50 的 Q^0 峰均非常低且不同试件没有明显差异。这表明，由于养护龄期较长，这两组不同水灰比砂浆内白水泥的水化程度均很高且非常接近，水化程度对砂浆孔结构的影响可以忽略。此外，Q^3 峰主要反映 Al 原子嵌入 C—S—H 凝胶内形成 C—(A—)S—H 进而促进凝胶交联的程度 [587]，两组砂浆 WM35 和 WM50 的 Q^3 峰均很小且没有明显差异，说明 C—S—H 凝胶对铝原子的吸收不受水灰比的影响，侧面反映凝胶内部铝原子的分布不随水灰比变化。由于 C—S—H 凝胶内部不存在 Q^4 状态的硅原子，而石英中的硅原子主要处于 Q^4 状态 [589-591]，实测化学位移谱中的 Q^4 峰必然来自标准砂中的石英等矿物。不同水灰比白水泥砂浆的 Q^4 峰差异很小，这完全在意料之中。更重要的是，砂浆内部的 Q^1 和 Q^2 峰非常明显且峰形相似，Q^1 峰始终显著地高于 Q^2 峰，且它们的相对大小在较小范围内波动，这归因于不同质量试件的离散性。结合图 7.3 所示 Q^1 和 Q^2 硅原子所处化学状态可知，白水泥砂浆材料无论水灰比高低，常温水化生成的 C—S—H 凝胶平均链长均较短，主要以二聚体和三聚体为主，且二聚体与三聚体的相对多寡不随水灰比发生变化，不同水灰比砂浆材料的 C—S—H 凝胶微结构变化较小。

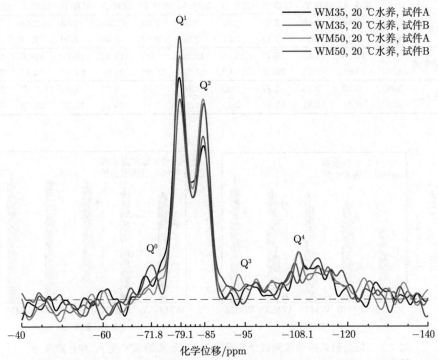

图 7.4　对常温水下养护白水泥砂浆 WM35 和 WM50 进行高场磁共振测试所得 ^{29}Si 化学位移谱 (彩图扫封底二维码)

综合以上对水灰比影响水泥水化产物的分析可知，对水泥水化基本完成的砂浆材料来说，尽管各相水化产物的相对含量会随水灰比发生一定变化，但水灰比并不会影响各相尤其是 C—S—H 凝胶的微结构。

7.2.2　真密度和孔隙率

利用拉普拉斯逆变换反演算法分析横向弛豫信号，依据式 (4.2)，可由总信号量 M_0 计算得到砂浆试件所含可蒸发水含量 $m_w(g)$。结合很容易测量得到的饱水试件总质量 $m_{sat}(g)$ 和宏观总体积 $V_0(m^3)$，可以按式 (7.1) 计算得到砂浆材料的真密度 ρ_s 和孔隙率 ϕ：

$$\rho_s = (m_{sat} - m_w) / (V_0 - m_w/\rho_w), \quad \phi = m_w/\rho_w V_0 \tag{7.1}$$

利用该方法计算常温水养砂浆试件的真密度 ρ_s 和孔隙率 ϕ，所得结果见表 7.1，它们随水灰比的变化过程如图 7.5 所示。

表 7.1　砂浆的真密度 $\rho_s(\mathrm{g/cm^3})$、孔隙率 $\phi(\%)$ 和实测水分渗透率 $k_{\mathrm{w,e}}(10^{-20}~\mathrm{m^2})$

砂浆试件	温度	WM35		WM40		WM45		WM50		WM55	
		试件 A	试件 B	试件 A	试件 B	试件 A	试件 B	试件 A	试件 B	试件 A	试件 B
真密度 ρ_s	20℃	2.49	2.48	2.53	2.52	2.52	2.52	2.55	2.58	2.55	2.53
	80℃	2.49	2.50	2.55	2.57	2.59	2.52	2.60	2.59	2.57	2.63
孔隙率 ϕ	20℃	14.18	13.82	15.47	15.84	18.23	17.53	18.34	19.19	19.30	18.15
	80℃	19.64	18.82	20.46	19.03	21.52	19.89	21.78	21.47	20.47	22.23
实测 $k_{\mathrm{w,e}}$	20℃	2.10	2.15	2.27	2.22	3.50	3.59	9.72	4.94	5.47	10.09
	80℃	9.34	11.31	13.97	3.71	11.21	9.51	26.11	18.37	25.79	13.98

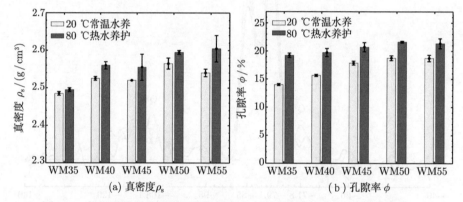

(a) 真密度 ρ_s　　　　　　　　　　(b) 孔隙率 ϕ

图 7.5　依据磁共振弛豫测试计算所得白水泥砂浆的真密度 ρ_s 和孔隙率 ϕ

由图 7.5 可见，对 20℃常温水养砂浆来说，砂浆的真密度 ρ_s 有随水灰比增大而增大的趋势，但变化幅度较小，且规律性不是很明显。当保持灰砂比不变时，若水泥水化程度及水化产物基本一致，则水灰比不同的砂浆材料的真密度应基本不变，可以认为真密度的小幅波动主要受砂浆材料的非均质性影响。此外，各组砂浆的孔隙率 ϕ 随水灰比增大而增大，但当水灰比大于 0.45 时，水灰比对孔隙率 ϕ 的影响较小。WM55 砂浆 ($\phi = 18.73\%$) 的孔隙率比 WM35($\phi = 14.00\%$) 高 33.8%，但仅比 WM45 高 4.8%。由于水泥基本已经完全水化，水泥水化消耗水分的量相差较小，虽然水灰比的差异对标准砂和水泥的单方质量有一定的影响，但水灰比为 0.45 ∼ 0.55 砂浆的孔隙率差别很小这个问题依然令人费解。

7.2.3　水分渗透率

理论上，水泥基材料的渗透率由其孔结构决定，渗透率的变化能有效地反映孔结构随水灰比的演化。利用稳态水分渗透率测试设备，对 20℃常温水养浆试件进行实测所得水分渗透率 $k_{w,e}(m^2)$ 结果见表 7.1 和图 7.6 。

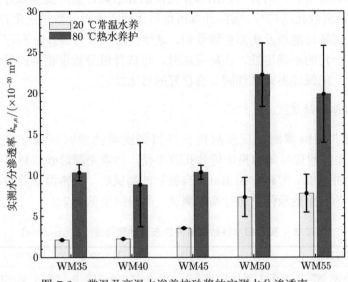

图 7.6　常温及高温水浴养护砂浆的实测水分渗透率

由图 7.6 中可见，常温水养砂浆的水分渗透率均低至 1×10^{-20} m²量级，它随水灰比增大而逐渐增大且在水灰比为 0.45 时有些跳跃性，这是由于砂浆材料的孔隙率随水灰比的增大而增大，水灰比 w/c ⩾ 0.50 砂浆的水分渗透率显著地高于水灰比 w/c ⩽ 0.45 的水泥砂浆。当水灰比降低至 0.45 以下时，进一步降低水灰比并不能显著地提高砂浆的抗渗性。结合图 7.5 可知，当水灰比 w/c ⩽ 0.45 时，砂浆材料的孔隙率 ϕ 随水灰比的增大而显著地增大，但水分渗透率变化较小。除孔隙率 ϕ 外，孔径分布也明显地影响水分渗透率。

7.2.4　饱水状态孔径分布

除孔隙率常用来表征孔结构的总体变化外，孔径分布更能有效地表征孔结构的具体变化。依据水敏性的概念可知，水分渗透率主要由饱水状态下的孔结构决定，它可以利用低场磁共振弛豫技术进行测量。通常，低场磁共振弛豫技术主要用来对水泥基材料的孔结构及其他与水有关性质进行定性分析，很少直接用来定量测试孔径分布 [101,139,416,427,428,542]，主要困难在于表面弛豫系数 ρ_2 很难实际测定 [410]。但在石油工程领域，低场磁共振弛豫技术广泛地应用于测试砂岩等储层岩石的孔径分布，进而评价岩石的油气储量及其渗透率等决定油气开采效率、产量等的关键性质 [479,592]。借鉴石油工程领域的成功经验，考虑到水泥基材料具有显著的水敏性，低场磁共振技术在水泥基材料领域的应用前景应该也很广阔。

在反演低场磁共振弛豫数据时，根据采用的假设和反演算法的不同，水泥基材料的孔结构有连续孔径分布和离散孔径分布之分，前者可以利用拉普拉斯逆变换反演算法计算得到，后者可以用多指数反演算法来计算。受弛豫方程病态性的影响，在反演离散孔结构时，实际计算所得最优解所含组分数量通常并不恒定，且次优解与最优解均能逼近实测弛豫数据，这使得在利用 Discrete 程序计算离散孔结构时存在一定的不确定性。实际应用时，可选择组分数量相同的最优解或次优解进行分析，能保证不同试件间具有良好的可比性。

1. 表面弛豫强度

低场磁共振弛豫测试反演只能计算得到横向弛豫时间谱 $f(T_2)$，要通过式 (4.5) 将横向弛豫时间转换成等效孔隙半径，必须先测量砂浆材料的表面弛豫强度 ρ_2。利用 4.3.1 节建立的 Hahn 自旋回波测试法，对常温水养与高温水浴养护砂浆试件的表面弛豫强度进行实际测试，所得结果见表 7.2。

表 7.2   实测白水泥砂浆试件的表面弛豫强度 $\rho_2(\mathrm{nm/ms})$

砂浆试件	WM35		WM40		WM45		WM50		WM55		所有试件	
	试件 A	试件 B	试件 A	试件 B	试件 A	试件 B	试件 A	试件 B	试件 A	试件 B	均值	标准差
常温水养	2.18	2.05	1.52	1.14	1.56	1.60	1.93	1.70	1.70	1.96	1.73	0.31
高温水浴	1.94	1.84	1.64	1.43	1.28	1.54	1.74	1.92	1.48	1.74	1.65	0.22

由表 7.2 可见，常温水养与高温水浴试件的表面弛豫强度 ρ_2 的均值分别为 1.73 nm/ms 和 1.65 nm/ms，标准差分别为 0.31 nm/ms 和 0.22 nm/ms。由于表面弛豫强度主要由多孔材料表面性质及其与水分之间的相互作用决定，采用同批水泥制备所得砂浆材料的表面弛豫强度 ρ_2 没有显著差异。另外，从实测结果来看，常温与高温水浴养护砂浆试件的 ρ_2 值也没有显著差异，可以认为养护温度也不会影响水分与孔壁的相互作用。若不区分常温水养和高温水浴养护，则所有试件的表面弛豫强度 $\rho_2 = 1.69 \pm 0.26$ nm/ms。在分析砂浆饱和孔结构时，统一取 $\rho_2 = 1.69$ nm/ms。

2. 连续孔径分布曲线

在确定白水泥砂浆材料的表面弛豫强度 ρ_2 后，可将拉普拉斯逆变换反演所得横向弛豫时间谱转换成等效连续型孔径分布曲线，结果如图 7.7 所示。总体上，所有砂浆试件的孔径分布曲线大致呈双峰形态，其中，左峰面积占绝对主导地位，它代表砂浆试件的纳米级小孔，常温水养砂浆试件左峰的等效半径在 20 nm 以内。饱水状态下，从横向弛豫角度来看，水泥砂浆内部绝大多数孔隙均是半径在 20 nm 以内的纳米孔，这主要由颗粒非常小、比表面积非常大的 C—S—H 凝胶控制。右侧小峰代表等效半径大于 2 μm 的粗孔，内部所含水分的横向弛豫行为已基本不受比表面积的影响, 近似处于自由状态。由于低场磁共振弛豫技术无法区分粗孔比表面积的差异, 对微米级以上尺寸孔隙的空间分辨率极低, 使右侧小峰实际包含微米尺度以上所有的粗孔。在左、右两峰之间还存在部分中等尺寸孔隙, 它们的体积分数非常低。

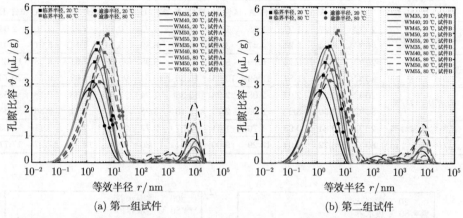

图 7.7　低场磁共振测试所得白水泥砂浆试件的孔径分布曲线 (彩图扫封底二维码)

　　对比图 7.7 中所示两组常温水养试件的孔径分布曲线可知, 随着水灰比逐渐增大, 砂浆试件的中等尺寸孔隙变化很小, 右峰位置保持不变且面积逐渐增大, 说明粗孔体积分数随水灰比的增大而增大。但由于右侧小峰所代表的粗孔体积分数较低, 它随水灰比增大而增大的绝对幅度依然较低。同时, 左侧大峰的面积随水灰比增大而显著增大且伴随有右移粗化的趋势, 说明纳米孔的体积分数逐渐增加, 平均孔径有随水灰比增大而增大的趋势, 等效半径在 20 nm 以内的纳米孔越来越疏松。

　　为了进一步量化孔结构随水灰比的变化, 将 20 °C 常温水养砂浆试件孔结构的临界半径 r_{cr} 和逾渗半径 r_{th} 识别出来[77,593], 如图 7.7 所示, 具体的特征尺寸见表 7.3。在识别时, 临界半径 r_{cr} 依然取作孔径分布曲线左侧尖峰点对应的等效半径。理论上, 逾渗孔径与多孔材料内部孔隙刚好形成连续通路所需孔隙的最大孔径相对应。当应用压汞法来表征多孔材料的孔结构时, 逾渗孔径是孔隙恰好形成逾渗通路、进汞量开始快速增大时的特征孔径, 详细定义见 1.2.2 节。但是, 由于低场磁共振测孔是基于孔隙水与孔壁相互作用导致的弛豫机制, 它显然区别于非浸润的液体汞在外加压力驱动下从大孔到小孔逐渐侵入的过程, 严格意义上并不能采用与压汞法类似的方法来识别逾渗孔径。考虑到低场磁共振弛豫技术与压汞技术在测孔原理上的差异, 在从如图 7.7 所示饱和孔径分布曲线中提取逾渗半径时, 将它识别成左峰右侧梯度最大值对应的等效半径, 即将与 $\max|\mathrm{d}\vartheta/\mathrm{d}\lg r|$ 对

应的特征半径视作逾渗半径 r_{th}。采用以上方法识别常温水养砂浆试件的临界半径和逾渗半径，绘图表示它们随水灰比的变化规律，如图 7.8 所示。

表 7.3　砂浆试件饱水孔结构特征半径及 Katz-Thompson 模型预测水分渗透率 $k_{w,p}$

砂浆试件	温度	WM35		WM40		WM45		WM50		WM55	
		试件 A	试件 B	试件 A	试件 B	试件 A	试件 B	试件 A	试件 B	试件 A	试件 B
临界半径 r_{cr}/nm	20℃	1.27	1.27	1.68	1.68	1.93	1.93	2.22	2.22	2.56	2.94
	80℃	2.94	2.94	4.47	3.38	4.47	3.89	5.14	5.14	5.91	5.91
逾渗半径 r_{th}/nm	20℃	4.47	5.14	6.79	5.91	7.81	8.98	8.98	7.81	8.98	13.65
	80℃	11.87	11.87	15.69	13.65	15.69	13.65	20.74	15.69	20.74	20.74
构造因子 F/%	20℃	2.38	2.04	2.08	2.28	2.38	1.94	1.94	2.38	2.18	1.53
	80℃	3.50	3.23	3.05	2.73	3.18	3.28	2.40	2.81	2.36	2.33
预测水分渗透率	20℃	0.84	0.95	1.70	1.41	2.57	2.77	2.76	2.56	3.11	5.03
$k_{w,p}/(\times 10^{-20} \ m^2)$	80℃	8.72	8.04	13.29	9.00	13.84	10.80	18.30	12.24	17.97	17.71

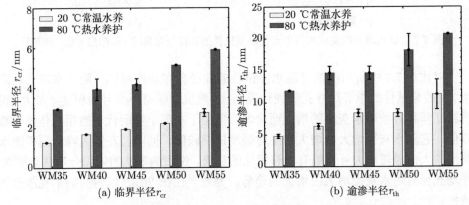

(a) 临界半径 r_{cr}　　　　　　　　(b) 逾渗半径 r_{th}

图 7.8　常温养护和高温水浴养护砂浆试件特征孔径的变化规律

从表 7.3 和图 7.8 明显可以看出，在饱水状态下，不同水灰比砂浆材料的临界半径 $r_{cr} = 1.3 \sim 2.8$ nm，逾渗半径 $r_{th} = 4.8 \sim 11.3$ nm，且均随水灰比的增大而增大，即纳米级孔结构在逐渐粗化。定性来看，由水分渗透率的量纲为 m^2 及经典 Katz-Thompson 方程式 (2.14) 可知，水分渗透率与某特征孔径的平方成正比。由于各组常温水养砂浆材料的水分渗透率均低至 1×10^{-20} m^2 量级，与它相对应的特征孔径必然小到几个纳米，这与低场磁共振识别出的临界半径与逾渗半径的数值大致吻合。7.4 节的定量计算将指出，依据低场磁共振测试所得饱水状态下的孔径分布，直接利用经典模型即可准确地预测水分渗透率，预测精度可达试验测量的误差水平。

通常认为，当水灰比增大时，未被水泥水化消耗的水将在砂浆内部形成孔隙。

传统观念与 1.2.1 节所述经典 Powers 模型认为 [59,60]，C—S—H 凝胶的结构并不会随水灰比变化而变化，孔径在 1.8 nm左右的层间孔所占体积分数保持恒定，为28%，C—S—H 凝胶颗粒空间随机堆积将形成尺寸更大的毛细孔等。因此，随着水灰比的增大，砂浆材料新增孔隙主要是尺寸较大的毛细孔等。然而，根据识别出的临界半径和逾渗半径可知，随着水灰比的增大，各组砂浆材料发生重要改变的特征孔径恰恰处在 C—S—H 凝胶尺度，这与经典概念存在显著冲突。7.5.1 节还将继续深入讨论水灰比影响这一基础问题。

3. 离散孔径分布演化

依据以上连续孔径分布随水灰比演化的分析结果可知，水灰比增大主要导致 C—S—H 凝胶颗粒纳米尺度孔隙显著粗化。当利用拉普拉斯逆变换算法反演横向弛豫时间谱时，正则化的平滑效应及相邻孔隙间水分子扩散效应导致了平均化效果 [139,594]，连续谱反演分析方法对孔结构的空间分辨率存在不足，通常只能用作整体分析，并不能有效地分辨纳米孔结构的详细变化过程与规律。结合 C—S—H 凝胶结构模型，为了辅助分析砂浆材料微观结构随水灰比的变化情况，可以利用离散孔结构模型来进行量化分析。

利用多指数反演算法来对孔隙水横向弛豫信号进行分析，可以计算得到具有明确物理意义的少数几组孔隙的体积分数及等效孔径。对常温养护砂浆来说，由于多指数反演算法所得多数最优解包含 5 个组分，少数最优解只含 3 ～ 4 个组分不等。结合测试分析经验，为保证不同砂浆试件的横向可比性，统一采用包含 5 组孔隙的数值解。

利用多指数反演算法识别出各组孔隙的横向弛豫时间 T_{2i} 和体积分数 f_i，结合由总信号量 M_0 换算所得可蒸发水含量 m_w，可计算各组孔隙的比容 $\vartheta_i(\mu L/g)$ 为

$$\vartheta_i = \frac{f_i m_w}{\rho_w (m_{sat} - m_w)}, \ i = 1, 2, \cdots, 5 \tag{7.2}$$

结合 Hahn 自旋回波测试所得表面弛豫强度 $\rho_2 = 1.69$ nm/ms，可以将各组孔隙的横向弛豫时间 T_{2i} 转换成等效半径 r_i，结果见表 7.4。依据横向弛豫时间 T_{2i} 及对应等效半径 r_i，从小到大依次赋予为层间孔、凝胶孔、凝胶间孔、小毛细孔和粗毛细孔 [241,418,474]，这与 1.2 节对水泥基材料孔结构的定性分类方法保持一致 [102]。

多指数反演计算所得层间孔和凝胶孔的等效半径 r_1, r_2 与比容 ϑ_1, ϑ_2 的变化规律分别如图 7.9 和图 7.10 所示。

由 C—S—H 凝胶具有层状结构的共识可知，层间孔等效孔径及其比容是 C—S—H 凝胶颗粒内部结构的重要特征。由图 7.9 中可见，在水灰比增大过程中，常温养护砂浆内部 C—S—H 凝胶的层间孔等效半径 $r_1 \approx 0.8$ nm且变化很小，可

近似认为保持恒定,该值与文献 [410]、[426]、[474] 中报道的 C—S—H 凝胶层间孔半径很接近。此外,层间孔比容 ϑ_1 有随水灰比增大而减小的趋势,虽然不是很明显。考虑到白水泥已基本完全水化且灰砂比始终保持恒定,如图 5.10 所示 C—S—H 凝胶的钙氧层数量也不会随水灰比变化,层间孔体积随水灰比增大而稍微降低说明C—S—H 凝胶颗粒所含钙氧层的平均数量在降低,它使层间孔数量及其体积也有所降低,凝胶颗粒的数量也将增加。

表 7.4　低场磁共振测试 20℃ 常温水养砂浆试件所得 5 组分离散孔结构

试件编号	等效半径 r_i/nm					孔隙比容 ϑ_i/(μL/g)				
	组分 1	组分 2	组分 3	组分 4	组分 5	组分 1	组分 2	组分 3	组分 4	组分 5
WM35-20C-A	0.88	5.69	178.84	1498.89	7287.62	52.06	9.74	1.04	1.79	7.96
WM35-20C-B	0.73	3.85	126.36	938.11	5599.73	49.56	14.96	2.94	2.18	4.20
WM40-20C-A	0.85	4.56	130.20	1038.08	7492.80	50.72	20.03	1.76	1.11	5.08
WM40-20C-B	0.88	3.47	47.86	1125.17	6822.77	45.53	20.18	1.70	1.05	5.44
WM45-20C-A	0.78	3.49	29.01	788.06	8640.08	49.21	35.27	3.06	0.95	6.18
WM45-20C-B	0.97	4.25	80.65	754.13	8563.47	49.74	26.15	0.76	0.97	4.79
WM50-20C-A	0.82	3.38	24.56	603.14	8615.86	46.26	42.54	1.97	0.46	1.76
WM50-20C-B	0.78	2.81	12.18	228.84	5717.19	39.88	42.23	6.70	0.63	1.01
WM55-20C-A	0.83	3.63	29.57	348.31	3567.28	48.00	46.89	2.06	0.62	1.22
WM55-20C-B	0.69	2.27	7.34	275.47	5321.16	33.64	52.58	16.22	0.61	0.66

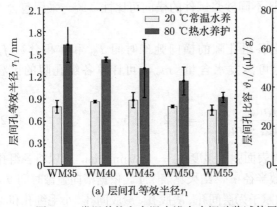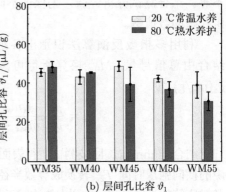

图 7.9　常温养护和高温水浴白水泥砂浆试件层间孔等效半径 r_1 及其比容 ϑ_1

若认为 C—S—H 凝胶是由具有层状结构特征的凝胶颗粒在空间随机分布堆积而成的,则凝胶孔的等效孔径及其体积分数是 C—S—H 凝胶颗粒空间堆积状态的直接反映。从图 7.10 可见,常温养护砂浆的凝胶孔等效半径 r_2 随水灰比增大而稍微减小,当水灰比从 0.35 逐渐增大至 0.55 时,凝胶孔径 r_2 从 2.4 nm 减小至 1.5 nm,但其比容 ϑ_2 却显著增大。也就是说,当水灰比越大时,C—S—H 凝胶颗粒的堆积更为松散 [73,75]。由于凝胶颗粒的数量随水灰比的增大而增加,显然也会使凝胶孔的数量增加,凝胶孔数量与比容的综合变化趋势使凝胶孔的等效孔径稍微减小。

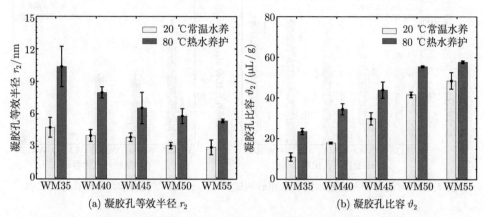

(a) 凝胶孔等效半径 r_2 (b) 凝胶孔比容 ϑ_2

图 7.10 常温养护和高温水浴白水泥砂浆试件凝胶孔等效半径 r_2 及其比容 ϑ_2

除层间孔和凝胶孔外,C—S—H 凝胶团在空间的随机分布还可能形成凝胶间孔,只是其比容 ϑ_3 非常小。为了更好地表征 C—S—H 凝胶相整体发生的变化,累积计算凝胶内孔的比容 $\vartheta_{In}(\mu L/g)$ 和凝胶外孔的比容 $\vartheta_{Out}(\mu L/g)$:

$$\vartheta_{In} = \vartheta_1 + \vartheta_2 + \vartheta_3, \quad \vartheta_{Out} = \vartheta_4 + \vartheta_5 \tag{7.3}$$

它们随水灰比的变化过程如图 7.11 所示。对于 20℃常温养护砂浆来说,C—S—H凝胶内部孔隙含量随水灰比的增大而增大,主要是由于占控制作用的凝胶孔比容 ϑ_2 随水灰比增大而增大。这说明,当水灰比越小时,C—S—H 凝胶团的结构就越致密,反之则越疏松,这与前面的分析结论一致。若将 C—S—H 凝胶视作 C—S—H 凝胶颗粒分散在水中形成的溶剂,则随着水灰比的增大,C—S—H 凝胶在水泥水化反应未消耗部分水中的分布将更为分散。这样一来,除松散分布的 C—S—H 凝胶占据的凝胶内孔以外的凝胶外孔比容 ϑ_{Out} 将随水灰比的增大而减小,如图 7.11 (b) 所示。此外,对水灰比较小的砂浆材料来说,由于它们的用水量少,流动性降低也会在砂浆内引入一定量较大气孔,这对 C—S—H 凝胶外孔比容 ϑ_{Out} 随水灰比的减小而增大也可能有一定的贡献。

由前面分析可知,基于多指数反演计算所得 5 组分离散孔结构进行分析,可以明确分析各组砂浆材料孔结构随水灰比的变化过程与规律。为了更好地与7.2.5 节讨论的干燥状态下按孔径分级之后的孔结构进行对比分析,考虑到 Mehta和吴中伟提出的孔径分级方式 (参见 1.2.2 节) 均只包含 4 类孔隙,在分析多指数反演结果时, 同时采用 Discrete 程序计算所得包含 4 组分的数值解 (多数是次优解, 少数是最优解) 进行分析, 结果见表 7.5 。

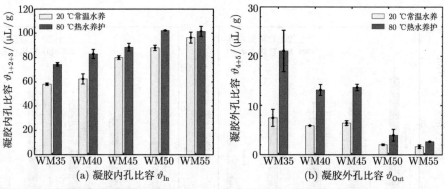

(a) 凝胶内孔比容 ϑ_{In}　　　　　　　　　　(b) 凝胶外孔比容 ϑ_{Out}

图 7.11　常温养护和高温水浴白水泥砂浆试件 C—S—H 凝胶内部和外部孔隙的比容

表 7.5　低场磁共振测试 20℃ 常温水养砂浆试件所得 4 组分离散孔结构

试件编号	等效半径 r_i/nm				孔隙比容 ϑ_i/(μL/g)			
	组分 1	组分 2	组分 3	组分 4	组分 1	组分 2	组分 3	组分 4
WM35-20C-A	0.98	9.19	760.64	6574.21	52.70	13.39	5.26	20.06
WM35-20C-B	1.07	13.56	305.36	3957.98	55.62	15.94	4.77	12.78
WM40-20C-A	0.96	5.93	356.02	6765.82	59.57	16.52	3.96	11.10
WM40-20C-B	1.21	8.29	416.40	5628.55	53.20	20.71	3.73	9.09
WM45-20C-A	1.16	6.69	446.19	8257.80	63.45	24.01	3.05	11.08
WM45-20C-B	1.02	4.77	439.59	7404.81	68.32	12.72	3.20	10.42
WM50-20C-A	1.02	4.44	311.66	7943.78	58.58	38.25	1.44	3.93
WM50-20C-B	1.23	5.28	702.40	50699.75	43.05	53.43	4.74	2.30
WM55-20C-A	0.87	3.87	57.17	1678.09	55.01	36.85	1.26	1.69
WM55-20C-B	1.33	5.44	240.45	5106.67	54.83	45.83	1.44	1.73

由表 7.5 中可见, 砂浆材料内部 4 组分离散孔隙的等效半径分别为 1 nm、10 nm、0.5 μm 和 5 μm 级。考虑 C—S—H 凝胶微结构及水泥基材料孔结构的关键特征, 结合经典的孔径分级方式, 可以将各组孔隙按孔径从小到大依次识别为层间孔、凝胶孔、细毛细孔和粗毛细孔。与表 7.4 中所示 5 组分离散孔结构相比, 4 组分离散孔结构相当于将体积分数非常小的凝胶间孔划分到其他孔级。但低场磁共振弛豫控制方程的病态性, 各离散组分之间会相互干扰, 使得包含 4 组分与 5 组分的离散孔结构中各组孔隙的等效半径 r_i 与比容 ϑ_i 均有一定差异, 仅供与基于压汞测孔结果的 Mehta 和吴中伟孔径分级结果做定性对比分析用。

若按 4 组分离散孔结构对水灰比的影响进行分析, 从图 7.12 所示层间孔、凝胶孔、小毛细孔、粗毛细孔、凝胶内孔和凝胶外孔的比容随水灰比的变化规律可知, 随着水灰比增大, 层间孔比容 ϑ_1 逐渐减小, 凝胶孔比容 ϑ_2 逐渐且显著增大, 凝胶孔比容增幅更大, 总体使得 C—S—H 凝胶内孔比容 ϑ_{In} 随水灰比增大而增大。同时, 比容较低的小毛细孔和大毛细孔也均随水灰比的增大而减小, C—S—H 凝胶外部孔隙也是如此。此外, 各级孔隙等效半径 r_i 也与 5 组分离散孔结构变化趋势类似, 不再赘述。

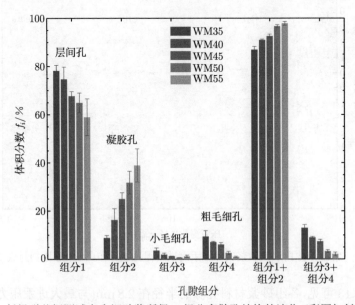

图 7.12 低场磁共振测试白水泥砂浆所得 4 组分离散孔结构的演化 (彩图扫封底二维码)

在利用低场磁共振弛豫技术测试饱水孔结构时, 无论是基于拉普拉斯逆变换反演计算所得连续型孔径分布曲线, 还是基于多指数反演计算所得 5 组分或 4 组分离散型孔径分布, 均发现水灰比主要影响纳米尺度 C—S—H 凝胶的堆积状态。随着水灰比增大, 砂浆材料孔结构的变化主要集中体现在 C—S—H 凝胶尺度的纳米孔结构显著粗化, C—S—H 凝胶更加疏松多孔, 该定性分析结果与反演算法无关。由于离散孔结构能与 C—S—H 凝胶及砂浆微结构的物理模型 (见 1.2 节)结合得更为紧密, 所以它在分析 C—S—H 凝胶微结构方面具有更强的识别分辨能力。后续若能提高低场磁共振测试信号的信噪比并改进连续谱或离散谱的反演算法, 可进一步提升低场磁共振弛豫技术对水泥基材料的表征能力。

7.2.5 干燥状态孔径分布

压汞法可获得丰富的孔结构信息, 常用于水泥基材料孔结构的测试。依据水敏性内涵可知, 压汞法测量结果只是干燥状态下的孔结构, 它包含了干燥预处理的显著影响。为了更全面地对比分析不同水灰比砂浆材料的孔结构, 每组 20℃常温水养砂浆材料各取 2 个试件进行压汞测试，所得孔径分布曲线如图 7.13 所示。

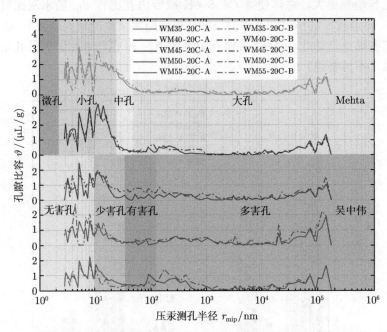

图 7.13   常温养护白水泥砂浆试件压汞测试所得孔径分布曲线 (彩图扫封底二维码)

由图 7.13 可见, 各组砂浆材料孔隙的半径在 2.8 nm(与最大进汞压力对应的可探测孔隙半径下限) 到 1 mm 的很宽范围内均有分布, 且明显集中分布在 2.8～11 nm 和 50～110 μm 两个相对较窄的区间内, 临界半径 $r_{cr} \approx 4 \sim 10$ nm。对比相同水灰比砂浆材料的两个试件可知, 在 1 μm 以上粗孔范围内, 它们的孔径分布曲线基本重合; 但在 1 μm 尤其是 10 nm 以下的小孔范围内, 孔径分布曲线及临界半径、孔隙体积分数等特征相差较大。总体来看, 不同水灰比砂浆试件孔结构的临界半径、逾渗半径等特征孔径及对应的孔隙体积分数随水灰比变化的规律性不明显。依据压汞法测试结果, 很难对水灰比如何影响砂浆材料的孔结构进行分析。

为了进一步地分析水灰比对砂浆材料孔结构特征的影响, 利用 1.2.2 节所述 Mehta 和吴中伟提出的孔径分级方式, 可以将压汞测孔曲线转化成 4 组孔隙进行分析。通过累加不同孔径范围内的孔隙体积, 可以计算得到 4 组孔隙的体积分数, 如图 7.14 所示。由于压汞法不能探测半径在 2.8 nm 以下的孔隙, 所以微孔 (Mehta 分级方式) 及无害孔 (吴中伟分级方式) 的体积分数由 105 ℃真空干燥法测量所得总体积分数扣除其他三级较粗孔隙进行计算。

由图 7.14 可见, 按照 Mehta 的孔径分级方式, 砂浆材料中的大多数孔隙空间由微孔和小孔组成 (体积占比 70.5%～89.1%), 微孔的体积分数最高, 占总孔隙体积的 43.8%~64.4%。小孔体积分数略高于大孔，中孔体积分数最低，仅占 2.0%~6.3%。各类孔隙随水灰比变化的规律性很差，仅能粗略看出小孔体积分数大致随水灰比增大而增加，大孔体积分数大致随水灰比的增大而减小，增大或减小的规律不明显。此外，若按照吴中伟提出的孔径分级方式，则各类孔隙随水灰比变化的整体趋势与 Mehta 的分级结果基本一致，无害孔体积分数仅略高于微孔，少害孔体积分数略低于小孔，各类孔隙的体积分数随水灰比变化的规律差异不大。吴中伟划分的无害孔包含 Mehta 划分的微孔和大部分小孔 (图 7.13)，其他几类孔径范围也有细微差异。综合两位学者的孔径分级结果可知，各类孔隙随水灰比的变化规律不明显且离散性较大，利用它们难以有效地探究均质性较好的水泥砂浆各类孔隙随水灰比的演化过程与规律。

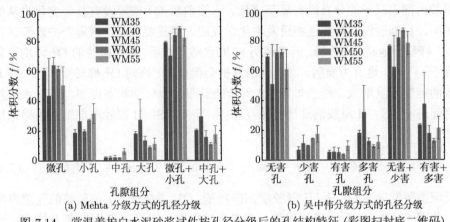

图 7.14　常温养护白水泥砂浆试件按孔径分级后的孔结构特征 (彩图扫封底二维码)

7.3　高温水浴影响分析

7.3.1　水泥水化产物

提高养护温度对水泥水化产物的影响主要体现在铝相和 C—S—H 凝胶相 [588]。尽管升温会促进钙矾石生成 [9,595]、硫酸盐吸收 [596] 和氢氧化钙结晶，但它们随养护温度发生的变化完全可逆。对于水化硅铝酸钙 (C—A—S—H) 相，它吸收铝的总量与孔溶液中溶解铝的量成正比 [585-587]。对于其他铝相，由于孔溶液的化学组成随养护温度的变化较小，尤其是铝的浓度随养护温度的提高只发生微小变化 [597]，因此，高温水浴养护对铝相的影响可以忽略。此外，在整个试验过程中，试件一直浸泡在饱和石灰水中，氢氧化钙不会发生溶蚀和碳化，提高养护温度对氢氧化钙的影响微乎其微。至于砂浆中含有的 ISO 标准砂，尽管它们具有一定的火山灰活性，但通常只有在养护温度达到 90℃以上才会发挥出来 [589]，使得水浴过程中标准砂发生的变化也可以忽略。综合以上分析可知，对水化程度较高的

28d 龄期硬化水泥砂浆进行 80℃高温水浴养护，砂浆组成和结构发生的变化主要集中体现在 C—S—H 凝胶相。

　　高场磁共振测试硅谱能有效地表征 C—S—H 凝胶相的变化。水浴养护后，白水泥砂浆 WM35 和 WM50 高场磁共振测试所得 ^{29}Si 化学位移谱如图 7.15 所示。从图 7.15 中可见，水浴养护和常温养护砂浆的 Q^0 峰面积没有明显差异，这表明，由于养护龄期较长，在这两种不同条件养护的砂浆内，水泥的水化程度非常接近，使水化程度对 C—S—H 凝胶相的影响可以忽略。此外，由于 Q^3 谱峰主要反映 Al 原子嵌入 C—S—H 凝胶内形成 C—(A—)S—H 进而提高凝胶交联的程度 [587]，而两组砂浆的 Q^3 谱峰均较小，且水浴养护和常温养护砂浆的 Q^3 谱峰没有明显差异，说明 C—S—H 凝胶对铝原子的吸收不受养护温度的影响，间接地反映凝胶内部铝原子的分布没有显著变化。水浴前后 Q^4 谱峰没有显著变化也从侧面说明，标准砂没有与其他物质发生化学反应。更重要的是，常温养护砂浆试件的 Q^1 峰显著地高于 Q^2 峰，但当经历 80℃水浴养护后，两组砂浆的 Q^2 峰均显著地高于 Q^1 峰。这有力表明，高温水浴养护会促使 Q^1 峰向 Q^2 峰转变，C—S—H 凝胶的硅链长度增大。结合如图 7.3 所示硅氧四面体化学状态可知，高温水浴养护会促进 C—S—H 凝胶端部硅链相互连接，即 C—S—H 凝胶端部发生了缩聚反应 [598]：

$$\equiv \text{Si—OH} + \text{HO—Si} \equiv \longrightarrow \equiv \text{Si—O—Si} \equiv + \text{H}_2\text{O} \qquad (7.4)$$

该反应主要发生在 C—S—H 凝胶端部硅羟基–OH 并生成水，使砂浆的孔隙率增大，此即 C—S—H 凝胶老化现象。在老化过程中，C—S—H 凝胶重新排布，水泥基材料的密度、孔径分布和宏观渗透率等性能随之发生变化。

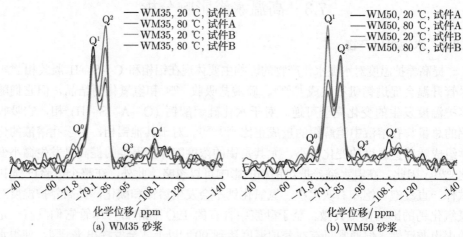

图 7.15　白水泥砂浆 WM35 和 WM50 高场磁共振测试所得 ^{29}Si 化学位移谱 (彩图扫封底二维码)

7.3.2 真密度和孔隙率

与 20℃常温养护砂浆类似, 利用低场磁共振弛豫测试数据, 也可以计算得到高温水浴养护砂浆试件的真密度 ρ_s 和体积孔隙率 ϕ, 结果见表 7.1 和图 7.5。

由图 7.5 中可见, 在经历 80℃水浴养护之后, 各组砂浆材料的真密度有所增大, 孔隙率也明显增大且趋势非常明确, 且它们均随水灰比的增大而增大。水灰比越低的砂浆, 孔隙率的绝对增幅和相对增幅都更为显著。80℃水浴养护后 WM55 砂浆的孔隙率 ($\phi = 21.35\%$) 仅比 WM35 砂浆 ($\phi = 19.23\%$) 稍高 11.0%, 原因在于经历高温水浴后, 低水灰比砂浆的孔隙率增幅更加明显, 进而削弱了砂浆材料水灰比的影响。定性来看, 由于 C—S—H 凝胶端部羟基发生缩聚反应并生成水, 且试件的宏观体积变化可以忽略, 所以砂浆材料的孔隙率和 C—S—H 凝胶相的真密度也必然增大, 这与化学老化的影响完全一致[598]。在概念上, 当水泥水化程度已经较高时, 提高温度对水泥水化的促进作用非常有限, 此时它主要起加速凝胶缩聚老化的作用, 孔隙率的显著增大将提高各相物质的渗透率等传输性能, 进而会加速水泥基材料与环境间的物质交换, 对耐久性能不利。

7.3.3 水分渗透率

由 7.3.2 节的分析可知, 在 20℃水养 28d 后再进行 80℃高温水浴养护并没有起到促进水泥水化、砂浆材料更加密实的作用。与此相反, 各组砂浆的孔隙率反倒显著增大, 孔结构反倒粗化。水泥基材料的孔结构决定渗透率, 渗透率的变化必然能反映孔结构的粗化程度。利用稳态水分渗透率测试设备, 实测高温水浴砂浆试件的水分渗透率 $k_{w,e}(m^2)$, 结果见表 7.1 和图 7.6。

由图 7.6 可见, 当水泥砂浆经历 56d 高温水浴处理后, 水灰比低于 0.5 的白水泥砂浆具有相似的水分渗透率, 水灰比高于 0.5 的砂浆水分渗透率也比较接近, 且依然显著地高于水灰比低于 0.5 的白水泥砂浆。更重要的是, 对组成相同的任意水泥砂浆来说, 80℃水浴处理会显著地增大砂浆的水分渗透率, 增幅达 $2.6 \sim 4.9$ 倍, 且水灰比越低的白水泥砂浆增幅越大, 这与高温水浴养护会显著地增大砂浆材料的孔隙率相吻合。换句话说, 高温水浴后砂浆的渗透率显著增大, 原因恰恰在于孔结构会因为 C—S—H 凝胶老化而显著粗化, 这与通常认为高温养护会促进水泥水化、孔结构细化的认识相悖。

需要注意的是, 高温水浴处理对象是已经凝结硬化 28d 龄期的砂浆试件, 并非从塑性状态就开始高温养护。若在拌和后就立即开始高温养护, 则此时高温养护作用对水泥基材料微结构和渗透率的影响规律明显地区别于高温老化作用[425,588,599]。若对拌和物进行高温养护, 则由于水泥水化速度加快, 水泥基材料的毛细孔隙率将增大, 凝胶孔体积将减小, 同时使 C—S—H 凝胶的表观密度明显增大。受水泥水化过快和水化产物分布不均匀等影响, 孔结构确实也会明显粗化，水泥净浆的水分渗透率可能会增大 1 个数量级以上[600]，但总体孔隙率基本保持不变[597,601-603]。当对硬化水泥基材料进行高温养护时，由于固体骨架已经形成，凝胶的缩聚老化和重新排布受到自身刚性骨架的约束，层间孔体积分数的减少及 C—S—H 凝胶密度的增大均会使凝胶孔体积增大，并使整体孔隙率增大，孔结构显著粗化，水分渗透率会增大但增幅只有数倍。从这个角度来看，硬化后高温水浴的影响显著地区别于拌和后立即高温养护，但从长期影响来看，高温水浴等促进 C—S—H 凝胶老化的因素对孔结构及物质传输性能的影响非常明显，在分析水泥基材料的长期耐久性能时应予以充分的重视。

7.3.4　饱水状态孔径分布

与孔隙率相比，孔径分布更能全面地表征砂浆材料孔结构的详细变化。通过分析水浴前后孔径分布的差异，可以更有效地分析 C—S—H 凝胶老化对不同尺度孔结构的影响。与分析水灰比对孔结构的影响类似，通过从连续型和离散型孔径分布两个角度解析低场磁共振弛豫信号，可以更深入地分析砂浆孔结构随高温水浴作用的演化。

由表 7.2 可知，常温水养和高温水浴试件的横向弛豫强度在统计意义上没有差异，当依据式 (4.5) 将横向弛豫时间 T_{2i} 转换成等效半径 r_i 时，采用与常温水养砂浆相同的表面弛豫强度 $\rho_2 = 1.69\,\text{nm/ms}$。

1. 连续孔径分布曲线

采用与常温养护砂浆试件饱水孔结构类似的计算方法，可得高温水浴处理后各组砂浆材料的连续型孔径分布曲线，如图 7.7 所示。从总体上看，在经历 80℃高温水浴处理后，砂浆试件的孔径分布曲线依然呈双峰形态，左峰面积同样占绝对控制地位，等效半径在 40 nm 以内。

对比图 7.7 中所示任意一组砂浆试件在水浴养护前后的孔径分布曲线可以发现，经历 56d 高温水浴处理后，砂浆试件右侧小峰位置保持不变，这是由于低场磁共振弛豫测孔技术并不能有效地分辨比表面积较小的粗孔；同时右侧小峰面积有所增大，这可能是因为高温水浴会使粗孔体积有所增加，也可能是因为高温水浴会促进常温养护时未被水充满的较大孔隙进一步饱水。更重要的是，高温水浴会促使左峰面积显著增大且向右侧移动，这说明纳米孔的体积分数及等效半径均增大，原因在于纳米尺度的 C—S—H 凝胶发生了缩聚和老化。由以上孔结构特征可知，砂浆孔结构在经历高温水浴处理后将显著粗化，左右两峰的变化趋势与宏观孔隙率增大相吻合。

采用与常温水养砂浆相同的分析方法，将高温水浴砂浆试件孔结构的临界半径 r_{cr} 和逾渗半径 r_{th} 识别出来[77,593]，具体数值见表 7.1 和图 7.8。显然，水浴处理砂浆试件的临界半径和逾渗半径分别是常温养护试件的 2.15 ~ 2.33 倍和

$1.74 \sim 2.47$ 倍，且均随着水灰比的增大而增大。从特征孔径的角度来看，凝胶高温老化使孔结构整体粗化的效果非常显著，且孔结构的变化主要集中在纳米尺度。

2. 离散孔径分布

为了更细致地分析 C—S—H 凝胶的微观结构在高温老化后的变化情况，可以利用离散型孔结构的反演结果，结合 C—S—H 凝胶的结构模型来进行量化分析。与常温养护砂浆类似，利用多指数反演算法来对孔隙水横向弛豫信号进行分析时，数值计算所得最优解通常包含 5 组孔隙，偶尔包含 4 组孔隙，此时包含 5 组孔隙的解是次优解，在具体分析时先统一采用包含 5 组孔隙的反演结果，并按横向弛豫时间 T_{2i} 从小到大依次赋予为层间孔、凝胶孔、凝胶间孔、小毛细孔和粗毛细孔 [241,419,474]。各组孔隙的等效半径 r_i 及比容 ϑ_i 可分别按式 (4.5) 和式 (7.2) 进行计算，结果见表 7.6。为便于 7.4 节全面地利用离散孔径分布预测水分渗透率，同时列出包含 4 组分孔隙的反演结果，见表 7.7。

表 7.6 低场磁共振测试 80℃ 高温水浴砂浆试件所得 5 组分离散孔结构

试件编号	等效半径 r_i/nm					孔隙比容 ϑ_i/(μL/g)				
	组分 1	组分 2	组分 3	组分 4	组分 5	组分 1	组分 2	组分 3	组分 4	组分 5
WM35-80C-A	1.39	8.52	184.41	1341.29	7770.11	45.11	25.05	2.75	5.02	20.27
WM35-80C-B	1.86	12.24	237.34	1547.63	6892.33	50.87	21.98	2.98	4.79	12.04
WM40-80C-A	1.39	8.52	133.92	1424.37	7466.32	45.55	37.20	3.86	3.62	10.64
WM40-80C-B	1.45	7.47	129.66	1112.22	5377.04	44.83	31.71	2.72	3.43	8.62
WM45-80C-A	1.69	8.01	62.70	977.73	7156.47	47.87	39.86	3.91	2.89	11.42
WM45-80C-B	0.91	5.10	43.67	819.58	6345.04	30.50	47.94	6.89	2.90	10.14
WM50-80C-A	0.95	5.14	19.47	704.16	6726.37	32.71	55.03	14.32	1.26	3.88
WM50-80C-B	1.32	6.49	40.02	1532.19	7962.30	40.47	55.93	6.22	0.95	1.82
WM55-80C-A	0.85	5.21	19.77	449.57	5144.60	25.84	57.04	14.70	0.93	1.67
WM55-80C-B	0.98	5.54	20.65	542.29	5729.78	35.28	58.38	12.15	1.06	1.63

表 7.7 低场磁共振测试 80℃ 高温水浴砂浆试件所得 4 组分离散孔结构

试件编号	等效半径 r_i/nm				孔隙比容 ϑ_i/(μL/g)			
	组分 1	组分 2	组分 3	组分 4	组分 1	组分 2	组分 3	组分 4
WM35-80C-A	2.24	17.77	837.69	7120.29	52.70	13.39	5.26	20.06
WM35-80C-B	2.36	18.72	756.03	5832.11	55.62	15.94	4.77	12.78
WM40-80C-A	2.92	21.06	753.35	6707.81	59.57	16.52	3.96	11.10
WM40-80C-B	2.05	11.82	575.64	4782.05	53.20	20.71	3.73	9.09
WM45-80C-A	2.60	14.63	683.48	6772.73	63.45	24.01	3.05	11.08
WM45-80C-B	3.23	26.24	704.71	6208.78	68.32	12.72	3.20	10.42
WM50-80C-A	2.29	11.39	517.88	6492.51	58.58	38.25	1.44	3.93
WM50-80C-B	1.45	7.06	56.34	4659.69	43.05	53.43	4.74	2.30
WM55-80C-A	2.69	11.87	274.95	4635.15	55.01	36.85	1.26	1.69
WM55-80C-B	2.00	9.98	314.33	5273.83	54.83	45.83	1.44	1.73

在 80℃高温水浴后，砂浆试件的层间孔等效半径 r_1 及其比容 ϑ_1 如图 7.9 所示。由图 7.9 中可见，对高温水浴砂浆来说，层间孔等效孔径随水灰比减小而逐渐增大，且层间孔比容也有比较明显的增大趋势。对比同种砂浆在常温养护和高温水浴后的层间孔结构特征可知，层间孔的等效孔径在高温水浴处理后将显著增大，且水灰比越小的砂浆增幅越大，凝胶老化的影响程度越显著。同时，水灰比小于 0.4 的砂浆层间孔比容变化不大，但若水灰比高于 0.4，层间孔比容明显减小。综合层间孔等效半径 r_1 和比容 ϑ_1 在水浴处理后的变化规律可知，C—S—H 凝胶端部羟基缩聚使层间孔及 C—S—H 凝胶片的数量明显减小，高温水浴处理对 C—S—H 凝胶层间孔结构的影响非常显著。

由图 7.10 可知，高温水浴处理同样使凝胶孔的等效半径 r_2 及其比容 ϑ_2 发生了明显变化，但它与层间孔的变化规律不同。在经历 80℃高温水浴处理后，凝胶孔的等效半径 r_2 和比容 ϑ_2 均明显增加，且凝胶孔比容 ϑ_2 的增大幅度高于层间孔比容 ϑ_1 的减小幅度，当砂浆材料的水灰比越低时，该差异就越明显，如图 7.9 和图 7.10 所示。这些测试结果充分说明，在经历高温水浴后，C—S—H 凝胶片将重新排布，且凝胶孔显著膨胀，这主要归因于 C—S—H 凝胶片的缩聚反应使 C—S—H 凝胶颗粒附近的凝胶孔显著粗化[588]。

将 C—S—H 凝胶相视作整体，为了更好地表征它在高温水浴处理后发生的变化，同样按式 (7.3) 分别计算高温水浴处理砂浆材料凝胶内孔比容 ϑ_{In} 和凝胶外孔比容 ϑ_{Out}，它们随水灰比和养护条件的变化过程如图 7.11 所示。在经历高温水浴处理后，C—S—H 凝胶内部和外部孔隙的比容都显著增大，且前者的绝对增幅较大，使得砂浆整体孔隙率和渗透率均明显增大，且水灰比越低的砂浆增幅越明显，这是因为凝胶缩聚对低水灰比砂浆的影响程度更大。高温水浴处理主要影响纳米尺度 C—S—H 凝胶的微结构，它对 C—S—H 凝胶的影响程度与砂浆的水灰比和凝胶初始形貌密切相关。

7.3.5　干燥状态孔径分布

为了与低场磁共振弛豫测试所得连续孔径分布曲线进行对比，同步采用压汞法测试了高温水浴处理后 WM35 和 WM50 砂浆在干燥状态下的孔径分布曲线，两种方法测试结果的对比如图 7.16 所示。

从整体上看，压汞法测量所得孔径分布曲线也大致具有 2 个尖峰，右峰在 $1 \sim 100 \ \mu\text{m}$ 的孔隙面积大致与低场磁共振测试所得右峰面积相当，但位置有所偏移，这是因为两种测孔技术的工作原理不同，且低场磁共振弛豫技术对粗孔孔径的分辨率较低。无论是常温养护还是高温水浴砂浆，压汞测试所得孔径分布曲线的左峰均显著地偏离磁共振测试结果约 1 个数量级，这与第 5 章对水敏性的研究结果一致。

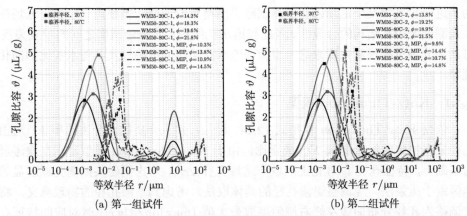

图 7.16 WM35 和 WM50 砂浆压汞测孔与磁共振测试结果的对比 (彩图扫封底二维码)

由于本书采用的压汞法无法探测半径在 2.8 nm 以下的微孔，该法测量所得砂浆试件的孔隙率显著偏小，说明 2.8 nm 以下微孔的含量非常丰富。对比 20°C 常温水养和 80°C 高温水浴处理后的孔径分布曲线可知，压汞法测得的临界半径在高温水浴后显著减小，从而容易得出高温水浴会提高水泥水化程度、促使孔结构整体细化的结论。但是，依据低场磁共振测试所得孔径分布曲线及相关测试结果可知，高温水浴后砂浆材料的特征孔径增大，这与实测体积孔隙率增大且水分渗透率提高等宏观测量结果吻合。也就是说，低场磁共振测孔技术能准确地表征高温水浴后孔结构的演化规律，但基于压汞测孔结果得到的定性结论完全错误。根本原因在于，压汞法测量的是干燥状态下的孔结构，由于水泥基材料具有显著水敏性，干燥预处理对孔结构的影响非常显著，压汞测量结果同时包含高温水浴和干燥处理的影响，且后者的影响程度远高于前者。在利用压汞法测试分析孔结构变化规律时，必须要考虑预干燥的影响。推而广之，在其他情形或工况下，若忽略 C—S—H 凝胶的水敏性，则直接基于压汞法测试所得孔结构进行分析，同样可能得出错误的结论。

7.4 水分渗透率模型验证

水泥基材料的孔结构非常复杂，孔结构测试与表征方法众多，基于不同原理的测试方法所得结果通常并不能直接进行横向对比。依据 7.2.4 节和 7.2.5 节的分析可知，低场磁共振弛豫技术测试所得孔结构随水灰比演化的规律性远比压汞法要强，但仅有较强的规律性还远不够。无论依据连续型还是离散型孔径分布，均说明水灰比主要影响纳米尺度 C—S—H 凝胶的空间堆积状态，且较大尺度的毛细孔受水灰比的影响非常有限，这与对水灰比影响孔结构的经典认识也相差甚远。

为了进一步支撑基于低场磁共振测试结果所得重要发现，需要进一步论证低场磁共振测试所得孔结构的合理性。考虑到饱水孔结构与水分渗透率之间的对应关系，可从水分渗透率预测角度来进一步验证饱水孔结构的准确性及其随水灰比的演化规律。

7.4.1　Katz-Thompson 模型

依据 Katz-Thompson 模型式 (2.14) 可知，多孔介质的水分渗透率 k_w 与由孔径分布决定的组合变量 Fl_c^2 成正比。由于 Katz-Thompson 模型建立在逾渗理论基础上，特征孔径 l_c 理论上应取作逾渗孔径 $2r_{th}$，考虑到磁共振测孔原理显著地区别于压汞法，应调整逾渗孔径的具体取法。考虑到逾渗孔径的物理意义，将它调整为孔径分布曲线左峰右侧斜率取最大值 $(\max|\mathrm{d}\vartheta/\mathrm{d}\lg r|)$ 时对应的特征孔径 (详见 7.2.4 节和图 7.7)。依据低场磁共振测试所得常温水养与高温水浴砂浆孔结构的逾渗半径 r_{th} 和构造因子 F (见表 7.3)，利用式 (2.14) 可以计算水分渗透率预测值 $k_{w,p}(\mathrm{m}^2)$，结果见表 7.3，它与水分渗透率实测值 $k_{w,e}$ 的对比情况如图 7.17 所示。

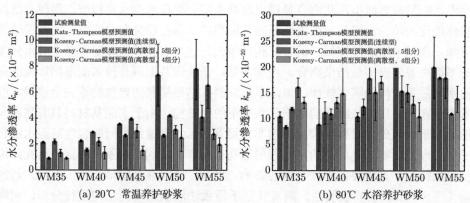

(a) 20℃ 常温养护砂浆　　　　　　　　　(b) 80℃ 水浴养护砂浆

图 7.17　白水泥砂浆水分渗透率的实测值与 Katz-Thompson、Kozeny-Carman 模型预测值的对比 (彩图扫封底二维码)

由图 7.17 中可见，20℃常温水养砂浆的水分渗透率实测值与 Katz-Thompson 模型预测值之间的相对误差仅 24.7% ~ 63.7%。经历 80℃高温水浴养护后，Katz-Thompson 模型预测值与实测值之间的相对误差进一步降至 −18.8% ~ 26.1%，模型预测精度已经达到水分渗透率的测试误差水平。考虑到水泥基材料微结构的非均质性、宏观性质的离散性和极低水分渗透率的测试误差问题，Katz-Thompson 模型的预测精度已非常高。

仔细分析图 7.17 还可以发现，尽管 Katz-Thompson 模型可以准确地预测高温水浴处理砂浆的水分渗透率，但 Katz-Thompson 模型对常温养护砂浆的预测值始终稍低于实测值,此时模型的预测精度相对低一些,这可能是由于此时 Katz-Thompson 模型中关键的构造因子 F 和逾渗孔径 l_c 的计算精度相对较低。在经历高温水浴之后, C—S—H 凝胶老化重排导致特征孔径变粗且连通度也发生变化后,Katz-Thompson 模型的预测精度更高。

依据 2.1.2 节的分析可知,Katz-Thompson 模型式 (2.14) 中的比例系数 α 建议采用基于逾渗理论分析提出的理论值 1/226,该常数对岩石材料具有良好的适用性。考虑到岩石材料和水泥基材料在多尺度孔径分布及局部孔隙形貌等方面存在显著差异,常数 $\alpha = 1/226$ 可能并不能直接适用于砂浆材料。若将比例系数 α 视作待定参数,且不区分常温水养和高温水浴砂浆,通过线性拟合实测水分渗透率 $k_{w,e}$ 和组合变量 $4Fr_{th}^2$ 间的关系,可以更好地确定系数 α 的数值,拟合结果如图 7.18 所示,拟合值 $\alpha = 1/195$,相关系数 $R^2 = 0.86$。α 的最小二乘拟合值仅比理论值 1/226 高约 16%。可以认为,基于逾渗理论的 K-T 模型可以很好地适用于水泥基材料,比例系数 α 可直接取为理论值 1/226,理论模型的预测精度足够。

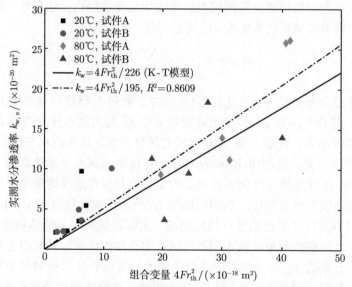

图 7.18 砂浆实测水分渗透率 $k_{w,e}$ 与组合变量 $4Fr_{th}^2$ 的相关性

依据以上应用 Katz-Thompson 模型预测常温水养和高温水浴砂浆水分渗透率的相关分析可知,若基于低场磁共振技术测试所得孔径分布曲线进行分析,Katz-Thompson 模型可以很好地适用于水泥基材料,低场磁共振弛豫技术能有效地捕捉到砂浆孔结构随水灰比、养护温度发生的变化,而压汞法却会得出高温水浴导致孔结构细化的错误结论。实际上,基于低场磁共振测试饱水状态下的孔径分布

曲线，利用 Katz-Thompson 模型来预测水分渗透率的精度已接近水分渗透率的测试误差水平，这已经是目前国内外能够达到的最高精度。相关研究已经对 Katz-Thompson 模型是否适用于水泥基材料进行了广泛讨论，尽管很多研究尝试通过优化调整模型参数取值等来提高模型的预测精度 [125,275]，但多数模型预测的渗透率依然与水分渗透率相差 1 个数量级乃至更大 [125,178,181,231,480-482]，部分研究甚至得出 Katz-Thompson 模型不适用于水泥基材料的否定结论。归根结底，模型预测精度很低是因为这些模型均采用压汞法等测试所得干燥状态下的孔结构进行分析预测，相关研究没有意识到水泥基材料具有显著水敏性 [240,241]。

  由于水泥基材料饱水时的孔结构显著地区别于干燥状态，若忽略干燥预处理对孔结构的影响，则直接基于压汞法等测试所得干燥孔结构来预测水分渗透率，基本上相当于缘木求鱼，与刻舟求剑无异。

7.4.2 Kozeny-Carman 模型

  根据 Kozeny-Carman 模型式 (2.20) 可知，水分渗透率 k_{w} 与由孔径分布决定的组合变量 $\phi^3/\mathscr{A}_{\mathrm{v}}^2$ 成正比。孔隙率 ϕ 可以利用低场磁共振弛豫技术或质量法进行测试，在利用低场磁共振测试得到连续型或离散型孔径分布后，结合平行毛细管假设，则单位体积比表面积 $\mathscr{A}_{\mathrm{v}}$ 可以写作

$$\mathscr{A}_{\mathrm{v}} = \rho_{\mathrm{s}}\left(1-\phi\right)\sum_i 2\vartheta_i/r_i \tag{7.5}$$

将连续型孔径分布曲线 $\vartheta(r)$ 及表 7.4 ～ 表 7.7 所列 5 指数和 4 指数反演结果代入式 (7.5)，结合孔隙率 ϕ，可得组合变量 $\phi^3/\mathscr{A}_{\mathrm{v}}^2$ 与实测水分渗透率 $k_{\mathrm{w,e}}$ 间的关系，如图 7.19 所示。注意，图 7.19 中没有区分白水泥试件的水灰比。

  由图 7.19 可见，当利用 Kozeny-Carman 模型预测水分渗透率时，单位体积比表面积 $\mathscr{A}_{\mathrm{v}}$ 的计算值、比例系数 β_{kc} 的拟合值及拟合效果均随所采用的等效孔结构的变化而发生明显变化。当利用如图 7.7 所示连续孔径分布 $\vartheta(r)$ 来计算 $\mathscr{A}_{\mathrm{v}}$ 时，由于对不同尺寸的孔隙区分得比较细，实际计算所得单位体积比表面积 $\mathscr{A}_{\mathrm{v}}$ 相对较大，且能更全面地反映不同砂浆试件的孔结构特征，此时线性拟合相关系数最高，拟合系数 $\beta_{\mathrm{kc}} = 1.083$ 的数值也较大。当基于含 5 指数的多指数反演最优解进行计算时，离散孔结构的识别较为粗放，单位体积比表面积的计算值 $\mathscr{A}_{\mathrm{v}}$ 较小，线性拟合的相关系数降低，使得图 7.19 (b) 中的数据点更加离散，拟合系数 $\beta_{\mathrm{kc}} = 0.375$。4 组分离散孔结构对孔径分布的分辨率更低，单位体积比表面积 $\mathscr{A}_{\mathrm{v}}$ 的计算结果更小，线性拟合的效果也越差，拟合系数 $\beta_{\mathrm{kc}} = 0.177$。显然，多指数离散孔结构的反演算法非常关键，反演结果显著地影响孔隙的单位体积比表面积 $\mathscr{A}_{\mathrm{v}}$，从而影响渗透率的计算。总体来看，系数 β_{kc} 的拟合值与经典 Kozeny-Carman 模型中的定义吻合较好，组合变量 $\phi^3/\mathscr{A}_{\mathrm{v}}^2$ 与水分渗透率实测值之间的线

性相关性较高，对孔结构的分辨越精细，线性相关程度也就越高。这表明，如果采用低场磁共振弛豫技术测试所得饱水状态下的孔结构，经典 K-C 模型在预测水泥基材料水分渗透率时也具有良好的适用性。

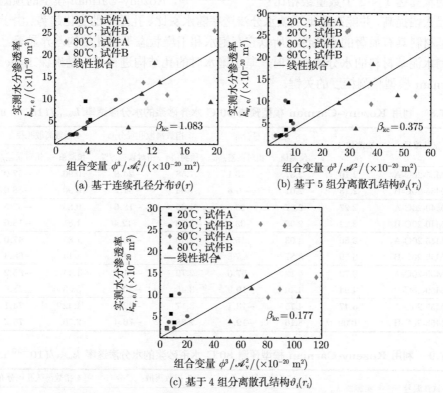

图 7.19 水泥砂浆实测水分渗透率 $k_{w,e}$ 与孔隙结构组合变量 $\phi^3/\mathscr{A}_v^2$ 的相关性

为了进一步分析 Kozeny-Carman 模型对水分渗透率 k_w 的预测精度，在拟合得到系数 β_{kc} 值后，利用 Kozeny-Carman 模型式 (2.20) 预测常温水养和高温水浴养护砂浆试件的水分渗透率，结果分别见表 7.8 和表 7.9。Kozeny-Carman 模型的预测值与水分渗透率实测值、Katz-Thompson 模型预测值的对比情况见图 7.17。

对比水分渗透率的实测值和 Kozeny-Carman 模型的预测值可知，对常温水养砂浆来说，基于连续孔径分布、5 指数离散孔径分布和 4 指数离散孔径分布的 Kozeny-Carman 模型预测值 $k_{w,p}$ 与实测值 $k_{w,e}$ 的相对误差分别在 $[-57.6\%, 33.3\%]$、$[-76.4\%, 12.4\%]$ 和 $[-85.2\%, -18.6\%]$ 区间；对高温水浴砂浆来说，相对误差分别在 $[-36.7\%, 165.6\%]$、$[-57.9\%, 224.5\%]$ 和 $[-58.7\%, 146.7\%]$ 区间。相对误差的大小既与砂浆材料极低水分渗透率的测试精度有关，也与所用模型及相关参数的拟合精度有关。比较而言，不管基于哪种形式的孔结构反演结果，Kozeny-Carman

模型对常温养护砂浆的预测精度相对较高，最大偏差在 ±85% 以内；预测高温水浴砂浆水分渗透率的最大偏差在 ±225% 以内，相对较大。Kozeny-Carman 模型预测结果的相对误差看似较大，但如果与相关文献基于压汞测孔结果进行预测的误差动辄高达 1 ~ 2 个数量级相比 [125, 178, 231, 480-482]，Kozeny-Carman 模型的预测精度已大幅提高，并能准确地反映水分渗透率随水灰比、孔隙率的变化趋势。由于水泥基材料具有显著的水敏性，所以它在饱水和干燥状态下的孔结构差异显著。在预测水泥基材料的水分渗透率时，基于饱水时的孔结构进行分析是确保 Kozeny-Carman 模型预测精度的关键。

表 7.8　利用 Kozeny-Carman 模型预测 20°C 水养砂浆的水分渗透率 $k_{w,p}/(10^{-20}\ m^2)$

试件编号	实测值 $k_{w,e}$	连续孔径分布		5 指数离散孔径分布		4 指数离散孔径分布	
		预测值	相对误差/%	预测值	相对误差 /%	预测值	相对误差/%
WM35-20C-A	2.10	2.37	13.1	1.58	−24.9	0.90	−57.0
WM35-20C-B	2.15	2.01	−6.6	1.05	−51.2	0.90	−58.0
WM40-20C-A	2.27	2.87	26.3	1.85	−18.6	0.85	−62.5
WM40-20C-B	2.22	2.96	33.3	2.50	12.4	1.81	−18.6
WM45-20C-A	3.50	4.03	15.0	2.49	−28.9	1.85	−47.0
WM45-20C-B	3.59	3.87	7.8	3.54	−1.4	1.14	−68.4
WM50-20C-A	9.72	4.12	−57.6	2.79	−71.3	1.44	−85.2
WM50-20C-B	4.94	4.40	−10.9	3.45	−30.1	3.53	−28.6
WM55-20C-A	5.47	4.75	−13.1	3.17	−42.0	1.42	−74.1
WM55-20C-B	10.09	8.16	−19.1	2.38	−76.4	2.50	−75.2

表 7.9　利用 Kozeny-Carman 模型预测 80°C 水浴砂浆的水分渗透率 $k_{w,p}/(10^{-20}\ m^2)$

试件编号	实测值 $k_{w,e}$	连续孔径分布		5 指数离散孔径分布		4 指数离散孔径分布	
		预测值	相对误差/%	预测值	相对误差/%	预测值	相对误差/%
WM35-80C-A	9.34	12.16	30.2	14.13	51.3	14.17	51.7
WM35-80C-B	11.31	11.61	2.7	17.83	57.6	11.98	5.9
WM40-80C-A	13.97	11.82	−15.4	14.12	1.1	20.48	46.6
WM40-80C-B	3.71	9.85	165.6	12.04	224.5	9.15	146.7
WM45-80C-A	11.21	14.96	33.5	20.29	81.0	15.70	40.1
WM45-80C-B	9.51	20.70	117.7	9.75	2.5	18.21	91.5
WM50-80C-A	26.11	16.52	−36.7	11.12	−57.4	13.17	−49.5
WM50-80C-B	18.37	13.29	−27.6	14.41	−21.5	7.58	−58.7
WM55-80C-A	25.79	21.19	−17.8	10.85	−57.9	16.34	−36.6
WM55-80C-B	13.98	13.97	−0.1	11.07	−20.8	11.32	−19.0

综合以上对 Katz-Thompson 模型和 Kozeny-Carman 模型预测水分渗透率的分析可知，若基于拉普拉斯逆变换反演计算所得连续孔径分布曲线，则这两个经典模型均能较准确地预测水泥基材料的水分渗透率。这说明，前面基于低场磁

共振测试所得孔结构尤其是连续型孔径分布，对水灰比与养护温度如何影响水泥基材料孔结构的定性和定量分析均准确可靠。若基于压汞法等测量所得干燥状态孔结构，则对水灰比和水浴温度如何影响孔结构的相关分析与实际情况出入很大甚至规律完全相反。由于水泥基材料具有显著的水敏性，适用于饱和状态孔结构测试的低场磁共振弛豫技术在该领域具有重要价值与应用潜力。

7.5　扩展讨论

7.5.1　水灰比影响分析

如 1.2.1 节所述，通常认为 C—S—H 凝胶的微结构随水灰比的变化较小，水灰比增大使孔隙率增加且孔结构粗化，原因在于此时未参与水泥水化的水分体积增加，被它占据的几十到几百纳米范围内的毛细孔增多，同时伴随着临界孔径和逾渗孔径的增大[177,274,604-606]。以 Powers 的学术观点为例，他认为 C—S—H 凝胶内部层间孔尺寸恒定为 1.8 nm，层间孔体积恒定为 C—S—H 凝胶总体积的 28% 左右。然而，从低场磁共振弛豫测试所得饱水孔结构来看，水灰比显著地影响 C—S—H 凝胶颗粒的空间堆积状态及其密实程度，进而改变层间孔尺寸及其体积分数。常温水养时，在不同水灰比水泥砂浆内部，C—S—H 凝胶具有类似的层间孔等效孔径和体积分数，但它们的数值与 Power-Brownyard 模型存在差异。更重要的是，在经历高温老化作用后，层间孔尺寸与体积分数均随水灰比变化而显著改变，这与 P-B 模型的观点明显不同。此外，随着水灰比的增大，砂浆内部等效半径约为几个纳米的凝胶孔数量增多且体积分数显著增大 (参考图 5.10)，它受影响的程度显著地高于层间孔和尺寸更大的毛细孔。

从水分渗透率、氯离子扩散率等传输性能角度，通常认为 C—S—H 对凝胶内部水分和离子的约束较强，在压力梯度驱动下，水分主要在凝胶外部孔隙内发生流动。当水灰比增大时，毛细孔增多增大，才使得宏观渗透率增加[177,604,605]。但是，由低场磁共振测试结果可知，在饱水状态下，C—S—H 凝胶外部的毛细孔体积分数较小，水泥基材料的水分渗透率主要由凝胶颗粒堆积形成的纳米孔决定。随着水灰比增大，孔结构的变化主要体现在等效半径为 6 ~ 10 nm 的凝胶孔数量增多且体积增大，这显然也会使毛细孔的联通程度增加。水泥基材料的水分渗透率通常在 $10^{-21} \sim 10^{-18}$ m² 内，由于它与某特征孔径的平方成正比，简单计算可知，决定水分渗透率的特征孔径恰在几个纳米尺度，这与凝胶孔的特征尺寸相符。水泥基材料的水分渗透率主要由纳米尺度的微结构特征确定，水灰比增大导致 C—S—H 凝胶微结构更加松散，半径约几个纳米的孔隙粗化是水分渗透率增大的主要原因，氯离子扩散率随水灰比增大而增大的原因应该也是如此。

减水剂的发明与应用是现代混凝土科学技术进步的里程碑，它可以有效地降低水泥基材料的水灰比，进而显著地提升工作性能和抗压强度等力学性能。若将 C—S—H 凝胶视作由多个凝胶片组成的颗粒聚集而成，则颗粒间堆积的密实程度将随水灰比的减小而增大，颗粒间的相互作用也将更强，这会提升基体材料的力学性能；同时，尺寸更小的孔隙对基体材料强度的削弱程度降低，这两者的共同作用将使水泥基材料的抗压强度显著提升。从这个角度来看，生产开发高强与超高强混凝土材料的关键在于，如何使材料内部 C—S—H 凝胶等纳米颗粒堆积得更为致密。

水分渗透率和氯离子扩散率等传输性能指标常用来定量地表征耐久性，有效地降低介质传输性能的技术将能显著地提升水泥基材料的耐久性。依据前面对白水泥砂浆材料水灰比、纳米孔结构及水分渗透率之间关系的定量研究可知，降低水分渗透率的关键在于如何使 C—S—H 凝胶颗粒的堆积更为致密。应用高性能减水剂可以有效地降低用水量和水胶比，降低混凝土材料的孔隙率并细化纳米尺度孔结构，理论上可有效地降低介质传输的能力，提升混凝土结构的耐久性能 [176]。但是，该技术是把双刃剑，实际工程应用时较难取得良好效果。在水灰比减小的同时，混凝土材料的自收缩与干燥收缩显著增大，受约束时的开裂风险和损伤程度显著提高 [607,608]。这使得减水剂技术其实很难进一步有效地提高混凝土结构的耐久性能，有时甚至反倒起负面作用 [609,610]。此外，各类矿物掺合料在混凝土材料中的应用很广泛 [611]，它们对耐久性能提升有诸多裨益 [612]，各种惰性纳米填料也能提升水泥基材料力学性能和耐久性能，这些有利作用可能也主要归因于它们对纳米 C—S—H 颗粒堆积状态的积极影响，此时体积稳定性如何变化还有待深入开展理论与试验研究。

7.5.2　C—S—H 凝胶老化影响

前面分析表明，高温作用会导致 C—S—H 凝胶聚合老化[588,599,613-615]，C—S—H 凝胶堆积会更为致密，同时使孔隙率增大、孔结构粗化且渗透率提高。严格说来，高温作用并非导致凝胶聚合老化，而只是起到加速老化的作用。相关研究表明，自然条件下，C—S—H 凝胶也会发生聚合，只是聚合速度非常低，但若从全寿命期间来看，C—S—H 凝胶的平均链长依然会从 2.7 逐渐增大到 5 左右 [616]。也就是说，在常温条件下，只要时间足够长，凝胶依然会发生老化，高温水浴作用只是会显著地提高凝胶聚合老化的速率而已 [33,617]。此外，高温作用会使 C—S—H 凝胶片间的平均距离减小 [428,618]，提高表面硅羟基的反应活性，进而增大相邻 C—S—H 凝胶链间发生聚合反应的概率及速率。

凝胶老化及其影响程度明显依赖于水泥基材料的含水量，进而会受到干燥作用的显著影响 [619]。由于干燥作用会使 C—S—H 凝胶层间距减小 [555,620]，即使在温度保持不变的条件下，它依然会显著地促进凝胶的聚合反应 [598,619]。通常认为，干燥作用会使 C—S—H 凝胶的聚集体致密化，进而使整体孔结构粗化[225]。因此，高温与干燥的耦合作用将促使 C—S—H 凝胶的老化速度进一步提高，所导致的孔结构粗化将有利于外部水、气和离子等侵蚀介质向材料内部迁移。在分析水泥混凝土材料与结构的徐变、收缩和长期耐久性能时，应充分地考虑凝胶老化的影响[598,613,619]。

以广泛关注的氯盐侵蚀问题为例，在一定龄期范围内，部分试验研究发现氯离子扩散率会逐步降低且近似服从幂函数规律[621,622]；当实际分析预测受氯盐侵蚀工程结构的耐久性能时，氯离子扩散率持续降低的时间跨度常取为 30 年之久[623,624]。通常认为，这是因为水泥等胶凝材料持续水化的时间很长并使孔结构逐步细化，且忽略凝胶老化带来的负面影响[625]。但站在水泥基材料与结构的长期使用性能角度来看，受普遍存在的升温尤其是干燥作用的耦合影响，在经过足够长时间之后，老化作用对氯离子扩散率的负面影响可能会超过胶凝材料水化的正面效应，使水泥基材料抵抗氯离子迁移的性能降低，而并非一直在提高。当分析预测水泥基材料的长期耐久性能时，应充分地考虑凝胶老化对材料抵抗介质交换能力的负面效应。

7.5.3 水泥基材料孔径分级方式

从水泥基材料尤其是 C—S—H 凝胶微结构特征及对宏观性能的影响等不同角度，可以提出不同的孔径分级方式 (详见 1.2.2 节)，但通常主要结合比表面积、强度、干缩徐变和渗透率等关键性能进行分级。作为孔径分级的典型代表，吴中伟[626] 提出的分级方式均融合了不同尺寸孔隙对强度和渗透性等的影响。由于水泥基材料的孔结构非常复杂，通常仅能定性、唯象地分析不同尺寸孔隙对关键性能的影响规律，无法开展定量的准确分析，这使得孔径分级方式众多且信服力不强。更重要的是，受 C—S—H 凝胶水敏性的影响，在干燥状态下利用压汞法等技术测量所得孔结构的代表性较差，水蒸气等温吸附技术测试结果同样存在类似问题，削弱了经典孔径分析方式的合理性和有效性。

在饱水状态下，受病态控制方程反演精度和孔隙尺寸分辨率的限制，低场磁共振弛豫测试技术只能大致地给出层间孔、凝胶孔及毛细孔等的基本性质，无法识别出更精细的孔结构特征。尽管如此，多指数反演计算所得各级孔隙的等效半径及体积分数均与当前的理论认识相符，不但能准确地反映水灰比和养护温度影响孔结构的规律性，还能定量预测关键的水分渗透率。因此，结合已取得普遍共识的 C—S—H 凝胶具有层状结构及纳米颗粒堆积特征，基于低场磁共振测试所得饱水孔结构，将水泥基材料内部孔隙划分为层间孔、凝胶孔、凝胶间孔及尺寸更大的多级毛细孔，可以作为一种有效的孔径分级方式。在分析水灰比等水泥基材料基本组成因素如何影响微结构和水分渗透率时，该分级方式具有显著意义，后续在比表面积、强度和干缩徐变等关键性能分析方面的应用价值还有待深入挖掘。

　　水泥基材料通常被视为一种人工石 (砼)，并直观地认为它的孔结构与岩石材料类似，均不随含水率发生变化。值得注意的是，岩石材料是由多种无机矿物组成的脆性多孔材料，水泥基材料虽然也是脆性多孔材料，但它是由无定形 C—S—H 凝胶胶结而成的。即便岩石的成岩矿物与 C—S—H 凝胶均为铝硅酸盐，但它们具体的微结构和关键性能可能相差甚远。实际上，C—S—H 凝胶的微结构特征与蒙脱土的层状结构更为接近，它们均具有显著的干缩湿胀性质。当对水泥基材料的孔结构及与此密切相关的体积稳定性、耐久性进行分析时，不能先验地假设它的孔结构不随含水率发生变化。

7.6　主　要　结　论

　　水灰比及养护温度是影响水泥基材料微结构和宏观性能的基础因素。本章利用低场磁共振弛豫测试技术，深入地分析了不同水灰比白水泥砂浆试件在常温水养与高温水浴养护后的孔径分布及水分渗透率，主要结论有:

　　(1) 随着水灰比增大，砂浆材料的孔隙率逐渐增大且水分渗透率增加。饱水孔结构的测试结果表明，水灰比增大使孔结构粗化，但主要影响纳米尺度的微孔结构，对毛细孔含量的影响较小。具体来说，C—S—H 凝胶的层间孔结构随水灰比的变化不大，但反映凝胶颗粒堆积致密程度的凝胶孔 (半径约为几纳米) 受水灰比的影响非常显著。凝胶孔体积分数增大是导致整体孔结构粗化、水分渗透率增大的关键原因。

　　(2) 硬化水泥砂浆经历高温水浴养护后，孔隙率和水分渗透率均显著增加，这与通常认为的热水养护会促进水泥水化并使水泥基材料更加密实的经典观念相悖。基于干燥后压汞法测量所得孔径分布发现，水浴养护后砂浆材料的临界孔径和逾渗孔径减小，这是支撑经典观念的试验基础。但利用低场磁共振等技术测试饱水孔结构却发现，砂浆材料的孔隙率、临界孔径和逾渗孔径均增大，这与实测水分渗透率显著增大吻合。当分析高温水浴影响孔结构时，压汞法和低场磁共振测试发现的孔结构演化规律完全相反，根本原因在于 C—S—H 凝胶具有显著的水敏性。初始预干燥对纳米孔结构的影响是如此之显著，以至于完全掩盖了高温水浴使孔结构粗化的作用。

　　(3) 基于低场磁共振测试所得饱水孔结构，利用经典的 Katz-Thompson 模型或 Kozeny-Carman 模型，均可准确地预测水泥基材料的水分渗透率并切实反映水灰比、养护温度的真实影响，这为低场磁共振测试所得孔径分布的准确性提供了强力支撑。

　　(4) 相关历史文献利用经典模型难以准确计算水分渗透率的关键原因在于，它们均利用压汞法等测试所得干燥状态下的孔结构特征进行建模，此时计算所得水分渗透率与实测结果通常相差 1 ～ 2 个数量级。由于 C—S—H 凝胶具有显著水敏性，所以水泥基材料在饱水与干燥状态下的孔结构存在重要差异，在利用压汞法等传统技术来研究材料组成如何影响水泥基材料的孔结构时，需要充分地重视水敏性的影响。

(5) 长期高温和干燥作用都会促进 C—S—H 凝胶的聚合老化，进而导致孔隙率和水分渗透率显著增大。当分析长期服役环境条件如何影响水泥基材料的微结构及水分渗透率、离子扩散率等物质传输性能时，应重视凝胶老化的负面影响。

第 8 章 水敏性理论的应用

依据第 5 章的分析可知，水敏性的发现源自对水泥基材料水分渗透率异常小等现象的定量研究。第 6 章对 C—S—H 凝胶与蒙脱土等黏土矿物的微结构特征进行详细的对比分析，发现它们具有类似的表面带负电荷的层状微结构特征，因而都具有干缩湿胀的水敏性，并已经得到很多相关试验数据的直接或间接证明。进一步地，水敏性理论还能定性地解释完全水化水泥基材料的水分渗透率逐渐降低、毛细吸水过程逐渐偏离根号时间理论规律、钠钾离子显著地影响干燥收缩等异常现象。考虑到水敏性非常关键且影响全面，除进一步夯实水敏性的理论基础外，还需努力探索水敏性理论在水泥基材料与水有关异常性能分析方面的重要应用。立足 C—S—H 凝胶具有干缩湿胀的水敏性，本章在定量研究水泥基材料异常毛细吸水过程的同时，致力于量化描述等温恒湿干燥这一基本过程，为准确地描述复杂服役环境尤其是干湿循环条件下的介质传输打下基础。

8.1 长期毛细吸水过程分析

水泥基材料的耐久性主要取决于材料内部与外部环境间发生的物质交换，包括内部物质 (如 OH^- 和 Ca^{2+} 等) 的溶出和外部物质 (如 Cl^- 和 CO_2 等) 的侵入。除孔结构外，饱和度对各相介质传输速率和进程的影响也非常显著 [119,177]，如1.3.2 节所述。通常，高饱和度会阻碍气体扩散，但会促进水溶性离子迁移，进而显著地影响碳化、氯盐腐蚀及冻融等耐久性劣化的速率与进程。水泥基材料非常密实，绝大多数服役混凝土结构材料均处于非饱和状态，由于水分毛细传输的效率远高于渗透传输，它可能对水泥基材料内部含水率的高低及空间分布起控制作用，进而显著地影响侵蚀性气体和离子的对流扩散耦合传输过程 [627]。充分地认识并量化描述水分的毛细传输机理与过程，是定量分析侵蚀介质传输和特定环境条件下耐久性能的基础与关键。

当初始干燥或均匀含水的非饱和试件单边接触水分时，发生的一维毛细吸水过程是最简单的非饱和毛细传输过程，此时的初始条件和边界条件最为简单，通常可以采用扩展达西定律式 (2.22) 或 Richards 方程式 (2.27) 来进行数学描述。正如 2.2 节所述，若多孔材料的孔结构及其传输性质保持恒定不变、孔隙溶液流动单纯由毛细压力驱动且重力作用的影响可以忽略不计，基于 Richards 方程进行严格的数学推导可知：①单位面积毛细吸收的液体体积将始终与根号吸收时间成正比，详见式 (2.32)；②毛细吸收速率与液体性质 $\sqrt{\gamma/\eta}$ 成正比，详见式 (2.37)；③温度对毛细吸收速率的影响主要取决于它如何影响被吸收液体的表面张力 γ 和动黏滞系数 η。在岩石与烧结黏土砖等多孔材料吸收水分和多种有机溶剂的过程中，这三个基于非饱和流动理论的推论均成立。对水泥基材料来说，其毛细吸收除水以外有机液体的过程服从这三个推论，但遗憾的是，对侵蚀介质传输及耐久性能分析特别关键的毛细吸水过程却均不满足这三个推论，表现出很强的特殊性。依据本书提出的水敏性理论可知，水泥基材料毛细吸水性能异常可以利用水敏性进行定性解释。从定量分析角度，通过修正非饱和流动理论模型，相关研究提出的多个分形模型可以定量描述水泥基材料复杂的毛细吸水全过程 [319,320]。然而，由于导致水泥基材料毛细吸水过程异常的根本原因在于 C—S—H 凝胶具有水敏性，并非因为水分传输过程不满足达西流动 [539]，这些分形模型在理论上缺乏物理依据 [315]。若能合理地考虑 C—S—H 凝胶干缩湿胀对孔结构和水分传输性质的影响，理论上应该可以定量地描述水泥基材料复杂的毛细吸水过程。

8.1.1 修正非饱和水分传输理论

本质上，水泥基材料的毛细吸水过程是非饱和水分渗透过程，只不过驱动力是毛细压力。由于水泥基材料的纳米尺度孔隙尺寸小且含量丰富，毛细压力的影响远高于重力作用，后者相对可以忽略不计。依据 2.2.1 节的分析可知，水泥基材料毛细吸收水分的非饱和流动过程可以采用扩展达西定律来描述。对于如图 2.6 所示的棱柱体一维毛细吸水过程，吸水湿润区域内滞留空气的缓慢扩散 [314]、湿润前锋处水蒸气扩散和气体压缩对毛细吸水速率的影响通常也可忽略 [119,628]。若进一步忽略液态水的可压缩性，依据扩展达西定律，描述沿 x 轴一维毛细吸水过程的控制方程式 (2.24) 可以写作

$$\frac{\partial \theta}{\partial t} = \frac{\partial}{\partial x}\left[-K(\theta)\frac{\partial P_c(\theta)}{\partial x}\right] \tag{8.1}$$

非饱和水分传导率 $K(\theta)(\text{m/s})$ 与液态水密度 ρ_w 和动黏滞系数 η_w 有关，它可以表示成非饱和水分渗透率 $k_w(\theta) = k_{sw}k_{rw}(\theta)(\text{m}^2)$ 的函数，即

$$K(\theta) = \rho_w g k_{sw} k_{rw}(\theta)/\eta_w \tag{8.2}$$

式中，$k_{sw}(\text{m}^2)$ 表示饱和水分渗透率；k_{rw} 表示相对水分渗透率，它是利用饱和水分渗透率 k_{sw} 对非饱和水分渗透率 $k_w(\theta)$ 进行归一化处理后的相对值。如果多孔材料的孔结构不随体积含水率 θ 变化而变化，那么饱和水分渗透率 k_{sw} 仅由其孔结构决定，使得非饱和水分传导率 $K(\theta)$ 和水分渗透率 $k_w(\theta)$ 仅为含水率 θ 的函数。

依据 2.2.1 节的分析可知，一维毛细吸水过程同样可采用 Richards 方程式 (2.27) 来描述，此时多孔材料水分传输性能改用水分扩散率 $D(\theta)$ 来量化表

征，它由水分传导率 $K(\theta)$ 和容量函数 $C(\theta)$ 决定，具体关系见式 (2.25)。在利用非饱和流动理论分析水分传输过程时，还需要合理地确定相对水分渗透率 $k_{\mathrm{rw}}(\theta)$ 和容量函数 $C(\theta)$ 的表达式。由于水泥基材料的水分渗透率极低，饱和渗透率测试尚且非常困难且耗时，非饱和水分渗透率更是基本无法测量，需要结合描述毛细压力水头 $P_{\mathrm{c}}(\theta)$ 与含水率 θ 间的数学关系来进行建模，后者通常采用等温吸附脱附试验数据来进行标定。

若采用 5.4.1 节所示应用最为广泛的两参数 VG2 模型式 (5.4) 和式 (5.5) 来连续描述水分特征曲线 $P_{\mathrm{c}}(\theta)$，依据 Mualem 模型式 (5.12) 可得相对水分渗透率 $k_{\mathrm{rw}}(\theta)$ 的表达式 (5.15)，此时容量函数 $C(\theta)$ 的解析表达式可以写作

$$C(\Theta) = \alpha_{\mathrm{vg}}\gamma_{\mathrm{vg}}\theta_{\mathrm{sat}}\Theta^{1+1/\gamma_{\mathrm{vg}}}\left(\Theta^{-1/\gamma_{\mathrm{vg}}}-1\right)^{\gamma_{\mathrm{vg}}}/\left(1-\gamma_{\mathrm{vg}}\right) \tag{8.3}$$

若采用 Zhou 模型 [式 (5.7)] 来描述水分特征曲线，则容量函数 $C(\theta)$ 的表达式更简洁：

$$C(\Theta) = \beta_{\mathrm{zh}}\theta_{\mathrm{sat}}\left[\Theta + (\alpha_{\mathrm{zh}}-1)\Theta^2\right] \tag{8.4}$$

结合指数型水分扩散率的表达式 (2.40)，同样可得相对水分渗透率 k_{rw} 模型 [式 (5.16)]。不管采用 VGM 模型还是 ZB 模型，在确定相对水分渗透率 $k_{\mathrm{rw}}(\theta)$ 和容量函数 $C(\theta)$ 后，若已知多孔介质的饱和水分渗透率 k_{sw} 与孔隙率 ϕ(等于饱和时的含水率 θ_{sat}) 等基本性质和初边值条件，通过对式 (2.27) 进行数值求解，即可确定任意 t 时刻的单位面积累计吸水体积 $V_{\mathrm{w}}(t)$ 和含水率分布剖面 $\theta(x,t)$ 等。

依据 2.2.1 节的非饱和流动理论分析可知，若多孔材料的孔结构不随含水率变化而变化，则毛细吸水过程必然满足根号时间线性吸收规律[119]。对水泥基材料来说，在吸收多种有机溶液时，它能很好地满足根号时间线性规律，但在吸收液态水时却发生显著偏离，典型实测结果如图 2.7 所示。在毛细吸收水分的过程中，由于 C—S—H 凝胶会吸水膨胀并使纳米孔结构逐渐细化，尽管总体孔隙率基本保持不变[240]，但它的传输性质将随湿润时间发生显著的改变。此时水分传导率 $K(\theta,t_{\mathrm{w}})$ 和水分扩散率 $D(\theta,t_{\mathrm{w}})$ 不仅是含水率 θ 的函数，同时也是实际湿润时间 $t_{\mathrm{w}}(\mathrm{s})$ 的函数，这使得经典非饱和流动理论并不适合用来描述水泥基材料的毛细吸水过程。

考虑水敏性导致水泥基材料孔结构和传输性质的时变性，应采用如下修正 Richards 方程 (modified Richards equation，MRE) 来描述一维毛细吸水过程：

$$\frac{\partial\theta}{\partial t} = \frac{\partial}{\partial x}\left[D(\theta,t_{\mathrm{w}})\frac{\partial\theta}{\partial x}\right] \tag{8.5}$$

若能合理地确定时变水分扩散率 $D(\theta,t_{\mathrm{w}})$，则在特定初边值条件下，同样可以采用有限差分等方法来求解 MRE 方程式 (8.5)，进而确定任意时刻 t 的累积吸水体

积 $V_w(t)$ 和含水率剖面 $\theta(x, t)$ 等。在微观上，C—S—H 凝胶干缩湿胀是水分迁移进入其层间孔的物理化学过程，水泥基材料毛细吸收水分的宏观过程则可视作伴随有活性反应的液体传输过程，孔结构并非一成不变，应考虑水敏性修正非饱和流动理论。

8.1.2 时变水分传输性能模型

由于 C—S—H 凝胶具有干缩湿胀的水敏性 [315,629,630]，当对水泥基材料进行干燥预处理时，C—S—H 凝胶的层间孔将部分收缩闭合，由此释放出的层间孔隙空间使凝胶孔等凝胶附近大孔进一步粗化，整体渗透率增大 2 ~ 3 个数量级。与此相反，在毛细吸水过程中，水分能打开并重新进入部分层间孔隙空间，使 C—S—H 凝胶局部膨胀，进而侵占部分附近大孔空间，整体孔结构明显细化 [240]，渗透率显著降低，典型试验结果如图 2.4 所示。由于水分进入层间孔使整体孔结构发生变化的动态过程过于复杂，目前尚无相关理论与试验研究结果，非饱和水分渗透率和水分扩散率随湿润时间 t_w 的变化规律难以定量描述。根据对水泥基材料毛细吸水过程中含水率分布剖面的实测结果和锐利前锋模型理论可知 [119]，由于水分扩散率 $D(\theta)$ 依赖于体积含水率 θ 且非线性程度非常高，参见式 (2.40)，水泥基材料一旦湿润，则湿润区非常接近毛细饱和状态，其含水率 θ 可近似地等于毛细饱和时的含水率 θ_{cap}。与低场磁共振测试所得层间孔体积分数 (表 5.5) 进行对比可知，水泥基材料一旦吸水湿润后，局部体积含水率已经高到足以满足 C—S—H 凝胶充分膨胀的需要。也就是说，湿润区域 C—S—H 凝胶处于自由膨胀状态，它并不会受供水不足的限制。因此可以认为，已湿润区域的孔结构不受含水率 θ 的影响，它只随湿润时间 t_w 发生动态变化，时变水分渗透率 $k_w(\theta, t_w)$ 可以表示为

$$k_w(\theta, t_w) = k_{rw}(\theta, t_w) k_{inh}(t_w) \tag{8.6}$$

式中，$k_{inh}(m^2)$ 表示由当前孔结构特征决定且与渗透流体无关的本征渗透率，受 C—S—H 凝胶吸水膨胀导致孔结构经时变化影响，其是湿润时间 t_w 的函数。此外，式 (8.6) 等号右边第一项 $k_{rw}(\theta, t_w)$ 由随含水率 θ 和湿润时间 t_w 变化的动态孔结构决定 [240,241,630]。由于目前对 C—S—H 凝胶膨胀动力学过程的了解非常少，它对孔结构的影响机制暂时无法量化，也就无法量化描述相对水分渗透率 $k_{rw}(\theta, t_w)$ 对湿润时间 t_w 的依赖关系。尽管如此，由 VGM 模型 [式 (5.15)] 或 ZB 模型 [式 (5.16)] 可知，对孔结构特征各异的不同水泥基材料来说，相对水分渗透率 $k_{rw} \in [0, 1]$ 与饱和度 Θ 之间总是呈高度非线性关系 [238]，可以近似地认为孔结构动态变化不会明显地影响相对水分渗透率 k_{rw} 与饱和度 Θ 的相关关系，即假设 k_{rw} 不随湿润时间 t_w 变化，则式 (8.6) 可改写成

$$k_w(\theta, t_w) = k_{rw}(\theta) k_{inh}(t_w) \tag{8.7}$$

如此一来，动态变化的非饱和水分渗透率 $k_w(\theta, t_w)$ 成为含水率 θ(或饱和度 Θ) 和湿润时间 t_w 的分离变量函数，含水率的影响可以直接采用 VGM 模型或 ZB 模型来描述，如何合理确定 $k_{inh}(t_w)$ 项成为准确考虑水敏性影响以定量描述毛细吸水过程的关键。

由于理论界尚没有意识到水泥基材料具有显著水敏性，探索本征渗透率 $k_{inh}(t_w)$ 经时变化的相关研究非常少。幸运的是，很早以前，英国剑桥大学 Hearn 等 [288,290,297] 就曾对水下养护龄期长达 26 年的混凝土材料 (水泥已完全水化) 先干燥再真空饱水后的渗透率进行了系统的试验研究，典型结果见图 2.4(a)。从图 2.4(a) 中可见，将水分渗透率 k_w 取对数后，它随测试时间逐渐减小并趋近于稳定的较低值，降低过程先快后慢，近似服从负指数函数变化规律。尽管部分数值模拟研究建议采用伸展型指数函数 [315] 和倒数函数 [631] 来描述水分渗透率的经时降低过程，考虑到 Hearn 试验实测所得水分渗透率的演化特征，推荐采用湿润时间 t_w 的双指数函数来描述本征渗透率 $k_{inh}(t_w)$ 随 C—S—H 凝胶动态膨胀的变化规律：

$$k_{inh}(t_w) = k_{final} \left(\frac{k_{init}}{k_{final}} \right)^{\exp(-t_w/\tau)} \tag{8.8}$$

式中，$\tau(h)$ 是表征 C—S—H 凝胶膨胀导致整体孔结构细化、本征渗透率降低速度的特征膨胀时间；$k_{init}(m^2)$ 表示初始干燥状态下 ($t_w = 0$) 孔结构较粗大时的本征渗透率；$k_{final}(m^2)$ 表示 C—S—H 凝胶膨胀全部完成 ($t_w \to \infty$) 时本征渗透率明显降低的最终稳定值。从 Hearn 实测混凝土材料所得水分渗透率结果来看，初始饱水时的本征渗透率约为 1×10^{-17} m^2；C—S—H 凝胶膨胀完成后，本征渗透率约降低 1 个数量级至 1×10^{-18} m^2 左右，凝胶膨胀对本征渗透率的影响显著。

采用双指数函数式 (8.8) 对 Hearn 的实测数据进行拟合，结果如图 8.1 所示。由图 8.1 中可见，该双指数函数模型可准确地逼近先干燥再饱水混凝土材料水分渗透率的经时降低过程，相关系数 $R^2 > 0.99$。值得一提的是，此时拟合所得膨胀特征时间 $\tau \approx (5 \sim 45)$ h。依据式 (8.8) 可知，$[\lg k_{inh}(t_w = \tau) - \lg k_{final}] / [\lg k_{init} - \lg k_{final}] = \exp(-1)$，说明当湿润时间 $t_w = \tau$ 时，本征渗透率取对数后的降幅约为最大降幅的 63.2%。

另外，考虑到孔结构随 C—S—H 凝胶经时膨胀呈动态变化，且水分特征曲线与孔结构的关系非常密切，由式 (2.25) 定义的容量函数 C 必然也与湿润时间 t_w 相关。但是，同样由于孔结构和水分特征曲线随 C—S—H 凝胶膨胀的变化规律过于复杂，且缺乏描述水泥基材料孔结构与水分特征曲线参数之间关系的数学模型，目前尚没有办法定量描述湿润时间对容量函数 C 的影响，也没有相关试验数据可供参考。类似于前面对相对水分渗透率 $k_{rw}(\theta, t_w)$ 所做的近似处理，由于水分特征曲线的非线性程度总是非常高，也近似忽略孔结构动态变化对容量函数

C 的影响 [491]。为简化分析起见，认为容量函数 C 与吸水湿润时间 t_w 无关，依然采用式 (8.3) 或式 (8.4) 来描述它对饱和度 $\varTheta$ 的依赖关系。

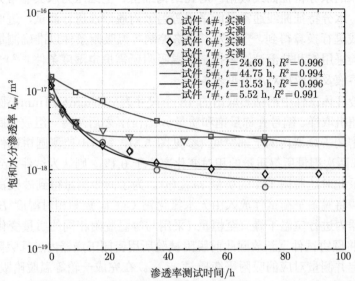

图 8.1　采用双指数函数拟合混凝土材料水分渗透率经时变化的实测数据 [290]
(彩图扫封底二维码)

由于 C—S—H 凝胶的水敏性对孔结构及由孔结构决定的传输性能的影响机制非常复杂，相关理论模型及试验数据极度稀缺，目前只好采用本节所述近似处理方法来对水泥基材料的非饱和水分渗透率 $k_w(\theta, t_w)$ 和容量函数 $C(\theta)$ 进行建模。在合理确定 $k_w(\theta, t_w)$ 和 $C(\theta)$ 后，即可确定时变水分扩散率 $D(\theta, t_w)$ 的表达式，通过对修正非饱和水分传输控制方程 (8.5) 进行数值求解，理论上即可定量预测水泥基材料的毛细吸水过程。

8.1.3　毛细吸水试验方案

为了量化研究水泥基材料的毛细吸水过程，也为了进一步验证并应用水敏性理论，采用均质性相对较好的水泥砂浆来开展系统的试验研究。采用 52.5 级 P·I 水泥 [化学组成为 CaO(66.43%)、SiO_2(22.84%)、Al_2O_3(4.28%)、Fe_2O_3(2.86%)、MgO(1.80%)、SO_3(0.48%)] 和 ISO 标准砂来制备水泥砂浆，灰砂比和水灰比分别取作典型值 1:3 和 0.5，在准确配料、搅拌均匀后分层浇筑到 150 mm×150 mm×300 mm 的棱柱体模具中并振捣密实，盖上保鲜膜防止失水干燥，室温养护 24 h 拆模后移入标准养护室 (温度 20 ± 1 ℃，相对湿度 $H > 95\%$) 养护。当龄期达 12 个月时，从棱柱体试件中部钻芯取出不同尺寸的圆柱试件，以开展水蒸气等温吸附试验、气体/水分渗透率测试和长期毛细吸水试验。

　　毛细吸水过程是毛细压力驱动下的水分渗透过程，毛细压力数值与含水率或饱和度密切相关，当分析毛细吸水过程时，需要实测其毛细压力与含水率或饱和度之间关系的水分特征曲线数据。对孔结构细密、毛细压力水头非常大的水泥基材料来说，水分特征曲线通常只能采用等温吸附脱附法进行测试，进而通过水分吸附等温线进行换算得到 [632]。为了严格控制等温吸附条件以准确测量其吸附等温线，试验采用饱和盐溶液法来控制等温吸附所需恒定湿度条件 [632,633]，所用 9 种饱和盐溶液及对应相对湿度见表 5.2。

　　将从棱柱体试件中部钻芯取出的 18 个尺寸为 $\phi 25\,\mathrm{mm} \times 20\,\mathrm{mm}$ 小圆饼试件真空饱水后随机取样、编号并称量饱和质量 $m_{\mathrm{sat}}(\mathrm{g})$，之后两两一组放入底部装有饱和盐溶液密闭干燥器内的上部空间 (参见图 5.5)，每 7d 监测圆饼试件的质量变化。若相邻两次测量所得质量的相对变化率小于 0.1%，则认为试件达到脱附平衡状态，记录此时达脱附平衡的质量 $m_{\mathrm{des}}(\mathrm{g})$。为了同步测量得到砂浆试件的等温吸附数据，将脱附平衡试件放入由无水氯化钙 $\mathrm{CaCl_2}$ 控制相对湿度 $H \approx 0\%$ 的密闭干燥器内进行室温干燥直至恒重 (采用与等温脱附相同的质量变化率判断标准)，之后将圆饼试件重新放回此前脱附试验所用密闭干燥器内进行吸附试验，直至质量恒定并测量对应的吸附平衡质量 m_{ads}。在完成一轮等温脱附吸附试验后，将所有圆饼试件放入真空干燥箱进行 105℃高温干燥 72h，测量各试件完全干燥时的质量 m_{dry}。依据以上不同状态下测量所得质量数据，由式 (5.2) 可以计算得到每个试件达到脱附或吸附平衡时的可蒸发水饱和度 $\Theta_{\mathrm{des, ads}}$。此外，依据等温脱附或吸附平衡的相对湿度 H，由 Kelvin 方程式 (5.19) 可以计算得到对应的毛细压力水头 P_{c}，进而可以确定砂浆材料的等温吸附脱附数据 $P_{\mathrm{c}}(\Theta_{\mathrm{des,ads}})$。利用前述饱和盐溶液法，能准确地测试水泥砂浆材料的等温吸附脱附数据，但平衡速度很慢使试验非常耗时，单个脱附吸附循环试验共需 50 周左右时间。

　　由于 C—S—H 凝胶具有水敏性，水泥基材料的渗透率随含水率变化而变化。近似认为，水泥基材料饱水时的水分渗透率 k_{sw} 能代表 C—S—H 凝胶完全膨胀、孔结构较细密时砂浆材料的本征渗透率，完全干燥状态下采用气体进行渗透试验测试所得气体渗透率 k_{g} 则代表 C—S—H 凝胶完全收缩塌陷、孔结构较粗大时砂浆的本征渗透率。为了协助分析孔结构动态变化的砂浆材料毛细吸水过程，试验同时钻芯取出 2 个尺寸为 $\phi 50\,\mathrm{mm} \times 30\,\mathrm{mm}$ 的圆饼试件，利用 2.1.1 节所述稳态渗透测试方法和设备，真空饱水后测量得到它们的饱和水分渗透率 k_{sw}；同时另外钻取 2 个相同尺寸圆饼试件，测量其本征气体渗透率 k_{g}。

　　为了系统研究不同高度砂浆试件的长期毛细吸水过程，从棱柱体试件中部钻取直径均为 50 mm 小圆柱试件若干，再切割成厚度约为 20 mm、40 mm、60 mm、80 mm、100 mm、120 mm 的试件各 2 个，并将它们记作 MoH$\bar{h}$-A/B。其中，$\bar{h}(\mathrm{mm})$ 表示砂浆试件的名义厚度值，试件的实际厚度与名义厚度存在些许误差；A 和 B

表示组别。钻芯切割制样完成后，将所有试件在 60℃真空干燥箱内烘干至恒重，采用自黏性铝箔对试件侧面进行密封处理后，即可开展毛细吸水试验，试验方法详见 2.2 节。实际测试时，采用精确至 0.001 g的电子天平称量试件的初始质量 $m_{\text{init}}(\text{g})$，当砂浆试件底面与液态水接触时 $(t = 0)$ 开始计时，并连续监测试件吸水后的质量变化过程，相邻两次监测的时间间隔从起初的 30 min、60 min、2 h逐渐增大至 1d、3d、7d 乃至后期间隔更长时间。实际测试时，将试件取出后用干抹布快速擦干试件底面自由水，再快速测量其 t 时刻吸水后的质量 $m_t(\text{g})$，之后将试件快速放回继续吸水，整个称重过程控制在 20 s内完成且不停止计时。此外，为了避免试件上表面与环境间发生水蒸气交换，毛细吸水试验时始终在试件上表面覆盖一层塑料保鲜膜，整个毛细吸水试验过程持续约 1500 h(62.5d)。

依据长期毛细吸水过程中测得的质量数据，可以计算任意 t 时刻试件底面单位面积的累积吸水体积 $V_{\text{w}}(\text{mm})$ 为

$$V_{\text{w}} = (m_t - m_{\text{init}}) / (\rho_{\text{w}} A) \tag{8.9}$$

式中，$A(\text{mm}^2)$ 为试件的横截面积。在严格控制砂浆试件的均质性和吸水过程初边值条件的情况下，单位面积吸水体积 V_{w} 与根号吸水时间 $\sqrt{t}$ 通常服从带有中间过渡段的双线性规律，典型数据如图 2.7 所示。进一步地，根据吸水曲线 $V_{\text{w}}(t)$ 可以定义初始毛细吸水速率 $S_1(\text{mm/min}^{0.5})$ 和二次毛细吸水速率 $S_2(\text{mm/min}^{0.5})$ 为

$$V_{\text{w}} = S_{1,2}\sqrt{t} + \nu \tag{8.10}$$

在拟合计算初始毛细吸水速率 S_1 时，系数 ν 值由试件端部吸水边界条件不理想决定，拟合 S_2 时的系数 ν 同时还受初始线性吸水阶段和过渡阶段的影响。

为了尽量地减小干燥预处理过程给试件孔结构带来损伤，毛细吸水试件只是在 60℃真空烘箱中干燥，质量稳定时试件并没有达到完全干燥的状态，即初始饱和度 $\Theta_{\text{init}} > 0$。此外，砂浆试件内部必然存在部分毛细作用可忽略的粗孔，在毛细吸水试验过程中不能达到完全饱和状态，即最终的毛细饱和度 $\Theta_{\text{cap}} < \Theta_{\text{sat}}$。为了更准确地分析砂浆材料的毛细吸水过程，需要严格测试砂浆试件的初始饱和度 Θ_{init} 和毛细饱和度 Θ_{cap}。在毛细吸水试验结束后，将砂浆试件完全浸没在水中，待质量恒定后测量各试件的毛细饱和质量 $m_{\text{cap}}(\text{g})$；继而将砂浆试件进行真空饱水处理，测量得到各试件的真空饱水质量 m_{sat}；最后再 105℃真空干燥至恒重并测得绝对干燥质量 m_{dry}。依据不同状态下测得的质量数据，可以计算得到各试件的初始饱和度 Θ_{init} 和毛细饱和度 Θ_{cap}：

$$\Theta_{\text{init}} = \frac{m_{\text{init}} - m_{\text{dry}}}{m_{\text{sat}} - m_{\text{dry}}}, \quad \Theta_{\text{cap}} = \frac{m_{\text{cap}} - m_{\text{dry}}}{m_{\text{sat}} - m_{\text{dry}}} \tag{8.11}$$

同时，还可按式 (8.12) 计算各砂浆试件的孔隙率 ϕ 为

$$\phi = (m_{\mathrm{sat}} - m_{\mathrm{dry}})/\rho_{\mathrm{w}}A\bar{h} \tag{8.12}$$

式中，$\bar{h}(\mathrm{mm})$ 为用游标卡尺测量所得砂浆试件的实际厚度 (精确到 $0.1\,\mathrm{mm}$)。

根据以上试验方案，可完整测量得到描述砂浆试件毛细吸水过程中的相关参数，进而可以对其长期毛细吸水过程进行量化分析。

8.1.4 毛细吸水试验结果分析

1. 砂浆基本性质

依据 A、B 两组砂浆试件在真空饱和、毛细饱和、$60\,^{\circ}\mathrm{C}$和$105\,^{\circ}\mathrm{C}$干燥到恒重状态下的质量数据，按式 (8.11) 和式 (8.12) 可以计算得到不同高度试件的孔隙率 ϕ、初始饱和度 Θ_{init} 和毛细饱和度 Θ_{cap}，结果如表 8.1 所示。

表 8.1   砂浆试件孔隙率、初始饱和度和毛细饱和度实测结果

试件编号	孔隙率 ϕ	初始饱和度 Θ_{init}	毛细饱和度 Θ_{cap}
MoH20	0.143 ± 0.004	0.137 ± 0.006	0.841 ± 0.025
MoH40	0.137 ± 0.004	0.131 ± 0.008	0.812 ± 0.034
MoH60	0.140 ± 0.003	0.128 ± 0.015	0.865 ± 0.026
MoH80	0.136 ± 0.005	0.106 ± 0.022	0.838 ± 0.030
MoH100	0.132 ± 0.004	0.138 ± 0.006	0.866 ± 0.022
MoH120	0.136 ± 0.003	0.134 ± 0.010	0.858 ± 0.030
平均值	0.135 ± 0.010	0.129 ± 0.011	0.847 ± 0.032

由表 8.1 中可见，不同厚度砂浆试件的孔隙率非常接近，所有砂浆试件的孔隙率平均值 $\phi = 13.5\% \pm 1.0\%$，离散程度较小，说明砂浆材料的均质性较好。在 $60\,^{\circ}\mathrm{C}$真空干燥至恒重后，砂浆试件内部含水饱和度 $\Theta_{\mathrm{init}} = 0.129$，由于 C—S—H 凝胶等组分对水分子的物理化学吸附作用很强，此时试件依然具有一定的含水率。此外，受内部粗孔的影响，砂浆材料的毛细饱和度 $\Theta_{\mathrm{cap}} = 0.847 < 1$，部分孔隙几乎无法通过毛细作用吸收水分。初始饱和度和毛细饱和度的离散性均较小，表明试件制备及干燥预处理方法能很好地控制砂浆试件毛细吸水前后的含水状态，有利于长期毛细吸水过程的分析与预测。

由于毛细吸水过程本质上是毛细压力驱动下的水分渗透过程，所以渗透率是分析砂浆材料毛细吸水过程的基础性能指标。在初始真空饱水状态下，试验实测水泥砂浆所得水分渗透率 $k_{\mathrm{w,e}} = (9.54 \pm 4.67) \times 10^{-20}\,\mathrm{m}^2$；在 $60\,^{\circ}\mathrm{C}$真空干燥至恒重后，砂浆试件的实测氮气渗透率 $k_{\mathrm{g,e}} = (3.40 \pm 0.59) \times 10^{-17}\,\mathrm{m}^2$。尽管实测水分和气体渗透率的离散性较大，但可以肯定的是，砂浆材料干燥后的气体渗透率比初始水分渗透率高出 $2 \sim 3$ 个数量级，该差异主要来自纳米孔结构的显著粗

化 [240,241]，干燥微裂纹也有一定贡献。与水接触后，C—S—H 凝胶膨胀也将使孔结构显著细化，在定量分析长期毛细吸水过程时需要重点考虑。

2. 水分特征曲线及相对水分渗透率

在测量得到水泥砂浆的等温脱附吸附数据 $\Theta(H)$ 后，由式 (5.19) 可以计算得到水分特征曲线 $P_c(\Theta)$，进而可以利用两参数 VG2 模型 [式 (5.4)、式 (5.5)] 或 Zhou 模型 [式 (5.7)] 进行非线性拟合，实测数据及拟合结果如图 8.2 所示。由图 8.2 中可见，VG2 模型和 Zhou 模型均能有效地逼近砂浆材料的实测水分特征曲线数据。由于砂浆材料内部含有相当体积的粗孔，在利用饱和盐溶液法开展等温脱附吸附试验时，只能测量得到 $\Theta \leqslant 0.694$ 饱和度较低区间内的数据。当饱和度 $\Theta > 0.694$ 时，砂浆材料内部的相对湿度已经非常高，采用等温吸附脱附法无法准确测量，该范围内的水分特征曲线是 $\Theta \leqslant 0.694$ 范围内实测数据拟合曲线外推的结果，使得它同时依赖于较低相对湿度范围的实测数据及所采用的拟合模型。

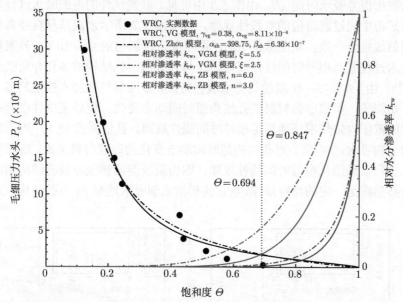

图 8.2 砂浆材料的水分特征曲线拟合及相对水分渗透率变化曲线 (彩图扫封底二维码)

在选定水分特征曲线模型并拟合特征参数之后，依据描述相对水分渗透率的 VGM 模型 [式 (5.15)] 和 ZB 模型 [式 (5.16)]，可以确定砂浆材料相对水分渗透率随饱和度的变化曲线 $k_{rw}(\Theta)$，结果如图 8.2 所示。由图 8.2 中可见，当饱和度 $\Theta < 0.694$ 时，VGM 模型预测所得相对水分渗透率 $k_{rw}(\Theta)$ 非常低，此后随饱和度 Θ 的增大而快速增大，且 VGM 模型的非线性程度更高。尽管 VG 模型和 Zhou 模型对水分特征曲线的拟合结果接近，但 VGM 模型给出的相对水分渗透

率 k_{rw} 显著地低于 ZB 模型，且对曲折度系数 ξ 不大敏感，而 ZB 模型计算所得相对水分渗透率 k_{rw} 受形状参数 n 的影响较大。在毛细饱和状态下，若形状参数取典型值 $n = 6.0^{[303]}$，则 ZB 模型计算所得相对水分渗透率 $k_{rw}(\Theta_{cap}) = 0.265$，它比 VGM 模型中将曲折度系数取作 $\xi = 5.5$ 时的预测值 $k_{rw}(\Theta_{cap}) = 0.043$ 高出 5 倍有余。由 VGM 模型和 ZB 模型计算所得相对水分渗透率存在显著差异，必然会使它们预测所得毛细吸水过程明显不同。结合水分特征曲线的分析结果可知，不管采用 VGM 模型还是 ZB 模型，相对水分渗透率 k_{rw} 在饱和度 $\Theta > 0.694$ 区间内的变化规律取决于 $\Theta \leqslant 0.694$ 范围内的实测结果及所选用的相对水分渗透率模型，它们对准确模拟毛细吸水过程非常关键。

3. 长期毛细吸水过程与特征

依据前面所述长期毛细吸水试验方法，实测两组不同厚度砂浆试件的毛细吸水过程数据 $V_w(t)$(图 8.3)。为了便于分析毛细吸水速率等关键特征，图 8.3 中的横坐标取作根号吸水时间 $\sqrt{t}$。由图 8.3 中可见，砂浆试件的毛细吸水过程依然近似地满足带中间过渡阶段的双线性规律，这与图 2.7 所示水泥基材料经典毛细吸水过程曲线完全一致。从图 8.3 中的子图可见，在起初的 $6 \sim 10$ h，砂浆材料的毛细吸水过程服从根号时间线性规律，这与具有恒定孔结构的多孔介质吸水过程类似 [634]。由于 C—S—H 凝胶具有水敏性特征，砂浆材料在与水接触的那一刻起就会开始膨胀，虽然砂浆材料的孔结构随时间动态变化，但砂浆试件在起初相当一段时间范围内依然很好地满足根号时间线性规律，且依据式 (8.10) 可明确地定义初始毛细吸水速率 S_1。对孔结构随时间动态变化的砂浆材料来说，既然它的毛细吸水过程依然服从根号时间线性规律，则由凝胶湿润膨胀导致孔结构的动态变化过程必然满足一定的特殊规律，且它的初始毛细吸水速率 S_1 与孔结构恒定不变

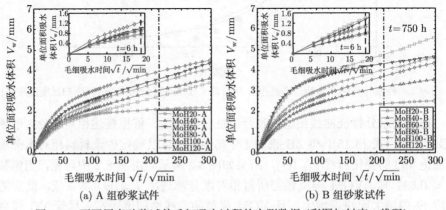

(a) A 组砂浆试件　　　　　　　　　　(b) B 组砂浆试件

图 8.3　不同厚度砂浆试件毛细吸水过程的实测数据 (彩图扫封底二维码)

时的理论值之间存在的差异必然与 C—S—H 凝胶湿润膨胀的特殊规律密切相关，这很可能是 2.2.3 节所述本征毛细吸水速率显著地低于其他有机溶液的重要原因。

在砂浆试件毛细吸水过程中，初始线性段持续 $6 \sim 10\,\mathrm{h}$，此后开始逐渐偏离，吸水速率慢慢降低，并在 $\sqrt{t} \approx 150\sqrt{\min}(t \approx 375\,\mathrm{h})$ 进入第二线性段，转折时间点与具体试件相关，也与毛细吸水试验的时间跨度有关。在毛细吸水过程的第二线性段，依据式 (8.10) 依然可以严格地定义二次毛细吸水速率 S_2。需要注意的是，第二线性段的时间起点和拟合所得二次毛细吸水速率、毛细吸水测试时间长度有关。当分析不同起止时间范围内的毛细吸水数据时，一定较短时间范围内的毛细吸水数据几乎总可以采用线性规律进行拟合，且拟合所得二次毛细吸水速率的数值也会有所差异。考虑到第二线性段具有该特征，当开展毛细吸水试验时，才选择尽可能长的吸水时间跨度，最终的吸水试验持续时间长达 $1500\,\mathrm{h}$；当拟合二次毛细吸水速率时，也选择尽可能宽的时间范围，这样定义的第二线性段和二次毛细吸水速率非常稳定，即使进一步延长毛细吸水试验时间也不会发生明显变化。当对不同砂浆试件两个线性阶段的吸水数据进行拟合时，初始线性段时间跨度取为 $6\,\mathrm{h}$，二次线性段的时间跨度是 $750\sim1500\,\mathrm{h}$，典型砂浆试件 MoH60 的双线性拟合情况如图 8.4 所示。依据该双线性拟合方法，计算得到所有砂浆试件的初始和二次毛细吸水速率 $S_{1,2}$，结果见表 8.2，所有试件线性拟合时的相关系数 $R^2 > 0.99$。

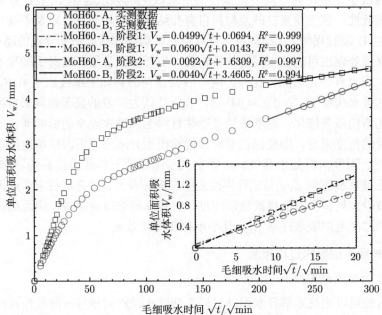

图 8.4　线性拟合典型砂浆 MoH60 两组试件的两阶段毛细吸水速率 $S_{1,2}$ (彩图扫封底二维码)

表 8.2　不同厚度砂浆试件实测所得初始和二次毛细吸水速率 $S_{1,2}$ (mm/min$^{0.5}$)

砂浆编号		MoH20	MoH40	MoH60	MoH80	MoH100	MoH120
S_1	A 组试件	0.0368	0.0413	0.0499	0.0340	0.0548	0.0451
	B 组试件	0.0344	0.0389	0.0690	0.0755	0.0487	0.0539
	平均值	0.0356	0.0401	0.0594	0.0547	0.0517	0.0495
S_2	A 组试件	—	0.0067	0.0092	0.0079	0.0063	0.0077
	B 组试件		0.0040	0.0040	0.0099	0.0074	0.0073
	平均值		0.0053	0.0066	0.0089	0.0069	0.0075

依据锐利前锋模型可知 [119,316]，湿润区域内的含水状态可近似视作毛细饱和，则等效毛细吸水高度 $h_c(t)$(mm) 为

$$h_c(t) = V_w(t) / [\phi(\Theta_{cap} - \Theta_{init})] \approx 10.3 V_w(t) \tag{8.13}$$

即图 8.3 中的纵坐标单位面积吸水体积 V_w 乘以 10，就近似相当于毛细吸水高度值 h_c。结合图 8.3 中所示实测数据可知，MoH20 砂浆两组试件的湿润前锋很快就穿透整个试件并到达试件顶面，使得该试件第二线性段的斜率特别小 (接近 0)。在长达 1500 h的整个测试期间，其他较厚试件的湿润前锋始终未能穿透试件。实际上，较厚砂浆试件的吸水过程始终由液态水分的毛细传输机制控制，而 MoH20 砂浆试件的后期吸水过程主要由水蒸气向粗孔扩散的机制控制 [119,314]。因此，在对砂浆试件的二次毛细吸水速率 S_2 进行拟合计算时，不考虑 MoH20 砂浆试件。

依据表 8.2 中所列毛细吸水速率计算结果可知，尽管砂浆试件孔隙率 ϕ 值的离散性很小，但不同厚度砂浆试件的两阶段毛细吸水速率 $S_{1,2}$ 计算值均具有较强的离散性，这主要来自砂浆材料自身孔结构的非均质性，以及干燥预处理导致 C—S—H 凝胶塌缩、孔结构粗化及后期孔结构湿润膨胀不同导致的随机性。显然，干燥预处理也可能使水泥基材料随机产生部分微裂缝，这对毛细吸水速率的离散性可能也有一定贡献。此外，同一砂浆试件的初始毛细吸水速率 S_1 是对应二次毛细吸水速率 S_2 的 6.2 ~ 9.0 倍，若定性认为二者的显著差异来自吸水湿润导致的孔结构显著细化，则水敏性对砂浆材料毛细吸水速率的影响非常显著。从统计分析的角度来看，即使修正非饱和传输模型并未考虑湿润区域内滞留空气扩散 [314,635]、湿润前锋处水蒸气扩散和空气压缩导致气体压力提高的影响 [231,628]，两阶段毛细吸水速率 $S_{1,2}$ 与试件厚度之间没有相关性，或者这些未考虑因素的影响程度被砂浆材料自身的离散性所淹没。对较厚砂浆试件来说，由毛细传输控制的初始和二次毛细吸水速率 $S_{1,2}$ 几乎不存在尺寸效应。

8.1.5　长期毛细吸水过程预测

1. 正向预测结果分析

水敏性可以定性地解释水泥基材料毛细吸水过程对根号时间线性规律的显著偏离，从水敏性对孔结构及水分传输性能的影响出发，8.1.1 节将水泥基材料的毛

细吸水过程视作孔结构动态变化的水分非饱和渗透过程，通过引入时变本征渗透率 $k_{\text{inh}}(t_{\text{w}})$ 来考虑水敏性的影响。如果近似将实测所得干燥状态下的气体渗透率 $k_{\text{g,e}}$、初始饱和水分渗透率 $k_{\text{w,e}}$ 分别视作砂浆试件初始干燥状态下的本征渗透率 k_{init} 和最终吸水饱和后的本征渗透率 k_{final}，在实测初始饱和度 Θ_{init} 和毛细饱和度 Θ_{cap} 边界条件下，通过对修正 Richards 模型 [式 (8.5)] 进行数值求解，可以对砂浆试件的毛细吸水过程进行正向预测分析。依据砂浆材料气体和水分渗透率实测结果，将修正 Richards 模型中的初始本征渗透率取作 $k_{\text{init}} = k_{\text{g,e}} = 3.40 \times 10^{-17}\,\text{m}^2$，最终本征渗透率 $k_{\text{final}} = k_{\text{w,e}} = 9.54 \times 10^{-20}\,\text{m}^2$，初始饱和度 $\Theta_{\text{init}} = 0.129$ 且毛细饱和度 $\Theta_{\text{cap}} = 0.847$，特征膨胀时间分别取为 $\tau = 10\,\text{h}$、$20\,\text{h}$、$100\,\text{h}$ 和 $200\,\text{h}$，采用有限差分法计算长期累积毛细吸水量 $V_{\text{w}}(t)$，其与根号吸水时间 $\sqrt{t}$ 的关系如图 8.5 所示。图 8.5 同时给出了 $k_{\text{init}} = k_{\text{final}}$ 工况的分析结果，由式 (8.8) 可知，这相当于膨胀特征时间 $\tau = +\infty$，即 C—S—H 凝胶不膨胀、水泥基材料孔结构恒定不变的理想工况，对该理想工况的数值计算结果有助于定性分析 C—S—H 凝胶膨胀对毛细吸水过程的影响。

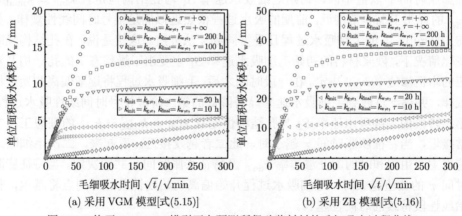

图 8.5　修正 Richards 模型正向预测所得砂浆材料的毛细吸水过程曲线

从图 8.5 中所示数值计算结果可见，在毛细吸水过程中，若认为水泥基材料的孔结构恒定不变 $(\tau = +\infty)$，则单位面积的吸水体积 V_{w} 始终与根号吸水时间 $\sqrt{t}$ 成正比，此时不存在二次毛细吸水速率 S_2，这与非饱和流动理论分析结果一致。当水泥基材料的本征渗透率始终等于相对较低的实测饱和水分渗透率 $(k_{\text{init}} = k_{\text{final}} = k_{\text{w,e}})$ 时，砂浆材料的毛细吸水速率较低，基于 VGM 模型 [式 (5.15)] 与 ZB 模型 [式 (5.16)] 拟合所得初始毛细吸水速率 S_1 分别为 $0.0123\,\text{mm/min}^{0.5}$ 和 $0.0346\,\text{mm/min}^{0.5}$，后者约是前者的 2.8 倍；当砂浆本征渗透率始终等于相对较高的实测气体渗透率 $(k_{\text{init}} = k_{\text{final}} = k_{\text{g,e}})$ 时，毛细吸水速率显著增大，基于 VGM 模型与 ZB 模型拟合所得 S_1 分别为 $0.2430\,\text{mm/min}^{0.5}$ 和 $0.6798\,\text{mm/min}^{0.5}$，后者大约也是前者的 2.8 倍。结合图 8.2 所示相对水分渗透率曲线可知，当毛细饱和 $(\Theta = \Theta_{\text{cap}})$ 时，ZB 模型预测所得相对水分渗透率 $k_{\text{rw}}(\Theta)$ 是 VGM 模型预测结果的 5 倍多，这是基于 VGM 模型和 ZB 模型进行预测所得毛细吸水速率相差 2.8 倍的主要原因。此外，无论采用 VGM 模型还是 ZB 模型，由于实测气体渗透率 $k_{\text{g,e}}$ 比实测水分渗透率 $k_{\text{w,e}}$ 高 $2 \sim 3$ 个数量级，当砂浆材料的本征渗透率恒等于实测气体渗透率 $k_{\text{g,e}}$ 时，计算所得毛细吸水速率 S_1 约是恒等于较低实测水分渗透率 $k_{\text{w,e}}$ 工况的 20 倍，二者差异显著，本质原因在于两种工况下的本征渗透率相差悬殊。

　　若考虑 C—S—H 凝胶具有干缩湿胀的水敏性，则吸水过程中湿润区域砂浆材料的孔结构随时间逐渐细化，通过数值求解 Richards 方程 [式 (8.5)] 发现，从定性角度，砂浆材料的毛细吸水过程近似呈带中间过渡阶段的双线性吸水过程，如图 8.5 所示。在干燥预处理后、毛细吸水试验前，若认为砂浆试件的孔结构及其本征渗透率与气体渗透率测试状态接近并取 $k_{\text{init}} = k_{\text{g,e}}$，则毛细吸水饱和时的孔结构及其本征渗透率与初始水分渗透率测试状态接近并取 $k_{\text{final}} = k_{\text{w,e}}$，即便特征膨胀时间 τ 取值不同，初始毛细吸水速率 S_1 与孔结构恒定且 $k_{\text{init}} = k_{\text{final}} = k_{\text{g,e}}$ 的理想工况非常接近，前期的吸水过程依然近似满足根号时间线性规律，且前 100 min 左右的毛细吸水过程几乎雷同到无法分辨。这就是说，在孔结构经时变化情况下，砂浆材料的初始毛细吸水速率 S_1 主要由干燥状态下的孔结构及对应的本征渗透率 k_{init} 决定。在一段时间之后，毛细吸水过程将逐渐偏离初始线性规律，并逐渐过渡到毛细吸水速率显著降低的第二阶段根号时间线性吸水过程。第二阶段的毛细吸水速率 S_2 与孔结构恒定且 $k_{\text{init}} = k_{\text{final}} = k_{\text{w,e}}$ 的理想工况非常接近，当特征膨胀时间 τ 越小时，此二者越发接近。看起来，二次毛细吸水速率主要由饱和时的本征渗透率 k_{final} 及特征膨胀时间 τ 共同决定。当特征膨胀时间 τ 的数值越大时，毛细吸水过程开始偏离初始线性段的时间点将越迟，初始线性段持续的时间也越长。

　　从定量角度来看，根据图 8.5 (a) 和 (b) 中纵坐标的刻度可知，采用 ZB 模型进行预测所得毛细吸水进程显著地快于 VGM 模型的预测结果，这同样是因为 VGM 模型预测所得相对水分渗透率 $k_{\text{rw}}(\Theta)$ 显著地低于 ZB 模型的预测值 (图 8.2)。进一步与图 8.3 所示实测砂浆试件毛细吸水数据进行对比分析可知，无论采用 VGM 模型还是 ZB 模型，当考虑水敏性并采用时变本征渗透率来修正非饱和流动理论时，计算所得毛细吸水进程要比试验实测数据快得多。尽管如此，修正非饱和流动理论依然可以定性地描述毛细吸水过程对根号时间线性规律的偏离，依据数值计算所得毛细吸水数据，也可以定义初始和二次毛细吸水速率 $S_{1,2}$，但此时拟合所得毛细吸水速率 $S_{1,2}$ 均显著地大于表 8.2 中的实测结果。

2. 特征膨胀时间影响毛细吸水速率分析

初始本征渗透率 k_{init}、最终本征渗透率 k_{final} 和特征膨胀时间 τ 是描述水敏性影响规律的三个关键参数。水敏性的影响程度不单体现在 k_{init} 与 k_{final} 之间的差异程度，也与描述 C—S—H 凝胶吸水膨胀动力学过程的关键变量 τ 密切相关。为了进一步地分析特征膨胀时间 τ 对毛细吸水速率 $S_{1,2}$ 的影响，依然将初始本征渗透率 k_{init} 和最终本征渗透率分别取为 $k_{init} = k_{g,e}$ 且 $k_{final} = k_{w,e}$，将特征膨胀时间 τ 取为 $\tau \in [10, 300]$ h，在利用修正非饱和流动理论计算得到毛细吸水过程数据后，采用与实测试验数据相同的分析方法，计算初始与二次毛细吸水速率 $S_{1,2}$，结果见表 8.3 和图 8.6。需要说明的是，当特征膨胀时间 τ 较小时，初始线性段的持续时间也较短，为了准确地分析初始毛细吸水速率 S_1 随特征膨胀时间 τ 的变化规律，在计算初始毛细吸水速率 S_1 时，选择仅对前 3 h 的毛细吸水数据进行拟合，并非拟合试验数据时采用的前 6 h。在计算二次毛细吸水速率 S_2 时，依然是对 750~1500 h 内的数值计算结果进行拟合，这与试验数据拟合方法保持一致。

表 8.3　特征膨胀时间 τ 取值不同时理论计算所得毛细吸水速率 $S_{1,2}(\mathrm{mm/min^{0.5}})$

模型	τ	10①	20	30	40	50	75	100	150	200	300	$+\infty$
VGM	S_1	0.1794	0.2117	0.2238	0.2302	0.2341	0.2394	0.2421	0.2448	0.2462	0.2476	0.2503
	S_2	0.0091	0.0076	0.0067	0.0060	0.0056	0.0049	0.0044	0.0038	0.0035	0.0035	—
ZB	S_1	0.5224	0.6172	0.6536	0.6727	0.6844	0.7004	0.7085	0.7168	0.7209	0.7251	0.7335
	S_2	0.0256	0.0213	0.0188	0.0171	0.0159	0.0139	0.0125	0.0108	0.0099	0.0096	—

① 在线性拟合毛细吸水速率时，不管是采用 VGM 模型还是 ZB 模型，特征膨胀时间 $\tau = 10$ h 工况的相关系数 $R^2 > 0.98$，其他工况的相关系数 $R^2 > 0.99$。

对比表 8.3 中所列数值计算结果及表 8.2 中所列实测数据可知，不管是采用 VGM 模型还是 ZB 模型，修正非饱和流动理论计算所得初始毛细吸水速率 S_1 比实测值高出几倍乃至十几倍。对二次毛细吸水速率 S_2 来说，利用 ZB 模型进行计算所得结果显著地高于实测值，但 VGM 模型计算结果与实测值较为接近。由于初始和二次毛细吸水速率 $S_{1,2}$ 同时还受本征渗透率 k_{init} 和 k_{final} 的影响，毛细吸水速率计算值与实测值之间的显著差异还与简单地将本征渗透率取作 $k_{init} = k_{g,e}$、$k_{final} = k_{w,e}$ 有关。

从图 8.6 中所示结果可见，特征膨胀时间 τ 对毛细吸水速率 $S_{1,2}$ 的影响非常显著。有趣的是，特征膨胀时间 τ 对初始毛细吸水速率 S_1 的影响，一定程度上可以解释本征毛细吸水速率显著地低于其他有机溶剂这一重要的异常现象 [119,629]。正如 2.2.3 节所述，在多孔材料毛细吸收不同惰性液体的过程中，理论上，初始毛细吸收速率 S_1 将与溶液的 $\sqrt{\gamma/\eta}$ 成正比，其中 γ 与 η 分别为液体的表面张力和动黏滞系数。该比例关系已经被水泥基材料毛细吸收除水以外的多种有机溶剂试

验研究所证实 [325,636,637]，如图 2.8 所示。但当水泥基材料毛细吸收的液体是水时，依据毛细吸收速率与 $\sqrt{\gamma/\eta}$ 成正比的理论关系进行预测所得 S_1 值是实测本征毛细吸水速率的 $1.5 \sim 2$ 倍 [309,325,629,638]。若将水泥基材料的水敏性特征考虑进来，由图 8.6 中可见，当特征膨胀时间 τ 逐渐减小时，初始毛细吸水速率 S_1 也逐渐减小。考虑到 $\tau = +\infty$ 与水泥基材料具有恒定孔结构的理想工况对应，若水敏性越显著且 C—S—H 凝胶膨胀的速率越快，则初始毛细吸水速率将越低，这在定性上与本征毛细吸水速率异常低完全吻合。为了更好地量化分析 C—S—H 凝胶湿润膨胀对初始毛细吸水速率 S_1 的影响，定义特征膨胀时间影响因子 $\zeta_\tau(\tau)$ 为

$$\zeta_\tau(\tau) = \frac{S_1\,(\tau = +\infty)}{S_1\,(\tau)} \tag{8.14}$$

式中，$\tau = +\infty$ 意味着 C—S—H 凝胶不膨胀、水泥基材料孔结构恒定且 $k_{\mathrm{inh}}\,(t) \equiv k_{\mathrm{init}}$，详见式 (8.8)。依据表 8.3 所列数据可知，不管是采用 VGM 模型还是 ZB 模型，当特征膨胀时间 $\tau = 30\mathrm{h}$ 时均有 $\zeta_\tau \approx 1.12$，明显地低于试验观测值 $(1.5 \sim 2)$。这表明，采用修正 Richards 方程能且只能在一定程度上解释本征毛细吸水速率异常低的试验现象。换句话说，C—S—H 凝胶具有的水敏性会使水泥基材料毛细吸水速率与液态水的表面张力 γ、动黏滞系数 η 之间的关系呈现出明显的特殊性，并使水泥基材料的本征毛细吸水速率稍低于其他有机溶剂。除水敏性以外，应该还有其他未知因素也在起作用。

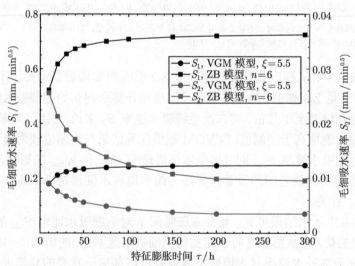

图 8.6　数值计算所得毛细吸水速率 $S_{1,2}$ 随特征膨胀时间 τ 的变化规律 (彩图扫封底二维码)

依据本节对初始本征渗透率 k_{init}、最终本征渗透率 k_{final} 和特征膨胀时间 τ 三个参数如何影响毛细吸水过程及其速率的分析结果可知，修正非饱和流动理论

能定性地描述带中间过渡段的双线性毛细吸水规律，能在一定程度上解释本征毛细吸水速率低于其他有机溶剂的异常现象，在分析水泥基材料毛细吸水过程方面，表现出良好的应用潜力。但是，修正非饱和流动理论模型对毛细吸水过程及两阶段毛细吸水速率的数值计算结果显著地高于实测数据，根本原因可能在于，受微裂纹等多方面因素的影响，直接取 $k_{init} = k_{g,e}$ 且 $k_{final} = k_{w,e}$ 并不合适。考虑水敏性对非饱和流动理论进行修正后，可以定性地描述水泥基材料的毛细吸水过程，但要想实现准确定量描述，还需要对时变渗透率模型中的关键参数进行优化选择。

8.1.6 长期毛细吸水过程反演

1. 逆向反演结果分析

在 8.1.5 节的分析中，修正 Richards 模型中的本征渗透率 k_{init} 与 k_{final} 分别被简单取作初始干燥状态下的实测气体渗透率和初始饱和时的实测水分渗透率。在开展毛细吸水测试之前，所有砂浆试件均在 60°C 条件下真空干燥至恒重。毫无疑问，该干燥预处理将使砂浆内部或多或少产生微裂纹，由于它们与液态水接触时产生的毛细压力较小，它们对砂浆试件整体毛细吸水过程的贡献有限。但是，干燥微裂纹会使水泥砂浆的气体渗透率显著增大 [639]。从概念上看，单一圆柱形毛细管的毛细吸水速率与其内径的平方根成正比 [312]，但它的渗透率与内径的平方成正比。这样一来，将修正非饱和流动理论模型中的初始本征渗透率 k_{init} 直接取为实测气体渗透率 $k_{g,e}$，显然会高估 k_{init} 的数值。另外，水泥基材料的饱和水分渗透率同样会受干燥预处理的影响，初始饱和状态下的实测水分渗透率与干燥后再次饱和状态下的水分渗透率也存在差异，参见图 2.4。由于第一轮干燥作用将使 C—S—H 凝胶层间孔部分塌陷，且再次饱和时部分已塌陷层间孔不可恢复，使经历一定干燥作用后砂浆材料的孔结构依然将明显粗化 [240]。如果忽略干燥作用对孔结构的不可逆影响，将修正非饱和流动理论模型中的最终本征渗透率 k_{final} 直接取为实测水分渗透率 $k_{w,e}$，显然会低估 k_{final} 的数值。这样一来，将初始本征渗透率 k_{init} 与最终本征渗透率 k_{final} 分别取为实测气体渗透率 $k_{g,e}$ 和水分渗透率 $k_{w,e}$ 显然并不合适。此外，特征膨胀时间 τ 非常难以测定。由于本领域相关研究尚未意识到 C—S—H 凝胶具有显著水敏性，文献中与 C—S—H 凝胶膨胀有关的动力学参数稀少，几乎没有与特征膨胀时间 τ 有关的实测数据可供参考。当利用修正 Richards 方程来定量地描述水泥基材料的毛细吸水过程时，必须考虑以上因素的影响，合理确定三个关键参数的取值。

依据修正 Richards 方程 [式 (8.5)] 可知，有限差分法计算所得毛细吸水数据 $V_w(t)$ 由初始本征渗透率 k_{init}、最终本征渗透率 k_{final} 和特征膨胀时间 τ 决定。换句话说，修正 Richards 方程是砂浆试件的特征参数 $\boldsymbol{x} = (k_{init}, k_{final}, \tau)$ 与毛细吸水数据 $V_w(t)$ 之间的映射，令其为 $\mathcal{F}$，则有

$$V_{\mathrm{w}}(t) = \mathcal{F}(k_{\mathrm{init}}, k_{\mathrm{final}}, \tau) \tag{8.15}$$

在测得砂浆试件毛细吸水数据 $V_{\mathrm{w,exp}}(t)$ 后,利用修正 Richards 方程的逆映射 $\mathcal{G}^{-1}$ 可以得到该试件的特征参数 $\boldsymbol{x}$,通常采用使实测数据 $V_{\mathrm{w,exp}}(t)(\mathrm{mm})$ 与数值计算所得毛细吸水数据 $V_{\mathrm{w,sim}}(t)(\mathrm{mm})$ 之间的 RMSE 最小来进行最优化数值求解:

$$\mathrm{RMSE} = \sqrt{\frac{1}{N}\sum_{j=1}^{N}\left[V_{\mathrm{w,sim}}(t_j) - V_{\mathrm{w,exp}}(t_j)\right]^2} \tag{8.16}$$

式中,下标 sim 和 exp 分别表示数值模拟计算结果与实测数据; N 是实测毛细吸水数据的数量。由于修正 Richards 方程的非线性程度很高且具有多解性,所以单纯通过使 RMSE 最小化来计算关键参数 $\boldsymbol{x}$ 最优解的难度非常大。考虑到毛细吸水过程包含两个线性段且可严格定义对应的初始和二次毛细吸水速率 $S_{1,2}$,通过最小化 S_1、S_2 和 RMSE 的加权残值 $f(\boldsymbol{x})$,可以更高效地反演计算砂浆试件的关键参数 $\boldsymbol{x}$,即

$$\boldsymbol{x} = \arg\min_{\boldsymbol{x}\in\mathscr{R}^3} f(\boldsymbol{x})$$

$$= (\varpi_1, \varpi_2, \varpi_3) \times \left(|1 - S_{1,\mathrm{sim}}/S_{1,\mathrm{exp}}|, |1 - S_{2,\mathrm{sim}}/S_{2,\mathrm{exp}}|, \mathrm{RMSE}\right)^{\mathrm{T}} \tag{8.17}$$

式中,$\boldsymbol{\varpi} = (\varpi_1, \varpi_2, \varpi_3)$ 是残值权重,均非负且满足 $\varpi_1 + \varpi_2 + \varpi_3 = 1$。式 (8.17) 所示最小化问题可以采用 Nelder-Mead 单纯形法进行数值求解[640],利用高级语言可以很方便地实现该算法。实际数值计算时,权重 $\boldsymbol{\varpi}$ 取作 $\boldsymbol{\varpi} = (1/8, 1/8, 3/4)$,毛细吸水数据的 RMSE 的权重最大,以突出毛细吸水过程数据 $V_{\mathrm{w}}(t)$ 拟合精度的影响,毛细吸水速率 $S_{1,2}$ 的引入用于提高数值计算的收敛速度和稳定性。考虑到式 (8.17) 所示最小化问题的非线性程度依然很高,在反演计算时需要特别注意数值计算的稳定性,尽量地降低对初值的敏感程度,以准确地计算得到关键参数 $\boldsymbol{x}$。

利用前述反演算法对实测毛细吸水数据进行拟合,当采用 VGM 模型式 (5.15) 来描述砂浆的非饱和水分渗透率时,计算所得关键参数 $\boldsymbol{x} = (k_{\mathrm{init}}, k_{\mathrm{final}}, \tau)$ 见表 8.4;当采用 ZB 模型式 (5.16) 时,计算所得关键参数 $\boldsymbol{x}$ 见表 8.5。

依据表 8.4 和表 8.5 所列反演计算所得关键参数 $\boldsymbol{x}$,利用修正非饱和流动理论进行预测,所得毛细吸水体积 $V_{\mathrm{w,sim}}(t)$ 与实测数据 $V_{\mathrm{w,exp}}(t)$ 的对比如图 8.7 和图 8.8 所示,对应的毛细吸水速率 $S_{1,2}$ 计算结果见表 8.4 和表 8.5。需要说明的是,由于实测毛细吸水数据会受到吸水面端部效应的影响,实际拟合时,需要从实测数据中整体扣除依据式 (8.10) 对初始毛细吸水速率 S_1 进行拟合所得截距 ν。此外,由于名义厚度仅为 $20\,\mathrm{mm}$ 砂浆试件 MoH20 的毛细吸水过程后期主要由水蒸气扩散控制,故没有对它的毛细吸水数据进行反演。

表 8.4 基于 VGM 模型式 (5.15) 反演所得本征渗透率、特征膨胀时间及毛细吸水速率

试件[①]	$k_{\text{init}}/\text{m}^2$	$k_{\text{final}}/\text{m}^2$	τ/h	$S_{1,\text{sim}}/$ (mm/min$^{0.5}$)	$S_{2,\text{sim}}/$ (mm/min$^{0.5}$)	$S_1\,(+\infty)/$ (mm/min$^{0.5}$)	ζ
MoH20-A	0.56×10^{-18}	—	—	—	—	—	—
MoH20-B	0.99×10^{-18}	—	—	—	—	—	—
MoH40-A	1.09×10^{-18}	5.81×10^{-20}	66.1	0.0399	0.0076	0.0418	1.048
MoH40-B	2.58×10^{-18}	7.85×10^{-20}	168.2	0.0387	0.0040	0.0400	1.034
MoH60-A	0.81×10^{-18}	4.10×10^{-20}	65.2	0.0498	0.0094	0.0539	1.080
MoH60-B	3.83×10^{-18}	4.37×10^{-20}	120.1	0.0747	0.0040	0.0763	1.030
MoH80-A	0.60×10^{-18}	3.98×10^{-20}	58.9	0.0350	0.0079	0.0360	1.078
MoH80-B	5.80×10^{-18}	20.34×10^{-20}	77.5	0.0734	0.0104	0.0772	1.049
MoH100-A	1.02×10^{-18}	3.27×10^{-20}	105.7	0.0543	0.0065	0.0556	1.022
MoH100-B	1.48×10^{-18}	7.76×10^{-20}	88.4	0.0479	0.0087	0.0491	1.027
MoH120-A	0.68×10^{-18}	3.90×10^{-20}	67.5	0.0439	0.0090	0.0475	1.082
MoH120-B	2.30×10^{-18}	9.39×10^{-20}	110.4	0.0532	0.0075	0.0545	1.024
平均值	1.81×10^{-18}	7.08×10^{-20}	92.8	0.0509	0.0075	0.0532	1.045

[①] 砂浆实测水分渗透率 $k_{\text{w,e}} = 9.54 \times 10^{-20}\ \text{m}^2$，实测气体渗透率 $k_{\text{g,e}} = 3.40 \times 10^{-17}\ \text{m}^2$。

表 8.5 基于 ZB 模型式 (5.16) 反演所得本征渗透率、特征膨胀时间及毛细吸水速率

试件[①]	$k_{\text{init}}/\text{m}^2$	$k_{\text{final}}/\text{m}^2$	τ/h	$S_{1,\text{sim}}/$ (mm/min$^{0.5}$)	$S_{2,\text{sim}}/$ (mm/min$^{0.5}$)	$S_1\,(+\infty)/$ (mm/min$^{0.5}$)	ζ
MoH20-A	0.52×10^{-19}	—	—	—	—	—	—
MoH20-B	0.69×10^{-19}	—	—	—	—	—	—
MoH40-A	0.92×10^{-19}	5.11×10^{-21}	59.5	0.0400	0.0082	0.0424	1.060
MoH40-B	1.30×10^{-19}	4.36×10^{-21}	189.4	0.0369	0.0040	0.0376	1.015
MoH60-A	0.83×10^{-19}	4.62×10^{-21}	65.7	0.0493	0.0098	0.0518	1.051
MoH60-B	2.72×10^{-19}	3.36×10^{-21}	132.4	0.0700	0.0040	0.0729	1.041
MoH80-A	0.49×10^{-19}	3.84×10^{-21}	63.1	0.0332	0.0081	0.0347	1.047
MoH80-B	3.66×10^{-19}	13.46×10^{-21}	80.0	0.0711	0.0105	0.0746	1.051
MoH100-A	1.05×10^{-19}	3.86×10^{-21}	102.5	0.0522	0.0073	0.0548	1.042
MoH100-B	1.21×10^{-19}	6.90×10^{-21}	79.2	0.0469	0.0091	0.0487	1.041
MoH120-A	0.69×10^{-19}	4.34×10^{-21}	66.4	0.0434	0.0093	0.0457	1.052
MoH120-B	1.65×10^{-19}	7.26×10^{-21}	109.9	0.0513	0.0079	0.0529	1.034
平均值	1.31×10^{-19}	5.71×10^{-21}	94.8	0.0495	0.0078	0.0516	1.042

[①] 砂浆实测水分渗透率 $k_{\text{w,e}} = 9.54 \times 10^{-20}\ \text{m}^2$，实测气体渗透率 $k_{\text{g,e}} = 3.40 \times 10^{-17}\ \text{m}^2$。

从图 8.7 和图 8.8 中很容易看出，无论采用 VGM 还是 ZB 模型，当关键的模型参数 $\boldsymbol{x} = (k_{\text{init}}, k_{\text{final}}, \tau)$ 取得最优值时，考虑水敏性进行修正的非饱和流动理论模型可以准确地描述砂浆试件长达 1500 h 的长期毛细吸水过程，可以完整地再现含中间过渡阶段的双线性毛细吸水规律，这与试验观测所得变化规律完全一致。从图 8.7 和图 8.8 子图中还可以看出，在毛细吸水过程的早期，尽管反演计算所得初始毛细吸水速率 S_1 与实测值非常接近 (见表 8.2、表 8.4 和表 8.5)，基于 VGM 模型或 ZB 模型进行预测所得毛细吸水体积 V_w 或多或少均与实测数据有所偏离。在毛细吸水过程的后期，无论是基于 VGM 模型 [式 (5.15)] 还是 ZB 模型 [式 (5.16)]，修正非饱和流动理论均能准确地描述实测毛细吸水数据，精度非常高，且计算所得二次毛细吸水速率 S_2 也与实测值非常接近。此外，在试验现象及传输机理均非常复杂的过渡阶段，当近似认为 C—S—H 凝胶膨胀导致水分渗透率衰减的过程符合双指数模型式 (8.8) 时，修正非饱和流动理论模型也具有非常高的计算精度。由此可见，考虑水敏性对由 Richards 方程表示的非饱和流动理论进行修正，可以对水泥基材料复杂的毛细吸水全过程进行量化描述，从侧面进一步定量验证了 C—S—H 凝胶所具有的水敏性是导致水泥基材料毛细吸水过程偏离根号时间线性规律的重要机制。

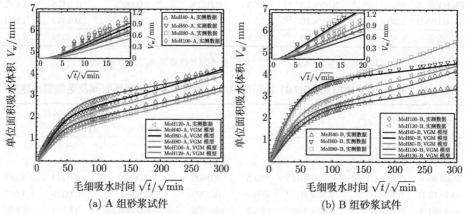

(a) A 组砂浆试件　　　　　　　　　　(b) B 组砂浆试件

图 8.7　基于 VGM 模型反演计算所得砂浆试件毛细吸水体积与实测数据的对比 (彩图扫封底二维码)

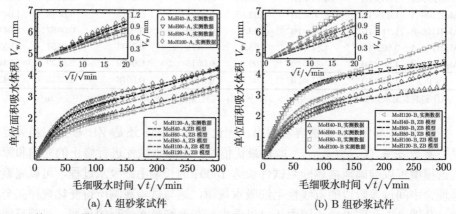

(a) A 组砂浆试件　　　　　　　　　　(b) B 组砂浆试件

图 8.8　基于 ZB 模型反演计算所得砂浆试件毛细吸水体积与实测数据的对比 (彩图扫封底二维码)

通过对比表 8.4 和表 8.5 中所列初始本征渗透率 k_{init}、最终本征渗透率 k_{final} 和特征膨胀时间 τ 的反演计算结果可知，VGM 模型看起来比 ZB 模型的反演效果要更好。尽管将 k_{init}、k_{final} 分别取作实测气体渗透率 $k_{g,e}$ 和实测水分渗透率 $k_{w,e}$ 不大合适，但它们应该相对比较接近。从表 8.4 中可见，当利用 VGM 模型进行反演计算时，拟合所得初始本征渗透率 k_{init} 的平均值为 $1.80 \times 10^{-18}\,\mathrm{m^2}$，这比实测气体渗透率 $k_{g,e} = 3.40 \times 10^{-17}\,\mathrm{m^2}$ 要小约 1 个数量级。这可能是因为实测气体渗透率对干燥微裂缝及几乎无毛细作用的粗孔更为敏感，而在毛细吸水过程中，它们对毛细压力驱动水分渗透过程的影响相对较小。此外，利用 VGM 模型反演计算所得最终本征渗透率 k_{final} 的平均值为 $7.09 \times 10^{-20}\,\mathrm{m^2}$，只比实测水分渗透率 $k_{w,e} = 9.54 \times 10^{-20}\,\mathrm{m^2}$ 稍小。尽管因为干燥预处理会使部分 C—S—H 凝胶层间孔不可逆地塌陷、孔结构粗化进而使渗透率有所增大，但考虑到极低水分渗透率的测量结果具有较高离散性，可以认为该反演计算结果与实测值非常吻合。当采用 ZB 模型来描述砂浆材料的非饱和水分渗透率时，从表 8.5 中可见，反演计算所得初始本征渗透率 k_{init} 比实测气体渗透率 $k_{g,e}$ 小 2 个数量级左右。更重要的是，此时反演计算所得最终本征渗透率 k_{final} 比实测水分渗透率 $k_{w,e}$ 大 10 倍左右，这与 Hearn 等 [290] 测试先干燥再饱和后水分渗透率的增大幅度差不多 (图 2.4)。考虑到干燥预处理导致的微裂缝及 C—S—H 凝胶不可逆塌陷对渗透率 k_{init}、k_{final} 的影响规律，基于 ZB 模型反演计算所得结果与实际情况存在一定偏差，这可能是因为 ZB 模型计算所得相对水分渗透率明显地高于 VGM 模型 (图 8.2)。

对描述 C—S—H 凝胶湿润膨胀导致本征渗透率降低速率的特征膨胀时间 τ 来说，基于 VGM 模型和 ZB 模型反演计算所得结果非常接近，平均值 $\tau \approx 94\,\mathrm{h}$。依据双指数函数 [式 (8.8)] 可知，当湿润时间 $t_w = \tau$ 时，水分渗透率取对数后的降低幅度只有最大降幅的 63.2%。结合图 8.1 所示结果可知，在外加静水压力梯度的驱动下，先干燥再真空饱水混凝土试件的水分渗透率大概在 $80\,\mathrm{h}$ 就已经几乎衰减至其稳定值。显然，反演计算所得膨胀时间 τ 相对较大。但是，在毛细吸水过程中不存在外加静水压力，C—S—H 凝胶的湿润膨胀过程完全依赖于水分子自由进入凝胶层间孔的底层驱动力。由于膨胀的驱动力少了静水压力，此时凝胶膨胀过程比外加静水压力驱动工况要慢些，反演计算所得膨胀时间 τ 值相对较大也合情合理。从这个角度来看，双指数函数 [式 (8.8)] 及特征膨胀时间 τ 可以合理地模拟 C—S—H 凝胶吸水膨胀导致本征渗透率非线性降低的过程。在已知砂浆试件含水率及水分特征曲线等条件下，利用修正非饱和流动理论模型，可以准确地反演计算砂浆材料关键的本征渗透率指标。

当反演计算特征参数 $\boldsymbol{x} = (k_{init}, k_{final}, \tau)$ 时，由于式 (8.17) 中的最小化加权残值目标函数 $f(\boldsymbol{x})$ 考虑了初始和二次毛细吸水速率 $S_{1,2}$ 的影响，可以预见的是，数值计算所得两阶段毛细吸水速率必然与实测结果吻合较好。结合表 8.2、表 8.4 和表 8.5 中所列毛细吸水速率可知，除砂浆试件 MoH20 以外，基于 VGM 模型计算所得其他所有砂浆试件初始毛细吸水速率 S_1 与对应实测值间的相差误差仅为 2.5% 左右，即使采用拟合效果相对较差的 ZB 模型进行反演计算，相对误差也仅为 3.7% 左右。二次毛细吸水速率 S_2 的相对误差较大，当采用 VGM 模型进行计算时，相对误差约为 5.8%；当采用 ZB 模型时，相对误差稍微增大至 9.9% 左右。毛细吸水速率 S_1 与 S_2 的相对误差最大值分别为 8.3% 和 23.0%。综合以上对反演计算结果的分析可知，修正非饱和流动理论模型不但可以准确地描述长期毛细吸水的全过程，也可以准确地反演计算初始和二次毛细吸水速率。

2. 毛细吸水速率异常原因分析

为了更好地解释水泥基材料本征毛细吸水速率低于其他有机溶剂这一重要的异常现象，在反演计算得到砂浆材料初始本征渗透率 k_{init} 后，假设砂浆的水分渗透率等于 k_{init} 且始终保持不变 $(\tau = +\infty)$，可以计算得到忽略 C—S—H 凝胶的水敏性、孔结构恒定不变理想情况下的初始毛细吸水速率 $S_1 (\tau = +\infty)$，依据式 (8.14) 可以进一步计算得到表征水敏性影响初始毛细吸收速率 S_1 的特征膨胀影响因子 ζ_τ，具体结果见表 8.4 和表 8.5。从中可见，无论采用 VGM 模型还是 ZB 模型，特征膨胀因子 ξ_τ 只是稍大于 1 且不超过 1.08，这显著地低于文献 [309]、[325]、[629] 和 [638] 中报道的试验结果 $\zeta_\tau = 1.5 \sim 2$。结合表 8.3 所列计算结果可知，当考虑 C—S—H 凝胶吸湿膨胀且特征膨胀时间 $\tau = 94$ h 时，无论是采用实测所得气体渗透率 $k_{g,e}$ 还是反演计算所得最优值 k_{init}，水敏性的存在只使初始毛细吸水速率 S_1 稍微降低。由于特征膨胀时间 τ 对初始毛细吸水速率 S_1 的影响较小，是否考虑水敏性影响并不会导致本征毛细吸水速率显著减小。实际上，依据 8.1.5 节的分析结果可知，初始毛细吸水速率主要由初始本征渗透率 k_{init} 决定。因此，水泥基材料的本征毛细吸水速率显著地低于其他有机溶剂的其他原因很可能在于，由于水和有机溶剂对水泥基材料的润湿性存在差异 [309]，很可能导致它们在达到毛细饱和时的饱和度 Θ_{cap} 和特征曲线 $P_c(\Theta)$ 存在一定区别，使得达到毛细饱和时水和其他有机溶剂的渗透率相差较大，进而导致本征毛细吸水速率显著偏低。对本征毛细吸水速率显著地低于其他有机溶剂这一重要异常现象，有待后续深入开展理论与试验研究。

对 2.2.4 节指出测试温度影响初始和二次毛细吸水速率的问题，如果将 C—S—H 凝胶吸水膨胀等效视作它与水之间发生的某种物理化学反应，那么 C—S—H 凝胶吸水膨胀的过程必然受到测试温度的影响。一般情况下，提高温度会加快 C—S—H 凝胶与水之间的类似化学反应，提升凝胶膨胀速度，进而使特征膨胀时间 τ 减小。依据表 8.3 和图 8.6 所示计算结果可知，若较高测试温度会

降低特征膨胀时间 τ，则它同时也将使初始毛细吸水速率 S_1 减小且使二次毛细吸水速率 S_2 增大，尽管变化幅度比较有限。这就是说，初始和二次毛细吸水速率都会受测试温度的影响。然而，二次毛细吸水速率主要由 C—S—H 凝胶吸水膨胀完成后的最终本征渗透率 k_{final} 决定，而膨胀完成之后的孔结构及对应渗透率受测试温度的影响微乎其微 [315]。另外，由于湿润区域膨胀完成后的最终本征渗透率 k_{final} 通常比初始本征值 k_{init} 低 $2 \sim 3$ 个数量级，二次毛细吸水速率的数值相对较小，而水泥基材料传输性能的离散程度通常又较高 (表 8.2)，测试温度对二次毛细吸水速率不太显著的影响可能会被掩盖，难以被试验研究发现。而初始毛细吸水速率的数值较大，测试温度对它的影响可以被试验观察到。因此，依据相关试验研究数据，测试温度看起来只会影响初始毛细吸水速率，而似乎不会影响二次毛细吸水速率 [313]。此外，由于高温会促进 C—S—H 凝胶膨胀，毛细吸水过程中的初始线性段也会提前结束并更早地进入过渡阶段，这与文献 [313] 中报道的相关试验研究结果吻合。依据以上对温度影响毛细吸水过程及其速率的分析可知，考虑 C—S—H 凝胶的水敏性修正经典非饱和流动理论，也可定性地解释测试温度对初始和二次毛细吸水速率的影响，后续有待深入开展相关定量分析。

依据本节对水泥砂浆毛细吸水过程的数值计算分析可知，考虑 C—S—H 凝胶的显著水敏性，采用双指数函数来近似描述 C—S—H 凝胶吸湿膨胀导致本征渗透率快速降低的过程，通过修正非饱和流动理论，可以定量描述砂浆试件长达 1500 h 的毛细吸水过程，可以准确地再现砂浆试件含中间过渡阶段的双线性毛细吸水规律。这说明，水泥基材料毛细吸水过程偏离根号时间线性规律的根本原因正是在于 C—S—H 凝胶具有干缩湿胀的水敏性，这不单从侧面进一步证明了水敏性理论的正确性，也展现了水敏性理论的预见性。水敏性理论不单可以定量地解释毛细吸水过程对根号时间线性规律的显著偏离，基于实测所得毛细吸水数据还可以准确地反演计算关键的饱和水分渗透率指标，在一定程度上，还可以定性地解释本征毛细吸水速率显著低于其他有机溶剂及测试温度影响毛细吸水速率等异常现象，这对水泥基材料毛细吸收水分等复杂过程的分析非常关键。

8.1.7 毛细吸水过程及其速率简评

水分在多孔材料内部传输的机制主要包括水分渗透 (permeation)、水蒸气扩散 (diffusion) 和毛细吸收 (capillary absorption) 三种 [641]，见图 8.9。水分渗透由静水压力梯度驱动，除海洋与水工结构外，通常非常少见。空气中的水蒸气含量很低，由水蒸气浓度或相对湿度梯度驱动的水蒸气扩散过程非常缓慢，水分传输效率很低。而当非饱和混凝土材料直接接触液态水时，毛细压力将驱动水分自发地向材料内部快速迁移，其传输效率远高于静水压力梯度驱动的水分渗透及水蒸气扩散传输。即使不直接接触液态水，当混凝土材料内部相对湿度与环境存在差异时，材料表层的水分迁移依然由毛细传输控制。考虑到绝大多数实际服役混凝土结构材料均处于非饱和状态 [642]，量化分析水分的毛细吸水过程及其速率对耐久性能分析具有普遍意义。

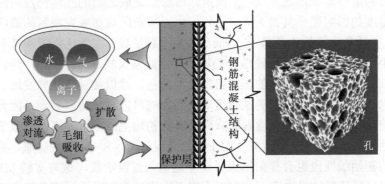

图 8.9　水、气和离子等介质在混凝土保护层中的迁移影响耐久性

　　初始均匀含水的非饱和水泥基材料单面接触液态水分时发生的一维毛细吸收过程是最为简单的毛细传输过程，此时单位面积的吸水体积与吸水时间的平方根成正比 (参见图 2.7 和图 8.3)，其斜率即为毛细吸水速率，它常用来定量地描述水泥基材料毛细吸收速度的快慢。显然，毛细吸水速率特别容易测量，只需要定时监测吸水质量的变化过程即可。测试毛细吸水速率时，试件只有单个表面接触自由水，使得毛细吸水速率特别适合表征保护层这类面积大、厚度小的薄层混凝土材料的水分传输性能 [643]，见图 8.9。实际工程中，混凝土结构的耐久性往往由与服役环境直接接触的保护层决定，它显著地区别于构件核心混凝土和实验室标养混凝土试件 [644]。由于毛细吸水速率能表征保护层的水分传输性能，它对耐久性能分析具有直接意义，可以广泛地用于混凝土结构耐久性的分析与评价 [645,646]。

　　与惰性流体在孔结构恒定不变的多孔介质内部发生的毛细流动相比，水泥基材料的毛细吸水过程要复杂得多，根本原因在于 C—S—H 凝胶具有水敏性，它使得水泥基材料的孔结构及其传输性能随时间动态变化，并呈现出 2.2 节所述的多个异常现象。尽管毛细吸水速率指标具有坚实的理论基础，但正是由于这几个异常现象的存在，使得该指标的具体物理意义至今尚不甚明确 [301,629]，严重制约了毛细吸水速率指标的推广应用。若考虑 C—S—H 凝胶湿润膨胀对毛细吸水过程的影响，可以定量地描述水泥基材料的毛细吸水过程，在此基础上可以深入地挖掘并全面明确毛细吸水速率指标的物理意义，进而强化它对耐久性的表征效能，后续还有待开展深入的定量理论分析与试验研究。

　　尽管水泥基材料毛细吸水过程存在多个异常现象，但考虑到毛细吸水速率指标的定义严格 (见 2.2.1 节)、测试原理简单、操作简便且理论上与水分渗透率指标间存在一定相关性[491,494]，因而很早就被建议用来表征水泥基材料与结构的耐久性能[303,647,648]。相应地，国内外陆续颁布或修订多个毛细吸水速率指标的测试标准，主要包括：

(1)1987 年颁布、2016 年修订的欧洲 ISO 标准 EN ISO 15148[649]；

(2)1991 年颁布的北欧标准 NT Build 368[650]；

(3)1999 年国际材料与结构研究实验联合会 (RILEM)TC116 推荐的标准[651]；

(4)2002 年颁布的英国标准 BS EN 13057[652]；

(5)2002 年发布、2007 年修订的《南非耐久性指标测试手册》[653]；

(6)2004 年发布、2020 年修订的美国材料和试验协会标准 ASTM C1585[654]；

(7) 2020 年修订的中华人民共和国土木工程学会标准《混凝土结构耐久性技术指南》CCES01[655]。

在上述系列标准中，毛细吸水速率测试方法的基本原则类似，我国土木工程行业标准 CCES01 主要参考 ASTM C1585 标准进行制定。尽管以 ASTM C1585 为典型代表的部分国际标准明确要求开展较长时间的长期毛细吸水测试，以同时测量得到两个线性阶段的毛细吸水速率，但出于缩短测试时间考虑，相关研究主要测试分析初始毛细吸水速率，对水泥基材料毛细吸水过程中的异常现象有所认识，但并未给予足够程度的重视。正因为对水泥基材料毛细吸水过程的认识不够深刻，在多个关键技术细节方面，现有标准化测试方法存在较大分歧与争议，使得依据不同标准进行测试所得结果的代表性和横向可比性存在疑问，进一步影响到毛细吸水速率指标对耐久性的表征效能及其工程应用。

基于 C—S—H 凝胶的水敏性全新特征，考虑孔结构随含水率动态变化的影响，修正非饱和水分传输模型，深入研究水泥基材料的异常毛细吸水行为，全面地明确两阶段毛细吸水速率指标的物理意义，进一步修订完善有关国内外测试标准，对实际服役钢筋混凝土结构耐久性的分析评价具有重要的理论意义，同时也具有广阔的工程应用前景。

8.2 初始毛细吸水速率与饱和度的关系分析

8.1 节已经说明，一维毛细吸水过程是最为简单的非饱和渗透过程，对应的毛细吸水速率测量简便，可以很好地用于分析评价混凝土材料及结构的物质传输性能和耐久性能。由于毛细吸水过程是水分在毛细压力驱动下的渗透过程，显然，初始饱和度对毛细吸水过程和速率的影响非常显著。但由于水泥基材料与水之间存在特殊的相互作用，初始饱和度对毛细吸水速率的影响程度与规律显著地偏离黏土砖、岩石等多孔建筑材料，且经典理论模型均无法描述初始饱和度对初始毛细吸水速率的影响 (图 2.9)，表现出明显的异常，如 2.2.5 节所述。这可能是因为经典非饱和流动理论均假定渗透流体对多孔建筑材料呈惰性，在吸水过程中，多孔材料的孔结构假定为恒定不变。既然推翻该先验假设，并利用水敏性理论来描述水泥基材料与水之间存在的特殊相互作用，可以定量地描述水泥基材料的长期毛细吸水过程，那是否也可以进一步地描述初始饱和度与毛细系数以速率间的异常关系呢？这对进一步明确毛细吸水速率指标的物理意义、验证水敏性理论、推动毛细吸水速率指标的标准化测试和工程应用具有重要价值。

8.2.1　毛细吸水速率与渗透率的理论关系

1. 毛细吸水速率与水分扩散率的相关关系

虽然边界条件和初始条件不尽相同，毛细吸水速率、水分渗透率和渗透率指标都可以用来描述水分在多孔材料中的传输速率，它们之间必然密切相关。在干燥的水泥基材料毛细吸收水分的过程中，水分扩散率 D 的实测值与饱和度 $\omega = \theta/\theta_s$ 之间通常满足指数函数关系式 (2.40)，其中 θ 与 θ_s 分别表示体积含水率和饱和时的体积含水率。对初始饱和度 $\omega_{init} > 0$ 的非饱和试件来说，为方便对非饱和水分传输过程进行归一化分析，定义约化饱和度 Θ 为

$$\Theta = \frac{\theta - \theta_i}{\theta_s - \theta_i} \tag{8.18}$$

如此一来，在吸水湿润过程中，含水率 ω 可以改写成

$$\omega = \omega_{init} + (1 - \omega_{init})\Theta \tag{8.19}$$

将式 (8.19) 代入指数函数式 (2.40)，则水分扩散率 $D(\omega)$ 可以改由约化饱和度 Θ 和初始饱和度 ω_{init} 表示成

$$D(\omega) = D_0 \exp(n_0\omega_{init}) \times \exp[n_0(1 - \omega_{init})\Theta] \tag{8.20}$$

由式 (8.20) 可见，若以约化饱和度 Θ 作为自变量，水分扩散率同样满足与式 (2.40) 类似的指数函数：

$$D(\Theta) = D_{init} \exp(n_{init}\Theta) \tag{8.21}$$

式中，与初始饱和度 ω_{init} 对应的初始水分扩散率 D_{init} 和初始形状参数 n_{init} 分别为

$$D_{init} = D_0 \exp(n_0\omega_{init}), \ n_{init} = n_0(1 - \omega_{init}) \tag{8.22}$$

若多孔材料的孔结构不随含水率变化，则依据 Zhou[494] 建立的通用求解算法 (general solving approach)，非饱和毛细吸水速率 $S(\omega_{init})$ 与水分扩散率之间满足如下解析关系：

$$S(\omega_{init}) = \theta_s(1 - \omega_{init})\sqrt{\frac{D_{init}}{\mathcal{F}(n_{init})}} \tag{8.23}$$

式中，$\mathcal{F}$ 为以初始形状参数 n_{init} 为自变量的函数，具体表达式见式 (2.44)。

特别地，当多孔材料试件初始处于完全干燥状态 ($\omega_{\text{init}} = 0$) 时，依据式 (8.23) 可得此时的初始毛细吸水速率 S_0 为

$$S_0 = S\left(\omega_{\text{init}} = 0\right) = \theta_{\text{s}}\sqrt{\frac{D_0}{\mathcal{F}\left(n_0\right)}} \tag{8.24}$$

联合式 (8.23) 和式 (8.24)，可得相对毛细吸水速率 $S_{\text{r}}\left(\omega_{\text{init}}\right)$ 的表达式为

$$S_{\text{r}}\left(\omega_{\text{init}}\right) = \frac{S\left(\omega_{\text{init}}\right)}{S\left(\omega_{\text{init}} = 0\right)} = \left(1 - \omega_{\text{init}}\right)\sqrt{\frac{D_{\text{init}}\mathcal{F}\left(n_0\right)}{D_0\mathcal{F}\left(n_{\text{init}}\right)}} \tag{8.25}$$

式 (8.25) 表明，相对毛细吸水速率 S_{r} 本质上由初始饱和度 ω_{init}、比值 D_{init}/D_0 和 $\mathcal{F}\left(n_0\right)/\mathcal{F}\left(n_{\text{init}}\right)$ 三个变量共同决定。

2. 水分扩散率与渗透率的关系模型

由 2.2.1 节的分析可知，水分扩散率的物理含义相对较为笼统，本质上，它描述的是多孔介质通过毛细作用传输水分的能力，与更为本征的水分渗透率密切相关，具体见 2.2.1 节。由于式 (2.25) 中的水分传导率 $K\left(\theta\right)$ 与密度 ρ_{w} 和动黏滞系数 η_{w} 有关，利用本征渗透率 k_{inh}(只由孔结构决定) 和相对水分渗透率 $k_{\text{rw}}\left(\theta\right)$，可以将水分传导率 $K\left(\theta\right)$ 表示为

$$K\left(\theta\right) = \rho_{\text{w}}gk_{\text{inh}}k_{\text{rw}}\left(\theta\right)/\eta_{\text{w}} \tag{8.26}$$

结合前面提出描述水分特征曲线的 Zhou 模型式 (5.7)[491]，容量函数 $C\left(\omega\right)$ 可以解析地表示为

$$C\left(\omega\right) = \beta_{\text{zh}}\theta_{\text{s}}\left[\omega + \left(\alpha_{\text{zh}} - 1\right)\omega^2\right] \tag{8.27}$$

同时，相对水分渗透率 $k_{\text{rw}}\left(\omega\right)$ 可以显式地表示为

$$k_{\text{rw}}\left(\omega\right) = \exp\left[n_0\left(\omega - 1\right)\right]\left[\omega + \left(\alpha_{\text{zh}} - 1\right)\omega^2\right]/\alpha_{\text{zh}} \tag{8.28}$$

将式 (8.26)、式 (8.27) 和式 (8.28) 代入式 (2.25)，可得

$$D\left(\omega\right) = \frac{\rho_{\text{w}}gk_{\text{inh}}\exp\left[n_0\left(\omega - 1\right)\right]}{\alpha_{\text{zh}}\beta_{\text{zh}}\eta_{\text{w}}\theta_{\text{s}}} \tag{8.29}$$

由于式 (8.29) 中 k_{inh}、水分特征曲线模型参数 α_{zh} 和 β_{zh}、形状参数 n_0 都由孔结构特征决定，式 (8.29) 解析地给出了水分扩散率 $D\left(\omega\right)$ 的表达式，确定本征渗透率 k_{inh} 的表达式就成了进一步计算的关键。

8.2.2　渗透率的动态变化

由于水泥基材料具有显著的水敏性，随着初始饱和度不同，水泥基材料的纳米尺度孔结构也会显著变化，进而导致本征渗透率 k_{inh} 等传输性质也随饱和度变化。对非饱和水泥基材料试件的毛细吸水过程来说，当初始饱和度 ω_{init} 不同时，试件起初的本征渗透率存在显著差异；在吸水过程中，湿润区域的孔结构也会逐渐细化，同样也会导致渗透率经时降低。这样一来，在分析初始非饱和毛细吸水速率时，需要同时考虑干燥至初始非饱和状态和后续吸水过程中两个阶段的孔结构演化，以及由此导致的渗透率变化。因此，在非饱和毛细吸水过程中，水泥基材料的水分渗透率 k_{w} 是初始饱和度 ω_{init}、当前饱和度 ω 和湿润时间 t_{w} 的函数，可以定性表示成

$$k_{\text{w}}\left(\omega_{\text{init}}, \omega, t_{\text{w}}\right) = k_{\text{rw}}\left(\omega_{\text{init}}, \omega, t_{\text{w}}\right) k_{\text{inh}}\left(\omega_{\text{init}}, t_{\text{w}}\right) \tag{8.30}$$

此时，由于孔结构随初始饱和度 ω_{init} 和湿润时间 t_{w} 变化，此时本征渗透率 k_{inh} 也成了 ω_{init} 和 t_{w} 的函数，如图 8.10 所示。

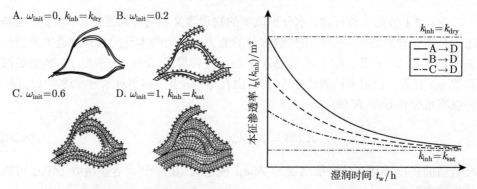

(a) C—S—H凝胶所处状态随初始饱和度 ω_{init} 的变化　　(b) 本征渗透率随湿润时间 t_{w} 的变化历程

图 8.10　毛细吸水过程中孔结构及本征渗透率 k_{inh} 随 C—S—H 凝胶干缩湿胀的变化规律

由于对 C—S—H 凝胶随初始饱和度 ω_{init} 及湿润时间 t_{w} 如何变化的相关认识极度缺乏，它们对相对水分渗透率的影响规律未知。依据 5.4.1 节的分析可知，初始饱和度 ω 对水分渗透率的影响非常显著，相对水分渗透率 k_{rw} 随 ω 变化规律的非线性程度非常高。若近似忽略初始饱和度 ω_{init} 和湿润时间 t_{w} 的影响，则式 (8.30) 可以简化成

$$k_{\text{w}}\left(\omega_{\text{init}}, \omega, t_{\text{w}}\right) = k_{\text{rw}}\left(\omega\right) k_{\text{inh}}\left(\omega_{\text{init}}, t_{\text{w}}\right) \tag{8.31}$$

此外，在毛细吸水过程中，即便 C—S—H 凝胶吸水膨胀使得水泥基材料试件的孔结构不满足恒定不变的默认假设，但毛细吸水过程的初始阶段依然满足根号时间吸水规律。同时，依据 8.1.6 节的分析可知，若按双指数函数规律近似描述

湿润过程中水分渗透率的变化，不管是基于 VGM 模型还是 ZB 模型，计算所得毛细吸水速率与不考虑水分渗透率经时变化情形时的计算值的相对差异通常不超过 5%。换句话说，C—S—H 凝胶湿润膨胀与否对初始毛细吸水速率的影响近似忽略不计，在分析初始毛细吸水速率 S_1 时，可以认为本征渗透率 k_{inh} 与湿润时间 t_w 无关，则式 (8.31) 可进一步简化成

$$k_{w}\left(\omega_{init},\omega\right) = k_{rw}\left(\omega\right) k_{inh}\left(\omega_{init}\right) \tag{8.32}$$

式 (8.32) 表明，饱和度 ω 和初始饱和度 ω_{init} 对水分渗透率的影响可以解耦，前者主要影响相对水分渗透率 k_{rw}，后者主要影响本征水分渗透率 k_{inh}。

依据式 (8.29) 可知，水泥基材料的水分扩散率 D 与水分特征曲线模型及其参数 α_{zh}、β_{zh} 有关。若考虑 C—S—H 凝胶干缩湿胀，毛细压力水头 P_c 和描述孔隙曲折度的形状参数 n_0 均随着 C—S—H 凝胶的干缩湿胀而发生变化，则水分特征曲线模型参数 α_{zh}、β_{zh} 也会随着吸水湿润过程发生变化。值得一提的是，在利用饱和盐溶液等方法测试水分特征曲线数据时，试验测试过程就需要将试件进行干燥或湿润处理，水分特征曲线模型及其参数已经包含 C—S—H 凝胶随含水率变化而干缩湿胀的影响。此外，水分特征曲线及水分扩散率与饱和度的相关关系同样具有很高的非线性，且没有相关理论与实测数据可以参考，近似忽略 C—S—H 凝胶干缩湿胀对水分特征曲线模型参数 α_{zh}、β_{zh} 的影响，则式 (8.27)∼ 式 (8.29) 依然近似成立。C—S—H 凝胶具有的水敏性对初始毛细吸水速率的影响主要取决于初始饱和度 ω_{init} 对本征渗透率 $k_{inh}\left(\omega_{init}\right)$ 的影响。

对初始饱和度 ω_{init} 任意的非饱和多孔材料来说，其传输性能主要由浸润相 (通常是水) 和非浸润相 (通常是气体) 共同决定。受 C—S—H 凝胶干燥收缩导致孔结构显著粗化的影响，干燥状态下水泥基材料的气体渗透率显著地高于饱和时的气体渗透率，在非饱和状态下，由其非饱和状态下孔结构决定的本征渗透率 k_{inh} 近似由非浸润相的渗透率决定，即

$$k_{inh}\left(\omega_{init}\right) = k_{rg}\left(\omega_{init}\right) k_{dry} \tag{8.33}$$

式中，k_{rg} 与 k_{dry} 分别为非浸润相的相对渗透率和理想绝对干燥状态下的本征渗透率。若近似认为水分扩散率满足指数函数规律，结合水分特征曲线 Zhou 模型，则 k_{rg} 可以采用式 (5.18) 表示，将该式代入式 (8.33) 可得不同初始饱和度 ω_{init} 状态下的本征渗透率 $k_{inh}\left(\omega_{init}\right)$。

8.2.3 相对毛细吸水速率的解析模型

受 C—S—H 凝胶水敏性影响，水泥基材料试件的本征渗透率 k_{inh} 随含水率的变化而变化。依据 8.2.2 节的分析和式 (8.33) 可知，在非饱和毛细吸水过程中，本

征渗透率 k_{inh} 主要由初始饱和度 ω_{init} 决定，且毛细吸水过程中 k_{inh} 受 C—S—H 凝胶膨胀导致的经时变化对初始毛细吸水过程的影响可以忽略不计。考虑水敏性的影响，在非饱和毛细吸水过程中，水分扩散率同时明显地受初始饱和度 ω_{init} 的影响，此时表达式 (8.29) 可以改写成

$$D\left(\omega_{\text{init}}, \omega\right) = \frac{\rho_{\text{w}} g k_{\text{inh}}\left(\omega_{\text{init}}\right) \exp\left[n_0\left(\omega - 1\right)\right]}{\alpha_{\text{zh}} \beta_{\text{zh}} \eta_{\text{w}} \theta_{\text{s}}} \tag{8.34}$$

由于水分扩散率服从指数函数规律，结合式 (2.40) 和式 (8.21) 可知，与初始饱和度 $\omega = \omega_{\text{init}} = 0$ 与 $\omega_{\text{init}} > 0$ 相对应的初始水分扩散率 D_0 和 D_{init} 分别为

$$D_0 = \frac{\rho_{\text{w}} g k_{\text{dry}} \exp\left(-n_0\right)}{\alpha_{\text{zh}} \beta_{\text{zh}} \eta_{\text{w}} \theta_{\text{s}}}, \ D_{\text{init}} = \frac{\rho_{\text{w}} g k_{\text{inh}}\left(\omega_{\text{init}}\right) \exp\left[n_0\left(\omega_{\text{init}} - 1\right)\right]}{\alpha_{\text{zh}} \beta_{\text{zh}} \eta_{\text{w}} \theta_{\text{s}}} \tag{8.35}$$

将式 (8.35) 代入表达式 (8.25)，可得考虑水敏性影响的相对毛细吸水速率 S_{r} 的表达式为

$$S_{\text{r}} = \left(1 - \omega_{\text{init}}\right) \sqrt{\frac{k_{\text{inh}}\left(\omega_{\text{init}}\right) \exp\left(n_0 \omega_{\text{init}}\right) \mathcal{F}\left(n_0\right)}{k_{\text{dry}} \mathcal{F}\left(n_{\text{init}}\right)}} \tag{8.36}$$

　　与 8.2.2 节忽略水敏性对水分特征曲线模型参数 α_{zh} 和 β_{zh} 的影响类似，若认为形状参数受 C—S—H 凝胶湿胀的影响也可忽略不计，则与孔结构静态不变情形类似，不同饱和度条件下的形状参数 n_0 和 n_{init} 依然满足式 (8.22)。将式 (5.18) 和式 (8.33) 代入式 (8.36)，可得考虑水敏性影响时水泥基材料相对毛细吸水速率的数学模型为

$$S_{\text{r}}\left(\omega_{\text{init}}\right) = \left(1 - \omega_{\text{init}}\right) \sqrt{\left\{1 - \omega_{\text{init}}\left[\omega_{\text{init}} + \frac{1}{\alpha}\left(1 - \omega_{\text{init}}\right)\right]\right\} \frac{\mathcal{F}\left(n_0\right)}{\mathcal{F}\left[n_0\left(1 - \omega_{\text{init}}\right)\right]}}$$
$$\tag{8.37}$$

式 (8.37) 给出了初始饱和度 ω_{init} 影响相对毛细吸水速率 S_{r} 的解析表达式，本书将其称作 Sr-Zhou 模型。需要注意的是，在 Sr-Zhou 模型 [式 (8.37)] 的推导过程中，对指数型水分扩散率、水分特征曲线 Zhou 模型 [式 (5.7)]、水敏性如何影响非饱和状态下的初始孔结构、吸水湿润过程中的孔结构变化等做了一系列的假设，是否有效还需要试验数据的验证。

8.2.4　相对毛细吸水速率的模型验证

　　从式 (8.37) 可见，除初始饱和度 ω_{init} 外，相对毛细吸水速率主要受形状参数 n_0 和水分特征曲线参数 α_{zh} 的影响。在第 5 章开展的试验研究中，对包括初始毛细吸水速率在内的非饱和传输性能进行了系统测试，发现经典模型无法定性描

述初始饱和度对毛细吸水速率的影响，更别提定量了，见图 2.9 和图 5.18。由于第 5 章同时测试了 M3 与 M4 两种砂浆材料的水分特征曲线和形状参数，且采用了非常耗时的常温自洽式干燥平衡制度来准确制备不同初始饱和度的砂浆试件，相关参数准确、全面，可以用来验证相对毛细吸水速率模型的有效性和准确性。

1. 正向预测

利用 Zhou 模型 [式 (5.7)]，5.4.2 节对 M3 和 M4 砂浆的水分特征曲线数据进行了拟合，所得特征参数 α_{zh} 见表 5.10。通过拟合非饱和气体渗透率 k_g 与初始饱和度 ω_{init} 间的非线性关系，所得形状参数见表 5.11。此外，试验同时测量得到了在不同温度干燥至恒重后测量所得毛细吸水速率，具体见表 5.13。为方便对比分析，将 Sr-Zhou 模型中的相关参数汇总，见表 8.6。虽然高温干燥或多或少必然导致微裂纹的产生，干燥温度越高时微裂纹损伤越大，无裂纹损伤的理想干燥状态并不存在。若简单地以 105℃干燥至完全干燥状态下测量所得名义干燥毛细吸水速率 $\hat{S}_0$ 为基准，即式 (2.38) 中的干燥毛细吸水速率取作 $S(\omega_{init}=0)=\hat{S}_0$，结合式 (8.37)，可计算得到 M3 和 M4 砂浆的毛细吸水速率曲线，它与试验实测值的对比如图 8.11 (a) 所示。由于在推导式 (8.37) 时利用了能给出容量函数 $C(\omega)$ 解析表达式的 Zhou 模型 [式 (5.7)]，在计算相对毛细吸水速率 S_r 时，也采用结合 Burdine 和 Zhou 模型的 ZB 模型反演所得形状参数 n_0。

表 8.6 M3 与 M4 砂浆部分实测数据和毛细吸水速率拟合数据

砂浆	部分实测数据汇总			Sr-Zhou 模型拟合结果	
	$\hat{S}_0$ (mm/min$^{0.5}$)	α_{zh}	n_0	S_0 (mm/min$^{0.5}$)	相关系数 R^2
M3	0.223	1.19×10^4	3.841	0.227	0.936
M4	0.236	6.43×10^3	3.346	0.286	0.949

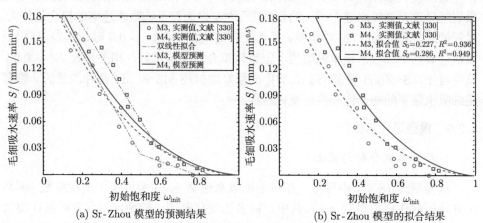

(a) Sr-Zhou 模型的预测结果   (b) Sr-Zhou 模型的拟合结果

图 8.11 利用 Sr-Zhou 模型 [式 (8.37)] 进行预测和反演所得非饱和毛细吸水速率

从图 8.11 (a) 中可见，虽然 5.4.3 节经验性地采用双线性函数来拟合实测结果 [见图 5.18 和 8.11 (a)]，但结合 105 ℃完全干燥后测量所得毛细吸水速率和 Sr-Zhou 模型 [式 (8.37)]，计算所得毛细吸水速率与实测数据大致吻合。对 M3 砂浆材料来说，模型计算结果在初始饱和度较低 ($\omega_{\text{init}} < 0.5$) 时吻合度非常高，但在初始饱和度较高 ($\omega_{\text{init}} > 0.5$) 时会高估毛细吸水速率。但对 M4 砂浆来说，Sr-Zhou 模型计算结果在初始饱和度较低时会显著地低估实测值，在初始饱和度较高时非常吻合。模型计算结果与实测数据间存在的差异，可能归因于将理想干燥状态下的初始毛细吸水速率简单地取作 $S\,(\omega_{\text{init}} = 0) = \hat{S}_0$。

2. 反向拟合

在 8.2.4 节正向预测非饱和毛细吸水速率时，将初始完全干燥时的毛细吸水速率 $S\,(\omega_{\text{init}} = 0)$ 直接取作 105 ℃完全干燥状态下实测所得 $\hat{S}_0$。由于高温干燥尤其是 105 ℃高温必然使水泥基材料内部产生微裂纹损伤，它对毛细吸水速率的影响使得 $S\,(\omega_{\text{init}} = 0)$ 直接取作 $\hat{S}_0$ 并不合适。由于不导致微裂纹损伤的理想干燥方法不存在 [365,367]，为更好地验证 Sr-Zhou 模型 [式 (8.37)] 的适用性和准确性，若将 $S\,(\omega_{\text{init}} = 0)$ 视作未知数，利用 Sr-Zhou 模型 [式 (8.37)] 对 M3 和 M4 两种砂浆的实测数据进行拟合，所得结果如图 8.11 (b) 所示，拟合所得完全干燥状态下的毛细吸水速率 S_0 见表 8.6。

对比表 8.6 所列拟合所得毛细吸水速率 S_0 值与 105 ℃干燥后实测所得毛细吸水速率值可见，M3 砂浆的拟合值 $S_0 = 0.227\,\text{mm/min}^{0.5}$ 只是稍高于实测值 $0.223\,\text{mm/min}^{0.5}$，但 M4 砂浆的拟合值 $S_0 = 0.286\,\text{mm/min}^{0.5}$ 比实测值 $0.227\,\text{mm/min}^{0.5}$ 高出 26%。产生该差异可能是因为，在实测毛细吸水速率时，试件已经经历过 2 轮干燥与湿润处理，在这个过程中，砂浆表层一定厚度会发生碳化，进而使孔隙结构细化并降低毛细吸水速率 [334]，该碳化效果甚至会大于干燥微裂缝导致毛细吸水速率增大的程度 [287,656]，进而使毛细吸水速率的拟合值偏大。尽管如此，从图 8.11 (b) 中可见，虽然在较高饱和度 $\omega_{\text{init}} > 0.5$ 时，Sr-Zhou 模型依然会高估毛细吸水速率的数值，但整体拟合效果非常好，相关系数 $R^2 > 0.93$。从中可见，Sr-Zhou 模型 [式 (8.37)] 能很好地描述 M3 和 M4 两种砂浆的非饱和毛细吸水速率随初始饱和度的变化过程。

8.2.5　模型简化与推广

1. 模型参数分析与简化

从模型式 (8.37) 中可见，相对毛细吸水速率 S_r 主要取决于形状参数 n_0 和水分特征曲线模型参数 α_{zh}，其中，前者的变化范围比较小，但后者可能在很大范围内发生变化。为分析这两个关键参数对相对毛细吸水速率 S_r 的影响，将形

状参数 n_0 取为代表值 2.0 和 6.0，将水分特征曲线参数 α_{zh} 在 $[0.5, 10^4]$ 内间隔取值，依据式 (8.37) 计算相对毛细吸水速率 S_r，如图 8.12 所示。

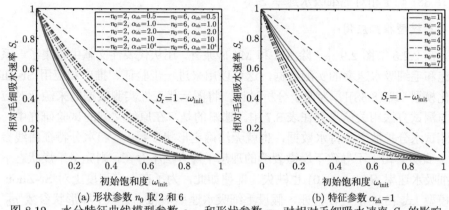

(a) 形状参数 n_0 取 2 和 6   (b) 特征参数 $\alpha_{zh}=1$

图 8.12 水分特征曲线模型参数 α_{zh} 和形状参数 n_0 对相对毛细吸水速率 S_r 的影响
(彩图扫封底二维码)

从图 8.12 (a) 中可见，当形状参数取固定值 $n_0 \equiv 2.0$ 或 6.0 时，Sr-Zhou 模型计算所得相对毛细吸水速率曲线 $S_r(\omega_{init})$ 表现出类似的非线性变化规律。随着初始饱和度从 ω_{init} 从 1 逐渐降低至 0，S_r 的数值从 0 逐渐增大至 1，且增速越来越大，这不但与图 8.11 中所示 M3 和 M4 两种砂浆的试验结果定性吻合，也与图 2.9 中所示初始饱和度影响的异常规律类似。当形状参数 n_0 固定不变时，随着特征参数 α_{zh} 从 0.5 增大到 1 时，相对毛细吸水速率 S_r 随初始饱和度 ω_{init} 的变化比较明显。然而，当特征参数 $\alpha_{zh} > 1$ 时，相对毛细吸水速率曲线 $S_r(\omega_{init})$ 随 α_{zh} 的变化非常小，甚至可以忽略不计。换句话说，当 $\alpha_{zh} > 1.0$ 时可以认为，相对毛细吸水速率 S_r 近似不依赖参数 α_{zh}。

从图 8.12 (b) 中可见，当特征参数 $\alpha_{zh} \equiv 1$ 时，相对毛细吸水速率曲线 $S_r(\omega_{init})$ 随形状参数 n_0 的变化非常显著。当 n_0 从 1 增大至 7 时，对任意初始饱和度状态来说，相对毛细吸水速率 S_r 均逐渐降低，且 $S_r(\omega_{init})$ 曲线的非线性程度也越来越高。

依据以上对 Sr-Zhou 模型参数的相关分析可知，形状参数 n_0 对相对毛细吸水速率曲线 $S_r(\omega_{init})$ 的影响起控制作用，水分特征曲线参数 α_{zh} 的影响非常小，且当 $\alpha_{zh} > 1$ 时，α_{zh} 的影响可以忽略不计。Zhou[491] 前期对水泥基材料实测持水数据进行拟合，结果表明，大多数水泥基材料均满足特征参数 $\alpha_{zh} > 1$。换句话说，水分特征曲线参数 α_{zh} 对相对毛细吸水速率曲线 $S_r(\omega_{init})$ 的影响可忽略。这样一来，近似取 $\alpha_{zh} \equiv 1$，则 Sr-Zhou 模型 [式 (8.37)] 可进一简化成

$$S_r(\omega_{init}) = (1 - \omega_{init})^{1.5} \sqrt{\frac{\mathcal{F}(n_0)}{\mathcal{F}[n_0(1 - \omega_{init})]}} \tag{8.38}$$

此时，相对毛细吸水速率 S_r 成为形状参数 n_0 的单变量函数。由于水泥基材料水分特征曲线的测试过程非常耗时，特征参数 α_{zh} 的确定比较困难，此时可依据式 (8.38) 确定相对毛细吸水速率 S_r。

2. 模型推广应用

在 2.2.5 节图 2.9 中，除 M3 和 M4 砂浆外，还从代表性文献中收集了一系列非饱和毛细吸水速率的实测数据，这可以用来进一步验证、推广和应用 Sr-Zhou 简化模型 [式 (8.38)]。为便于分析讨论，将图示代表性实测数据的来源及对应材料与测试方法相关信息列在表 8.7 中。遗憾的是，在原始文献的试验研究中，没有测试水分扩散率和持水数据，也就无法确定形状参数 n_0 和水分特征曲线参数 α_{zh}。此外，由于不导致干燥微裂缝的理想干燥方法不存在，则完全干燥状态下的毛细吸水速率 $S(\omega_{init}=0)$ 也缺失。即便如此，为了在一定程度上对 Sr-Zhou 简化模型 [式 (8.38)] 进行验证，假设毛细吸水速率 $S(\omega_{init}=0)$ 和形状参数 n_0 未知，利用简化模型式 (8.38) 对图 2.9 中所示数据进行非线性拟合，所得结果见图 8.13 和表 8.8。

表 8.7　部分水泥基材料试件的基本性质和初始非饱和状态预处理方法

材料[①]	w/c	胶凝材料	干燥方法	平衡方法
OPC-C-0.42[332]	0.42	100% PC	逐步升温干燥 (23~105 ℃)	无
OPC-M-0.42[332]	0.42	100% PC		
SG+SF-0.27[332]	0.27	67% PC, 25% SG, 8% SF		
OPC-0.4[334]	0.4	100% PC	50℃干燥后吸湿不同时间	密封平衡 4 周
OPC-0.6[334]	0.6	100% PC		
SG+SF-0.31[334]	0.31	63% PC, 27% SG, 10% SF		
S1-0.5[335]	0.5	100% PC	60℃干燥不同时间至目标饱和度	20℃平衡 20d 以上
V1-0.5[335]	0.5	100% PC		
P2-0.5[335]	0.5	100% PC		
N40-30℃[333]	0.4	100% PC	在 30℃和不同湿度条件下干燥至目标饱和度	无
N50-30℃[333]	0.5	100% PC		
N60-30℃[333]	0.6	100% PC		

① 所有材料均为混凝土，PC、SG 和 SF 分别表示硅酸盐水泥、矿渣和硅灰。

从图 8.13 和表 8.8 中可见，Sr-Zhou 简化模型 [式 (8.38)] 能很好地拟合文献中报道的代表性非饱和毛细吸水速率与初始饱和度间的非线性关系，相关系数 $R^2 > 0.90$。单从形状参数 n_0 的拟合结果来看，其数值的变化范围非常大。对 SG+SF-0.31 混凝土来说[303]，拟合所得形状参数 $n_0 = 5.843$ 非常接近典型值 6.0；OPC-0.4 和 P2-0.5 两组混凝土的拟合值 n_0 与 M3、M4 两组砂浆非常接近。但是，其他几组混凝土材料的拟合值 n_0 非常接近 0，这表明此时的水分扩散率 D 接近常数，近似不随饱和度发生变化。但从 n_0 的物理意义角度来看，由于水分扩散率 D 是

饱和度 ω 的高度非线性函数，$n_0 \approx 0$ 并不合理。

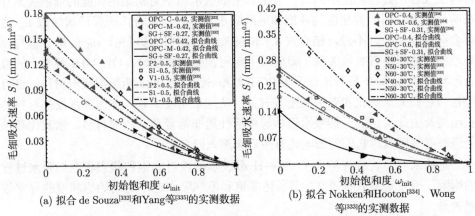

(a) 拟合 de Souza[332] 和 Yang 等[335] 的实测数据

(b) 拟合 Nokken 和 Hooton[334]、Wong 等[333] 的实测数据

图 8.13 利用 Sr-Zhou 简化模型 [式 (8.38)] 拟合非饱和毛细吸水速率实测数据

(彩图扫封底二维码)

表 8.8 利用 Sr-Zhou 简化模型 [式 (8.38)] 拟合非饱和毛细吸水速率实测数据所得参数

材料	毛细吸水速率 S_0/(mm/min$^{0.5}$)	形状参数 n_0	相关系数 R^2
OPC-C-0.42[331]	0.180	2.173×10^{-8}	0.960
OPC-M-0.42[331]	0.135	1.159×10^{-8}	0.974
SG+SF-0.27[331]	0.084	1.339×10^{-5}	0.925
OPC-0.4[333]	0.231	2.045	0.962
OPC-0.6[333]	0.261	3.126×10^{-14}	0.907
SG+SF-0.31[333]	0.144	5.843	0.993
S1-0.5[335]	0.137	4.392×10^{-12}	0.984
V1-0.5[335]	0.155	2.098×10^{-13}	0.971
P2-0.5[335]	0.115	1.645	0.994
N40-30℃[332]	0.201	2.125×10^{-9}	0.951
N50-30℃[332]	0.252	4.545×10^{-8}	0.970
N60-30℃[332]	0.410	5.307×10^{-8}	0.959

拟合值 $n_0 \approx 0$ 的异常现象可能与水泥基材料中胶凝材料的组成、初始非饱和状态试件的制备方法等因素有关，它们会显著地影响水泥基材料的孔隙结构及非饱和水分分布的均匀程度，且不同组成材料和预处理方法的影响程度也各不相同。水泥基材料孔结构随饱和度变化的根源在于 C—S—H 凝胶具有干缩湿胀的水敏性，在不同温、湿度干燥条件下，C—S—H 凝胶干缩湿胀的动力学过程会有差异，使得不同饱和度状态下的孔结构对干燥预处理方法具有一定的路径依赖性，即便初始饱和度相同，经历不同制度预处理之后的孔结构存在差异，进而影响毛细吸水速率及它对初始饱和度的依赖关系。此外，干燥处理很容易导致水泥基材料内部产生微裂纹损伤[287,656]，这也会改变初始毛细吸水速率并扭曲它对初始饱

和度的依赖关系。从图 8.13 中所示测试结果和表 8.7 中所列试验基本信息中可见，材料组成和预处理制度不同时，非饱和毛细吸水速率对初始饱和度的依赖关系存在明显差异，利用被扭曲的非饱和毛细吸水速率进行拟合，所得形状参数 n_0 也就会有较大差异。不过，结合表 8.7 和表 8.8 中所列信息可见，n_0 的拟合值与预处理制度之间没有明显关联。即便采用相同预处理制度时，OPC-0.6 混凝土的拟合形状参数 $n_0 \approx 0$ 显著地低于 OPC-0.4 和 SG+SF-0.31 两组混凝土材料，这可能也与它们的水灰比和养护制度等有关。从这个角度来看，非饱和水泥基材料的孔结构及由此决定的毛细吸水速率等传输性质非常复杂，胶凝材料、水灰比和预处理制度等因素对它们的影响还有待后续深入研究。

总的来看，若合理考虑 C—S—H 凝胶水敏性对非饱和状态和毛细吸水过程的影响，可以定量表征 2.2.5 节所述非饱和毛细吸水速率对初始饱和度的异常依赖关系。

8.3　等温恒湿干燥过程分析

水分只能以蒸发的方式离开水泥基材料等多孔介质，当定量地分析水泥基材料水分传输及相关的气体、离子传输过程时，水分的蒸发干燥占据重要地位。通常，水分蒸发指水分从液态转变成气态的相变过程及与此有关的水蒸气传输过程。当水泥基材料内部水分蒸发的速率大于吸收水分的速率时，它的含水率将逐渐下降，即干燥过程。水分蒸发除会使多孔材料干燥失水以外，同时还在很大程度上决定材料内部含水率及毛细负压的空间分布，并控制着服役环境中的水、气及离子等与多孔材料间的交换行为与过程，正是多孔材料表面的水分蒸发驱动材料内部水分发生流动 [657]。通常，干湿循环条件均会显著地强化服役环境与水泥基材料之间的物质交换，进而加速耐久性劣化进程。在分析水分及其他侵蚀介质传输和耐久性劣化过程时，还需要合理地模拟水分蒸发及由此导致的干燥过程。

多孔材料的干燥过程是典型的气液耦合传输过程。定性地看，在干燥过程中，内部水分必须通过某种形式迁移到多孔材料表面，之后再以水蒸气的形式回到大气环境中。在表面蒸发作用的影响下，多孔材料表面会散失水分，含水率逐渐降低且毛细负压升高，材料表层将吸收内部水分以补充蒸发作用导致的水分散失。多孔材料的含水率由内向外逐渐降低，蒸发面逐渐向材料内部移动，此后内部水蒸气需扩散穿过表层一定厚度范围内的孔隙空间才能迁移到大气环境中去 [658]。由此可见，多孔材料的干燥过程是气液耦合的复杂传输过程，包含内部水分的非饱和传输、水蒸气对流-扩散传输、液气相变、表面水蒸气向表层空气对流-扩散传输等多个子过程。除液态水分的毛细传输外，水蒸气在孔隙空间内部和多孔材料表面处的对流-扩散传输也扮演了重要角色。

8.3.1 水分蒸发过程描述

静止容器内的水分蒸发过程最为简单，如图 8.14 所示。在液态水表面，水蒸气分压 p_v(Pa) 恒等于当前环境条件 (温度和气压) 下的饱和蒸气压 p_{v0}(Pa)，即 $p_v \equiv p_{v0}$，表面局部相对湿度 $H \equiv 100\%$。若远场环境空气的相对湿度小于 100%，则在浓度梯度的驱动下，水蒸气会从液态水表面向远场迁移，形成水蒸气蒸发流量，该过程可以采用 Fick 定律来描述：

$$J_v = -D_{v,a}\frac{dc_v}{dx} \tag{8.39}$$

式中，x 是垂直于水面的位置坐标变量；$J_v[\text{kg}/(\text{m}^2 \cdot \text{s})]$ 是水分蒸发的质量通量；$c_v(\text{kg/m}^3)$ 是水蒸气浓度；$D_{v,a}(\text{m}^2/\text{s})$ 是静止大气中的水蒸气扩散率，它随热力学温度 T 和气体压力 p_g(Pa) 变化[659]：

$$D_{v,a} = 2.178 \times 10^{-5} \times \frac{p_0}{p_g}\left(\frac{T}{T_0}\right)^{1.81} \tag{8.40}$$

式中，$p_0 = 101325\text{Pa}$ 为参考标准大气压；$T_0 = 273.15\text{ K}$为参考温度。当温度 $T = 25\,^\circ\text{C}$时，静止大气中的水蒸气扩散率 $D_{v,a} = 2.55 \times 10^{-5}\text{ m}^2/\text{s}$。当温度恒定时，表征纯分子扩散的水蒸气扩散率 $D_{v,a}$ 是与水蒸气浓度 c_v 无关的常数。如果理想气体假设成立，那么水蒸气浓度 c_v 与水蒸气分压 p_v 之间满足

$$p_v = c_v RT/M_w \tag{8.41}$$

若将单位时间内单位面积蒸发的液体体积定义为蒸发速率 $e(\text{m/s})$，则有

$$e = J_v/\rho_w = -\frac{p_{v0}D_{v,a}M_w}{\rho_w RT}\frac{dH}{dx} \tag{8.42}$$

式中，$H = p_v/p_{v0}$ 是以小数表示的相对湿度。式 (8.42) 等号右边第一项与水分的物理化学性质有关，第二项与环境因素有关。当环境条件恒定时，蒸发速率 e 仅取决于水蒸气分子扩散率 $D_{v,a}$ 和水分饱和蒸气压 p_{v0}。理论上，水分饱和蒸气压与温度的关系由物理化学中的 Clausius-Clapeyron 方程确定，在实际应用中，常采用近似公式来计算，如广泛应用的 Tetens 方程将 p_{v0} 表示成[660]

$$p_{v0} = 610.78 \exp\left[\frac{17.27\,(T - T_0)}{T - 35.85}\right], \quad T \geqslant T_0 \tag{8.43}$$

需要说明的是，温度 T 对水分蒸发速率 e 的影响由饱和蒸气压 p_{v0} 控制。升温时水分的饱和蒸气压 p_{v0} 快速增大，$30\,^\circ\text{C}$时的水分饱和蒸气压 p_{v0} 是 $10\,^\circ\text{C}$时的 3 倍多。

　　由图 8.14 和式 (8.42) 可见, 水分蒸发流动的驱动力主要取决于环境条件, 描述水分蒸发过程的复杂程度主要与湿度梯度 $\mathrm{d}H/\mathrm{d}x$ 有关。在自然环境 (包括温度、压力、风速和太阳辐射等因素) 条件下, 水面附近空气层的组成和结构非常复杂, 通过模拟与水面直接接触空气层的组成和结构 [661-663], 可以用环境条件参数来表示相对湿度梯度 $\mathrm{d}H/\mathrm{d}x$。

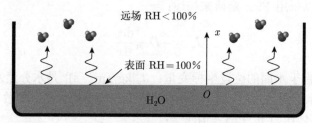

远场 RH < 100%

表面 RH = 100%

H_2O

图 8.14　液态水分蒸发示意图

　　除扩散机理外, 水蒸气在空气中还会发生对流传输。在大气环境中, 空气流动也可视作不可压缩流, 根据流体力学相关理论, 水蒸气在流动大气中的对流扩散传输方程为 [276]

$$\frac{\partial c_{\mathrm{v}}}{\partial t} + \boldsymbol{q} \cdot \nabla c_{\mathrm{v}} = D_{\mathrm{v,a}} \nabla^2 c_{\mathrm{v}} \tag{8.44}$$

式中, $\boldsymbol{q}(\mathrm{m/s})$ 为空气流速矢量, 等号左边第二项反映对流传输的贡献。联立式 (8.44) 和连续性方程、流体运动方程及非等温条件下的能量方程等, 理论上可以求解得到水蒸气浓度分布 $c_{\mathrm{v}}(x, t)$, 进而可计算得到式 (8.42) 中的相对湿度梯度 $\mathrm{d}H/\mathrm{d}x$。

　　空气对流作用对水蒸气传输的影响非常复杂。对放置在长度为 L 长管底部的液态水来说, 长管内部空气静止, 空气对流对水分蒸发没有贡献。若长管外的水分蒸气压控制恒定为 $p_{\mathrm{v}*}(*$ 代表远场边界条件), 则相对湿度梯度 $\mathrm{d}H/\mathrm{d}x = (1 - p_{\mathrm{v}*}/p_{\mathrm{v0}})/L$。利用该试验方法, 可有效地测定挥发性液体的蒸气在静止空气中的分子扩散率 [664]。实际工程中, 液体或多孔介质表面均存在空气层流或紊流, 此时风速对水分蒸发速率的影响非常显著。对水池面积和表面风速 $v_{\mathrm{w}}(\mathrm{m/s})$ 影响其表面水分蒸发速率 e 的理论分析表明, e 大致与 $\sqrt{v_{\mathrm{w}}}$ 成正比, 且受水池面积的影响很小 [662]。此外, 液体相变气化需要吸收热量, 蒸发过程总是同时伴随热量交换, 使得水分传输与热量流动相耦合, 在某些工况条件下需要对此加以考虑。

8.3.2　等温恒湿干燥过程描述

　　若不考虑表面大气流动和热量交换的影响, 多孔介质在静止空气中的等温干燥过程如图 8.15 所示, 通常包含干燥速率恒定期 (阶段 I) 和干燥速率下降期 (阶段 II)[665-667]。在相对湿度恒定的干燥大气环境中, 含水率较高的多孔介质表面水分蒸发并向远场边界扩散。依据经典干燥理论,若多孔介质初始饱和或含水率足够大,能提供足够高的水蒸气蒸发通量,则初期的水分蒸发速率大致等于自由水暴露在相同环境条件下时的表面蒸发速率[119,668],且与多孔介质自身特性无关。此时多孔介质的含水率分布较均匀,蒸发速率由外部环境条件控制[669]。随着干燥过程的继续进行,多孔介质表层和整体的含水率降低并形成毛细负压。在毛细负压梯度驱动下,多孔介质内部的液态水将向表层渗透流动,在越靠近多孔介质表面的位置,为了满足水分蒸发速率的要求,含水率的分布也越陡峭。当非饱和水分流动速度不再能够维持初期高蒸发速率的要求时,多孔介质表面供水不足,蒸发速率改由内部水分传输速度控制,干燥过程进入阶段 Ⅱ。当表面的含水率降低至与环境温湿度条件相平衡时就不再继续降低,此后干燥面逐步向多孔介质内部移动,直至多孔介质整体达到脱附平衡。在这个过程中,水蒸气在表层材料中的扩散也扮演着重要角色。在不含液态水的孔隙空间内,水蒸气也将在浓度梯度驱动下由内向外扩散。多孔介质内部气液耦合迁移也可能导致气体压力分布不均匀,此时水蒸气还会随空气渗透流动发生对流传输。常温常压条件下,水蒸气在空气中的分压很小,在等温干燥过程中,气液耦合迁移导致的气体压力梯度很小,可以忽略不计并假定多孔介质内部气体压力恒等于环境大气压力[670]。这样一来,等温干燥过程分析的关键便在于如何准确地描述多孔介质内部的液态水分渗透、水蒸气扩散耦合传输及边界附近的水蒸气扩散过程,其中边界附近的水蒸气扩散过程可以通过合理设定边界条件来进行简化处理。

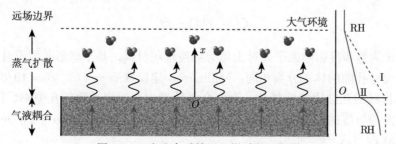

图 8.15　多孔介质等温干燥过程示意图

1. 水蒸气扩散传输

在非饱和水泥基材料内部,水蒸气在不含水的孔隙空间的扩散过程可以利用 Fick 定律来描述。由于水泥基材料的密实度很高,固体骨架占据了大量空间,大量纳米孔隙通常还含有一定体积的液态水,只有少部分不含水的孔隙空间才能成为水蒸气扩散通道。此外,水泥基材料孔隙结构非常复杂,孔隙的空间连通路径十分曲折,这进一步增大了水蒸气在多孔介质中的扩散距离,阻碍了水蒸气的扩散传输。在分析水泥基材料内部水蒸气扩散速率时,需合理地考虑孔隙率、含水状态及连通度等因素的影响。

在静止大气中水蒸气扩散率 $D_{v,a}$ 表达式 (8.40) 的基础上，通过引入扩散阻力系数 ζ_d，可以考虑非饱和多孔介质曲折孔隙通道对水蒸气扩散的阻碍作用，此时非饱和多孔介质内部水蒸气扩散的质量通量 J_v 可以写作 [671]：

$$J_v = -\zeta_d D_{v,a} \frac{dc_v}{dx} \tag{8.45}$$

扩散阻力系数 ζ_d 对准确描述多孔介质内部水蒸气的扩散速率非常关键，且受水分饱和度 Θ 的影响非常显著。当饱和度增大时，多孔介质内部可供水蒸气扩散的空间越少，扩散通道也越曲折，这使得 ζ_d 通常是含水饱和度 Θ 的单调减函数。相关研究建议采用如下指数函数来描述饱和度对扩散阻力系数 ζ_d 的影响 [672,673]：

$$\zeta_d (\Theta_w) = \exp(-\alpha\Theta), \quad \alpha > 0 \tag{8.46}$$

也有研究建议采用如下倒数函数 [674,675]：

$$\zeta_d (\Theta) = \frac{1}{1+\alpha\Theta}, \quad \alpha > 0 \tag{8.47}$$

式中，α 为表征多孔介质孔隙影响的无量纲系数。通过理论推导，Millington[250] 提出采用考虑孔隙率 ϕ 影响的幂函数来综合表示：

$$\zeta_d = \phi^\alpha (1-\Theta)^\beta \tag{8.48}$$

式中，β 为饱和度影响因子。对土体等颗粒堆积材料，基于球形孔假设且近似认为不同尺寸孔隙的体积分数相同，Millington 建议取 $\alpha = 4/3$，$\beta = 10/3$。由于水泥基材料的孔结构非常复杂，为更全面地考虑多尺度孔隙的孔隙率、饱和度、连通度及曲折度的影响，部分学者认为系数 α 和 β 满足 $\beta = \alpha + 2$，并建议将式 (8.48) 改写成 [251,670]

$$\zeta_d = \phi(1-\Theta) \times \phi^{\alpha-1} \times (1-\Theta)^{\alpha+1} \tag{8.49}$$

式中，$\phi(1-\Theta)$ 项表示可供气体扩散的有效孔隙空间的影响；幂函数项 $\phi^{\alpha-1}$ 表示非饱和多孔介质内部全部孔隙空间的曲折度影响；$(1-\Theta)^{\alpha+1}$ 项则表示不含水孔隙连通度的影响。基于 O_2 与 CO_2 在砂浆和混凝土中的扩散试验研究 [251]，Thiery 等 [251] 建议水泥基材料的系数 $\alpha = 2.74$。此外，Sercombe 等 [243] 采用 H_2 来进行扩散试验，并提出了相应的参数取值。由于不同水泥基材料的孔结构特征也不同，且水分子半径及其在浸润性水泥基材料内部的扩散行为与氧气等惰性气体有所不同, 在利用式 (8.49) 表征非饱和水泥基材料内部水蒸气扩散性能时, 参数 α 在具体取值时需要特别谨慎。

下面在分析水蒸气扩散时, 采纳 Thiery 等 [251] 的建议, 取 $\alpha = 2.74$。综合式 (8.40) 和式 (8.49), 利用扩散方程式 (8.45) 可以描述水泥基材料内部水蒸气的扩散过程。

2. 经典及修正气液耦合传输模型

在干燥过程中, 除水蒸气由内向外扩散以外, 非饱和水泥基材料内部水分还会在毛细压力梯度的驱动下发生流动。在经典的气液耦合传输模型 (conventional moisture transport model) 中, 假设多孔介质的孔结构在干燥失水过程中保持恒定不变, 也就意味着由孔结构决定的饱和水分渗透率 k_{sw} 恒定, 则由式 (8.1) 表示的非饱和液体流动可改写成以液态水质量流速 $J_w[\text{kg}/(\text{m}^2 \cdot \text{s})]$ 来表示的形式:

$$J_w = -\frac{\rho_w k_w (\theta)}{\eta_w} \nabla p_w (\theta) \tag{8.50}$$

式中, $p_w(\text{Pa})$ 为孔隙水压力。式 (8.29) 以孔隙水压力梯度 ∇p_w 作为主变量, 而水蒸气扩散质量通量的表达式 (8.45) 是以水蒸气浓度 c_v 来表示, 不便于气液耦合分析。

在干燥过程中, 近似认为任意 t 时刻、任意位置处的气液处于局部平衡状态, 即毛细压力 $p_c = p_g - p_w$。毛细水弯液面的存在不单产生毛细压力, 同时也会使弯液面处的水分蒸气压降低, 水蒸气密度降低, 它与毛细压力对应。依据式 (2.55) 可知, 孔隙水压力 p_w 可以写作

$$p_w = p_g - \frac{\rho_w RT}{M_w} \ln H \tag{8.51}$$

依据理想气体方程式 (8.41) 可知,

$$H = \frac{c_v}{c_{v,s}}, \quad c_{v,s} = \frac{p_{v0} M_w}{RT} \tag{8.52}$$

式中, $c_{v,s}(\text{kg}/\text{m}^3)$ 为饱和水蒸气浓度。将式 (8.52) 代入式 (8.51) 并简单整理可知, 以水蒸气浓度 c_v 为自变量式 (8.50) 中的驱动力项 ∇p_w 可以改写成

$$\nabla p_w (\theta) = -\frac{\rho_w RT}{M_w c_v (\theta)} \nabla c_v (\theta) \tag{8.53}$$

这样一来, 由式 (8.50) 表示的液态水质量流速 J_w 可以改用水蒸气浓度 c_v 来表示:

$$J_w = D_w (\theta) \nabla c_v (\theta), \quad D_w (\theta) = \frac{\rho_w k_{rw} (\theta) k_{sw}}{\eta_w} \times \frac{\rho_w RT}{M_w c_v (\theta)} \tag{8.54}$$

式中，$D_w(m^2/s)$ 是为了与水蒸气扩散过程描述相匹配的名义扩散率，它只是在数学形式上描述水蒸气浓度梯度 ∇c_v 驱动下的扩散速率，本质上依然是毛细压力梯度驱动的液态水分渗透传输。综合分别描述水蒸气与液态水分传输效率的式 (8.45) 和式 (8.54) 可知，非饱和多孔介质内部气液耦合传输的总质量通量 $J_{vw}[kg/(m^2 \cdot s)]$ 为

$$J_{vw} = J_v + J_w = -D_{vw}(\theta)\nabla c_v(\theta) \tag{8.55}$$

式中，总扩散率 $D_{vw}(m^2/s)$ 为

$$D_{vw}(\theta) = \zeta_d(\theta)D_{v,a} - D_w(\theta) \tag{8.56}$$

如此一来，以水蒸气浓度 c_v 作为自变量，采用式 (8.55) 可统一地描述水泥基材料内部的气液耦合传输过程。

在以上经典气液耦合传输模型中，没有考虑或者没有意识到多孔介质的孔结构会随含水率变化而变化。但对水泥基材料来说，由于 C—S—H 凝胶水敏性导致孔结构及水分传输性质的经时变化，理论上，前述经典气液耦合传输模型并不适用。此时，非饱和水分渗透率 k_w 既是含水率 θ 的函数，同时也是从开始失水算起的干燥时间 $t_d(h)$ 和干燥失水速率等影响孔结构粗化程度与规律的变量的函数。若考虑 C—S—H 凝胶水敏性的影响，可以采用与 8.1.1 节所述修正非饱和水分传输理论类似的修正方法，来描述孔结构随孔隙失水逐渐粗化的水泥基材料干燥过程。

受孔结构动态变化影响，在液态水质量流速 J_w 的表达式 (8.50) 中，应采用考虑干燥时间 t_d 影响的 $k_w(\theta, t_d)$ 来代替仅由含水率 θ 决定的非饱和水分渗透率 $k_w(\theta)$。我们认为含水率 θ 只影响相对水分渗透率 $k_{rw}(\theta)$，干燥时间 t_d 仅影响孔结构及与之相对应的本征渗透率 $k_{inh}(t_d)$，参考式 (8.57)，可将非饱和水分渗透率写作

$$k_w(\theta, t_d) = k_{rw}(\theta)k_{inh}(t_d) \tag{8.57}$$

相对水分渗透率 $k_{rw}(\theta)$ 与时变本征渗透率 $k_{inh}(t_d)$ 对准确地描述水泥基材料内部非饱和水分流动非常关键。借鉴 8.1 节对长期毛细吸水过程定量模拟的成功经验，相对水分渗透率 $k_{rw}(\theta)$ 可以采用经典的 VGM 模型 [式 (5.15)] 或 ZB 模型 [式 (5.16)] 来描述；时变本征渗透率 $k_{inh}(t_d)$ 也近似采用双指数函数式 (8.8) 来描述，只需将式 (8.8) 中的湿润时间 t_w 替换成干燥时间 t_d。需要注意的是，在干燥过程中，初始含水率较高必然使得初始本征渗透率 k_{init} 比最终本征值 k_{final} 低，随着失水导致孔结构持续粗化，本征渗透率 k_{inh} 随干燥时间 t_d 单调递增。这样一来，在前述经典气液耦合传输模型中，如式 (8.54) 等包含的饱和水分渗透率 k_{sw}

应替换成与干燥时间 t_d 有关的本征渗透率 $k_{inh}(t_d)$。对应地，名义扩散率 D_w、液态水质量流速 J_w 和总扩散率 D_{vw} 等物理量也都是含水率 θ 和干燥时间 t_d 的函数。

由于水蒸气扩散的效率较低，对整体水分传输的贡献有限，且没有考虑动态孔结构变化影响的相关模型或试验数据可参考，故而忽略水敏性对非饱和水蒸气扩散的影响。

下面将按式 (8.57) 考虑水敏性对孔结构和本征渗透率影响的气液耦合模型称作修正气液耦合传输模型 (modified moisture transport model)，简称修正传输模型。

3. 控制方程

在经典液气耦合传输模型中，不考虑孔结构随含水率动态变化，参考非饱和流动应满足的质量守恒条件式 (2.23)，以饱和度 Θ 为自变量，一维等温干燥过程应满足

$$\frac{\partial \Theta}{\partial t} = -\frac{1}{\phi\rho_w}\frac{\partial J_{vw}}{\partial x} = \frac{\partial}{\partial x}\left[D_{app}(\Theta)\frac{\partial \Theta}{\partial x}\right] \tag{8.58}$$

式中，综合表征水蒸气扩散、液态水分渗透耦合传输的表观扩散率 $D_{app}(\mathrm{m^2/s})$ 为

$$D_{app}(\Theta) = \frac{D_{vw}(\Theta)}{\phi\rho_w}\frac{dc_v(\Theta)}{d\Theta} \tag{8.59}$$

根据式 (2.55) 和式 (8.52)，水蒸气浓度 c_v 可以利用毛细压力 p_c 来表示成

$$c_v(\Theta) = c_{v,s}\exp\left[\frac{-M_w p_c(\Theta)}{\rho_w RT}\right] \tag{8.60}$$

通过数学求导计算可得

$$\frac{dc_v(\Theta)}{d\Theta} = -\frac{c_{v,s}M_w}{\rho_w RT}\exp\left[-\frac{M_w p_c(\Theta)}{\rho_w RT}\right]\frac{\partial p_c(\Theta)}{\partial \Theta} \tag{8.61}$$

在经典气液耦合传输模型中，依据 5.4.1 节选定水分特征曲线模型 $p_c(\Theta)$ 后，即可依据式 (8.61) 和式 (8.56) 计算表观扩散率 $D_{app}(\Theta)$，对控制方程式 (8.58) 进行数值求解。

对水泥基材料来说，需考虑水敏性对经典气液耦合传输模型进行修正，只需将控制方程式 (8.58) 中的 $D_{app}(\Theta)$ 与表观扩散率表达式 (8.59) 中的 $D_{vw}(\Theta)$ 分别替换成 $D_{app}(\Theta, t_d)$ 和 $D_{vw}(\Theta, t_d)$ 即可。在数学形式上，修正后的控制方程式 (8.58) 与修正 Richards 模型式 (8.5) 完全一致，可以采用与毛细吸水过程分析类似的有限差分算法进行数值计算。

值得注意的是，在对气液耦合传输进行计算分析时，描述毛细压力 p_c 与饱和度 Θ(或含水率 θ) 之间关系的水分特征曲线扮演重要角色，这是因为毛细压力 p_c 是液态水分传输的驱动力，同时饱和度 Θ 对非饱和水分渗透率的影响非常显著。由 8.1.6 节的分析可知，结合两参数 VG2 模型和 Mualem 模型所得 VGM 模型 [式 (5.15)]，在分析长期毛细吸水过程时具有良好的表现。因此，本节在模拟分析水泥基材料的等温干燥过程时，也采用两参数 VG2 模型 [式 (5.6)] 与 VGM 模型 [式 (5.15)] 来分别量化描述毛细压力 p_c 和相对水分渗透率 k_{rw} 对饱和度 Θ 的依赖关系。

4. 边界条件

等温干燥过程的边界条件远比毛细吸水过程要复杂得多。从图 8.15 中可见，水泥基材料与一定厚度的空气边界层之间存在相互作用，边界层内的湿度分布特征会显著地影响水泥基材料表面的水分蒸发。理论上，当分析多孔材料等温干燥过程时，应联合边界层内的水蒸气扩散过程进行分析，即求解多孔介质与环境相耦合的水分传输问题 [676]，此时研究对象及建模分析均更为复杂。通常，可以采用简化的边界条件来消去空气边界层的对流扩散方程，避免联立求解多孔材料与空气边界层耦合传输问题。

在等温干燥过程中，多孔介质表面不会产生冷凝水，此时边界 $(x = 0)$ 处的水蒸气分压 p_v 或水蒸气浓度 c_v 应连续，即

$$c_v|_{x=0^-} = c_v|_{x=0^+} \tag{8.62}$$

同时，根据质量守恒定律可知，界面处气液耦合传输的质量通量 J_{vw} 也应该连续，即

$$(J_v + J_w)|_{x=0^-} = (qc_v - D_{v,a}\nabla c_v)|_{x=0^+} \tag{8.63}$$

利用经典边界层理论和相似性原理，将水蒸气在边界层内的对流扩散传输过程视作定常问题，可消去边界层传输方程，并得到如下简化形式的第三类边界条件 [670,677]：

$$(J_v + J_w)|_{x=0^-} = \phi\Theta\psi p_{v0}(H_0 - H_\infty) \tag{8.64}$$

式中，H_0 与 H_∞ 分别为多孔介质表面边界 $(x = 0)$ 处和远场环境 $(x = \infty)$ 的相对湿度；$\psi[\text{kg}/(\text{m}^2 \cdot \text{s} \cdot \text{Pa})]$ 为表面传湿系数 (moisture emissivity)，它与多孔介质表面温度和空气对流 (风速) 有关。对不存在空气流动的等温干燥情形，在室温 $T = 23 \pm 1\,^\circ\text{C}$ 条件下，表面传湿系数 ψ 的实测值为 $2.58 \times 10^{-8}\,\text{kg}/(\text{m}^2 \cdot \text{s} \cdot \text{Pa})$ [678,679]。

对真空饱和水泥基材料试件的等温干燥过程来说，初始条件取作 $\Theta(t = 0) = 1$，结合边界条件 [式 (8.64)]，利用预估-校正等有限差分算法，即可对控制方程

式 (8.58) 进行数值求解, 进而逐步迭代计算得到任意 t 时刻的含水率剖面 $\theta(x, t) = \phi\Theta(x, t)$ 和单位面积的累积干燥失水体积 V_w。

多孔介质干燥过程的边界条件不受 C—S—H 凝胶水敏性的影响, 在传统与修正液气耦合传输模型中, 可以采用相同的边界条件进行计算。

8.3.3 等温恒湿干燥试验方案

由于 C—S—H 凝胶具有水敏性, 水泥基材料的孔结构及其水分传输性能随含水率动态变化, 使其干燥过程进一步复杂化。为验证 8.3.2 节建立的水泥基材料等温干燥模型, 从侧面支撑水敏性理论并强化其应用, 本节利用均质性较好的砂浆材料, 在严格控制远场相对湿度条件且无对流传输影响 (空气静止) 的条件下, 开展等温干燥试验。

利用第 7 章试验研究所用的白色硅酸盐水泥 (详见 7.1.1 节) 和 ISO 标准砂, 不掺加任何其他矿物掺合料和外加剂, 制备水灰比分别为 0.33、0.43 且灰砂比恒定为 1:3 的两种砂浆材料 WM33 和 WM43, 作为试验研究对象。按设计好的配合比计量原材料, 搅拌均匀后浇筑在尺寸为 $150\,\mathrm{mm} \times 150\,\mathrm{mm} \times 300\,\mathrm{mm}$ 的棱柱体模具中并充分振捣, 在室温下养护 24 h 拆模后放入标准养护室 $[(20\pm1)^\circ\mathrm{C}, H > 95\%]$ 中养护 2 年时间。在制备等温干燥试验所用砂浆试件时, 先用钻芯机在棱柱体中部分别钻取直径为 50 mm 和 25 mm 的圆柱体, 两端各切割掉至少 10 mm 厚的表层, 之后再进行切割制备高度不同的圆柱体试件, 以满足后续孔隙率测试 (每组砂浆制备 2 个 $\phi25\mathrm{mm} \times 45\mathrm{mm}$ 试件)、水分渗透率试验 (每组砂浆制备 2 个 $\phi50\,\mathrm{mm} \times 30\,\mathrm{mm}$ 试件)、等温脱附试验 (每组砂浆制备 18 个 $\phi25\,\mathrm{mm} \times 20\,\mathrm{mm}$ 试件) 及等温干燥试验 (每组砂浆制备 2 个 $\phi50\,\mathrm{mm} \times 100\,\mathrm{mm}$ 试件) 的需要。在制备好试件后, 采用与 8.1.3 节相同的方法开展孔隙率、水分渗透率和等温脱附测试, 此处不再赘述。需要说明的是, 由于本节主要分析砂浆材料等温干燥过程, 此时应采用失水过程测量所得脱附等温线来描述毛细压力与饱和度间的特征关系, 故只开展等温脱附测试。

在进行关键的等温干燥试验时, 先将制备好的圆柱形砂浆试件 ($\phi50\,\mathrm{mm} \times 100\,\mathrm{mm}$) 真空饱水, 再用环氧树脂密封试件侧面以保证试件内部水分只能通过两个端面进行一维等温失水干燥, 之后浸泡在饱和石灰水中备用。砂浆试件的等温干燥测试在相对湿度控制恒定的干燥器内进行, 如图 8.16 所示。为了分析环境相对湿度 H 对砂浆试件干燥过程的影响, 利用密闭干燥器来模拟无对流传输的等温恒湿干燥环境, 选用饱和 $\mathrm{MgCl_2}$ 溶液 ($H = 33\%$) 和饱和 NaCl 溶液 ($H = 75\%$) 来控制干燥器内部相对湿度恒定。将饱水试件取出、擦干表面自由水并称量初始饱水质量 $m_{\mathrm{sat}}(\mathrm{g})$ 后, 快速放入干燥器内干燥并开始计时, 之后每隔一段时间称取试件质量 $m_t(\mathrm{g})$, 则 t 时刻单位面积的失水体积 $V_w(t)(\mathrm{m})$ 为

$$V_{\mathrm{w}}\left(t\right) = \left(m_{\mathrm{sat}} - m_t\right) / \left(2\rho_{\mathrm{w}}A\right) \tag{8.65}$$

式中，$A(\mathrm{m}^2)$ 是圆柱试件的横截面积。由于试件失水速率越来越慢，称重的时间间隔逐渐拉大。为了尽量地降低对干燥器内恒定相对湿度的干扰，同时尽量地避免对流传输的影响，本节设计了如图 8.16 所示的试验方法，测试时只需要打开干燥器顶部密封塞 (直径约为 $30\,\mathrm{mm}$)，用电子天平 (精确至 $0.01\,\mathrm{g}$) 的挂钩勾起试件进行称重即可。利用该试验方法，可以严格控制砂浆试件所处的初始条件和等温恒湿边界条件，同时可以很方便地监测砂浆试件等温干燥过程中质量变化的完整历程。等温干燥试验在控制室温 $T = (23 \pm 2)\ ℃$的条件下进行，持续 465d。

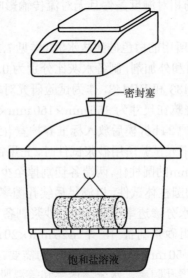

密封塞

饱和盐溶液

图 8.16　等温恒湿干燥试验方法

8.3.4　等温恒湿干燥试验结果

1. 孔隙率和水分渗透率

通过测量每组砂浆材料 2个试件在真空饱水和 $105℃$真空干燥后的质量差，可以计算得到总孔隙率，见表 8.9。测量与计算结果表明，砂浆材料 WM33 与 WM43 的孔隙率分别为 16.02% 和 19.84%。WM43 材料的水灰比较高，总孔隙率相对较大。

利用稳态渗透法和图 2.2 所示稳态渗透仪，对每组砂浆材料 2个试件进行测试的结果表明，在初始饱水状态下，WM33 砂浆的水分渗透率 $k_{\mathrm{w,e}} = (1.14 \pm 0.15) \times 10^{-19}\ \mathrm{m}^2$，砂浆 WM43 的实测水分渗透率 $k_{\mathrm{w,e}} = (3.87 \pm 1.95) \times 10^{-19}\ \mathrm{m}^2$。WM43 砂浆的水分渗透率相对较高，约是 WM33 砂浆的 3.4 倍，且 2 个试件测试结果

相差较大，这与 WM43 砂浆的水灰比较高、孔隙率较大的结果一致，且非均质性也相对较高。

表 8.9　砂浆材料 WM33 和 WM43 的基本性质

性质参数	变量符号	单位	WM33	WM43
孔隙率	ϕ	—	16.02%	19.84%
VG2 模型参数	α_{vg}	m^{-1}	9.56×10^{-4}	5.06×10^{-3}
	γ_{vg}	—	0.36	0.24
实测水分渗透率	$k_{w,e}$	m^2	1.14×10^{-19}	3.87×10^{-19}

2. 等温吸附脱附曲线

采用与 8.1.3 节类似的方法，通过对 WM33 和 WM43 两组砂浆试件在不同相对湿度下的吸附脱附平衡质量进行监测，可以得到砂浆材料在不同相对湿度 H 条件下的平衡饱和度 $\Theta(H)$，通过 Kelvin 方程式 (5.19) 可同时转换得到毛细压力水头 P_c 与饱和度 Θ 之间的关系，如图 8.17 所示。根据 8.1.6 节的毛细吸水试验反演结果可知，含两参数的水分特征曲线 VG2 模型 [式 (5.6)] 和描述相对水分渗透率的 VGM 模型 [式 (5.15)]，可以准确地量化描述长期毛细吸水过程。因此，本节在分析等温干燥过程时，也采用 VG2 模型来拟合 WM33 和 WM43 砂浆的水分特征曲线，结果见图 8.17 (b)。

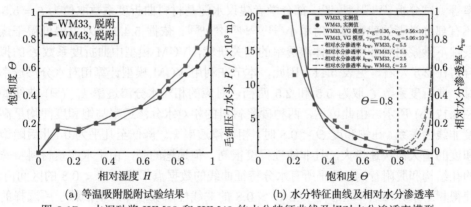

(a) 等温吸附脱附试验结果　　　　(b) 水分特征曲线及相对水分渗透率

图 8.17　水泥砂浆 WM33 和 WM43 的水分特征曲线及相对水分渗透率模型
(彩图扫封底二维码)

由图 8.17 (a) 中可见，当较低相对湿度 $H \leqslant 59\%$ 时，WM33 和 WM43 两组砂浆的饱和度非常接近；当相对湿度 $H > 59\%$ 时，WM33 砂浆的饱和度高于 WM43 砂浆。依据式 (1.14) 可知，与相对湿度 $H = 59\%$ 相对应的弯液面 Kelvin 曲率半径 $r_k \approx 2$ nm，结合水泥砂浆孔结构特征可知，相对湿度较低时的吸附脱附行为主要由纳米尺度 C—S—H 凝胶尺度的微结构决定。WM33 和 WM43 砂

浆在 $H \leqslant 59\%$ 时具有相似的吸附脱附行为说明，两种砂浆由具有相似微结构的 C—S—H 凝胶组成，这是因为它们是利用同种白水泥制备的。根据 7.2 节对水灰比影响饱水砂浆微结构的测试分析可知，在水灰比相对较高的 WM43 砂浆中，C—S—H 凝胶颗粒堆积更加疏松，在较高相对湿度条件下，WM43 砂浆更加容易失水且失水量较大，使 WM43 在高饱和度时的饱和度较低；在较低相对湿度条件下，等温脱附行为主要由水蒸气在孔隙表面的多层吸附行为决定，而孔隙的比表面积主要取决于 C—S—H 凝胶的层间孔结构特征，使得利用同种水泥制备的 WM33 和 WM43 砂浆具有相似的吸附脱附行为。

在应用双参数 VG2 模型拟合 WM33 和 WM43 砂浆的水分特征曲线时，从图 8.17 (b) 可见，VG2 模型 [式 (5.6)] 对两组砂浆非饱和毛细压力 $P_c(\Theta)$ 均具有良好的拟合效果，对 WM33 砂浆的拟合精度相对更高，在相对湿度较低区间对 WM43 的拟合精度稍差，总体适用于砂浆材料的等温脱附过程分析。

在拟合得到 VG2 模型参数 α_{vg} 和 γ_{vg}（表 8.9）后，通过假定相对水分渗透率 VGM 模型式 (5.15) 中的曲折度系数 ξ，可以进一步确定两种砂浆材料的相对水分渗透率函数 $k_{rw}(\Theta)$。VGM 模型源于土体材料非饱和传输性能相关研究，后来才拓展至水泥基材料领域。试验研究表明，土体材料的曲折度系数较小且多处在 $[-1,3]$ 内 [489,680,681]，典型值为 $\xi = 0.5$。水泥基材料的孔结构特征明显地区别于疏松多孔的土体，其曲折度系数 ξ 相对较高。基于非饱和气体渗透率和水分传导率等测试分析 [234,303,487,491]，部分学者建议水泥基材料曲折度系数取值为 $\xi = 5.5$，还有部分学者的建议值相对稍小 [231,233,670,682,683]。依据 5.4.2 节对室温低湿干燥条件下砂浆材料非饱和气体渗透率的相关研究，VGM 模型中曲折度系数 ξ 的拟合值在 2.5 左右，见表 5.11。因此，本节在利用 VGM 模型计算相对水分渗透率时，曲折度 ξ 取为 5.5 和 2.5 两档，对应的相对水分渗透率 $k_{rw}(\Theta)$ 曲线如图 8.17 (b) 所示。由此可见，两种砂浆材料的相对水分渗透率与饱和度间均呈高度非线性关系，在饱和度 $\Theta < 0.8$ 时，相对渗透率 k_{rw} 降低至几乎为 0，此后随饱和度的增大而快速增大，且非线性程度很高。但遗憾的是，由于水泥基材料特殊的孔结构和脱附行为，几乎所有水分特征曲线的数据点都落在 $\Theta < 0.8$ 的区间内，使得相对水分渗透率 $k_{rw}(\Theta)$ 在 $\Theta > 0.8$ 的非线性增长规律严重依赖于所选择的数学模型。此外，无论曲折度 ξ 的取值高低，在饱和度 Θ 相同的条件下，WM33 砂浆的相对渗透率始终高于 WM43 砂浆。

3. 干燥失水历程

正如 8.3.2 节所述，黏土砖等多孔介质的干燥过程通常包括干燥速率恒定期 (阶段 I) 和干燥速率下降期 (阶段 II) 两个阶段。在干燥速率恒定期，含水率分布剖面不存在显著内部梯度，多孔介质表面的相对湿度保持基本恒定 (图 8.15)，干燥速率主要取决于多孔介质表面相对湿度与远场环境相对湿度形成的梯度[119,668]。在干燥速率下降期，多孔介质表层含水率快速下降，产生明显的含水率梯度分布，通过边界层的水蒸气扩散通量不断下降，直至表层饱和度与环境温湿度条件相匹配并达到平衡状态。简而言之，多孔介质在阶段 I 的干燥失水速率由外部环境条件控制，而阶段 II 的干燥速率改由它内部的非饱和液体流动控制。对黏土砖等多孔介质开展的试验研究普遍支持这两个干燥阶段的划分[665,666,668]，且阶段 I 约持续 10 h。

对水泥砂浆 WM33 和 WM43 来说，在短期 12 h 和长期 465 d 的等温恒湿干燥过程中，实测单位面积失水体积 $V_w(t)$ 的发展历程如图 8.18 所示。整体上看，在等温恒湿干燥过程中，两种砂浆起初快速干燥失水，后期失水速率逐渐降低，且低相对湿度 $H = 33\%$ 时同种砂浆单位面积失水体积始终高于 $H = 75\%$。在干燥过程的早期 (12 h 以内)，各试件单位面积失水体积显然随时间逐渐降低，即干燥速率并非恒定。此外，尽管 WM33 和 WM43 砂浆在 $H = 33\%$ 条件下的干燥速率在起初 3 h 以内非常接近，但两组试件在 $H = 75\%$ 条件下的失水速率从始至终差异显著。这说明，在干燥过程早期，水泥砂浆的失水速率不单取决于干燥环境条件，也与砂浆材料自身属性有关，进一步支撑初始干燥速率非恒定的定性判断。干燥速率恒定期似乎并不存在，抑或阶段 I 的持续时间极短而难以观测到。从这个角度来看，相比于黏土砖等多孔材料，水泥基材料的干燥失水过程也有其特殊性。

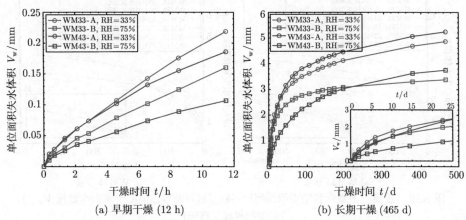

(a) 早期干燥 (12 h)　　　　　　　(b) 长期干燥 (465 d)

图 8.18　等温恒湿干燥过程中砂浆单位面积失水体积 $V_w(t)$ 的发展历程 (彩图扫封底二维码)

从中长期来看，随着干燥失水的进行，砂浆试件表层含水率快速减小，表层水分蒸发速率逐渐降低，毛细压力梯度也逐渐增大，进而驱动试件内部水分向砂浆表层迁移。但由于砂浆材料的渗透率极低，内部液态水和水蒸气向外迁移的难度越来越大, 砂浆试件的失水速率快速降低。需要注意的是, 在 75%RH 条件下的干燥过程早期, WM33-B 试件单位面积的失水体积 V_w 高于 WM43-B 试件, 且后期降低速率非常快, 并逐渐降至低于 WM43-B 试件的水平, 说明试件 WM33-B 的均质性及其干燥行为有些反常。

总体来说, 砂浆材料的干燥失水过程并不符合经典的多孔介质干燥理论, 干燥速率不单取决于干燥环境条件, 从始至终似乎都与材料自身的传输性质密切相关。

8.3.5 经典气液耦合传输模型分析

1. 干燥失水过程预测

在经典气液耦合传输模型中, 多孔介质的本征渗透率 k_{inh} 恒定不变, 概念上, 它可以直接采用稳态渗透法实测所得水分渗透率 $k_{w,e}$。对 WM33 和 WM43 砂浆来说, 将它们的本征渗透率 k_{inh} 和其他材料性质参数取作表 8.9 中所列实测值, 即 M33 砂浆取 $k_{inh} = 1.14 \times 10^{-19}\,\mathrm{m}^2$, M43 砂浆取 $k_{inh} = 3.87 \times 10^{-19}\,\mathrm{m}^2$, 利用有限差分法求解经典气液耦合传输控制方程式 (8.58), 可以计算得到砂浆材料在 33%RH 和 75%RH 干燥条件下的失水历程, 结果见图 8.19。值得一提的是, 在利用 VGM 模型进行计算时, 由于式 (8.61) 中的导数项 $\mathrm{d}p_c/\mathrm{d}\Theta$ 在完全饱和 $\Theta = 1$ 时奇异, 这将导致数值计算出错。考虑到砂浆材料密实度很高, 即便已经真空饱水处理 (理论上 $\Theta = 1$), 但实际上无法达到完全饱和。在数值求解时, 为了保证计算的稳定性, 初始条件改取 $\Theta = 0.999$。

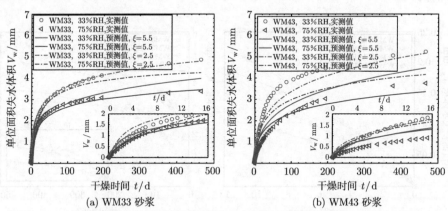

(a) WM33 砂浆   (b) WM43 砂浆

图 8.19   经典气液耦合传输模型预测所得砂浆材料的等温恒湿干燥失水过程 $V_w(t)$

(彩图扫封底二维码)

由图 8.19 可见, 对 WM33 砂浆来说, 当曲折度系数 $\xi = 5.5$ 时, 经典传输模型能近似地模拟 75%RH 条件下的干燥失水速率, 但却显著地低估 33%RH 条件下的干燥失水速率, 尤其是干燥后期; 当曲折度系数 $\xi = 2.5$ 时, 经典传输模型能近似地模拟 33%RH 条件下的失水速率, 但却显著地高于 75%RH 条件下的失水速率。对 WM43 砂浆来说，经典传输模型的预测误差更加显著。当曲折度系数 $\xi = 5.5$ 时，经典传输模型能较准确地模拟 33%RH 条件下的早期干燥失水速率，但后期明显低估；当环境相对湿度为 75%RH 时，经典传输模型早期明显高估，但后期又将明显低估。当曲折度系数 $\xi = 2.5$ 时，经典传输模型依然无法准确地预测不同环境条件下的早期和后期干燥失水过程。由此可见，在预测水泥基材料长期干燥失水过程时，经典气液耦合传输模型的计算精度较差，这与将本征渗透率 k_{inh} 直接取作实测水分渗透率 $k_{w,e}$ 可能存在偏差有关，且受曲折度系数 ξ 取值的影响显著。更重要的是，干燥失水预测精度无法兼顾早期、后期干燥过程和中、低相对湿度条件，定性来看，经典传输模型没有抓住水泥基材料干燥失水过程的某些本质问题，如没有意识到或者合理地考虑水敏性影响。

2. 干燥失水过程反演

考虑到砂浆材料极低水分渗透率很难测准，且即便砂浆的均质性相对较好，不同试件的水分渗透率依然会有一定差异，这在一定程度上会影响 8.2.5 节中经典气液耦合传输模型的预测精度。为了分析验证经典模型对水泥基材料的适用性，假设等温干燥试件的饱和水分渗透率 k_{sw} 未知，通过最小化经典模型预测所得干燥失水历程 $V_w(t)$ 与实测数据之间误差的均方根，来拟合各组砂浆试件的饱和水分渗透率 k_{sw}，结果如表 8.10 所示；同时计算与拟合所得 k_{sw} 对应的等温干燥失水历程数据，如图 8.20 中的点划线所示。

表 8.10 利用经典和修正气液耦合传输模型反演干燥失水历程计算所得模型参数

试件	系数	经典传输模型		考虑水敏性修正传输模型				
	ξ	k_{sw}/m^2	R^2	k_{init}/m^2	k_{final}/m^2	k_{final}/k_{init}	τ_d/h	R^2
WM33-33%RH	5.5	4.02×10^{-19}	0.960	0.76×10^{-19}	7.53×10^{-19}	9.89	282.5	0.998
	2.5	0.89×10^{-19}	0.994	0.23×10^{-19}	0.99×10^{-19}	4.29	53.4	0.998
WM33-75%RH	5.5	1.12×10^{-19}	0.992	0.28×10^{-19}	1.38×10^{-19}	5.02	35.8	0.995
	2.5	0.35×10^{-19}	0.953	0.70×10^{-19}	0.08×10^{-19}	0.13	2605.5	0.998
WM43-33%RH	5.5	19.43×10^{-19}	0.958	2.54×10^{-19}	30.21×10^{-19}	11.89	135.6	0.995
	2.5	6.06×10^{-19}	0.979	0.96×10^{-19}	7.17×10^{-19}	7.51	63.89	0.992
WM43-75%RH	5.5	3.54×10^{-19}	0.948	1.21×10^{-19}	8.49×10^{-19}	7.02	1177.9	0.999
	2.5	1.45×10^{-19}	0.980	0.65×10^{-19}	2.05×10^{-19}	3.19	677.9	0.999

注：真空饱水时，WM33 和 WM43 砂浆实测水分渗透率 $k_{w,e}$ 分别为 1.14×10^{-19} m^2 和 3.87×10^{-19} m^2。

对比图 8.20 所示经典传输模型反演计算所得干燥失水历程与图 8.19 所示直接预测结果可知，利用非线性反演拟合所得饱和水分渗透率 k_{sw}，看起来确实可以提高经典耦合传输模型的预测精度，但依然存在明显不足。在干燥历程反演精度方面，从图 8.20 (a) 和 (b) 中可见，当曲折度系数 $\xi = 5.5$，只有 WM33 砂浆在 75%RH 条件下早期干燥历程的反演精度较为理想，对其他各组不同砂浆、不同相对湿度的干燥失水工况来说，经典气液耦合传输模型依然明显地高估早期失水速率；在干燥后期，经典模型能较准确地模拟 WM33 砂浆在 75%RH 条件下的干燥过程，但明显地低估它在 33%RH 条件下的干燥失水量，能较准确地模拟 WM43 砂浆在 33%RH 条件下的干燥过程，却又明显地低估在 75%RH 条件下的干燥速度。当曲折度系数 $\xi = 2.5$ 时，经典传输模型的预测精度有些提高，这在一定程度上间接支撑表 5.11 中所列曲折度系数在 2.5 左右的合理性，但遗憾的是，此时经典传输模型预测所得不同干燥工况下的早期和后期失水速率依然与实测值存在明显偏差。也就是说，即便采用最优化拟合所得饱和水分渗透率 k_{sw}，经典模型依然无法准确地模拟不同砂浆材料在不同相对湿度条件下的干燥失水全过程。

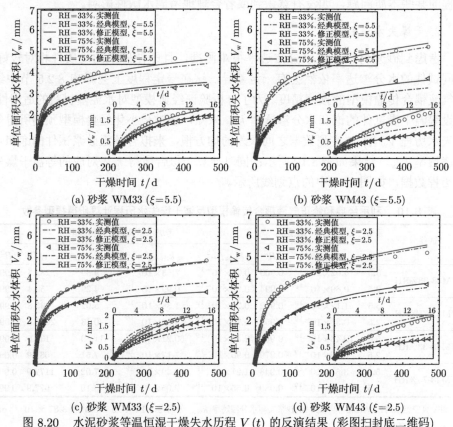

图 8.20　水泥砂浆等温恒湿干燥失水历程 $V(t)$ 的反演结果 (彩图扫封底二维码)

经典传输模型采用恒定孔结构假设，拟合所得饱和水分渗透率 k_{sw} 被认为是砂浆自身的本征属性，理论上它应不受干燥环境条件的影响。从表 8.10 中所列饱和水分渗透率 k_{sw} 拟合值可见，当曲折度系数取 $\xi = 5.5$ 时，通过拟合 WM33 砂浆在 33%RH 和 75%RH 两种干燥条件下的实测结果，所得饱和水分渗透率分别

为 $4.02 \times 10^{-19}\,\mathrm{m}^2$ 和 $1.12 \times 10^{-19}\,\mathrm{m}^2$，前者是后者的 3.6 倍，且分别是实测水分渗透率 $k_{\mathrm{w,e}}$ 均值的 3.5 倍和 0.98 倍；对 WM43 砂浆来说，33%RH 与 43%RH 干燥条件下 k_{sw} 的拟合值分别为 $19.43 \times 10^{-19}\,\mathrm{m}^2$ 和 $3.54 \times 10^{-19}\,\mathrm{m}^2$，前者是后者的 5.5 倍，且分别是实测水分渗透率均值的 5.0 倍和 0.91 倍。当曲折度系数取较小值时如 $\xi = 2.5$，与 $\xi = 5.5$ 的反演结果相比，此时经典模型计算所得饱和水分渗透率 k_{sw} 显著地减小 2/3 左右，且同种砂浆渗透率的平均值与实测值更为接近。但是，即便考虑到水泥基材料的渗透率离散性较高，拟合低相对湿度 33% 条件下实测数据所得 k_{sw} 仍始终明显地高于 75%RH 条件下的拟合结果，说明反演所得饱和水分渗透率并不单纯地反映材料自身的传输性能，而是会受干燥环境条件的影响。

综上可见，从对干燥失水历程拟合精度和反演计算所得真空饱水渗透率 k_{sw} 的准确性和合理性角度来看，经典传输模型存在明显局限性。

8.3.6 修正气液耦合传输模型分析

1. 干燥失水历程拟合

由 8.3.4 节和 8.3.5 节的分析可知，相比于黏土砖等多孔介质，水泥基材料的干燥历程似乎不存在干燥速率恒定阶段，具有一定特殊性，且经典气液耦合传输模型在描述干燥历程时也存在明显局限性，关键在于没有意识到且没有考虑水泥基材料具有的水敏性。由于砂浆材料的孔结构及本征渗透率 k_{inh} 随干燥失水而动态变化，与利用经典气液耦合传输模型反演类似，通过拟合各组砂浆试件在干燥过程中的单位面积失水体积 $V_{\mathrm{w}}(t)$，可以计算得到砂浆试件的初始本征渗透率 k_{init} 和最终本征渗透率 k_{final} 及特征膨胀时间 τ_{d}，结果见表 8.10，与此相对应的干燥失水曲线 $V_{\mathrm{w}}(t)$ 如图 8.20 中的实线所示。

由图 8.20 (a) 和 (b) 中可见，当曲折度系数 $\xi = 5.5$ 时，修正传输模型不但能在长达 465d 的长时间范围内全程模拟砂浆试件的干燥历程，而且能非常准确地逼近 15d 以内的干燥历程 [见图 8.20(a) 和 (b) 中放大的子图]，预测精度远高于不考虑 C—S—H 凝胶水敏性的经典传输模型，只有 WM33 砂浆在 33%RH 干燥条件下的长期失水速率存在些微低估。由图 8.20 (c) 和 (d) 中还可见，当 $\xi = 2.5$ 时，修正传输模型对干燥失水全过程的预测精度也非常高，只有 WM43 砂浆在 33%RH 干燥条件下的长期失水速率存在些微高估。由此可见，在描述水泥砂浆干燥历程方面，考虑 C—S—H 凝胶的水敏性后，修正气液耦合传输模型具有显著优势。

2. 时变渗透率模型参数拟合

由表 8.10 中所列反演结果来看，曲折度系数取值 $\xi = 2.5$ 不大合理。所有砂浆试件干燥前均处于真空饱水状态，理论上，反演拟合所得初始本征渗透率 k_{init}

应与试验实测所得饱和水分渗透率 $k_{w,e}$ 接近。但当 $\xi = 2.5$ 时，反演所得初始本征渗透率 k_{inh} 要明显地小于实测值 $k_{w,e}$，WM43 砂浆的差异尤其显著。更重要的是，此时反演 WM33 砂浆在 75%RH 条件下的干燥历程所得最终本征渗透率明显地小于初始本征值，$k_{final}/k_{init} = 0.13$，由于干燥失水过程中 C—S—H 凝胶的收缩塌陷总是将导致孔结构粗化，该计算结果明显与真实物理意义不相符。从这个角度来看，尽管 $\xi = 2.5$ 时修正传输模型能较准确地逼近各工况下的干燥失水历程，但只限于从纯数学层面进行唯象拟合，在物理意义层面并不合理。

当曲折度系数取 $\xi = 5.5$ 时，修正传输模型拟合所得各参数在物理意义上具有良好的合理性。当曲折度系数 $\xi = 5.5$ 时，反演 WM33 砂浆在 33%RH 与 75%RH 两种边界条件下干燥历程所得初始本征渗透率分别为 0.76×10^{-19} m^2 和 0.28×10^{-19} m^2，前者是后者的 2.77 倍，两者的平均值是实测饱和水分渗透率 $k_{w,e}$ 的 46%；反演 WM43 砂浆在 33%RH 与 75%RH 条件下干燥历程所得初始本征渗透率分别为 2.54×10^{-19} m^2 和 1.21×10^{-19} m^2，前者是后者的 2.10 倍，两者的平均值是实测值 $k_{w,e}$ 的 48%。不同砂浆在不同干燥湿度条件下反演所得初始本征渗透率 k_{init} 总是低于饱和水分渗透率的实测值，这可能是因为真空饱水时较大粗孔对总体渗透率也会有一定的贡献。考虑到砂浆材料渗透率的离散性和极低水分渗透率的测试误差较大，修正气液耦合传输模型反演所得初始本征渗透率 k_{init} 与其真实的物理意义更为吻合。也就是说，利用 VGM 模型 ($\xi = 5.5$) 来描述相对水分渗透率随饱和度的变化规律，考虑干燥失水导致孔结构粗化对本征渗透率的影响，修正传输模型可以有效地预测砂浆材料的初始本征渗透率。

对表 8.10 中所列最终本征渗透率 k_{final} 来说，不同砂浆试件在不同相对湿度条件下计算所得数值差异较大，这是因为不同砂浆材料在经历不同程度干燥作用后的孔结构存在显著差异。当曲折度系数 $\xi = 5.5$ 时，各工况反演计算所得最终本征渗透率 k_{final} 总是高于初始本征渗透率 k_{init}，该差异定性上与两者的物理意义相符。从两者比值 k_{final}/k_{init} 来看，在 33%RH 条件下干燥很长时间后，WM33 和 WM43 两种砂浆的渗透率 k_{final} 分别增大至对应初始值 k_{init} 的 9.89 倍和 11.89 倍，增幅非常明显；在 75%RH 条件下干燥时，WM33 与 WM43 砂浆的渗透率分别增大至初值的 5.02 倍和 7.02 倍，增幅低于 33%RH 干燥条件，这是因为更低相对湿度条件下干燥时，C—S—H 凝胶收缩塌陷导致孔结构粗化的程度也更为显著。若将砂浆试件完全烘干，C—S—H 凝胶将进一步收缩塌陷，由此可能导致渗透率增大的幅度可能会达到 $2 \sim 3$ 个数量级，这与第 5 章的研究结果定性吻合。

在时变渗透率模型中，表征 C—S—H 凝胶失水收缩速率的特征膨胀时间 τ 也扮演重要角色。从表 8.10 中可见，砂浆材料在不同干燥条件下拟合所得特征膨胀时间最小值为 35.8 h，最大值达 1177.9 h，说明材料内部 C—S—H 凝胶失水收缩塌陷速度差异明显，该值越小表示收缩塌陷速度越快。对 WM43 砂浆来说, 33%RH 干燥条件下的特征时间 $\tau = 135.6$ h明显地高于 75%RH 条件下的 1177.9 h。但对 WM33 砂浆来说, 33%RH 条件下的特征膨胀时间 $\tau = 282.5$ h反倒 远大于 75%RH 条件下的 35.8 h, 这可能与在 75%RH 条件下 WM33 砂浆试件有 些异常有关, 该试件的干燥失水历程也有些特殊, 见图 8.18 (b)。对特征膨胀时间 τ 的物理意义及其对干燥失水历程的影响问题, 还有待后续深入的理论与试验研究。

3. 饱和度分布计算

利用拟合干燥失水曲线所得修正气液耦合传输模型参数, 可同时快速计算任 意 t 时刻的饱和度分布剖面 $\Theta(x,t)$, 结果如图 8.21 所示。圆柱试件通过两个对 面干燥失水, 饱和度分布剖面具有对称性, 图 8.21 中仅绘制试件半长度内的饱和 度曲线。由于在拟合干燥失水历程 $V_{\mathrm{w}}(t)$ 时, 曲折度取值 $\xi = 5.5$ 时修正传输模 型的模拟效果更好, 且时变渗透率模型参数的物理意义更为明确, 在计算含水率 剖面时, 仅考虑 $\xi = 5.5$ 的情形。

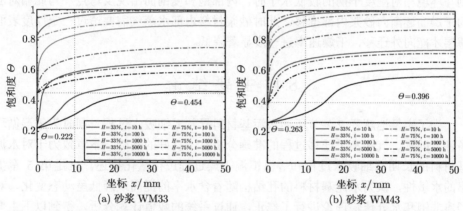

(a) 砂浆 WM33 (b) 砂浆 WM43

图 8.21 水泥砂浆等温恒湿干燥过程中的饱和度分布剖面 $\Theta(x,t)$(彩图扫封底二维码)

由图 8.21 中可见, 在不同相对湿度条件下干燥不同时间, 砂浆试件饱和度剖 面按类似规律逐渐失水。在干燥时间 $t \leqslant 100$ h甚至 $t \leqslant 10$ h的早期, 砂浆试 件表层饱和度快速下降, 并在厚度约为 10 mm 的范围内快速建立较高的含水率梯 度, 环境条件的相对湿度越低, 则饱和度下降越明显, 且含水率梯度也越大。结合 8.3.4 节所述多孔材料两阶段干燥失水速率的相关理论分析可知, 在相对湿度为 33% 和 75% 两种干燥条件下, 无论相对湿度高低, 砂浆材料均会快速建立起含水 率梯度, 表层很快就出现供水不足的情况, 需要产生较高毛细压力梯度并驱动内部 水分向表层渗透, 才能保持一定的干燥失水速率, 此时即便干燥速率恒定期存在, 其持续的时间也非常短。随着干燥的继续进行, 不但表层的含水率继续快速降低 且含水率梯度继续增大, 内部砂浆材料的含水率也会快速下降, 即便在 $x = 50$ mm

的中央深处，砂浆材料的饱和度也快速降低。在干燥时间 $t = 1000\,\mathrm{h}$ 时，33%RH 与 75%RH 条件下 WM33 砂浆核心处的饱和度分别降低至 0.60 和 0.75 左右，WM43 砂浆核心处的饱和度分别降低至 0.75 和 0.83 左右，降幅均非常显著。这也就是说，在等温恒湿干燥 1000 h 之后，从表至里厚达 50 mm 左右范围内的饱和度均已显著降低，含水率显著变化的范围并不局限于表层较小厚度范围。结合图 8.17 (b) 所示相对渗透率曲线 $k_{\mathrm{rw}}(\Theta)$ 曲线还可知，干燥 1000 h 后，砂浆试件内部水分已基本上无法形成渗流通道，导致非饱和水分渗透率快速降至非常低的水平，使得砂浆试件的干燥速度很慢，此时水蒸气扩散传输对试件干燥失水进程起控制作用。

对比 WM33 和 WM43 砂浆在相同湿度干燥条件下的饱和度剖面可知，由于 WM43 砂浆的孔隙率更高且渗透率更大，它的干燥失水速率高于 WM33 砂浆，相同位置的饱和度梯度也更大。砂浆试件内部 $x > 10\,\mathrm{mm}$ 位置的饱和度梯度较小，随着干燥失水的进行，内部饱和度呈近乎均匀地整体降低趋势。当表层饱和度达到与环境相对湿度平衡的较低水平时，内部饱和度剖面出现反弯点，与此相对应的干燥面逐渐向砂浆内部推移，此时砂浆材料内部水蒸气需要透过一定厚度表面薄层才能向外迁移，干燥速率进一步显著降低。

8.4　主　要　结　论

为了定量地解释 2.2 节所述水泥基材料异常毛细吸水过程，同时为干湿循环条件下的水、气和离子迁移过程的准确分析打下良好的基础，本章致力于对水泥基材料的长期毛细吸水过程和等温恒湿干燥过程进行量化描述。立足第 5 章提出的水敏性，认为水泥基材料的孔结构随着含水率的提高或降低呈动态变化，对经典非饱和水分传输理论进行了修正，通过系统的数值计算分析，得到以下主要结论：

(1) 典型水泥砂浆在毛细吸水过程中，起初单位面积的吸水体积与根号吸水时间之间呈现良好的线性相关性；从 6 h 左右开始，吸水过程逐渐偏离初始根号时间线性规律，经一段时间过渡后进入第二线性阶段。依据初始和第二线性阶段的实测毛细吸水数据，可以定义并计算初始和二次毛细吸水速率，前者是后者的 $6 \sim 9$ 倍，且可以忽略砂浆试件的尺寸效应。

(2) 若考虑 C—S—H 凝胶湿润膨胀导致水泥基材料孔结构细化，且本征渗透率按双指数函数衰减，则水泥基材料的毛细吸水过程将由毛细吸水速率逐渐降低的过渡阶段衔接初始、第二线性阶段组成。定性来看，该长期毛细吸水过程的变化规律与实测数据保持高度一致，证明水泥基材料毛细吸水过程偏离根号时间线性规律的根源在于水敏性。

(3) 考虑 C—S—H 凝胶的水敏性并依据修正的非饱和水分传输理论，利用实测毛细吸水试验数据，可准确地反演计算水泥基材料吸水饱和时的水分渗透率，并完整再现长达 1500 h 的长期毛细吸水过程，定量地证明水敏性是水泥基材料毛细吸水过程异常的重要本质。

(4) 水敏性特征指出，初始干燥的水泥基材料跟水一接触就开始膨胀，这能在一定程度上解释本征毛细吸水速率比其他有机溶剂小的异常现象。但除水敏性外，应该还有其他因素在起作用，后续需要进一步深化对该异常现象的量化分析。

(5) C—S—H 凝胶具有的水敏性使水泥基材料的毛细吸水过程异常复杂，并使得初始和二次毛细吸水速率的物理意义不那么明确。从毛细吸水速率与水分渗透率间的关系来看，在对侵蚀介质传输性能及耐久性能的表征能力方面，二次毛细吸水速率可能优于初始毛细吸水速率，后者受干燥预处理方法的影响非常大。

(6) 与毛细吸水过程的准确定量描述类似，考虑 C—S—H 凝胶具有的水敏性并认为它将导致干燥过程中孔结构粗化且本征渗透率显著增大，基于修正非饱和流动理论，可以准确地描述砂浆试件在不同相对湿度条件下、长达近 500 d 的等温恒湿干燥失水过程，这同样为水泥基材料的孔结构随含水率动态变化的观点提供了强力支撑。

(7) 水泥基材料的毛细吸水过程与等温恒湿干燥过程均与其水分传输性能密切相关，通过监测毛细吸水或干燥过程中的质量变化，可以反演计算其水分渗透率指标，进而为耐久性分析评价提供指导。

综合本章建立的毛细吸水和等温恒湿干燥数学模型，可以准确地描述水泥基材料在干湿循环过程中的含水率及水分分布的变化过程，进而为研究 CO_2、O_2 等气体和 Cl^-、SO_4^{2-} 等离子的对流扩散传输打下良好基础，将推动实际服役条件下的碳化、氯盐和硫酸盐侵蚀、钢筋锈蚀等耐久性劣化问题的定量分析。

参 考 文 献

[1] Mehta P K, Monteiro P J M. Concrete: Microstructure, Properties and Materials. 4th ed. New York: McGraw-Hill, 2014.

[2] 中国国家标准化管理委员会. 通用硅酸盐水泥 (GB/T 175—2007). 北京: 中国标准出版社, 2014.

[3] 张君, 阎培渝, 覃维祖. 建筑材料. 北京: 清华大学出版社, 2008.

[4] Lothenbach B, Scrivener K, Hooton R D. Supplementary cementitious materials. Cement and Concrete Research, 2011, 41(12): 1244-1256.

[5] Thomas M. Supplementary Cementing Materials in Concrete. Boca Raton: CRC Press, 2013.

[6] 刘数华, 冷发光, 王军. 混凝土辅助胶凝材料. 2 版. 北京: 人民交通出版社, 2020.

[7] Juenger M C G, Siddique R. Recent advances in understanding the role of supplementary cementitious materials in concrete. Cement and Concrete Research, 2015, 78(A): 71-80.

[8] Perkins R B, Palmer C D. Solubility of ettringite $(Ca_6[Al(OH)_6]_2 (SO_4)_3 \cdot 26H_2O)$ at 5-75℃. Geochimica et Cosmochimica Acta, 1999, 63(13): 1969-1980.

[9] Zhou Q, Glasser F P. Thermal stability and decomposition mechanisms of ettringite at <120 ℃. Cement and Concrete Research, 2001, 31(9): 1333-1339.

[10] Uchikawa H, Ogawa K, Uchida S. Influence of character of clinker on the early hydration process and rheological property of cement paste. Cement and Concrete Research, 1985, 15(4): 561-572.

[11] Scrivener K, Nonat A. Hydration of cementitious materials, present and future. Cement and Concrete Research, 2011, 41(7): 651-665.

[12] Taplin J H. A method for following the hydration reaction in Portland cement paste. Australian Journal of Applied Science, 1959, 10: 329-345.

[13] Richardson I G. The nature of C-S-H in hardened cements. Cement and Concrete Research, 1999, 29(8): 1131-1147.

[14] Kumar A, Bishinoi S, Scrivener K L. Modelling early age hydration kinetics of alite. Cement and Concrete Research, 2012, 42(7): 903-918.

[15] Scrivener K, Ouzia A, Juilland P, et al. Advances in understanding cement hydration mechanisms. Cement and Concrete Research, 2019, 124: 105823.

[16] Locher F W. Setting of cement Part I. Reaction and development of structure. Zement-Kalk-Gips, 1976, 29(10): 435-442.

[17] Tennis P D, Jennings H M. A model for two types of calcium silicate hydrate in the microstructure of Portland cement paste. Cement and Concrete Research, 2000, 30(6): 855-863.

[18] Taylor H F W, Famy C, Scrivener K L. Delayed ettringite formation. Cement and Concrete Research, 2001, 31(5): 683-693.

[19] Lawrence J F V, Young J F. Studies on the hydration of tricalcium silicate pastes I. Scanning electron microscopic examination of microstructural features. Cement and Concrete Research, 1973, 3(2): 149-161.

[20] Berger R L, Lawrence Jr F V, Young J F. Studies on the hydration of tricalcium silicate pastes II. Strength development and fracture characteristics. Cement and Concrete Research, 1973, 3(5): 497-508.

[21] Williamson R B. Solidification of Portland cement. Progress in Materials Science, 1972, 15(3): 273-281.

[22] Groves G W. Microcrystalline calcium hydroxide in Portland cement pastes of low water/ cement ratio. Cement and Concrete Research, 1981, 11(5): 713-718.

[23] Chen J J, Sorelli L, Vandamme M, et al. A coupled nanoindentation/SEM-EDS study on low water/cement ratio Portland cement paste: Evidence for $C-S-H/Ca(OH)_2$ nanocomposites. Journal of the American Ceramic Society, 2010, 93(5): 1484-1493.

[24] Maltese C, Pistolesi C, Lolli A, et al. Combined effect of expansive and shrinkage reducing admixtures to obtain stable and durable mortars. Cement and Concrete Research, 2005, 35(12): 2244-2251.

[25] Maruyama I, Beppu K, Kurihara R, et al. Action mechanisms of shrinkage reducing admixture in hardened cement paste. Journal of Advanced Concrete Technology, 2016, 14(6): 311-323.

[26] Wang J, Kong X, Yin J, et al. Impacts of two alkanolamines on crystallization and morphology of calcium hydroxide. Cement and Concrete Research, 2020, 138: 106250.

[27] Wang J, Yin J, Kong X. Influences of PCE superplasticizers with varied architectures on the formation and morphologies of calcium hydroxide crystals. Cement and Concrete Research, 2021, 152: 106670.

[28] Rahoui H, Maruyama I, Vandamme M, et al. Impact of an SRA (hexylene glycol) on irreversible drying shrinkage and pore solution properties of cement pastes. Cement and Concrete Research, 2021, 143: 106227.

[29] Maruyama I, Igarashi G, Matsui K, et al. Hinderance of C—S—H sheet piling during first drying using a shrinkage reducing agent: A SAXS study. Cement and Concrete Research, 2021, 144: 106429.

[30] Allen A J, Thomas J J, Jennings H M. Composition and density of nanoscale calcium silicate hydrate in cement. Nature Materials, 2007, 6(4): 311-316.

[31] Brouwers H J H. The work of powers and brownyard revisited: Part 1. Cement and Concrete Research, 2004, 34(9): 1697-1716.

[32] Kunther W, Ferreiro S, Skibsted J. Influence of the Ca/Si ratio on the compressive strength of cementitious calcium-silicate-hydrate binders. Journal of Materials Chemistry A, 2017, 5(33): 17404-17412.

[33] Taylor H F W. Cement Chemistry. 2nd ed. London: Thomas Telford, 1997.

[34] Odler I, Dorr H. Early hydration of tricalcium silicate I. Kinetics of the hydration process and the stoichiometry of the hydration products. Cement and Concrete Research, 1979, 9(2): 239-248.

[35] Chatterji S, Jeffery J W. Studies of early stages of paste hydration of cement compounds, I. Journal of the American Ceramic Society, 1962, 45(11): 536-543.

[36] Regourd M, Thomassin J H, Baillif P, et al. Study of the early hydration of Ca_3SiO_5 by X-ray photoelectron spectrometry. Cement and Concrete Research, 1980, 10(2): 223-230.

[37] Ménétrier D, Jawed I, Sun T S, et al. ESCA and SEM studies on early C_3S hydration. Cement and Concrete Research, 1979, 9(4): 473-482.

[38] Parrott L J, Patel R G, Killoh D C, et al. Effect of age on diffusion in hydrated alite cement. Journal of the American Ceramic Society, 1984, 67(4): 233-237.

[39] Grutzeck M W, Benesi A, Fanning B. Silicon-29 magic angle spinning nuclear magnetic resonance study of calcium silicate hydrates. Journal of the American Ceramic Society, 1989, 72(4): 665-668.

[40] Kwan S, Lorosa-Thompson J, Grutzeck M W. Structures and phase relations of aluminumsubstituted calcium silicate hydrate. Journal of the American Ceramic Society, 1996, 79(4): 967-971.

[41] 杨南如. C—S—H 凝结结构模型研究新进展. 南京化工大学学报, 1998, 20(2): 78-85.

[42] Stade H, Muller D. On the coordination of Al in ill-crystallized C—S—H phases formed by hydration of tricalcium silicate and by precipitation reactions at ambient temperature. Cement and Concrete Research, 1987, 17(4): 553-561.

[43] Richardson I G, Groves G W. The composition and structure of C—S—H gels in cement pastes containing blast-furnace slag. Proceedings of the 9th International Congress on the Chemistry of Cement, New Delhi, 1992: 350-356.

[44] Richardson I G. The calcium silicate hydrates. Cement and Concrete Research, 2008, 38(2): 137-158.

[45] Hewlett P C, Liska M. LEA's Chemistry of Cement and Concrete. 5th ed. London: Butterworth-Heinemann, 2019.

[46] Ramachandran V S, Feldman R F, Beaudoin J J. Concrete Science: A Treatise on Current Research. Heyden: Wiley, 1982.

[47] Powers T C, Brownyard T L. Studies of the physical properties of hardened Portland cement paste, in nine parts. Journal of the American Concrete Institute, 1948, 43(9): 101-132, 249-336, 469-505, 549-602, 669-712, 845-880, 933-992.

[48] Gartner E, Maruyama I, Chen J. A new model for the C—S—H phase formed during the hydration of Portland cements. Cement and Concrete Research, 2017, 97: 95-106.

[49] Feldman R F, Ramachandran V S. Differentiation of interlayer and adsorbed water in hydrated portland cement by thermal analysis. Cement and Concrete Research, 1971, 1(6): 607-620.

[50] Copeland L E, Hayes J C. The determination of non-evaporable water in hardened Portland cement paste. ASTM Bulletin, 1953, 47(9): 70-74.

[51] Kantro D L, Weise C H, Brunauer S. Paste hydration of beta-dicalcium silicate, tricalcium silicate and alite. Proceedings of Symposium on Structure of Portland Cement Paste and Concrete, Washington, 1966: 309-327.

[52] Taylor H F W. Hydrated calcium silicates. Journal of the Chemical Society, 1953, 33(1): 163-171.

[53] Taylor H F W, Howison J W. Relationships between (hydrated) calcium silicates and clay minerals. Clay Mineral Bulletin, 1956, 3(16): 98-111.

[54] Fujii K, Kondo W. Heterogeneous equilibrium of calcium silicate hydrate in water at 30. Journal of the Chemical Society, Dalton Transactions, 1981, 2: 645-651.

[55] Cong X, Kirkpatrick J R. ^{29}Si MAS NMR study of the structure of calcium silicate hydrate. Advanced Cement Based Materials, 1996, 3(3): 144-156.

[56] Lu P, Sun G, Young F J. Phase composition of hydrated DSP cement pastes. Journal of the American Ceramic Society, 1993, 76(4): 1003-1007.

[57] 顾雪蓉, 朱育平. 凝胶化学. 北京: 化学工业出版社, 2005.

[58] 杨南如. 非传统胶凝材料化学. 武汉: 武汉理工大学出版社, 2018.

[59] Powers T C. Structure and physical properties of hardened Portland cement paste. Journal of the American Ceramic Society, 1958, 41(1): 1-6.

[60] Powers T C. Physical properties of cement paste. Proceedings of the 4th International Symposium on the Chemistry of Cement, Washington, 1960: 577-609.

[61] Feldman R F, Sereda P J. A model for hydrated Portland cement paste as deduced from sorption-length change and mechanical properties. Materials and Structures, 1968, 1(6): 509-520.

[62] Feldman R F, Sereda P J. A new model for hydrated Portland cement and its practical implications. Engineering Journal of Canada, 1970, 53(8/9): 53-59.

[63] Feldman R F. Assessment of experimental evidence for models of hydrated Portland cement. Highway Research Record, 1972, 370: 8-24.

[64] Feldman R F. Factors affecting young's modulus-porosity relation of hydrated portland cement compacts. Cement and Concrete Research, 1972, 2(4): 375-386.

[65] Feldman R F. Mechanism of creep of hydrated Portland cement paste. Cement and Concrete Research, 1972, 2(5): 521-540.

[66] Abo-El-Enein M D S A, Rosara G, Goto S, et al. Pore structure of calcium silicate hydrate in hydrated tricalcium silicate. Journal of the American Ceramic Society, 1977, 60(3): 110-114.

[67] Wittmann F H. Surface tension, shrinkage and strength of hardened cement paste. Materials and Structures, 1968, 1(6): 546-552.

[68] Wittmann F H. Interaction of hardened cement paste and water. Journal of the American Ceramic Society, 1973, 56(8): 409-415.

[69] Wittmann F H. The structure of hardened cement paste: A basis for a better under-standing of the material properties. Proceedings of Hydraulic cement pastes: Their structure and properties, Sheffield, 1976: 69-117.

[70] Ferraris C F, Wittmann F H. Shrinkage mechanisms of hardened cement paste. Cement and Concrete Research, 1987, 17(3): 453-464.

[71] Wittmann F H, Beltzung F. Fundamental aspects of the interaction between hardened cement paste and water applied to improve prediction of shrinkage and creep of concrete: A critical review. Journal of Sustainable Cement-Based Materials, 2016, 5(1/2): 106-116.

[72] Jennings H M, Tennis P D. Model for the developing microstructure in Portland cement paste. Journal of the American Ceramic Society, 1994, 77(12): 3161-3172.

[73] Jennings H M. A model for the microstructure of calcium silicate hydrate in cement paste. Cement and Concrete Research, 2000, 30(1): 101-116.

[74] Jennings H M. Colloid model of C—S—H and implications to the problem of creep and shrinkage. Materials and Structures, 2004, 37(1): 59-70.

[75] Jennings H M. Refinements to colloid model of C—S—H in cement: CM-II. Cement and Concrete Research, 2008, 38(3): 275-289.

[76] Setzer M. Surface energy and mechanical behavior of hardened cement paste. Munich: Technische Universitaet Muenchen, 1972.

[77] Aligizaki K K. Pore Structure of Cement-based Materials: Testing, Interpretation and Requirements. Abingdon: Taylor and Francis, 2006.

[78] Brunauer S, Emmett P H, Teller E. Adsorption of gases in multimolecular layers. Journal of the American Chemical Society, 1938, 60(2): 309-319.

[79] Brouwers H J H. The work of powers and brownyard revisited: Part 2. Cement and Concrete Research, 2004, 35(10): 1922-1936.

[80] Sh Mikhail R, Copeland L E, Brunauer S. Pore structures and surface areas of hardened Portland cement pastes by nitrogen adsorption. Canadian Journal of Chemistry, 1964, 42(2): 426-438.

[81] Brunauer S, Odler I, Yudenfreund M. The new model of hardened Portland cement paste. Highway Research Record, 1970, 328: 89-107.

[82] Litvan G G. Variability of the nitrogen surface area of hydrated cement paste. Cement and Concrete Research, 1976, 6(1): 139-143.

[83] Juenger M C G, Jennings H M. The use of nitrogen adsorption to assess the microstructure of cement paste. Cement and Concrete Research, 2001, 31(6): 883-892.

[84] Qomi M J A, Brochard L, Honorio T, et al. Advances in atomistic modelling and understanding of drying shrinkage in cementitious materials. Cement and Concrete Research, 2021, 148: 106536.

[85] Bayliss P. Further interlayer desorption studies of CSH (1). Cement and Concrete Research, 1973, 3(2): 185-188.

[86] Smith R H. Basal spacing hysteresis in CSH (1). Cement and Concrete Research, 1973, 3(6): 829-832.

[87] Gutteridge W, Parrott L. A study of the changes in weight, length and interplanar spacing induced by drying and rewetting synthetic C—S—H (I). Cement and Concrete Research, 1976, 6(3): 357-366.

[88] Gaboreau S, Grangeon S, Claret F, et al. Hydration properties and interlayer organization in synthetic C—S—H. Langmuir, 2020, 36(32): 9449-9464.

[89] Odler I, Hagymassy J J, Yudenfreund M, et al. Pore structure analysis by water vapor adsorption. 3. Journal of Colloid and Interface Science, 1972, 38(1): 265-276.

[90] Odler I. The BET-specific surface area of hydrated Portland cement and related materials. Cement and Concrete Research, 2003, 33(12): 2049-2056.

[91] Korpa A, Trettin R. The influence of different drying methods on cement paste microstructures as reflected by gas adsorption: Comparison between freeze-drying (F-drying), D-drying, P-drying and oven-drying methods. Cement and Concrete Research, 2006, 36(4): 634-649.

[92] Setzer M J. The solid-liquid gel-system of hardened cement paste. Restoration of Building and Monuments, 2008, 14(4): 259-270.

[93] Splittgerber H. Spaltdruck zwischen festkorpern und auswirkungen auf probleme in der technik. Cement and Concrete Research, 1976, 6(1): 29-35.

[94] Beltzung F, Wittmann F H. Role of disjoining pressure in cement based materials. Cement and Concrete Research, 2005, 35(12): 2364-2370.

[95] Setzer M J, Wittmann F H. Surface energy and mechanical behaviour of hardened cement paste. Applied Physics, 1974, 3(5): 403-409.

[96] Brinker C J, Scherer G W. Sol-Gel Science. New York: Academic Press, 1990.

[97] Wittmann F H. Heresies on shrinkage and creep mechanisms. Proceedings of Creep, Shrinkage and Durability Mechanics of Concrete and Concrete Structures, London, 2009: 3-9.

[98] Setzer M J. SLGS model —Nanophysical interaction of pore water with gel matrix. Journal of the Chinese Ceramic Society, 2015, 43(10): 1341-1358.

[99] Setzer M J. A method for description of mechanical behaviour of hardened cement paste by evaluating adsorption data. Cement and Concrete Research, 1976, 6(1): 37-47.

[100] Houst Y, Alou F, Wittmann F H. Influence of moisture content on mechanical properties of autoclaved aerated concrete. Technical report, Elsevier Scientific Publishing Company, Amsterdam, 1983.

[101] Muller A C A, Scrivener K L, Gajewicz A M, et al. Densification of C—S—H measured by H-1 NMR relaxometry. The Journal of Physical Chemistry C, 2013, 117(1): 403-412.

[102] Jennings H M, Kumar A, Sant G. Quantitative discrimination of the nano-pore-structure of cement paste during drying: New insights from water sorption isotherms. Cement and Concrete Research, 2015, 76: 27-36.

[103] Jennings H M, Dalgleish B J, Pratt P L. Morphological development of hydrating tricalcium silicate as examined by electron microscopy. Journal of the American Ceramic Society, 1981, 64(10): 567-572.

[104] Acker P. Micromechanical analysis of creep and shrinkage mechanisms. Proceedings of Creep, Shrinkage and Durability Mechanics of Concrete and Other Quasi-Brittle Materials, Oxford, 2001: 15-25.

[105] Constantinides G, Ulm F, Vliet K V. On the use of nanoindentation for cementitious materials. Materials and Structures, 2003, 36(3): 191-196.

[106] Constantinides G, Ulm F. The effect of two types of C—S—H on the elasticity of cementbased materials: Results from nanoindentation and micromechanical modeling. Cement and Concrete Research, 2004, 34(1): 67-80.

[107] Jennings H M, Thomas J J, Gevrenov J S, et al. A multi-technique investigation of the nanoporosity of cement paste. Cement and Concrete Research, 2007, 37(3): 329-336.

[108] Thomas J J, Jennings H M, Allen A J. The surface area of cement paste as measured by neutron scattering: Evidence for two C—S—H morphologies. Cement and Concrete Research, 1998, 28(6): 897-905.

[109] Beaudoin J J, Raki L, Alizadeh R. A ^{29}Si MAS NMR study of modified C—S—H nanostructures. Cement and Concrete Composites, 2009, 31(8): 585-590.

[110] Beaudoin J J. Meniscus effects and fracture in Portland cement paste. Journal of Materials Science Letters, 1986, 5(11): 1107-1108.

[111] Brough A R, Dobson C M, Richardson I G, et al. Application of selective ^{29}Si isotopic enrichment to studies of the structure of calcium silicate hydrate C—S—H gels. Journal of the American Ceramic Society, 1994, 77(2): 593-596.

[112] Cong X, Kirkpatrick J R. ^{17}O MAS NMR investigation of the structure of calcium silicate hydrate gel. Journal of the American Ceramic Society, 1996, 79(6): 1585-1592.

[113] Etzold M A, McDonald P J, Routh A F. Growth of sheets in 3D confinements: A model for the C—S—H meso structure. Cement and Concrete Research, 2014, 63: 137-142.

[114] 张文生, 王宏霞, 叶家元. 水化硅酸钙的结构及其变化. 硅酸盐学报, 2005, 33(1): 63-68.

[115] 姚武, 何莉. 水化硅酸钙纳米结构研究进展. 硅酸盐学报, 2010, 38(4): 754-761.

[116] 吴中伟, 廉慧珍. 高性能混凝土. 北京: 中国铁道出版社, 1999.

[117] de Gennes P G. Percolation: Un concept unificateur. La Recherche, 1976, 7(72): 919-927.

[118] Suman R, Ruth D. Formation factor and tortuosity of homogeneous porous media. Transport in Porous Media, 1993, 12(2): 185-206.

[119] Hall C, Hoff W D. Water Transport in Brick, Stone and Concrete. London: Spon Press, 2012.

[120] Garboczi E J. Mercury porosimetry and effective networks for permeability calculation in porous materials. Powder Technology, 1991, 67(2): 121-125.

[121] Zeng Q, Chen S, Yang P, et al. Reassessment of mercury intrusion porosimetry for characterizing the pore structure of cement-based porous materials by monitoring the mercury entrapments with X-ray computed tomography. Cement and Concrete Composites, 2020, 113: 103726.

[122] Qi Y, Liu K, Peng Y, et al. Visualization of mercury percolation in porous hardened cement paste by means of X-ray computed tomography. Cement and Concrete Composites, 2021, 122: 104111.

[123] Diamond S. Mercury porosimetry: An inappropriate method for the measurement of pore size distributions in cement-based materials. Cement and Concrete Research, 2000, 30(10): 1517-1525.

[124] Chatterji S. A discussion of the paper "Mercury porosimetry: An inappropriate method for the measurement of pore size distributions in cement-based materials" by S. Diamond. Cement and Concrete Research, 2001, 31(11): 1657-1658.

[125] Nokken M R, Hooton R D. Using pore parameters to estimate permeability or conductivity of concrete. Materials and Structures, 2008, 41(1): 1-16.

[126] Katz A J, Thompson A H. Quantitative prediction of permeability in porous rock. Physics Review B, 1986, 34(11): 8179-8181.

[127] Katz A J, Thompson A H. Prediction of rock electrical conductivity from mercury injection measurements. Journal of Geophysical Research —Solid Earth and Planets, 1987, 92(B1): 599-607.

[128] Rouquerol J, Avnir D, Fairbridge C W, et al. Recommendations for the characterization of porous solids. Pure and Applied Chemistry, 1994, 66(8): 1739-1758.

[129] Thommes M, Kaneko K, Neimark A V, et al. Physisorption of gases, with special reference to the evaluation of surface area and pore size distribution. Pure and Applied Chemistry, 2015, 87(9-10): 1051-1069.

[130] Gregg S J, Sing K S W. Adsorption, Surface Area, and Porosity. 2nd ed. London: Academic Press, 1982.

[131] Brun M, Lallemand A, Quinson J F, et al. A new method for the simultaneous determination of the size and the shape of pores: The thermoporometry. Thermochimica Acta, 1977, 21(1): 59-88.

[132] Quinson J F, Astier M, Brun M. Determination of surface area by thermoorometry. Applied Catalysis, 1987, 30(1): 123-130.

[133] Sun Z, Scherer G W. Pore size and shape in mortar by thermoporometry. Cement and Concrete Research, 2010, 40(5): 740-751.

[134] Robens E, Benzler B, Reichert H, et al. Gravimetric, volumetric and calorimetric studies of the surface structure of Portland cement. Journal of Thermal Analysis and Calorimetry, 2000, 62(2): 435-441.

[135] Brenner A M, Adkins B D, Spooner S, et al. Porosity by small-angle X-ray-scattering (SAXS) —Comparison with results from mercury penetration and nitrogen adsorption. Journal of Non-Crystalline Solids, 1995, 185(1): 73-77.

[136] Ramsay J D F. Surface and pore structure characterisation by neutron scattering techniques. Advances in Colloid and Interface Science, 1998, 76(1): 13-37.

[137] Maruyama I, Sakamoto N, Matsui K, et al. Microstructural changes in white Portland cement paste under the first dying process evaluated by WAXS, SAXS and USAXS. Cement and Concrete Research, 2017, 91: 24-32.

[138] Davies S, Packer K J. Pore-size distributions from nuclear magnetic resonance spin-lattice relaxation measurements of fluid-saturated porous solids. I. theory and simulation. Journal of Applied Physics, 1990, 67(6): 3163-3170.

[139] Valori A, McDonald P J, Scrivener K L. The morphology of C—S—H: Lessons from ^{1}H nuclear magnetic resonance relaxometry. Cement and Concrete Research, 2013, 49: 65-81.

[140] Mehta P K. Studies on blended Portland cements containing Santorin earth. Cement and Concrete Research, 1981, 11(4): 507-518.

[141] 吴中伟. 混凝土科学技术近期发展方向的探讨. 硅酸盐学报, 1979, 7(3): 262-270.

[142] Mindess S, Young J F, Darwin D. Concrete. 2nd ed. Upper Saddle River: Prentice Hall, 1992.

[143] Archie G E. The electrical resistivity log as an aid in determining some reservoir characteristics. Transactions of the American Institute of Mining, Metallurgical and Petroleum Engineers, 1942, 146(1): 54-62.

[144] Wong P Z, Koplik J, Tomanic J P. Conductivity and permeability of rocks. Physical Review B, 1984, 30(11): 6606-6614.

[145] Ewing R P, Hunt A G. Dependence of the electrical conductivity on saturation in real porous media. Vadose Zone Journal, 2006, 5(2): 731-741.

[146] Li Q, Xu S, Zeng Q. The effect of water saturation degree on the electrical properties of cement-based porous material. Cement and Concrete Composites, 2016, 70: 35-47.

[147] Mullet M, Fievet P, Reggiani J C, et al. Wicking technique combined with electrical resistance measurements for determination of pore size in ceramic membranes. Journal of Materials Science, 1999, 34(8): 1905-1910.

[148] Coussy O. Mechanics and Physics of Porous Solids. Hoboken: Wiley, 2010.

[149] Ulm F J, Constantinides G, Heukamp F H. Is concrete a poromechanics materials? —A multiscale investigation of poroelastic properties. Materials and Structures, 2004, 37(1): 43-58.

[150] Balshin M Y. Relation of mechanical properties of powder metals and their porosity and the ultimate properties of porous-metal ceramic materials. Dokl Askd SSSR, 1949, 67(5): 831-834.

[151] Ryshkevitch R. Compression strength of porous sintered alumina and zirconia. Journal of the American Ceramic Society, 1953, 36(2): 65-68.

[152] Hasselman D P H. Griffith flaws and the effect of porosity on tensile strength of brittle ceramics. Journal of the American Ceramic Society, 1969, 52(8): 457.

[153] Schiller K K. Strength of porous materials. Cement and Concrete Research, 1971, 1(4): 419-422.

[154] Lian C, Zhuge Y, Beecham S. The relationship between porosity and strength for porous concrete. Construction and Building Materials, 2011, 25(11): 4294-4298.

[155] Robler M, Odler I. Investigations on the relationship between porosity, structure and strength of hydrated Portland cement pastes I. Effect of porosity. Cement and Concrete Research, 1985, 15(2): 320-330.

[156] Indelicato F. On the correlation between porosity and strength in high-alumina cement mortars. Materials and Structures, 1990, 23(4): 289-295.

[157] Roy D M, Gouda G R. Porosity-strength relation in cementitious materials with very high strengths. Journal of the American Ceramic Society, 1973, 56(10): 549-550.

[158] Watson K L. A simple relationship between the compressive strength and porosity of hydrated Portland cement. Cement and Concrete Research, 1981, 11(3): 473-476.

[159] Feldman R F, Ramachandran V S. Microstructure and strength of hydrated cement. Cement and Concrete Research, 1976, 6(3): 389-400.

[160] Mai Y W, Cotterell B. Porosity and mechanical properties of cement mortar. Cement and Concrete Research, 1985, 15(6): 995-1002.

[161] Alford N M. A theoretical argument for the existence of high strength cement pastes. Cement and Concrete Research, 1981, 11(4): 605-610.

[162] Sereda P J, Feldman R F, Swenson E G. Effect of sorbed water on some mechanical properties of hydrated Portland cement pastes and compacts. Highway Research Board Special Report, 1966, 90: 58-73.

[163] Beaudoin J J, Feldman R F, Tumidajski P J. Pore structure of hardened Portland cement pastes and its influence on properties. Advanced Cement Based Materials, 1994, 1(5): 224-236.

[164] Zhang B. Relationship between pore structure and mechanical properties of ordinary concrete under bending fatigue. Cement and Concrete Research, 1998, 28(5): 699-711.

[165] 杜善义, 王彪. 复合材料细观力学. 北京: 科学出版社, 1998.

[166] Hansen T C. Influence of aggregate and voids on modulus of elasticity of concrete cement mortar and cement paste. Journal of the American Concrete Institute, 1965, 62(2): 193-216.

[167] 刘加平, 田倩. 现代混凝土早期变形与收缩裂缝控制. 北京: 科学出版社, 2020.

[168] Hansen W. Drying shrinkage mechanisms in Portland cement paste. Journal of the American Ceramic Society, 1987, 70(5): 323-328.

[169] Roper H. Dimensional change and water sorption studies of cement paste. Proceedings of Symposium on Structure of Portland Cement Paste and Concrete, Washington, 1966: 74-83.

[170] Verbeck G, Helmuth R A. Structures and physical properties of cement pastes. Proceedings of 5th International Symposium on the Chemistry of Cement, Tokyo, 1968: 1-31.

[171] Juenger M C G, Jennings H M. Examining the relationship between the microstructure of calcium silicate hydrate and drying shrinkage of cement pastes. Cement and Concrete Research, 2002, 32(2): 289-296.

[172] Rajabipour F, Sant G, Weiss J. Interactions between shrinkage reducing admixtures (SRA) and cement paste's pore solution. Cement and Concrete Research, 2008, 38(5): 606-615.

[173] Maruyama I, Gartner E, Beppu K, et al. Role of alcohol-ethylene oxide polymers on the reduction of shrinkage of cement paste. Cement and Concrete Research, 2018, 111: 157-168.

[174] 陈肇元. 土建结构工程的安全性与耐久性. 北京: 建筑工业出版社, 2003.

[175] AFGC (French Association of Civil Engineers). Concrete design for a given structure service life, state-of-the-art and guide for the implementation of a predictive performance approach based upon durability indicators. Paris: AFGC Scientific and Technical Documents, 2007.

[176] Basheer L, Kropp J, Cleland D J. Assessment of the durability of concrete from its permeation properties: A review. Construction and Building Materials, 2001, 15(2): 93-103.

[177] Reinhardt H W. Penetration and permeability of concrete: Barriers to organic and contaminating liquids, RILEM Report 16. London: E&FN Spon, 1997.

[178] Garboczi E J. Permeability, diffusivity and microstructural parameters: A critical review. Cement and Concrete Research, 1990, 20(4): 591-601.

[179] Hughes D C. Pore structure and permeability of hardened cement paste. Magazine Concrete Research, 1985, 37(133): 227-233.

[180] Marsh B K, Day R L, Bonner D G. Pore structure characteristics affecting the permeability of cement paste containing fly ash. Cement and Concrete Research, 1985, 15(6): 1027-1038.

[181] Cui L, Cahyadi J H. Permeability and pore structure of OPC paste. Cement and Concrete Research, 2001, 31(2): 277-282.

[182] de Souza R C, Ghavami K, Stroeven P. Porosity and water permeability of rice husk ashblended cement composites reinforced with bamboo pulp. Journal of Materials Science, 2006, 41(21): 6925-6937.

[183] Sakai Y, Nakamura C, Kishi T. Evaluation of mass transfer resistance of concrete based on representative pore size of permeation resistance. Construction and Building Materials, 2014, 51: 40-46.

[184] Phung Q T, Maes N, Jacques D, et al. Effects of W/P ratio and limestone filler on permeability of cement pastes. Proceedings of International RILEM Conference on Materials, Systems and Structures in Civil Engineering, Lyngby, 2016: 667-684.

[185] Chen W, Liu J, Brue F, et al. Water retention and gas relative permeability of two industrial concretes. Cement and Concrete Research, 2012, 42(7): 1001-1013.

[186] Lafhaj Z, Goueygou M, Djerbi A, et al. Correlation between porosity, permeability and ultrasonic parameters of mortar with variable water/cement ratio and water content. Cement and Concrete Research, 2006, 36(4): 625-633.

[187] van Den Heede P, Gruyaert E, de Belle N. Transport properties of high-volume fly ash concrete: Capillary water sorption, water sorption under vacuum and gas permeability. Cement and Concrete Composites, 2010, 32(10): 749-756.

[188] Kikuchi M, Suda Y, Saeki T. Evaluation for ion transport in hardened cementitious paste by oxygen diffusion and chloride diffusion. Cement Science and Concrete Technology, 2010, 64(1): 346-353.

[189] Luna F J, Fernández Á, Alonso M C. The influence of curing and aging on chloride transport through ternary blended cement concrete. Materiales de Construcción, 2018, 68(332): 1-4.

[190] Nwaubani S. The influence of curing and aging on chloride transport through ternary blended cement concrete. International Journal of Civil Engineering, 2014, 12(3): 354-362.

[191] Kurumisawa K, Nawa T. Electric conductivity of hardened cement paste with inorganic electrolyte. Cement Science and Concrete Technology, 2015, 69(1): 207-213.

[192] Mihara M. Study on diffusion coefficient of Cl^- from EPMA and pore structure of hardened cement paste. Proceedings of the Japan Concrete Institute, 2007, 29(1): 1023-1028.

[193] Saeki T, Sasaki K, Shinada K. Estimation of chloride diffusion coefficient of concrete using mineral admixtures. Journal of Advanced Concrete Technology, 2006, 4(3): 385-394.

[194] 朱文涛. 物理化学. 北京: 清华大学出版社, 1995.

[195] Chatterji S, Kawamura M. Electrical double layer, ion transport and reactions in hardened cement paste. Cement and Concrete Research, 1992, 22(5): 774-782.

[196] Yang Y, Wang M. Pore-scale modeling of chloride ion diffusion in cement microstructure. Cement and Concrete Composites, 2018, 85: 92-104.

[197] Zhang T W, Gjørv O E. Effect of ionic interaction in migration testing of chloride diffusivity in concrete. Cement and Concrete Research, 1992, 25(7): 1535-1542.

[198] Li D. Electrokinetics in Microfluidics. Amesterdam: Elsevier Academic, 2004.

[199] Zhang Y, Yang Z, Ye G. Dependence of unsaturated chloride diffusion on the pore structure in cementitious materials. Cement and Concrete Research, 2020, 127: 105919.

[200] Care S. Influence of aggregates on chloride diffusion coefficient into mortar. Cement and Concrete Research, 2003, 33(7): 1021-1028.

[201] Oh B H, Jang S Y. Prediction of diffusivity of concrete based on simple analytic equations. Cement and Concrete Research, 2004, 34(3): 463-480.

[202] Garboczi E J, Bentz D P. Computer simulation of the diffusivity of cement-based materials. Journal of Materials Science, 1992, 27(8): 2083-2092.

[203] Sun G, Sun W, Zhang Y, et al. Multi-scale modeling of the effective chloride ion diffusion coefficient in cement-based composite materials. Journal of Wuhan University of Technology, 2012, 27(5): 364-373.

[204] Dridi W. Analysis of effective diffusivity of cement based materials by multi-scale modelling. Materials and Structures, 2013, 46(1): 313-326.

[205] Du X, Jin L, Ma G. A meso-scale numerical method for the simulation of chloride diffusivity in concrete. Finite Elements in Analysis and Design, 2014, 85: 87-100.

[206] Liu Q, Easterbrook D, Li L, et al. Prediction of chloride diffusion coefficients using multiphase models. Magazine of Concrete Research, 2017, 69(3): 134-144.

[207] Luciano J, Miltenberger M. Predicting chloride diffusion coefficients from concrete mixture proportions. ACI Materials Journal, 1999, 96(6): 698-702.

[208] Chalee W, Jaturapitakkul C, Chindaprasirt P. Predicting the chloride penetration of fly ash concrete in seawater. Marine Structures, 2009, 22(3): 341-353.

[209] Riding K A, Thomas M D A, Folliard K J. Apparent diffusivity model for concrete containing supplementary cementitious materials. ACI Materials Journal, 2013, 110(6): 705-713.

[210] Petcherdchoo A. Time dependent models of apparent diffusion coefficient and surface chloride for chloride transport in fly ash concrete. Construction and Building Materials, 2013, 38: 497-507.

[211] Li S, Roy D M. Investigation of relations between porosity, pore structure and Cl⁻ diffusion of fly ash and blended cement pastes. Cement and Concrete Research, 1986, 16(5): 749-759.

[212] Xi Y, Bažant Z P. Modeling chloride penetration in saturated concrete. Journal of Materials in Civil Engineering, 1999, 11(1): 58-65.

[213] Yang C C, Cho S W, Wang L C. The relationship between pore structure and chloride diffusivity from ponding test in cement-based materials. Materials Chemistry and Physics, 2006, 100(2): 203-210.

[214] Audenaert K, Yuan Q, de Schutter G. On the time dependency of the chloride migration coefficient in concrete. Construction and Building Materials, 2010, 24(3): 396-402.

[215] Shi X, Xie N, Fortune K, et al. Durability of steel reinforced concrete in chloride environments: An overview. Construction and Building Materials, 2012, 30: 125-138.

[216] Patel R A, Phung Q T, Seetharam S C, et al. Diffusivity of saturated ordinary Portland cement-based materials: A critical review of experimental and analytical modelling approaches. Cement and Concrete Research, 2016, 90: 52-72.

[217] Shafikhani M, Chidiac S E. Quantification of concrete chloride diffusion coefficient: A critical review. Cement and Concrete Composites, 2019, 99: 225-250.

[218] Sakai Y. Relationship between pore structure and chloride diffusion in cementitious materials. Construction and Building Materials, 2019, 229: 116868.

[219] Poon C S, Kou S C, Lam L. Compressive strength, chloride diffusivity and pore structure of high performance metakaolin and silica fume concrete. Construction and Building Materials, 2006, 20(10): 858-865.

[220] Brennan J K, Thomson K T, Gubbins K E. Adsorption of water in activated carbons: Effects of pore blocking and connectivity. Langmuir, 2002, 18(14): 5438-5447.

[221] Bažant Z P, Bažant M Z. Theory of sorption hysteresis in nanoporous solids: Part I. Snapthrough instabilities. Journal of the Mechanics and Physics of Solids, 2012, 60(9): 1644-1659.

[222] Bažant M Z, Bažant Z P. Theory of sorption hysteresis in nanoporous solids: Part II. Snapthrough instabilities. Journal of the Mechanics and Physics of Solids, 2012, 60(9): 1660-1675.

[223] Pihlajavaara S E. A review of some of the main results of a research on the aging phenomena of concrete: Effect of moisture conditions on strength, shrinkage and creep of mature concrete. Cement and Concrete Research, 1974, 4(5): 761-771.

[224] 马如璋, 徐英庭. 穆斯堡尔谱学. 北京: 科学出版社, 1996.

[225] Maruyama I, Nishioka Y, Igarashi G, et al. Microstructural and bulk property changes in hardened cement paste during the first drying process. Cement and Concrete Research, 2014, 58: 20-34.

[226] Bažant Z P. Mathematical models for creep and shrinkage of concrete. Proceedings of Creep and Shrinkage in Concrete Structures. Chichester: John Wiley & Sons, 1982: 163-256.

[227] Feldman R F, Sereda P J. Sorption of water on compacts of bottle-hydrated cement. I. The sorption and length-change isotherms. Journal of Applied Chemistry, 1964, 14(2): 87-93.

[228] Wittmann F H, Beltzung F, Zhao T. Shrinkage mechanisms, crack formation and service life of reinforced concrete structures. International Journal of Structural Engineering, 2009, 1(1): 13-28.

[229] Wittmann F H. Creep and Shrinkage Mechanisms. Chichester: John Wiley & Sons, 1982: 129-161.

[230] El-Dieb A S, Hooton R D. Water-permeability measurement of high performance concrete using a high-pressure triaxial cell. Cement and Concrete Research, 1995, 25(6): 1199-1208.

[231] Baroghel-Bouny V, Mainguy M, Coussy O. Isothermal drying process in weakly permeable cementitious materials: Assessment of water permeability. Proceedings of International Conference on Ion and Mass Transport in Cement-Based Materials, Toronto, 1999: 59-80.

[232] Baroghel-Bouny V, Mainguy M, Lassabatere T, et al. Characterization and identification of equilibrium and transfer moisture properties for ordinary and high-performance cementitious materials. Cement and Concrete Research, 1999, 29(8): 1225-1238.

[233] Kameche Z A, Ghomari G, Choinska M, et al. Assessment of liquid water and gas permeabilities of partially saturated ordinary concrete. Construction and Building Materials, 2014, 65: 551-565.

[234] Monlouis-Bonnaire J P, Verdier J, Perrin B. Prediction of the relative permeability to gas flow of cement-based materials. Cement and Concrete Research, 2004, 34(5): 737-744.

[235] Baroghel-Bouny V, Thiery M, Barberon F, et al. Assessment of transport properties of cementitious materials: A major challenge as regards durability? Revue Européenne de Génie Civil, 2007, 11(6): 671-696.

[236] Baroghel-Bouny V. Water vapour sorption experiments on hardened cementitious materials. Part II: Essential tool for assessment of transport properties and for durability prediction. Cement and Concrete Research, 2007, 37(3): 438-454.

[237] Baroghel-Bouny V, Thiery M, Wang X. Modelling of isothermal coupled moisture and ion transport in cementitious materials. Cement and Concrete Research, 2011, 41(8): 828-841.

[238] Zhou C S, Chen W, Wang W, et al. Unified determination of relative permeability and diffusivity for partially saturated cement-based material. Cement and Concrete Research, 2015, 67: 300-309.

[239] Zhou C S, Chen W, Wang W, et al. Indirect assessment of hydraulic diffusivity and permeability for unsaturated cement-based material from sorptivity. Cement and Concrete Research, 2016, 82: 117-129.

[240] Zhou C S, Ren F, Wang Z, et al. Why permeability to water is anomalously lower than that to many other fluids for cement-based material? Cement and Concrete Research, 2017, 100: 373-384.

[241] Zhou C S, Ren F, Zeng Q, et al. Pore-size resolved water vapor adsorption kinetics of white cement mortars as viewed from proton NMR relaxation. Cement and Concrete Research, 2018, 105: 31-43.

[242] Mason E A, Malinauskas A P. Gas Transport in Porous Media: The Dusty-Gas Model. Amsterdam: Elsevier, 1983.

[243] Sercombe J, Vidal R, Gallé C, et al. Experimental study of gas diffusion in cement paste. Cement and Concrete Research, 2007, 37(4): 579-588.

[244] Villani C, Loser R, West M J, et al. An inter lab comparison of gas transport testing procedures: Oxygen permeability and oxygen diffusivity. Cement and Concrete Composites, 2014, 53: 357-366.

[245] von Greve-Dierfeld S, Lothenbach B, Vollpracht A, et al. Understanding the carbonation of concrete with supplementary cementitious materials: A critical review by RILEM TC 281-CCC. Materials and Structures, 2020, 53(6): 136.

[246] Raupach M. Investigations on the influence of oxygen on corrosion of steel in concrete: Part I. Materials and Structures, 1996, 29(3): 174-184.

[247] Raupach M. Investigations on the influence of oxygen on corrosion of steel in concrete: Part II. Materials and Structures, 1996, 29(4): 226-232.

[248] Boher C, Frizon F, Lorente S, et al. Influence of the pore network on hydrogen diffusion through blended cement pastes. Cement and Concrete Composites, 2013, 37(1): 30-36.

[249] Dutzer V, Dridi W, Poyet S, et al. The link between gas diffusion and carbonation in hardened cement pastes. Cement and Concrete Research, 2019, 123: 105795.

[250] Millington R J. Gas diffusion in porous media. Science, 1959, 130(3367): 100-102.

[251] Thiery M, Baroghel-Bouny V, Bourneton N, et al. Modélisation du séchage des bétons: Analyse des différents modes de transfert hydrique (in French). Revue Européenne de Génie Civil, 2007, 11(5): 541-577.

[252] Climent M A, Vera G, Lopez L F, et al. A test method for measuring chloride diffusion coefficients through nonsaturated concrete Part I. The instantaneous plane source diffusion case. Cement and Concrete Research, 2002, 32(7): 1113-1123.

[253] Rajabipour F. Insitu electrical sensing and material health monitoring in concrete structure. West Lafayette: Purdue University, 2006.

[254] Guimarães A T C, Climent M A, de Vera G, et al. Determination of chloride diffusivity through partially saturated Portland cement concrete by a simplified procedure. Constructionand Building Materials, 2011, 25(2): 785-790.

[255] Olsson N, Baroghel-Bouny V, Nilsson L O, et al. Non-saturated ion diffusivity in concrete: New laboratory measurements. Proceedings of International Congress on Durability of Concrete, Trondheim, 2012.

[256] Tang L. Resistance of Concrete to Chloride Ingress. London: CRC Press, 2012.

[257] Shi C, Yuan Q, He F, et al. Transport and Interactions of Chlorides in Cement-based Materials. London: CRC Press, 2019.

[258] Saetta A V, Scotta R V, Vitaliani R V. Analysis of chloride diffusion into partially saturated concrete. ACI Materials Journal, 1993, 90(5): 441-451.

[259] Buchwald A. Determination of the ion diffusion coefficient in moisture and salt loaded masonry materials by impedance spectroscopy. Proceedings of 3rd International PhD Symposium, Vienna, 2000.

[260] Zhang Y, Zhang M. Transport properties in unsaturated cement-based materials: A review. Construction and Building Materials, 2014, 72: 367-379.

[261] Nielsen E P, Geiker M R. Chloride diffusion in partially saturated cementitious material. Cement and Concrete Research, 2003, 33(1): 133-138.

[262] de Vera G, Climent M A, Viqueira E, et al. A test method for measuring chloride diffusion coefficients through partially saturated concrete. Part II: The instantaneous plane source diffusion case with chloride binding consideration. Cement and Concrete Research, 2007, 37(5): 714-724.

[263] Fraj A B, Bonnet S, Khelidj A. New approach for coupled chloride/moisture transport in non-saturated concrete with and without slag. Construction and Building Materials, 2012, 35: 761-771.

[264] Olsson N, Baroghel-Bouny V, Nilsson L O, et al. Non-saturated ion diffusion in concrete: A new approach to evaluate conductivity measurements. Cement and Concrete Composites, 2013, 40: 40-47.

[265] Olsson N, Lothenbach B, Baroghel-Bouny V, et al. Unsaturated ion diffusion in cementitious materials: The effect of slag and silica fume. Cement and Concrete Research, 2018, 108: 31-37.

[266] Green K M, Hoff W D, Carter M A, et al. A high pressure permeameter for the measurement of liquid conductivity of porous construction materials. Review of Scientific Instruments, 1999, 70(8): 3397-3401.

[267] Loosveldt H, Lafhaj Z, Skoczylas F. Experimental study of gas and liquid permeability of a mortar. Cement and Concrete Research, 2002, 32(9): 1357-1363.

[268] Kollek J. The determination of the permeability of concrete to oxygen by the Cembureau methode: A recommendation. Materials and Structures, 1989, 22(3): 225-230.

[269] Čalogović V. Gas permeability measurement of porous materials (concrete) by time-variable pressure difference method. Cement and Concrete Research, 1995, 25(5): 1054-1062.

[270] Kropp J, Hilsdorf H K. Performance criteria for concrete durability. London: CRC Press, 1995.

[271] 王中平, 吴科如, 张青云, 等. 混凝土气体渗透系数测试方法的研究. 建筑材料学报, 2001, 4(4): 317-321.

[272] 周春圣, 赵威, 李泓昊, 等. 水泥基材料流体渗透率的测试装置. 中国: ZL201721879477.7, 2017.

[273] Nyame B K, Illston J M. Relationships between permeability and pore structure of hardened cement paste. Magazine of Concrete Research, 1980, 33(116): 139-146.

[274] Halamickova P, Detwiler R J. Water permeability and chloride ion diffusion in Portland cement mortars: Relationship to sand content and critical pore diameter. Cement and Concrete Research, 1995, 25(4): 790-802.

[275] Bágel L, Živica V. Relationship between pore structure and permeability of hardened cement mortars: On the choice of effective pore structure parameter. Cement and Concrete Research, 1997, 27(8): 1225-1235.

[276] Bennett C O, Myers J E. Momentum, Heat, and Mass Transfer. 3rd ed. New York: McGraw-Hill, 1982.

[277] Costa A. Permeability-porosity relationship: A reexamination of the Kozeny-Carman equation based on a fractal pore-space geometry assumption. Geophysical Research Letters, 2006, 33(2): L02318.

[278] Tanikawa W, Shimamoto T. Comparison of Klinkenberg-corrected gas permeability and water permeability in sedimentary rocks. International Journal of Rock Mechanics and Mining Sciences, 2009, 46(2): 229-238.

[279] Bamforth P B. The relationship between permeability coefficients for concrete obtained using liquid and gas. Magazine of Concrete Research, 1987, 39(138): 3-11.

[280] Hearn N. Comparison of water and propan-2-ol permeability in mortar specimens. Advances in Cement Research, 1996, 8(30): 81-86.

[281] Wang W, Liu J, Agostini F, et al. Durability of an ultra high performance fiber reinforced concrete (UHPFRC) under progressive aging. Cement and Concrete Research, 2014, 55: 1-13.

[282] Dhir R K, Hewlett P C, Chan Y N. Near surface characteristics of concrete: Intrinsic permeability. Magazine of Concrete Research, 1989, 41(147): 87-97.

[283] Vichit-Vadakan W, Scherer G W. Measuring permeability of rigid materials by a beambending method: III, Cement Paste. Journal of the American Ceramic Society, 2002, 85(6): 1537-1544.

[284] Scherer G W. Measuring permeability of rigid materials by a beam-bending method. Journal of the American Ceramic Society, 2000, 83(9): 2231-2239.

[285] Konecny L, Naqvi S J. The effect of different drying techniques on the pore size distribution of blended cement mortars. Cement and Concrete Research, 1993, 23(5): 1223-1228.

[286] de Sa C, Benboudjema F, Thiery M, et al. Analysis of microcracking induced by differential drying shrinkage. Cement and Concrete Composites, 2008, 30(10): 947-956.

[287] Wu Z, Wong H S, Buenfeld N R. Influence of drying-induced microcracking and related size effects on mass transport properties of concrete. Cement and Concrete Research, 2015, 68: 35-48.

[288] Hearn N, Morley C T. Self-sealing property of concrete: Experimental evidence. Materials and Structures, 1997, 30(7): 404-411.

[289] Hyde G W, Smith W J. Results of experiments made to determine the permeability of cements and cement mortars. Journal of the Franklin Institute, 1889, 128(3): 199-207.

[290] Hearn N, Detwiler R J, Sframeli C. Water permeability and microstructure of three old concretes. Cement and Concrete Research, 1994, 24(4): 633-640.

[291] McMillan F R, Lyse I. Some permeability studies of concrete. Journal Proceedings, 1929, 26: 101-142.

[292] Glanville W H. The permeability of Portland cement concrete. Building Research Technical Paper, 1931, 1(3): 1-61.

[293] Ruttgers A, Vidal E N, Wing S P. An investigation of the permeability of mass concrete with particular reference to Boulder Dam. ACI Journal Proceedings, 1935, 31(3): 382-416.

[294] Banthia N, Mindess S. Water permeability of cement paste. Cement and Concrete Research, 1989, 19(5): 727-736.

[295] Watson A J, Oyeka C C. Oil permeability of hardened cement pastes and concrete. Magazine of Concrete Research, 1981, 115(33): 85-95.

[296] Kermani A. Permeability of stressed concrete. Building Research and Information, 1991, 19(16): 360-366.

[297] Hearn N. Self-sealing, autogenous healing and continued hydration: What is the difference? Materials and Structures, 1998, 31(8): 563-567.

[298] Mindess S, Gray R J. Effect of silica fume additions on the permeability of hydrated Portland cement paste and the cement-aggregate interface. Proceedings of ACI-RILEM Seminar on Technology of Concrete, Mexico City, 1984: 121-141.

[299] Hearn N. Saturated Permeability of Concrete as Influenced by Cracking and Self-sealing. Cambridge: University of Cambridge, 1993.

[300] Hewitt C H. Analytical techniques for recognizing water-sensitive reservoir rocks. Journal of Petroleum Technology, 1963, 15(8): 813-818.

[301] Taylor S C, Hoff W D, Wilson M A, et al. Anomalous water transport properties of Portland and blended cement-based materials. Journal of Materials Science Letters, 1999, 18(23): 1925-1927.

[302] Richards L A. Capillary conduction of liquids through porous mediums. Physics, 1931, 1(5): 318-333.

[303] Hall C. Water sorptivity of mortars and concretes: A review. Magazine of Concrete Research, 1989, 41(147): 51-61.

[304] Lockington D, Parlange J Y, Dux P. Sorptivity and the estimation of water penetration into unsaturated concrete. Materials and Structures, 1999, 32(5): 342-347.

[305] Mills E O. The permeability to air and to water of some building bricks. Transactions of the Ceramic Society, 1933, 33: 200-212.

[306] Watkins C M, Butterworth B. The absorption of water by clay building bricks and some related properties. Transactions of the Ceramic Society, 1933, 33: 444-478.

[307] Gummerson R J, Hall C, Hoff W D. Water movement in porous building materials—II. Hydraulic suction and sorptivity of brick and other masonry materials. Building and Environment, 1980, 15(2): 101-108.

[308] Philip J R. The theory of infiltration: 4. Sorptivity and algebraic infiltration equations. Soil Science, 1957, 84(3): 257-264.

[309] Taylor S C, Hall C, Hoff W D, et al. Partial wetting in capillary liquid absorption by limestones. Journal of Colloid and Interface Science, 2000, 224(2): 351-357.

[310] Hall C, Thomas K M. Water movement in porous building materials —VII. The sorptivity of mortars. Building and Environment, 1986, 21(2): 113-118.

[311] Hall C, Yau M H R. Water movement in porous building materials —IX. The water absorption and sorptivity of concretes. Building and Environment, 1987, 22(1): 77-82.

[312] Martys N S, Ferraris C F. Capillary transport in mortars and concrete. Cement and Concrete Research, 1997, 27(5): 747-760.

[313] Wei J, Tao B, Weiss W J. Water absorption in cementitious materials at different temperatures. Advances in Civil Engineering Materials, 2017, 6(1): 280-295.

[314] Hall C, Hamilton A. Beyond the sorptivity: Definition, measurement and properties of the secondary sorptivity. Journal of Materials in Civil Engineering, 2018, 30(4): 04018049.

[315] Hall C. Capillary imbibition in cement-based materials with time-dependent permeability. Cement and Concrete Research, 2019, 124: 105835.

[316] Ioannou I, Hamilton A, Hall C. Capillary absorption of water and n-decane by autoclaved aerated concrete. Cement and Concrete Research, 2008, 38(6): 766-771.

[317] Dias W P S. Influence of drying on concrete sorptivity. Magazine of Concrete Research, 2004, 56(9): 537-543.

[318] Parrott L J. Water absorption in cover concrete. Materials and Structures, 1992, 25(5): 284-292.

[319] Zaccardi Y A V, Alderete N M, de Belie N. Improved model for capillary absorption in cementitious materials: Progress over the fourth root of time. Cement and Concrete Research, 2017, 100: 153-165.

[320] Küntz M, Lavallée P. Experimental evidence and theoretical analysis of anomalous diffusion during water infiltration in porous building materials. Journal of Physics D: Applied Physics, 2001, 34(16): 2547-2554.

[321] Gummerson R J, Hall C, Hoff W D. The suction rate and the sorptivity of bricks. Transactions and Journal of the British Ceramic Society, 1981, 80(5): 150-152.

[322] Hoffmann D, Niesel K. Quantifying capillary rise in columns of porous material. American Ceramic Society Bulletin, 1988, 67(8): 14-18.

[323] Beltran V, Escardino A, Feliu C, et al. Liquid suction by porous ceramic materials. British Ceramic Transactions and Journal, 1988, 87(2): 64-69.

[324] Beltran V, Barba A, Jarque J C, et al. Liquid suction by porous ceramic materials. 3. Influence of the nature of the composition and the preparation method of the pressing powder. British Ceramic Transactions and Journal, 1991, 90(2): 77-80.

[325] Hall C, Hoff W D, Taylor S C, et al. Water anomaly in capillary absorption by cement-based materials. Journal of Materials Science Letters, 1995, 14(17): 1178-1181.

[326] Ioannou I, Charalambous C, Hall C. The temperature variation of the water sorptivity of construction materials. Materials and Structures, 2017, 50(5): 208-219.

[327] Philip J R. The theory of infiltration: 1. The infiltration equation and its solution. Soil Science, 1957, 83(5): 345-358.

[328] Hall C, Hoff W D, Skeldon M. The sorptivity of brick: Dependence on the initial water content. Journal of Physics D: Applied Physics, 1983, 16(10): 1875-1880.

[329] Brutsaert W. The concise formulation of diffusive sorption of water in a dry soil. Water Resources Research, 1976, 12(6): 1118-1124.

[330] Ren F, Zhou C S, Zeng Q, et al. The dependence of capillary sorptivity and gas permeability on initial water content for unsaturated cement mortars. Cement and Concrete Composites, 2019, 104: 103356.

[331] Butterworth B. The rate of absorption of water by partly saturated bricks. Transactions British Ceramic Society, 1947, 46: 72-76.

[332] de Souza S J. Test methods for the evaluation of the durability of covercrete. Toronto: University of Toronto, 1996.

[333] Wong S F, Wee T H, Swaddiwudhipong S, et al. Study of water movement in concrete. Magazine of Concrete Research, 2001, 53(3): 205-220.

[334] Nokken M R, Hooton R D. Dependence of rate of absorption on degree of saturation of concrete. Cement, Concrete, and Aggregates, 2002, 24(1): 20-24.

[335] Yang L, Liu G, Gao D, et al. Experimental study on water absorption of unsaturated concrete: w/c ratio, coarse aggregate and saturation degree. Construction and Building Materials, 2021, 272: 121945.

[336] Nicholson M M. Surface tension in ionic crystals. Proceedings of the Royal Society of London. Series A. Mathematical and Physical Sciences, 1955, 228(1175): 490-510.

[337] Bangham D H. The Gibbs adsorption equation and adsorption on solids. Transactions of the Faraday Society, 1937, 33: 805-811.

[338] Bangham D H, Fakhoury N. The swelling of charcoal. Part I. Preliminary experiments with water vapour, carbon dioxide, ammonia and sulphur dioxide. Proceedings of the Royal Society A, 1931, 130(812): 81-89.

[339] Hiller K H. Strength reduction and length changes in porous glass caused by water vapour adsorption. Journal of Applied Physics, 1964, 35(5): 1622-1628.

[340] Coussy O, Dangla P, Lassabatére T, et al. The equivalent pore pressure and the swelling and shrinkage of cement-based materials. Cement and Concrete Research, 2004, 37(1): 15-20.

[341] Kovler K, Zhutovsky S. Overview and future trends of shrinkage research. Materials and Structures, 2006, 39(9): 827-847.

[342] Bishop A W. The principle of effective stress. Tekniske Ukeblad, 1955, 39: 859-863.

[343] Bishop A W, Blight G E. Some aspects of effective stress in saturated and partly saturated soils. Géotechnique, 1963, 13(3): 177-197.

[344] Scherer G W. Drying, shrinkage, and cracking of cementitious materials. Transport in Porous Media, 2015, 110(2): 311-331.

[345] Derjaguin B, Obuchov E. Ultramicrometric analysis of solvate lyaers and elementary expansion effects. Acta Physico-Chimica, 1936, 5: 1-22.

[346] Horn R G, Israelachvili J N. Direct measurement of structural forces between two surfaces in a nonpolar liquid. Journal of Chemical Physics, 1981, 75(3): 1400-1411.

[347] Christensoi H K, Gruen D W R, Horn R G, et al. Structuring in liquid alkanes between solid surfaces: Force measurements and mean-field theory. Journal of Chemical Physics, 1987, 87(3): 1834-1841.

[348] Granick S. Motions and relaxations of confined liquids. Science, 1991, 253(5026): 1374-1379.

[349] 赵亚溥. 表面与界面物理力学. 北京: 科学出版社, 2012.

[350] Persson B N J, Mugele F. Squeeze-out and wear: Fundamental principles and applications. Journal of Physics: Condensed Matter, 2004, 16(10): R295-R355.

[351] Sivebaeka I M, Samoilova V N, Persson B N J. Squeezing molecularly thin alkane lubrication films: Layering transitions and wear. Tribology Letters, 2004, 16(3): 195-200.

[352] Derjaguin B V, Churaev N V. Structural component of disjoining pressure. Journal of Colloid and Interface Science, 1974, 49(2): 249-255.

[353] Israelachvili J N. Intermolecular and Surface Forces. 3rd ed. Singapore: Elsevier Pte Ltd., 2012.

[354] Langmuir I. The role of attractive and repulsive forces in the formation of tactoids, thixotropic gels, protein crystals and coacervates. Journal of Chemical Physics, 1938, 6(12): 873-896.

[355] Marčelja S, Radić N. Repulsion of interfaces due to boundary water. Chemical Physics Letters, 1976, 42(1): 129-130.

[356] Israelachvili J N, Wennerstrom H. Hydration or steric forces between amphiphilic surface. Langmuir, 1990, 6(4): 873-876.

[357] Israelachvili J N, Wennerstrom H. Hydration in electrical double layers. Nature, 1997, 385(6618): 690.

[358] Yang C Y, Zhao Y. Influences of hydration force and elastic strain energy on the stability of solid film in a very thin solid-on-liquid structure. The Journal of Chemical Physics, 2004, 120(11): 5366-5376.

[359] Maruyama I. Origin of drying shrinkage of hardened cement paste: Hydration pressure. Journal of Advanced Concrete Technology, 2010, 8(2): 187-200.

[360] Neimark A V, Ravikovitch P I, Vishnyakov A. Bridging scales from molecular simulations to classical thermodynamics: Density functional theory of capillary condensation in nanopores. Journal of Physics: Condensed Matter, 2003, 15(3): 347-365.

[361] Gor G Y, Neimark A V. Adsorption-induced deformation of mesoporous solids. Langmuir, 2010, 26(16): 13021-13027.

[362] Feldman R F. Diffusion measurements in cement paste by water replacement using Propan-2-OL. Cement and Concrete Research, 1987, 17(4): 602-612.

[363] Beaudoin J J, Tamtsia B, Marchand J, et al. Solvent exchange in partially saturated and saturated microporous systems: Length change anomalies. Cement and Concrete Research, 2000, 30(3): 359-370.

[364] Beaudoin J J, Gu P, Marchand J, et al. Solvent replacement studies of hydrated Portland cement systems: The role of calcium hydroxide. Advanced Cement Based Materials, 1998, 8(2): 56-65.

[365] Zhang J, Scherer G W. Comparison of methods for arresting hydration of cement. Cement and Concrete Research, 2011, 41(10): 1024-1036.

[366] Wang X, Eberhardt A B, Gallucci E, et al. Assessment of early age properties of cementitious system through isopropanol-water replacement in the mixing water. Cement and Concrete Research, 2016, 84: 76-84.

[367] Zhang Z, Scherer G W. Supercritical drying of cementitious materials. Cement and Concrete Research, 2017, 99: 137-154.

[368] 姚允斌, 解涛, 高英敏. 物理化学手册. 上海: 上海科学技术出版社, 1985.

[369] Beltzung F, Wittmann F H, Holzer L. Influence of composition of pore solution on drying shrinkage. Proceedings of Creep, Shrinkage and Durability Mechanisms of Concrete and Other Quasi-brittle Materials, Cambridge, 2001: 39-48.

[370] Wittmann F H, Xian Y, Zhao T, et al. Drying and shrinkage of integral water repellent concrete. Materials and Structures, 2006, 12(3): 229-242.

[371] Wittmann F H, Beltzung F, Meier S J. Shrinkage of water repellent treated cement-based materials. Proceedings of 4th International Conference on Water Repellent Treatment of Building Materials, Aedificatio Publishers, Stockholm, 2005: 213-222.

[372] Zhang Z, Scherer G W, Bauer A. Morphology of cementitious material during early hydration. Cement and Concrete Research, 2018, 107: 85-100.

[373] Aitcin P C, Flatt R J. Science and Technology of Concrete Admixtures. Cambridge: Elsevier, 2016.

[374] Dang Y, Qian J, Qu Y, et al. Curing cement concrete by using shrinkage reducing admixture and curing compound. Construction and Building Materials, 2013, 48: 992-997.

[375] Zuo W, Feng P, Zhong P, et al. Effects of novel polymer-type shrinkage-reducing admixture on early age autogeneous deformation of cement pastes. Cement and Concrete Research, 2017, 100: 413-422.

[376] 孙振平, 杨辉, 水亮亮, 等. 高效减水剂对水泥砂浆早期自收缩的影响. 建筑材料学报, 2013, 16(6): 1020-1024.

[377] Qian X, Yu C, Zhang L, et al. Influence of superplasticizer type and dosage on early-age drying shrinkage of cement paste with consideration of pore size distribution and water loss. Journal of Wuhan University of Technology (Materials Science Edition), 2020, 35(4): 758-767.

[378] Taylor H F W, Gollop R S. Some chemical and microstructural aspects of concrete durability. Proceedings of Mechanisms of Chemical Degradation of Cement-based Systems, London, 1997: 177-184.

[379] Phung Q T, Maes M, Jacques D, et al. Effect of limestone fillers on microstructure and permeability due to carbonation of cement pastes under contolled CO_2 pressure conditions. Construction and Building Materials, 2015, 82: 376-390.

[380] López-Arce P, Gómez-Villalba L S, Martínez-Ramírez S, et al. Influence of relative humidity on the carbonation of calcium hydroxide nanoparticles and the formation of calcium carbonate polymorphs. Power Technology, 2011, 205(1-3): 263-269.

[381] Morandeau A, Thiéry M, Dangla P. Investigation of the carbonation mechanism of CH and C—S—H in terms of kinetics, microstructure changes and moisture properties. Cement and Concrete Research, 2014, 56: 153-170.

[382] Groves G W, Brough A, Richardson I G, et al. Progressive changes in the structure of hardened C_3S cement pastes due to carbonation. Journal of the American Ceramic Society, 1991, 74(11): 2891-2896.

[383] Chen J J, Thomas J J, Jennings H M. Decalcification shrinkage of cement paste. Cement and Concrete Research, 2006, 36(5): 801-809.

[384] Borges P H R, Costa J O, Milestone N B, et al. Carbonation of CH and C—S—H in composite cement pastes containing high amounts of BFS. Cement and Concrete Research, 2010, 40(2): 284-292.

[385] Gruyaert E, van Den Heede P, de Belle N. Carbonation of slag concrete: Effect of the cement replacement level and curing on the carbonation coefficient: Effect of carbonation on the pore structure. Cement and Concrete Composites, 2013, 35(1): 39-48.

[386] Ye H, Radlinska A, Neves J. Drying and carbonation shrinkage of cement paste containing alkalis. Materials and Structures, 2017, 50(2): 132.

[387] Powers T C. A hypothesis on carbonation shrinkage. Portland Cement Association, 1962, 4(2): 40-45.

[388] Matsushita F, Aono Y, Shibata S. Calcium silicate structure and carbonation shrinkage of a tobermorite-based material. Cement and Concrete Research, 2004, 34(7): 1251-1257.

[389] Sh Mikhail R, Selim S A. Adsorption of organic vapors in relation to pore structure of hardened Portland cement paste. Proceedings of Symposium on Structure of Portland Cement Paste and Concrete, Washington, 1966: 123-134.

[390] Sh Mikhail R, Abo-El-Enein S A. Studies on water and nitrogen adsorption on hardened cement pastes I development of surface in low porosity pastes. Cement and Concrete Research, 1972, 2(4): 401-414.

[391] Hagymassy Jr J, Odler I, Yudenfreund M, et al. Pore structure analysis by water vapor adsorption. III. Analysis of hydrated calcium silicates and Portland cements. Journal of Colloid and Interface Science, 1972, 38(1): 20-34.

[392] Odler I, Köster H. Investigation on the pore structure of fully hydrated Portland cement and tricalcium silicate pastes. III. Specific surface area and permeability. Cement and Concrere Research, 1991, 21(6): 975-982.

[393] Tišlova R, Kozłowska A, Kozłowski R, et al. Porosity and specific surface area of Roman cement pastes. Cement and Concrete Research, 2009, 39(10): 950-956.

[394] de Belie N, Kratky J, van Vlierberghe S. Influence of pozzolans and slag on the microstructure of partially carbonated cement paste by means of water vapour and nitrogen sorption experiments and BET calculations. Cement and Concrete Research, 2010, 40(12): 1723-1733.

[395] Winslow D N, Diamond S. Specific surface of hardened Portland cement paste as determined by small-angle X-ray scattering. Journal of American Ceramic Society, 1974, 57(5): 193-197.

[396] Häußler F, Hempel M, Baumbach H, et al. Nanostructural investigations of hydrating cement pastes produced from cement with different fineness levels. Advances in Cement Research, 2001, 13(2): 65-73.

[397] Lowell S, Shields J E. Powder Surface Area and Porosity. New York: Chapman and Hall, 1991.

[398] Purcell E M, Torrey H C, Pound R V. Resonance absorption by nuclear magnetic moments in a solid. Physical Review, 1946, 69(1): 37-38.

[399] Bloch F. Nuclear induction. Physical Review, 1946, 70(7): 460-474.

[400] Hahn E L. Spin echoes. Physical Review, 1950, 80(4): 580-594.

[401] Ernst R R, Anderson W A. Application of Fourier transform spectroscopy to magnetic resonance. Review of Scientific Instruments, 1966, 37(1): 93-102.

[402] Lauterbur P C. Image formation by induced local interactions: Examples employing nuclear magnetic resonance. Nature, 1973, 5394(1): 190-191.

[403] Mansfield P, Grannell P K. NMR 'diffraction' in solids? Journal of Physics C: Solid State Physics, 1973, 6(22): L422.

[404] Brownstein K R, Tarr C E. Importance of classical diffusion in NMR studies of water in biological cells. Physical Review A, 1979, 19(6): 2446-2453.

[405] 肖立志. 核磁共振成像测井与岩石核磁共振及其应用. 北京: 科学出版社, 1998.

[406] Gummerson R J, Hall C, Hoff W D. Unsaturated water flow with porous materials observed by NMR imaging. Nature, 1979, 281(5726): 56-57.

[407] MacTavish J, Miljkovic L, Pintar M, et al. Hydration of white cement by spin grouping NMR. Cement and Concrete Research, 1985, 15(2): 367-377.

[408] Bhattacharja S, Moukwa M, D'Orazio F, et al. Microstructure determination of cement pastes by NMR and conventional techniques. Advanced Cement Based Materials, 1993, 1(2): 67-76.

[409] Halperin W P, Jehng J Y, Song Y Q. Application of spin-spin relaxation to measurement of surface area and pore size distribution in a hydrating cement paste. Magnetic Resonance Imaging, 1994, 12(2): 169-173.

[410] Valckenborg R, Pel L, Hazrati K, et al. Pore water distribution in mortar during drying as determined by NMR. Materials and Structures, 2001, 34(10): 599-604.

[411] Muller A C A, Scrivener K L, Gajewicz A M, et al. Use of bench-top NMR to measure the density, composition and desorption isotherm of C—S—H in cement paste. Microporous and Mesoporous Materials, 2013, 178: 99-103.

[412] Muller A C A. Characterization of porosity & C—S—H in cement pastes by ^{1}H NMR. Switzerland: Swiss Federal Institute of Technology in Lausanne, 2014.

[413] Muller A C A, Scrivener K L. A reassessment of mercury intrusion porosimetry by comparison with ^{1}H NMR relaxometry. Cement and Concrete Research, 2017, 100: 350-360.

[414] Holthausen R S, McDonald P J. On the quantification of solid phases in hydrated cement paste by ^{1}H nuclear magnetic resonance relaxometry. Cement and Concrete Research, 2020, 135: 106095.

[415] McDonald P J, Istok O, Janota M, et al. Sorption, anomalous water transport and dynamic porosity in cement paste: A specially localised ^{1}H NMR relaxation study and a proposed mechanism. Cement and Concrete Research, 2020, 133: 106045.

[416] Pel L, Hazrati K, Kopinga K, et al. Water absorption in mortar determined by NMR. Magnetic Resonance Imaging, 1998, 16(5): 525-528.

[417] Zamani S, Kowalczyk R M, McDonald P J. The relative humidity dependence of the permeability of cement paste measured using GARField NMR profiling. Cement and Concrete Research, 2014, 57: 88-94.

[418] Fischer N, Haerdtl R, McDonald P J. Observation of the redistribution of nanoscale water filled porosity in cement based materials during wetting. Cement and Concrete Research, 2015, 68: 148-155.

[419] Kowalczyk R M, Gajewicz A M, McDonald P J. The mechanism of water-isopropanol exchange in cement pastes evidenced by NMR relaxometry. RSC Advances, 2014, 4(40): 20709-20715.

[420] Holthausen R S, Raupach M. Monitoring the internal swelling in cementitious mortars with single-sided ^{1}H nuclear magnetic resonance. Cement and Concrete Research, 2018, 111: 138-146.

[421] Fourmentin M, Faure P, Rodts S, et al. NMR observation of water transfer between a cement paste and a porous medium. Cement and Concrete Research, 2017, 95: 56-64.

[422] Bligh M W, D'Eurydice M N, Lloyd R R, et al. Investigation of early hydration dynamics and microstructural development in ordinary Portland cement using ^{1}H relaxometry and isothermal calorimetry. Cement and Concrete Research, 2016, 83: 131-139.

[423] Ji Y, Pel L, Sun Z. The microstructure development during bleeding of cement paste: An NMR study. Cement and Concrete Research, 2019, 125: 105866.

[424] Muller A C A, Scrivener K L, Gajewicz A M, et al. Influence of silica fume on the microstructure of cement pastes: New insights from ^{1}H NMR relaxometry. Cement and Concrete Research, 2015, 74: 116-125.

[425] Pop A, Ardelean I. Monitoring the size evolution of capillary pores in cement paste during the early hydration via diffusion in internal gradient. Cement and Concrete Research, 2015, 77: 76-81.

[426] Gajewicz-Jaromin A M, McDonald P J, Muller A C A, et al. Influence of curing temperature on cement paste microstructure measured by ^{1}H NMR relaxometry. Cement and Concrete Research, 2019, 122: 147-156.

[427] McDonald P J, Rodin V, Valori A. Characterization of intra- and inter-C—S—H gel pore water in white cement based on an analysis of NMR signal amplitudes as a function of water content. Cement and Concrete Research, 2010, 40(12): 1656-1663.

[428] Wyrzykowski M, McDonald P J, Scrivener K L, et al. Water redistribution within the microstructure of cementitious materials due to temperature changes studied with ^{1}H NMR. The Journal of Physical Chemistry C, 2017, 121(50): 27950-27962.

[429] Huang H, Ye G, Pel L. New insights into autogenous self-healing in cement paste based on nuclear magnetic resonance NMR tests. Materials and Structures, 2016, 40(7): 2509-2524.

[430] 赵喜平. 磁共振成像. 北京: 科学出版社, 2004.

[431] Torrey H C. Transient nutations in nuclear magnetic resonance. Physical Review, 1949, 76(8): 1059-1068.

[432] Bloembergen N, Purcell E M, Pound R V. Relaxation effects in nuclear magnetic resonance absorption. Physical Review, 1948, 73(7): 679-712.

[433] Korb J P, Hodges M W, Bryant R. Translational diffusion of liquids at surface of microporous materials: New theoretical analysis of field cycling magnetic relaxation measurements. Magnetic Resonance Imaging, 1997, 16(5/6): 575-578.

[434] Godefroy S, Korb J P, Fleury M, et al. Surface nuclear magnetic relaxation and dynamics of water and oil in macroporous media. Physical Review E, 2001, 64(2): 021605.

[435] McDonald P, Korb J P, Mitchell J, et al. Surface relaxation and chemical exchange in hydrating cement pastes: A two-dimensional NMR relaxation study. Physical Review E, 2005, 72(1): 011409.

[436] Korb J. Nuclear magnetic relaxation of liquids in porous media. New Journal of Physics, 2011, 13(3): 035016.

[437] Bendel P. Spin-echo attenuation by diffusion in nonuniform field gradients. Journal of Magnetic Resonance, 1990, 86(3): 509-515.

[438] Sun Y L, Sun M H, Cheng W D, et al. The examination of water potentials by simulating viscosity. Computational Materials Science, 2007, 38(4): 737-740.

[439] Hürlimann M D. Effective gradients in porous media due to susceptivility differences. Journal of Magnetic Resonance, 1998, 131(2): 232-240.

[440] Mitchell J, Chandrasekera T C, Johns M L, et al. Nuclear magnetic resonance relaxation and diffusion in the presence of internal gradients: The effect of magnetic field strength. Physical Review E, 2010, 81(2): 026101.

[441] Mitra P P, Sen P N, Schwartz L M. Short-time behavior of the diffusion coefficient as a geometrical probe of porous media. Physical Review B, 1993, 47(14): 8565.

[442] Carr H Y, Purcell E M. Effects of diffusion on free precession in nuclear magnetic resonance experiments. Physical Review, 1954, 94(3): 630-638.

[443] Meiboom S, Gill D. Modified spin-echo method for measuring nuclear relaxation times. Review of Scientific Instruments, 1958, 29(8): 688-691.

[444] Vold R, Waugh J, Klein M P, et al. Measurement of spin relaxation in complex systems. The Journal of Chemical Physics, 1968, 48(8): 3831-3832.

[445] McDonald G G, Leigh J J S. A new method for measuring longitudinal relaxation times. Journal of Magnetic Resonance, 1973, 9(3): 358-362.

[446] Halbach K. Design of permanent multipole magnets with oriented rare earth cobalt material. Nuclear Instruments and Methods, 1980, 169(1): 1-10.

[447] 中国国家标准化管理委员会. 白色硅酸盐水泥 (GB/T 2015—2005). 北京: 中国标准出版社, 2015.

[448] Mendelson K S, Halperin W P, Jehng J, et al. Surface magnetic relaxation in cement pastes. Magnetic Resonance Imaging, 1994, 12(2): 207-208.

[449] Halperin W P, Bhattacharja S, D'Orazio F. Relaxation and dynamical properties of water in partially filled porous materials using NMR techniques. Magnetic Resonance Imaging, 1991, 9(5): 733-737.

[450] D'Orazio F, Bhattacharja S, Halperin W P, et al. Molecular diffusion and nuclear-magneticresonance relaxation of water in unsaturated porous silica glass. Physical Review B, 1990, 42(6): 9810-9818.

[451] Istratov A A, Vyvenko O F. Experimental analysis in physical phenomena. Review of Scientific Instruments, 1999, 70(2): 1233-1257.

[452] Butler J P, Reeds J A, Dawson S V. Estimating solutions of first kind integral equations with nonnegative constraints and optimal smoothing. SIAM Journal on Numerical Analysis, 1981, 18(3): 381-397.

[453] Hansen P C. Rank-Deficient and Discrete III-Posed Problems: Numerical Aspects of Linear Inversion. Philadelphia: Society for Industrial and Applied Mathematics, 1998.

[454] Venkataramanan L, Song Y Q, Hurlimann M D. Solving Fredholm integrals of the first kind with tensor product structure in 2 and 2.5 dimensions. IEEE Transactions on Signal Processing, 2002, 50(5): 1017-1026.

[455] Gruber F K, Venkataramanan L, Habashy T M, et al. A more accurate estimation of T_2 distribution from direct analysis of NMR measurements. Journal of Magnetic Resonance, 2013, 228(3): 95-103.

[456] Song Y Q, Venkataramanan L, Hurlimann M D, et al. T_1-T_2 correlation spectra obtained using a fast two-dimensional Laplace inversion. Journal of Magnetic Resonance, 2002, 154(2): 261-268.

[457] Zou Y L, Xie R H, Arad A. Numerical estimation of choice of the regularization parameter for NMR T_2 inversion. Petroleum Science, 2016, 13(2): 237-246.

[458] Provencher S W. A Fourier method for the analysis of exponential decay curves. Biophysical Journal, 1976, 16(1): 27-41.

[459] Provencher S W. An eigenfunction expansion method for the analysis of exponential decay curves. The Journal of Chemical Physics, 1976, 64(7): 2772-2777.

[460] Provencher S W, Vogel R H. Information loss with transform methods in system identification: A new set of transforms with high information content. Mathematical Biosciences, 1980, 50(3): 251-262.

[461] Provencher S W. Discrete: A program for the automatic analysis of multicomponent exponential decay data, 1976. https: //S-Provencher.com. [2016-11-20].

[462] Gajewicz A M, Gartner E, Kang K, et al. A ^{1}H NMR relaxometry investigation of gel-pore drying shrinkage in cement pastes. Cement and Concrete Research, 2016, 86: 12-19.

[463] Plassais A, Pomiés M, Lequeux N, et al. Microstructure evolution of hydrated cement pastes. Physical Review E, 2005, 72(4): 041401.

[464] Zou H, Hastie T, Tibshirani R. On the degrees of freedom of the lasso. The Annals of Statistics, 2007, 35(5): 2173-2192.

[465] Berman P, Levi O, Parmet Y, et al. Laplace inversion of low-resolution NMR relaxometry data using sparse representation methods. Concepts in Magnetic Resonance Part A, 2013, 42(3): 72-88.

[466] Browne M W. Cross-validation methods. Journal of Mathematical Psychology, 2000, 44(1): 108-132.

[467] Akaike H. Information theory and an extension of the maximum likelihood principle. Proceedings of the 2nd International Symposium on Information Theory, Budapest, 1973: 267-281.

[468] Morozov V A. On the solution of functional equations by the method of regularization. Soviet Mathematics, 1966, 167: 510-512.

[469] Maruyama I, Ohkubo T, Haji T, et al. A discussion of the paper "Dynamic microstructural evolution of hardened cement paste during first drying monitored by ^{1}H NMR relaxometry". Cement and Concrete Research, 2020, 137: 106219.

[470] Scrivener K L, Crumbie A K, Langesen P. The interface transition zone (ITZ) between cement paste and aggregate in concrete. Interface Science, 2004, 12(4): 411-421.

[471] Scrivener K, Snellings R, Lothenbach B. A Practical Guide to Microstructural Analysis of Cementitious Materials. Boca Raton: CRC Press, 2016.

[472] Liu J, Agostini F, Skoczylas F. From relative gas permeability to in situ saturation measurements. Construction and Building Materials, 2013, 40(3): 882-890.

[473] Bohris A J, Goerke U, McDonald P J, et al. A broad line NMR and MRI study of water and water transport in Portland cement paste. Magnetic Resonance Imaging, 1998, 16(5): 455-461.

[474] Holly R, Reardon E J, Hansson C M, et al. Proton spin-spin relaxation study of the effect of temperature on white cement hydration. Journal of the American Ceramic Society, 2007, 90(2): 570-577.

[475] Greener J, Peemoeller H, Choi C, et al. Monitoring of hydration of white cement paste with proton NMR spin-spin relaxation. Journal of the American Ceramic Society, 2000, 83(3): 623-627.

[476] Halperin W P, D'Orazio D, Bhattacharja S, et al. Magnetic resonance relaxation analysis of porous media. Proceedings of Molecular Dynamics in Restricted Geometries, New York, 1989: 311-350.

[477] Borgia G C, Brown R J S, Fantazzini P. Nuclear magnetic resonance relaxivity and surface-to-volume ratio in porous media with a wide distribution of pore sizes. Journal of Applied Physics, 1996, 79(7): 3656-3664.

[478] Dunn K J, Latorraca G A, Bergman D J. Permeability relation with other petrophysical parameters for periodic porous media. Geophysics, 1999, 64(2): 470-478.

[479] Dunn K J, Bergman D J, Latorraca G A. Nuclear Magnetic Resonance, Petrophysical and Logging Application. New York: Pergamon, 2002.

[480] El-Dieb A S, Hooton R D. Evaluation of the Katz-Thompson model for estimating the water permeability of cement-based materials from mercury intrusion porosimetry data. Cement and Concrete Research, 1994, 24(3): 443-455.

[481] Christensen B J, Mason T O, Jennings H M. Comparison of measured and calculated permeabilities for hardened cement pastes. Cement and Concrete Research, 1996, 26(9): 1325-1334.

[482] Tumidajski P J, Lin B. On the validity of the Katz-Thompson equation for permeabilities in concrete. Cement and Concrete Research, 1998, 28(5): 643-647.

[483] Adamson A W, Gast A P. Physical Chemistry of Surfaces. New York: Wiley, 1997.

[484] Bede A, Scurtu A, Ardelean I. NMR relaxation of molecules confined inside the cement paste pores under partially saturated conditions. Cement and Concrete Research, 2016, 89: 56-62.

[485] Kuhn T S. 科学革命的结构. 金吾伦, 胡新和, 译. 北京: 北京大学出版社, 2012.

[486] Carcasses M, Abbas A, Ollivier J P, et al. An optimised preconditioning procedure for gas permeability measurement. Materials and Structures, 2002, 35(1): 22-27.

[487] Wardeh G, Perrin B. Relative permeabilities of cement-based materials: Influence of the tortuosity function. Journal of Building Physics, 2006, 30(1): 39-57.

[488] Burdine N T. Relative permeability calculations from pore size distribution data. Journal of Petroleum Technology, 1953, 5(3): 71-78.

[489] Mualem Y. A new model for predicting the hydraulic conductivity of unsaturated porous media. Water Resources Research, 1976, 12(3): 513-522.

[490] van Genuchten M T. A closed-form equation for predicting the hydraulic conductivity of unsaturated soils. Soil Science Society of American Journal, 1980, 44(5): 892-898.

[491] Zhou C S. Predicting water permeability and relative gas permeability of unsaturated cementbased material from hydraulic diffusivity. Cement and Concrete Research, 2014, 58: 143-151.

[492] Burdine N T. Relative permeability calculations from pore size distribution data. Journal of Petroleum Technology, 1953, 5(3): 71-78.

[493] Carlier J P, Burlion N. Experimental and numerical assessment of the hydrodynamical properties of cementitious materials. Transport in Porous Media, 2011, 86(1): 87-102.

[494] Zhou C S. General solution of hydraulic diffusivity from sorptivity test. Cement and Concrete Research, 2014, 58: 152-160.

[495] Johnston N, Beeson C M. Water permeability of reservoir sands. Transactions of the AIME, 1945, 160(1): 43-55.

[496] 王行信, 周书欣. 砂岩储层粘土矿物与油层保护. 北京: 地质出版社, 1992.

[497] Khilar K C, Fogler H S. Water sensitivity of sandstones. Society of Petroleum Engineers Journal, 1983, 23(1): 55-64.

[498] Lever A, Dawe R A. Water-sensitivity and migration of fines in the hopeman sandstone. Journal of Petroleum Geology, 1984, 7(1): 97-107.

[499] Mungan N. Permeability reduction due to salinity changes. Journal of Canadian Petroleum Technology, 1968, 7(3): 113-117.

[500] Jones J F O. Influence of chemical composition of water on clay blocking of permeability. Journal of Petroleum Technology, 1964, 16(4): 441-446.

[501] Veley C D. How hydrolyzable metal ions react with clays to control formation water sensitivity. Journal of Petroleum Technology, 1969, 21(9): 1111-1118.

[502] 何更生, 唐海. 油层物理. 北京: 石油工业出版社, 2011.

[503] Moore J E. Clay mineralogy problems in oil recovery. Petroleum Engineer, 1960, 32: 78-101.

[504] 徐同台, 王行信, 周有瑜, 等. 中国含油气盆地粘土矿物. 北京: 石油工业出版社, 2003.

[505] Velde B. Introduction to Clay Minerals. London: Chapman and Hall, 1992.

[506] Tilley R J D. Crystals and Crystal Structures. Hoboken: John Wiley, 2006.

[507] Zhou C H, Keeling J. Fundamental and applied research on clay minerals: From climate and environment to nanotechnology. Applied Clay Science, 2013, 74: 3-9.

[508] Nehdi M L. Clay in cement-based materials: Critical overview of state-of-the-art. Construction and Building Materials, 2014, 51: 372-382.

[509] Kumar A, Walder B J, Mohamed A K, et al. The atomic-level structure of cementitious calcium silicate hydrate. The Journal of Physical Chemistry C, 2017, 121(32): 17188-17196.

[510] Mungan N. Permeability reduction through changes in pH and salinity. Journal of Petroleum Technology, 1965, 17(12): 1449-1453.

[511] Khilar K C, Fogler H S. Permeability reduction in water sensitivity of sandstones. Proceedings of Surface Phenomena in Enhanced Oil Recovery, Boston, 1981: 721-740.

[512] Mukherjee S K, Biswas T D. Mineralogy of Soil Clays and Clay Minerals. New Delhi: Indian Society of Soil Science, 1974.

[513] Völkl J J, Beddoe R E, Setzer M J. The specific surface of hardened cement paste by small-angle X-ray scattering: Effect of moisture content and chloride. Cement and Concrete Research, 1987, 17(1): 81-88.

[514] Laird D A. Influence of layer charge on swelling of smectites. Applied Clay Science, 2006, 34(1-4): 74-87.

[515] Anderson R L, Ratcliffe I, Greenwell H C, et al. Clay swelling: A challenge in the oilfield. Earth-Science Review, 2010, 98(3): 201-216.

[516] Mooney R W, Keenan A G, Wood L A. Adsorption of water vapor by montmorillonite. II. Effect of exchangeable ions and lattice swelling as measured by X-Ray diffraction. Journal of the American Chemical Society, 1952, 74(6): 1371-1374.

[517] Suquet H, de La Calle C, Pezerat H. Swelling and structural organization of saponite. Clay and Clay Minerals, 1975, 23(1): 1-9.

[518] Cases J M, Bérend I, Besson G, et al. Mechanism of adsorption and desorption of water vapor by homoionic montmorillonite. 1. The sodium-exchanged form. Langmuir, 1992, 8(11): 2730-2739.

[519] Karaborni S, Smit B, Heidug W, et al. The swelling of clays: Molecular simulations of the hydration of montmorillonite. Science, 1996, 271(5252): 1102-1104.

[520] Omar A E. Effect of brine composition and clay content on the permeability damage of sandstone cores. Journal of Petroleum Science and Engineering, 1990, 4(3): 245-256.

[521] Baker J C, Uwins P J R, Mackinnon I D R. ESEM study of illite/smectite freshwater sensitivity in sandstone reservoirs. Journal of Petroleum Science and Engineering, 1993, 9(2): 83-94.

[522] Denis J H, Keall M J, Hall P L, et al. Influence of potassium concentration on the swelling and compactation of mixed (Na, K) ion-exchanged montmorillonite. Clay Minerals, 1991, 26(2): 255-268.

[523] Hunter R J, White L R. Foundations of Colloid Science. Oxford: Clarendon Press, 1989.

[524] Huggett J M, Uwins P J R. Observations of water clay reactions in water sensitive sandstone and mudrocks using an environmental scanning electron microscope. Journal of Petroleum Science and Engineering, 1994, 10(3): 211-222.

[525] Mohan K K, Fogler S H, Vaidya R N, et al. Water sensitivity of sandstones containing swelling and non-swelling clays. Colloids and Surfaces A: Physicochemical and Engineering Aspects, 1993, 73: 237-254.

[526] Davy C A, Skoczylas F, Barnichon J D, et al. Permeability of macro-cracked argillite under confinement: Gas and water testing. Physics and Chemistry of the Earth, 2007, 32(8): 667-680.

[527] Faulkner D R, Rutter E H. Comparisons of water and argon permeability in natural claybearing fault gouge under high pressure at 20 ℃. Journal of Geophysical Research: Solid Earth, 2000, 105(7): 16415-16426.

[528] Tanikawa W, Shimamoto T. Klinkenberg effect for gas permeability and its comparison to water permeability for porous sedimentary rocks. Hydrology and Earth System Sciences Discussions, 2006, 3(4): 1315-1338.

[529] Gkay D H, Rex R W. Formation damage in sandstones caused by clay dispersion and migration. Clays and Clay Minerals, 1966, 14(1): 355-366.

[530] Dahab A S, Omar A E, El-Gassier M M, et al. Formation damage effects due to salinity, temperature and pressure in sandstone reservoirs as indicated by relative permeability measurements. Journal of Petroleum Science and Engineering, 1992, 6(4): 403-412.

[531] Baudracco J, Aoubouazza M. Permeability variations in Berea and Vosges sandstone submitted to cyclic temperature percolation of saline fluids. Geothermics, 1995, 24(5): 661-677.

[532] Rahman S S, Rahman M M, Khan F A. Response of low permeability, illitic sandstone to drilling and completion fluids. Journal of Petroleum Science and Engineering, 1995, 12(4): 309-322.

[533] Ochi J, Vernoux J F. Permeability decrease in sandstone reservoirs by fluid injection: Hydrodynamic and chemical effects. Journal of Hydrology, 1998, 208(3): 237-248.

[534] Khilar K C, Fogler H S, Ahluwalia J S. Sandstone water sensitivity: Existence of a critical rate of salinity decrease for particle capture. Chemical Engineering Science, 1983, 38(5): 789-800.

[535] Faucon P, Petit J C, Charpentier T, et al. Silicon substitution for aluminum in calcius silicate hydrates. Journal of the American Ceramic Society, 2004, 82(5): 1307-1312.

[536] Lothenbach B, Nonat A. Calcium silicate hydrates: Solid and liquid phase composition. Cement and Concrete Research, 2015, 78: 57-70.

[537] Richardson I G. Model structures for C—(A)—S—H(I). Acta Crystallographica Section B Structural Crystallography and Crystal Chemistry, 2014, 70(6): 903-923.

[538] Viallis H, Faucon P, Petti J C, et al. Interaction between salts (NaCl, CsCl) and calcius Silicate hydrates (C—S—H). The Journal of Physics Chemistry B, 1999, 103(25): 5212-5219.

[539] Alderete N M, Zaccardi Y A V, de Belie N. Physical evidence of swelling as the cause of anomalous capillary water uptake by cementitious materials. Cement and Concrete Research, 2019, 120: 256-266.

[540] Parrott L J, Hansen W, Berger R L. Effect of first drying upon the pore structure of hydrated alite paste. Cement and Concrere Research, 1980, 10(5): 647-655.

[541] Beaudoin J J, Raki L, Alizadeh R, et al. Dimensional change and elastic behavior of layered silicates and Portland cement paste. Cement and Concrete Composites, 2010, 32(1): 25-33.

[542] Maruyama I, Ohkubo T, Haji T, et al. Dynamic microstructural evolution of hardened cement paste during first drying monitored by ^{1}H NMR relaxometry. Cement and Concrete Research, 2019, 122: 107-117.

[543] Zhou C S, Zhang X Y, Wang Z D. A discussion of the paper "Dynamic microstructural evolution of hardened cement paste during first drying monitored by ^{1}H NMR relaxometry" by I. Maruyama, T. Ohkubo, T. Haji et al. Discussion. Cement and Concrete Research, 2020, 128: 105928.

[544] di Bella C, Wyrzykowski M, Lura P. Evaluation of the ultimate drying shrinkage of cementbased mortars with poroelastic models. Materials and Structures, 2016, 50(1): 52-64.

[545] Hiemenz P C, Rajagopalan R. Principles of Colloid and Surface Chemistry. 3rd ed. London: Taylor and Francis, 1997.

[546] Mohamed A K, Parker S C, Bowen P, et al. An atomistic building block description of C—S—H—towards a realistic C—S—H model. Cement and Concrete Research, 2018, 107: 221-235.

[547] Labbez C, Pochard I, Jonsson B, et al. C—S—H/solution interface: Experimental and Monte Carlo studies. Cement and Concrete Research, 2011, 41(2): 161-168.

[548] Guldbrand L, Jonsson B, Wennerstrom H, et al. Electrical double layer forces: A Monte Carlo study. The Journal of Chemistry Physics, 1984, 80(5): 2221-2228.

[549] Kjellander R, Marcelja S. Correlation and image charge effects in electric doule layers. Chemical Physics Letters, 1984, 112(1): 49-53.

[550] Pellenq R J M, Caillol J M, Delville A. Electrostatic attraction between two charged surface: A (N, V, T) Monte Carlo simulation. Journal of Physical Chemistry B, 1997, 101(42): 8584-8594.

[551] Jonsson B, Nonat A, Labbez C, et al. Controlling the cohesion of cement paste. Langmuir, 2005, 21(20): 9211-9221.

[552] Pellenq R J M, Lequeux N, van Damme H. Engineering the bonding scheme in C—S—H: The iono-covalent framework. Cement and Concrete Research, 2008, 38(2): 159-174.

[553] French R H. Long range interactions in nanoscale science. Reviews of Modern Physics, 2010, 82(2): 1887-1944.

[554] Nonat A. The structure and stoichiometry of C—S—H. Cement and Concrete Research, 2004, 34(9): 1521-1528.

[555] Thomas J J, Allen A J, Jennings H M. Structural changes to the Calcium-Silicate-Hydrate gel phase of hydrated cement with age, drying, and resaturation. Journal of the American Ceramic Society, 2008, 91(10): 3362-3369.

[556] Bach T T H, Chabas E, Pochard I, et al. Retention of alkali ions by hydrated low-pH cements: Mechanism and Na^+/K^+ selectivity. Cement and Concrete Research, 2013, 51: 14-21.

[557] Huyskens P L, Luck W A P, Zeegers-Huyskens T, et al. Intermolecular Forces: An Introduction to Modern Methods and Results. Berlin: Springer, 1991.

[558] Tang S W, Aa H B, Chen J T, et al. The interactions between water molecules and C—S—H surfaces in loads-induced nanopores: A molecular dynamics study. Applied Surface Science, 2019, 496: 143744.

[559] Yaman I O, Hearn N, Aktan H M. Active and non-active porosity in concrete. Part I: Experimental evidence. Materials and Structures, 2002, 35(2): 102-109.

[560] Chen J J, Thomas J J, Taylor H F W, et al. Solubility and structure of calcium silicate hydrate. Cement and Concrete Research, 2004, 34(9): 1499-1519.

[561] Xie E H, Zhou C S, Song Q H, et al. The effect of chemical aging on water permeability of white cement mortars in the context of sol-gel science. Cement and Concrete Composites, 2020, 114: 103812.

[562] 谢恩慧, 周春圣. 利用低场磁共振弛豫测孔技术预测水泥基材料的水分渗透率. 硅酸盐学报, 2020, 48(11): 1808-1816.

[563] Madgwick E. Some properties of porous building materials. Part Ⅲ: A theory of the absorption and transmission of water by porous bodies. Philosophical Magazine, 1932, 13: 632-641.

[564] Madgwick E. Some properties of porous building materials. Part Ⅳ: A determination of the absorption constants of a homogeneous specimen. Philosophical Magazine, 1932, 13: 641-650.

[565] Ren F Z, Zhou C S, Li L, et al. Modeling the dependence of capillary sorptivity on initial water content for cement-based materials in view of water sensitivity. Cement and Concrete Research, 2023, 168: 107158.

[566] Lura P, Jensen O M, van Breugel K. Autogeneous shrinkage in high-performance cement paste: An evaluation of basic mechanisms. Cement and Concrete Research, 2003, 33(2): 223-232.

[567] Hua C, Acker P, Ehrlacher A. Analyses and models of the autotenous shrinkage of hardening cement paste I. Modelling at macroscopic scale. Cement and Concrete Research, 1995, 25(7): 1457-1468.

[568] Setzer M J. Disjoining pressure in highly dispersed systems and shrinkage. Restoration of Buildings and Monuments, 2011, 17(6): 371-382.

[569] Bažant Z P, Baweja S. Justification and refinements of Model B3 for concrete creep and shrinkage 1. Statistics and sensitivity. Materials and Structures, 1995, 28(7): 415-430.

[570] Bažant Z P, Li G. Unbiased statistical comparison of creep and shrinkage prediction models. ACI Materials Journal, 2008, 105(6): 610-621.

[571] Swenson E G, Sereda P J. Mechanism of the carbonation shrinkage of lime and hydrated cement. Journal of Applied Chemistry, 1968, 18(4): 111-117.

[572] Gallé C. Effect of drying on cement-based materials pore structure as identified by mercury intrusion porosimetry: A comparative study between oven-, vacuum-, and freeze-drying. Cement and Concrete Research, 2001, 31(10): 1467-1477.

[573] Laird D A, Shang C, Thompson M L. Hysteresis in crystalline swelling of smectites. Journal of Colloid and Interface Science, 1995, 171(1): 240-245.

[574] Constantinos E S, George P. A novel pore structure tortuosity concept based on nitrogen sorption hysteresis data. Industrial Engineering Chemical Research, 2001, 40(2): 721-730.

[575] Ramirez A, Sierra L, Mesa M, et al. Simulation of nitrogen adsorption-desorption isotherms. Hysteresis as an effect of pore connectivity. Chemical Engineering Science, 2005, 60(17): 4702-4708.

[576] Espinosa R M, Franke L. Inkbottle pore-method: Prediction of hygroscopic water content in hardened cement paste at variable climatic conditions. Cement and Concrete Research, 2006, 36(10): 1954-1968.

[577] Ranaivomanana H, Verdier J, Sellier A, et al. Toward a better comprehension and modeling of hysteresis cycles in the water sorption-desorption process for cement based materials. Cement and Concrete Research, 2011, 41(8): 817-827.

[578] Zeng Q, Zhang D, Sun H, et al. Characterizing pore structure of cement blend pastes using water vapor sorption analysis. Materials Characterization, 2014, 95: 72-84.

[579] Pinson M B, Masoero E, Bonnaud P A, et al. Hysteresis from multiscale porosity: Modeling water sorption and shrinkage in cement paste. Physical Review Applied, 2015, 3(6): 064009.

[580] Schiller P, Wahab M, Bier T, et al. A model for sorption hysteresis in hardened cement paste. Cement and Concrete Research, 2019, 123: 105760.

[581] Hanna R A, Barrie P J, Cheeseman C R, et al. Solid state ^{29}Si and ^{27}Al NMR and FTIR study of cement pastes containing industrial wastes and organics. Cement and Concrete Research, 1995, 25(7): 1435-1444.

[582] Engelhardt G, Michel D. High-Resolution Solid-State Nuclear Magnetic Resonancd of Silicates and Zeolites. Chichester: Wiley, 1987.

[583] Wang J, Han B, Li Z, et al. Effect investigation of nanofillers on C—S—H gel structure with Si NMR. Journal of Materials in Civil Engineering, 2019, 31(1): 04018352.

[584] L'Hopital E, Lothenbach B, Le Saout G, et al. Incorporation of aluminium in calciumsilicate-hydrates. Cement and Concrete Research, 2015, 75: 91-103.

[585] L'Hopital E, Lothenbach B, Kulik D A, et al. Influence of calcium to silica ratio on aluminium uptake in calcium silicate hydrate. Cement and Concrete Research, 2016, 85: 111-121.

[586] Faucon P, Charpentier T, Nonat A, et al. Triple-quantum two-dimensional ^{27}Al magic angle nuclear magnetic resonance study of the aluminum incorporation in calcium silicate hydrates. Journal of the American Chemical Society, 1998, 120(46): 12075-12082.

[587] Myers R J, L'Hopital E, Provis J L, et al. Effect of temperature and aluminium on calcium (alumino) silicate hydrate chemistry under equilibrium conditions. Cement and Concrete Research, 2015, 68: 83-93.

[588] Gallucci E, Zhang X, Scrivener K L. Effect of temperature on the microstructure of calcium silicate hydrate (C—S—H). Cement and Concrete Research, 2013, 53: 185-195.

[589] Zanni H, Cheyrezy M, Maret V, et al. Investigation of hydration and pozzolanic reaction in reactive powder concrete (RPC) using ^{29}Si NMR. Cement and Concrete Research, 1996, 26(1): 93-100.

[590] Barnes J R, Clague A D H, Clayden N J, et al. The application of ^{29}Si and ^{27}Al solid state n.m.r. spectroscopy to characterising minerals in coals. Fuels, 1986, 65(3): 437-441.

[591] Klimesch D S, Lee G, Ray A, et al. Metakaolin additions in autoclaved cement-quartz pastes: A ^{29}Si and ^{27}Al MAS NMR investigation. Advances in Cement Research, 1998, 10(3): 93-99.

[592] Kenyon W E. Petrophysical principles of applications of NMR logging. The Log Analyst, 1997, 38(2): 21-43.

[593] Winslow D N, Diamond S. A mercury porosimetry study of the evolution of porosity in Portland Cement. Journal of Materials, 1970, 5(3): 564-585.

[594] Borgia G C, Brown R J S, Fantazzini P. Uniform-penalty inversion of multiexponential decay data. Journal of Magnetic Resonance, 1998, 132(1): 65-77.

[595] Baquerizo L G, Matschei T, Scrivener K L. Impact of water activity on the stability of ettringite. Cement and Concrete Research, 2016, 79: 31-43.

[596] Divet L, Randriambololona R. Delayed ettringite formation: The effect of temperature and basicity on the interaction of sulphate and C—S—H phase. Cement and Concrete Research, 1998, 28(3): 357-363.

[597] Lothenbach B, Winnefeld F, Alder C, et al. Effect of temperature on the pore solution, microstructure and hydration products of Portland cement pastes. Cement and Concrete Research, 2007, 37(4): 483-491.

[598] Thomas J J, Jennings H M. Effect of heat treatment on the pore structure and drying shrinkage behavior of hydrated cement paste. Journal of the American Ceramic Society, 2004, 85(9): 2293-2298.

[599] Bahafid S, Ghabezloo S, Duc M, et al. Effect of the hydration temperature on the microstructure of Class G cement: C—S—H composition and density. Cement and Concrete Research, 2017, 95: 270-281.

[600] Valenza II J J, Thomas J J. Permeability and elastic modulus of cement paste as a function of curing temperature. Cement and Concrete Research, 2012, 42(2): 440-446.

[601] Bentur A. Effect of curing temperature on the pore structure of tricalcium silicate pastes. Journal of Colloid and Interface Science, 1980, 74(2): 549-560.

[602] Kjellsen K O, Detwiler R J, Gjørv O E. Backscattered electron imaging of cement pastes hydrated at different temperatures. Cement and Concrete Research, 1990, 20(2): 308-311.

[603] Kjellsen K O, Detwiler R J, Gjørv O E. Development of microstructures in plain cement pastes hydrated at different temperatures. Cement and Concrete Research, 1991, 21(1): 179-189.

[604] Reinhardt H W, Gaber K. From pore size distribution to an equivalent pore size of cement mortar. Materials and Structures, 1990, 23(1): 3-15.

[605] Goto S, Roy D M. The effect of w/c ratio and curing temperature on the permeability of hardened cement paste. Cement and Concrete Research, 1981, 11(4): 575-579.

[606] Chen X, Wu S. Influence of water-to-cement ratio and curing period on pore structure of cement mortar. Construction and Building Materials, 2013, 38: 804-812.

[607] Springenschmid R. Prevention of Thermal Cracking in Concrete at Early Age. London: E and FN Spon, 2004.

[608] Grasley Z C, Leung C K. Desiccation shrinkage of cementitious materials as an aging, poroviscoelastic response. Cement and Concrete Research, 2011, 41(1): 77-89.

[609] Alexander M, Bentur A, Mindess S. Durability of Concrete: Design and Construction. Boca Raton: CRC Press, 2017.

[610] Mehta P K. Durability of concrete: Fifty years of progress?. ACI Special Publication, 1991, 126(1): 1-32.

[611] Aitcin P C. Binders for Durable and Sustainable Concrete. London: Taylor and Francis, 2008.

[612] 冯乃谦. 高性能与超高性能混凝土技术. 北京: 中国建筑工业出版社, 2015.

[613] Parrott L J. Recoverable and irrecoverable deformation of heat-cured cement paste. Magazine of Concrete Research, 1977, 29(98): 26-30.

[614] Young J F. Investigations of calcium silicate hydrate structure using silicon-29 nuclear magnetic resonance spectroscopy. Journal of the American Ceramic Society, 1998, 71(3): 118-120.

[615] Bahafid S, Ghabezloo S, Faure P, et al. Effect of the hydration temperature on the pore structure of cement paste: Experimental investigation and micromechanical modelling. Cement and Concrete Research, 2018, 111: 1-14.

[616] Brough A R, Dobson C M, Richardson I G, et al. In situ solid-state NMR studies of Ca_3SiO_5: Hydration at room temperature and at elevated temperatures using ^{29}Si enrichment. Journal of Materials Science, 1994, 29(15): 3926-3940.

[617] Hirljac J, Wu Z Q, Young J. Silicate polymerization during the hydration of alite. Journal of Applied Chemistry, 1983, 13(6): 877-886.

[618] Cong X, Kirkpatrick J. Effects of the temperature and relative humidity on the structure of C—S—H gel. Cement and Concrete Research, 1995, 25(6): 1237-1245.

[619] Thomas J J, Jennings H M. A colloidal interpretation of chemical aging of the C—S—H gel and its effects on the properties of cement paste. Cement and Concrete Research, 2006, 36(1): 30-38.

[620] Fonseca P C, Jennings H M. The effect of drying on early-age morphology of C—S—H as observed in environmental SEM. Cement and Concrete Research, 2010, 40(12): 1673-1680.

[621] Bamforth P B. The derivation of input data for modelling chloride ingress from eight-year UK coastal exposure trials. Magazine of Concrete Research, 1999, 51(2): 87-96.

[622] Mangat P S, Molloy B T. Model for long term chloride penetration in concrete. Materials and Structures, 1994, 25(4): 404-411.

[623] Engelund S. General Guidelines for Durability Design and Redesign: DuraCrete — Probabilistic Performance Based Durability Design of Concrete Structures. Gouda: CUR, 2000.

[624] Li Q, Li K, Zhou X, et al. Model-based durability design of concrete structures in Hong Kong-Zhuhai-Macau sea link project. Structural Safety, 2015, 53: 1-12.

[625] Andrade C, Castellote M, d'Andrea R. Measurement of ageing effect on chloride diffusion coefficients in cementitious matrices. Journal of Nuclear Materials, 2011, 412(1): 209-216.

[626] 吴中伟. 混凝土的耐久性问题. 混凝土及建筑构件, 1982, 2: 2-10.

[627] Li K, Li C, Chen Z. Influential depth of moisture transport in concrete subject to dryingwetting cycles. Cement and Concrete Composites, 2009, 31(10): 693-698.

[628] Ioannou I, Hall C, Wilson M A, et al. Direct measurement of the wetting front capillary pressure in a clay brick ceramic. Journal of Physics D: Applied Physics, 2003, 36(24): 3176-3182.

[629] Hall C. Anomalous diffusion in unsaturated flow: Fact or fiction? Cement and Concrete Research, 2007, 37(3): 378-385.

[630] Zhou C S, Zhang X Y, Wang Z D, et al. Water sensitivity for cement-based materials. Journal of the American Ceramic Society, 2021, 104(9): 1-18.

[631] Zhang Z, Angst U. Modeling anomalous moisture transport in cement-based materials with kinetic permeability. International Journal of Molecular Sciences, 2020, 21(3): 837-853.

[632] Baroghel-Bouny V. Water vapour sorption experiments on hardened cementitious materials Part I: Essential tool for analysis of hygral behaviour and its relation to pore structure. Cement and Concrete Research, 2007, 37(3): 414-437.

[633] Young J F. Humidity control in the laboratory using salt solutions: A review. Journal of Applied Chemistry, 1967, 17(9): 241-245.

[634] Hamilton A, Hall C. Beyond the sorptivity: Definition, measurement and properties of the secondary sorptivity. ASCE Journal of Materials in Civil Engineering, 2018, 30(4): 04018049.

[635] Moradllo M K, Qiao C, Hall H, et al. Quantifying fluid filling of the air voids in air entrained concrete using neutron radiography. Construction and Building Materials, 2019, 104: 103407.

[636] Krus M, Hansen K K, Kunzel H M. Porosity and liquid absorption of cement paste. Materials and Structures, 1997, 30(7): 394-398.

[637] Sosoro M. Transport of organic fluids through concrete. Materials and Structures, 1998, 31(3): 162-169.

[638] Reinhardt H W. Transport of chemicals through concrete. Proceedings of Materials Science of Concrete III. American Ceramic Society, Westerville, 1992: 209.

[639] Zhou C S, Li K F, Han J G. Characterizing the effect of compressive damage on transport properties of cracked concretes. Materials and Structures, 2012, 45(3): 381-392.

[640] Lagarias J C, Reeds J A, Wright M H, et al. Convergence properties of the Nelder-Mead simplex method in low dimensions. SIAM Journal of Optimization, 1998, 9(1): 112-147.

[641] Cerny R, Rovnanikova P. Transport Processes in Concrete. London and New York: Spon Press, 2002.

[642] Beushausen H, Luco L F. Performance-based Specifications and Control of Concrete Durability: State-of-the-art Report, RILEM TC 230-PSC. London: Springer, 2016.

[643] Long A E, Henderson G D, Montgomery F R. Why assess the properties of near-surface concrete?. Construction and Building Materials, 2001, 15(2): 65-79.

[644] Kreijger P C. The skin of concrete composition and properties. Materials and Structures, 1984, 17(4): 275-283.

[645] Blight G, Lampacher B. Applying covercrete absorption test to in-situ tests on structures. Journal of Materials in Civil Engineering, 1995, 7(1): 1-8.

[646] de Souza S J, Hooton R D, Bickley J A. A field test for evaluating high performance concrete covercrete quality. Canadian Journal of Civil Engineering, 1998, 25(3): 551-556.

[647] McCarter W J, Ezirim H, Emerson M. Properties of concrete in the cover zone: Water penetration, sorptivity and ionic ingress. Magazine of Concrete Research, 1996, 48(176): 149-156.

[648] Wilson M A, Carter M A, Hoff W D. British standard and RILEM water absorption tests: A critical evaluation. Materials and Structures, 1999, 32(8): 571-578.

[649] DIN EN ISO 15148. Hygrothermal performance of building materials and products: Determination of water absorption coefficient by partial immersion (ISO 15148: 2002+Amd 1:2016) (includes Amendment: 2016). 2002.

[650] NT Build 368. Concrete repair materials: Capillary absorption, Nordtest method, 1991.

[651] RILEM TC 116-PCD. Permeability of concrete as a criterion of its durability. Determination of capillary absorption of water of hardened concrete. Materials and Structures, 1999, 32(1): 178-179.

[652] BS EN 13057: 2002. Products and systems for the protection and repair of concrete structures. Test methods: Determination of resistance of capillary absorption, 2002.

[653] Department of Civil Engineering, University of Cape Town. Durability index testing mannual, South African, 2009.

[654] ASTM C1585-13. Standard test method for measurement of rate of absorption of water by hydraulic cement concrete, 2013.

[655] 中华人民共和国土木工程学会标准. 混凝土结构耐久性技术指南 (CCES01-2020), 2020.

[656] Wu Z, Wong H S, Chen C, et al. Anomalous water absorption in cement-based materials caused by drying shrinkage induced microcracks. Cement and Concrete Research, 2019, 115: 90-104.

[657] Hall C, Hamilton A, Hoff W D, et al. Moisture dynamics in walls: Response to microenvironment and climate change. Proceedings of the Royal Society A: Mathematical, Physical and Engineering Sciences, 2011, 467(2125): 194-211.

[658] Schaffer R J. The Weathering of Natural Building Stones. London: Routledge, 2004.

[659] Massman W J. A review of the molecular diffusivities of H_2O, CO_2, CH_4, CO, O_3, SO_2, NH_3, N_2O, NO and NO_2 in air, O_2 and N_2 near STP. Atmospheric Environment, 1998, 32(6): 1111-1127.

[660] Monteith J L, Unsworth M H. Principles of Environmental Physics. 3rd ed. New York: Academic Press, 2008.

[661] Penman H L. Evaporation in nature. Reports on Progress in Physics, 1946, 11(1): 366-388.

[662] Brighton P W M. Evaporation from a plane liquid surface into a turbulent boundary layer. Atmospheric Environment, 1985, 159: 323-345.

[663] Burman R D, Pochop L O. Evaporation, Evapotranspiration and Climate Data. Amsterdam: Elsevier, 1994.

[664] Lugg G A. Diffusion coefficients of some organic and other vapours in air. Analytical Chemistry, 1968, 40(7): 1072-1077.

[665] Cooling L F. The evaporation of water from brick. Transactions of the Ceramic Society, 1930, 29: 39-54.

[666] Platten A K. A study of evaporation and drying in porous building materials. Manchester: University of Manchester Institute of Science and Technology, 1985.

[667] Scherer G W. Theory of drying. Journal of the American Ceramic Society, 1990, 73(1): 3-14.

[668] Hall C, Hoff W D, Nixon M R. Water movement in porous building materials: VI. Evaporation and drying in brick and block materials. Building and Environment, 1984, 19(1): 13-20.

[669] van Brakel J. Mass transfer in convective drying. Advances in Drying, 1980, 1(3): 217-267.

[670] Zhang Z, Thiery M, Baroghel-Bouny V. Investigation of moisture transport properties of cementitious materials. Cement and Concrete Research, 2016, 89: 257-268.

[671] Philip J R, de Vries D A. Moisture movement in porous materials under temperature gradients. Transactions of the American Geophysical Union, 1957, 38(2): 222-232.

[672] Crank J, Park G S. Diffusion in Polymers. New York: Academic, 1986.

[673] Vahdat N, Sullivan V D. Estimation of permeation rate of chemicals through elasto-
      metric materials. Journal of Applied Polymer Science, 2001, 79(7): 1265-1272.

[674] Frisch H L. The time lag in diffusion. The Journal of Physical Chemistry, 1957, 61(1):
      93-95.

[675] Akcasu A Z. Temperature and concentration dependence of diffusion coefficient in
      dilute solutions. Polymer, 1981, 22(9): 1169-1180.

[676] Erriguible A, Bernada P, Couture F, et al. Simulation of convective drying of a porous
      medium with boundary conditions provided by CFD. Chemical Engineering Research
      and Design, 2006, 84(2): 113-123.

[677] Dal Pont S, Meftah F, Schrefler B. Modeling concrete under severe conditions as a
      multiphase material. Nuclear Engineering and Design, 2011, 241(3): 562-572.

[678] Azenha M, Maekawa K, Ishida T, et al. Drying induced moisture losses from mortar
      to the environment. Part I: Experimental research. Materials and Structures, 2007,
      40(8): 801-811.

[679] Azenha M, Maekawa K, Ishida T, et al. Drying induced moisture losses from mortar
      to the environment. Part II: Numerical implementation. Materials and Structures,
      2007, 40(8): 813-825.

[680] Parker J C, Lenhard R J, Kuppusamy T. A parametric model for constitutive pro-
      perties governing multiphase flow in porous media. Water Resources Research, 1987,
      23(4): 618-624.

[681] Luckner L, Genuchten M T V, Nielsen D R. A consistent set of parametric models for
      the two-phase flow of immiscible fluids in the subsurface. Water Resources Research,
      1989, 25(10): 2187-2193.

[682] Jason L, Pijaudier-Cabot G, Ghavamian S, et al. Hydraulic behaviour of a represen-
      tative structural volume for containment buildings. Nuclear Engineering and Design,
      2007, 237(12/13): 1259-1274.

[683] Li K, Stroeven M, Stroeven P, et al. Investigation of liquid water and gas permea-
      bility of partially saturated cement paste by DEM approach. Cement and Concrete
      Research, 2016, 83: 104-113.

索　引